UNDERSTANDING AND SOLVING ENVIRONMENTAL PROBLEMS

환경문제의 이해와 해결기술

대표저자

이우범

저 자

김성욱 · 김은식 · 박복재

박성천 · 박수호 · 박종혁

서성규 · 주현수 · 황민진

전남대학교출판문화원

■ 머리말

지구 환경 오염도가 날로 증가함에 따라 생태계의 불균형뿐만 아니라 생명체의 생존까지 위협받고 있다. 이러한 환경오염 문제는 오랜 시간 누적된 결과이며, 인구의 급속한 팽창과 산업발전 및 대량소비에 따른 오염물질의 발생 등 여러 요인들의 복합적 작용 결과의 산물이라 할 수 있다. 따라서 환경문제는 더 이상 한 나라에 국한된 국지적인 문제가 아니라 국가 간의 통상, 외교, 정치, 국방 그리고 경제문제 전반까지 포함하는 범세계적인 공통의 관심 사항이 되고 있으며 인류의 생존과 번영을 지속하기 위해서는 식량, 에너지, 물 부족, 자원고갈, 기후변화, 미세먼지, 생물다양성 등에 대해 국제적 협력이 요구되고 있다.

이러한 환경문제의 해결을 위해서는 이에 대한 국제적·지역적 최근 동향과 그 변화를 파악할 필요가 있으며 국제정세와 흐름에 맞추어 능동적으로 대처해 나갈 필요가 있다. 이에 저자는 학생들에게 환경문제를 쉽게 이해하고 해결할 수 있는 기술을 전달하기 위하여 노력을 해왔으며, 환경에 대한 원리와 과학적 지식, 그리고 환경문제 해결 기술 등을 체계적으로 정리하여 환경 분야에 입문하는 학생들에게 필요한 새로운 교재의 집필을 절감하게 되었다.

본 저서는 지난 30여 년간 환경의 각 분야에서 꾸준히 연구하고 현장에서 실천해 온 연구자들이 각고의 노력으로 얻은 결실로써 환경공학을 전공하고자 하는 학생뿐만 아니라 교양과목으로서 공부하고자 하는 학생들에게 실질적인 도움이 될 수 있도록 하였다. 특히 각 장의 개요 및 주요내용을 통해 주제를 뚜렷이 부각하였고 각 분야별로 예제문제를 적절히 포함시켜 환경문제 해결에 필요한 과학적 기초지식이 쉽게 이해되고 학습할 수 있도록 구성하였다.

내용면에서는 첫째, 환경문제의 이해 편은 지구상에서 발생하고 있는 환경문제와 발생원인, 국제적 노력과 협력 그리고 환경관련국제기구 등의 활동을 소개하였다. 둘째, 환경문제 해결을 위한 과학적 기초 편에서는 기초단위, 물질 및 에너지, 환경화학, 환경미생물, 환경생태학, 그리고 수자원과 수문학 등 환경문제를 이해하는데 필요한 과학적 기초지식을 기술하여 학생들 및 환경을 연구하고자하는 분들에게 도움을 주고자 하였다. 셋째, 환경오염문제와 해결기술 편에서는 수질오염 지표 및 수질관리, 상하수도, 생물학적 하수처리와 질소·인 제거기술, 대기오염 및 미세먼지, 폐기물관리, 토양 및 지하수 그리고 해양오염을 다룸으로써 실제적인 기술을 쉽게 학습할 수 있도록 하였다. 마지막으로 환경관리 및 환경경영 편에서는 환경영향평가, 환경관계법규와 환경오염규제 그리고 환경경영을 기술함으로써 4차 산업혁명과 관련하여 미래 환경관리 및 환경경영에 대비하고자 하였다.

원고를 모으고 다듬기를 반복한 오랜 과정 끝에 이 책이 드디어 출판된다는 소식에 기쁜 마음 감출 수 없다. 완성도를 높이고자 최선을 다했으나 미흡한 부분이 있을 수 있으며, 고치고 다듬기를 꾸준히 진행하여 더 좋은 책으로 독자들에게 다가갈 것임을 약속드린다. 아울러 이 책의 출판에 도움을 주신 전남대학교 관계자 여러분께도 감사의 말씀을 올린다.

저자를 대표하여
이 우 범

■ 차 례

제2편 환경문제 해결을 위한 과학적 기초

제3편 환경오염문제와 해결기술

제1편

환경문제의 이해

제1장 환경문제의 발생 원인

날로 다양해지고 복잡해지는 환경문제 해결을 위해 환경과 환경오염의 정의, 환경문제의 발생 원인이 무엇인지 살펴보고, 환경공학과 환경과학에 대한 개념 설명과 지속가능한 발전에 대하여 논의하였다.

주요 내용

1. **환경과 환경오염의 정의**

   환경, 생태계(ecosystem)와 환경, 환경과학(environmental science)과 환경공학(environmental engineering)

2. **인류문명의 발전과 환경문제**

   환경문제의 발생, 기술문명의 발달과 환경문제, 지구 환경 위기의 경고, 지속가능한 발전(sustainable development)

3. **환경오염 문제의 발생 원인**

   인구증가와 자원고갈, 인구집중과 도시화, 환경파괴적인 기술의 개발, 경제성장, 빈곤으로 인한 환경훼손

1. 환경과 환경오염의 정의

1.1. 환경

환경(environment)은 '인간이 생활을 영위하는 공간을 포함한 자연 상태의 모든 계(system)'로 정의할 수 있다. 국내 환경법규에서는 환경을 자연환경과 생활환경으로 분류하고 있으며, 유엔환경계획기구에서는 자연환경과 인간환경으로 분류하고 있다. 이러한 환경의 정의에 생태계(ecosystem) 개념을 도입하여 다시 정리하면 '환경은 인간이 생활하는 모든 권역(system)'이라고 정의할 수 있다.

■ **국내 환경관련 법규**

- 자연환경(natural environment) : 생물환경(biosphere)과 무생물환경(non biosphere)
- 생활환경(living environment) : 대기, 물, 폐기물, 소음·진동 및 악취

■ **유엔환경계획기구(UNEP; United Nation Environment Program)**

- 자연환경 : 대기, 해양, 물, 암석권 및 육상생태계
- 인간환경 : 인구, 주거, 건강, 생물계, 산업, 에너지, 운송, 관광, 환경교육 및 홍보, 평화와 안전

환경오염(environmental pollution)이란 환경에 과다한 오염물질이 유입되어 자연계의 자정능력(self purification capacity)이 상실되고 자연계의 균형이 서서히 파괴되어가는 과정이다. 우리가 환경오염에 관심을 가져야만 하는 기본적인 이유는 물·공기·음식에 오염된 물질이 건강에 나쁜 영향을 초래하기 때문이며, 서서히 진행되는 환경악화에 의해 궁극적으로 인류멸망과 모든 생물파괴를 초래하기 때문이다. 과도한 개발로 인한 자연자원 고갈, 생태계가 감당할 수 없는 많은 양의 쓰레기를 배출하여 생기는 심각한 환경오염 등으로 인해 생태계의 자정능력을 넘어서게 되면 생태계가 파괴되고 생물체는 생존의 위협을 받게 된다. 뿐만 아니라 모든 생태계의 정점에 있는 인간 역시 큰 재앙을 맞게 될 것이다.

1.2. 생태계(ecosystem)와 환경

생태계란 어느 일정 지역 내의 무기적 환경(무생물)과 생물군이 물질순환과 에너지의 흐름에 따라 구성되는 하나의 계(system)이다. 생물군집은 생산자(녹색식물)와 소비자(동물), 분해자(세균)로 나뉘는데 여기에 무기적 환경을 포함하여 4개의 군집으로 구분하고, 무기물 → 유기물 → 무기물의 물질순환 등을 포함한다.

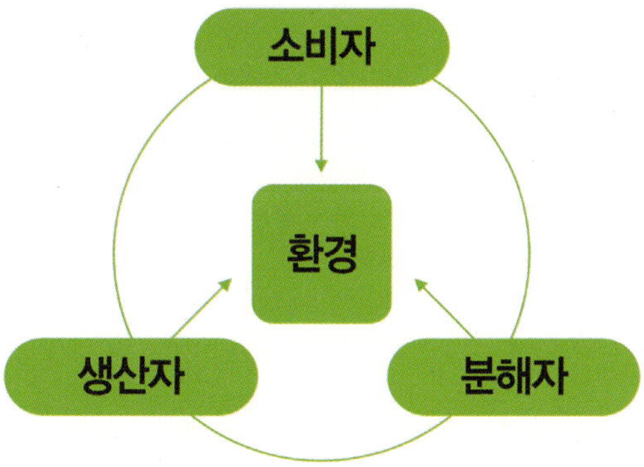

<그림 1-1> 생태계의 구성요소와 상호관련성

또한, 생태계는 동물, 식물 등의 생물체와 땅, 공기와 같은 비생물적 요소로 구성된다. 비생물적 요소는 생물체가 살아가는데 필요한 물질과 삶의 조건을 제공하며, 생물체는 비생물적 요소를 이용하고 그 조건 속에서만 살 수 있다.

☞ **인간도 생태계의 구성요소이다. 환경오염에 의해 지구생태계의 균형이 파괴되면 인간 자신을 포함한 모든 생물체는 생존의 위협을 받는다.**

생물체와 비생물적 요소가 바로 자연환경이다. 따라서 생태계는 생물체와 비생물적 요소가 균형과 조화를 이룰 때 물질순환이 이루어지고 생물군집이 유지된다.

만일 생태계의 환경에 위해나 변화가 발생하게 되면 그 변화에 적응하고 균형을 유지하며 나쁜 영향을 줄일 수 있는 생태계 자정능력이 나타난다. 이때, 위해 물질의 희석, 침전, 분해 등 물리적, 화학적, 생물학적 작용이 일어나게 된다.

그러나 이러한 생태계의 자정능력에는 일정한 한계가 있다. 한계를 초과하는 영향이나 충격을 가하면 생태계는 결국 파괴된다. 환경파괴와 오염물질 배출 정도가 자정능력 범위 내에 있을 때에만 생태계는 안정을 유지할 수 있기 때문이다. 따라서 전체의 생물계는 자정능력의 한계 범위 내에서 상호간의 평형을 이루어야 하며, 생태계를 혼란시키거나 파괴시키지 않고 그 기능을 정상적으로 유지하기 위해서는 무엇보다도 먼저 오염방지가 이루어져야 할 것이다.

생태계의 물질 순환은 크게 에너지 순환(energy cycle), 물 순환(hydrologic cycle), 탄소순환(carbon cycle), 질소 순환(nitrogen cycle) 등의 4가지로 나눌 수 있다. 생물학적 구성은 생물(biotics)과 무생물(antibiotics)로 구분되고, 생물은 그 영양성에 따라 자양성(autotroph)과 타양성(heterotroph)으로 나눈다.

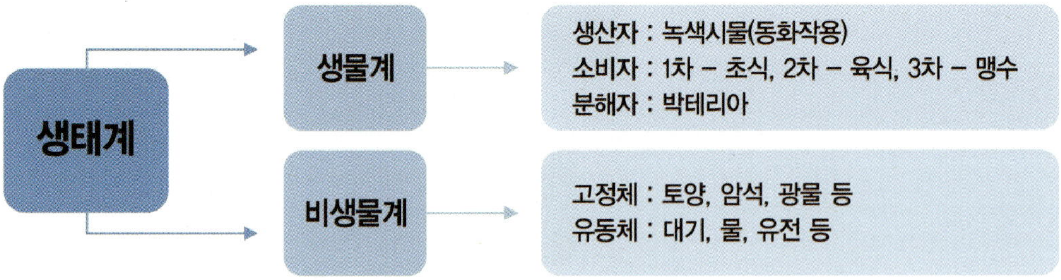

<그림 1-2> 생태계의 구성요소

1.3. 환경과학(environmental science)과 환경공학(environmental engineering)

환경문제(environmental problem)는 자연환경을 포함한 모든 포괄적인 문제를 의미한다. 자연환경은 유한하며, 한번 훼손된 자연은 다시 돌이키기가 매우 어렵다. 따라서 환경오염(environmental pollution) 문제도 궁극적으로는 이 유한성에 귀착하게 된다.

세계의 공업화는 비약적인 발전의 길을 걷고 있으며 개발도상국은 선진국을 따라가기 위해 모든 노력을 경주하고 있다. 선진국 역시 고도의 기술개발을 위해 끊임없이 노력하고 있다. 이러한 경제 활동에 따른 지구자원 소비, 물질 및 폐기물의 폭발적인 증가는 당연한 귀결이다. 그러나 지구상의 대기, 해수는 모두 유한하며 이러한 오염물질을 무한하게 수용하기는 불가능하다.

개발과 환경의 보전, 이는 끊임없이 논란이 되어온 과제이다. 둘 사이의 균형과 조화로운 발전을 도모하는 것은 결코 쉽지 않은 명제이다. 이에 따라 자연환경을 보전하면서도 생산 활동에 수반되는 공해 등 발생하는 문제에 대한 대책을 수립하는 학문의 영역은 시간이 갈수록 그 비중이 확대되고 있다

환경과학(environmental science)은 화학, 물리, 생물, 지구과학 및 의·약학 등의 과학일반과 물, 대기, 폐기물, 소음진동 등의 공학기초가 포함된 학문이다. 이는 최근 40여 년 동안 발달해온 학문분야로서 생물과 환경, 그리고 인간과의 관계를 연구대상으로 한다. 따라서, 환경과학은 환경문제를 이해하고 조사 및 규명하는 넓은 영역을 포함하는 종합과학 혹은 학제적인 학문으로 정의할 수 있다.

환경공학(environmental engineering)은 자연과학의 기초이론을 토대로 환경문제를 이해하고 해결하는 학문으로서 초기에는 위생공학(sanitary engineering)을 바탕으로 발전해왔다. 환경공학은 물리, 화학, 생물학 등의 기초이론이 요구되며 재래적인 토목공학 및 화학공학에서는 시설물의 설계에 역점을 두고 있다. 최근 환경공학에서는 이러한 시설물의 설계를 포함하고 운전과 주변 환경에 대한 영향파악 및 대책수립 등을 중점으로 연구하고 있다.

특히 환경오염 문제로 인해 생존의 위기에 직면한 현재 인류에게 있어 그 해결방안을 마련하기 위한 학문으로써의 환경공학에 대한 중요성과 관심은 앞으로도 계속 커질 전망이다.

2. 인류문명의 발전과 환경문제

2.1. 환경문제의 발생

수렵사회에서 인간은 자연 생태계 속의 한 구성원으로써 생태계의 기능을 유지해 주는 생물의 한 종류에 불과했다. 농경사회에 이르러서 인간은 토지에 의존하여 농사를 짓기 시작했으며 집단생활을 하였다. 농토를 확대하기 위하여 숲과 삼림을 파괴하였으며, 숲과 삼림의 파괴는 토양을 침식시키고 환경문제의 악순환의 고리에 들어서게 하였다. 하지만 그때까지만 해도 농경사회의 환경문제는 지역적이며 국부적인 문제로 한정되었고, 시간이 흐름에 따라 정화되어 복원될 수 있었기에 전 지구적인 문제로는 발전되지 않았다.

☞ 농경사회와 숲의 파괴에 의한 환경재난

로마시대에는 나무 수요의 급증으로 인해 이탈리아 반도, 스페인, 소아시아, 북아프리카 등 지중해 연안의 숲이 거의 황폐화되었다. 지중해에서 로마 지배가 400년간 지속된 후 이 지역의 삼림은 거의 사라지고 기후와 식물도 점차 바뀌어갔다.

14세기경 중세 유럽에서는 숲의 파괴와 기상이변으로 곡물 수확이 크게 감소하여 기근은 되풀이 되었다. 사람들은 영양실조에 걸리고 마침 페스트가 창궐하자 유럽 전체 인구의 1/4 이상이 희생되고 이후 150년 가까이 피폐한 상태가 지속되었다. 이 파탄의 직접적인 원인은 전염병의 창궐이지만 보다 근원적으로는 숲의 파괴에 의한 자원감소와 기상이변에서부터 시작한 것이라 할 수 있다.

〈이필렬 외(1995)〉

2.2. 기술문명의 발달과 환경문제

산업혁명 이후 산업사회에서는 생산력의 기반이 토지 중심에서 이들을 포함한 지하자원, 수자원 등 자연자원 전반뿐만 아니라 기술혁신에 의해 공업생산으로 크게 변화되었다. 특히 산업사회의 기술문명은 자연환경의 많은 부분을 파괴하는 방향으로 생산기술과 방식을 변화시켰다. 이 때문에 환경파괴의 규모가 점차 확대·심화되어 환경문제는 지역적, 국부적 문제에서 전 지구적인 문제로 확대되고 있는 실정이다.

산업화에 따른 지구 환경문제는 지구온난화에 의한 기상이변, 성층권의 오존층 감소, 대기와 수질의 심각한 오염, 삼림의 대규모 파괴, 급속한 생물종의 멸종 등 다양한 형태로 나타나고 있다.

2.3. 지구 환경 위기의 경고

이에 따라 많은 학자들이 지구 환경문제를 지적하였다. 로마클럽은 1970년 『성장의 한계(limits of growth)』라는 보고서를 통해서 '현재 추세대로 인구증가, 자원고갈, 자연훼손이 지속될 경우 2100년경에는 지구상의 성장은 한계에 도달할 것'이라고 경고하였으며 지속가능성에 대한 개념이 이때 처음으로 등장하게 되었다.

1991년 세계환경보호연맹(world conservation union: WCU)은 『지구를 위한 배려(caring for the earth)』에서 "지구의 한계를 벗어난 자연자원의 남용으로 인류문명은 지금 위기에 직면해 있다"고 선언하고, "우리는 현재 문명의 존립을 걸고 도박을 하고 있다"고 경고했다.

☞ 앨 고어의 지구 균형론

인류의 앞에는 두 길이 있다. 우리의 미래를 믿고 그것을 달성하고 지키기 위해 활동하는 희망의 길과, 우리의 자손을 무시하고 계속 환경을 파괴하면서 문명의 종말을 가져오는 길이다. 선택은 우리의 손에 달려 있다.

〈앨 고어의 『위기의 지구』(earth in the balance)〉

2.4. 지속가능한 발전(sustainable development)

환경문제가 논의될 때마다 제기되는 불편한 논쟁거리는 개발(development)과 보전(conservation), 즉 경제성장과 환경보전의 관계이다. 많은 논란 속에서 1992년 리우의 지구환경선언, 즉, 환경적으로 건전하고 지속가능한 개발(environmentally sound & sustainable development, ESSD)과 관련한 '의제 21'이 작성되었다. 이는 범지구적 환경문제에 대한 국제적 공동 대응을 이념적, 철학적 개념으로 발전 승화시켜, 경제성장과 환경보전의 조화라는 막연한 개념보다는 구체적인 정책목표로 발전시킨 것이다. 기본적으로 지속가능한 개발이라는 개념은 개발과 환경을 통합하며 경제성장의 목표와 환경보전의 목표를 동시에 달성하는 것이 가능함을 인정하는 것을 의미한다.

환경 및 개발에 관한 세계위원회(world commission on environment and development)의 브란트랜드 보고서는 지속 가능 개발의 의미를 '미래 세대가 그들의 필요를 충족시킬 능력을 저해하지 않으면서 현 세대의 필요를 충족시키는 것'이라고 정의하였다. 이는 미래세대가 잘 살 수 있는 환경과 자원을 물려주기 위해 우리가 사용하고 있는 자연자원과 환경을 일정한 한계 내에서 이용하는 것을 의미한다.

다시 말하면 기존의 경제활동이 주로 자원 소모적이며 자연의 수용능력을 넘어서는 개발에 중점을 두었다면, 지속가능발전은 자연생태계의 범위 내에서 자연의 수용한계를 넘지 않고 자연과 조화를 이루는 범위에서 이루어지는 것을 의미한다.

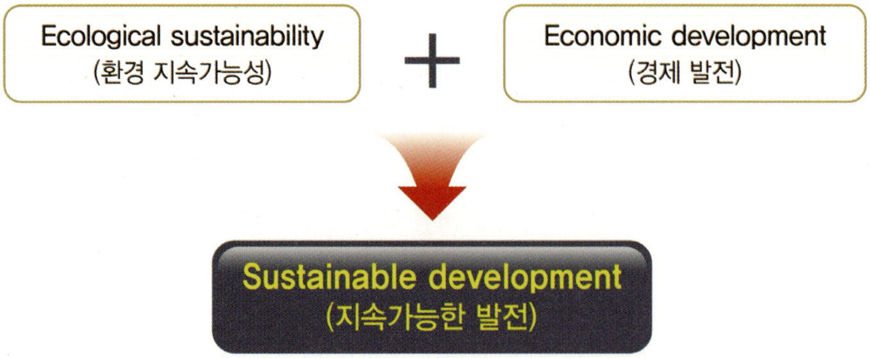

<그림 1-3> 지속가능한 발전의 개념도

또한 2000년 이전에는 지속가능발전이 환경보전과 경제발전에 중심을 두고 다루어진데 비해 최근에는 사회전체의 지속가능성을 유지하기 위하여 자유, 정의, 민주주의, 사회적 형평성 등이 모두 포함된 지속가능발전의 개념으로 확대되었다.

3. 환경오염 문제의 발생 원인

3.1. 인구증가와 자원고갈

인구가 증가하면 기본적인 의식주를 해결하기 위해 더 많은 재화와 서비스가 요구된다. 이러한 재화와 서비스를 생산하기 위해서는 더 많은 자원이 필요하게 됨에 따라, 자연적으로 자원고갈과 환경문제를 일으키게 된다.

☞ **인구의 증가**

서기 1년에 전세계의 인구는 불과 2억5천만명 정도였으나 서기 1700년경에는 인구가 배가되어 5억명에 이르렀다. 150년 후인 서기 1850년에는 10억으로 불어났다. 그로부터 85년 후인 서기 1935년에는 20억으로, 40년 후인 1975년에는 40억으로 증가하였다. 1987년 세계인구는 50억을 돌파하여 2017년 현재 지구상에는 75.5억의 인구가 살고 있으며, 유엔인구기금(UNFPA)의 1998년 세계인구 현황보고서에 의하면, 2025년 80억, 그리고 2070년에는 1백억명을 돌파할 것이라고 전망하고 있다.

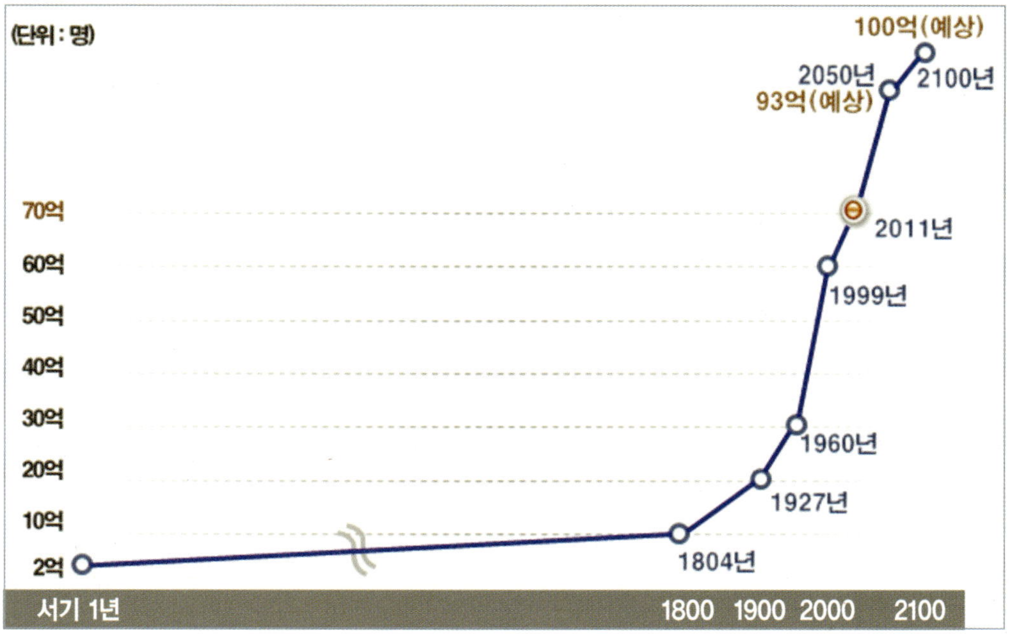

<그림 1-4> 인구의 증가추세

3.2. 인구집중과 도시화

농업 생산력이 증대함에 따라 보다 적은 농업인구로 보다 많은 인구의 부양이 가능해졌다. 그 결과 농촌인구는 취업기회와 편리한 생활을 위해 도시로 몰려들었다. 한 지역에 인구가 집중하면 새로운 일자리, 주택, 학교, 도로 등의 시설이 적절하게 확장되어야 한다. 그러나 이러한 시설이 제때 뒷받침되지 않을 때는 교통 혼잡과 수질오염, 대기오염, 쓰레기 등의 환경문제가 야기된다.

☞ 인구의 도시집중 현상

케냐의 수도 나이로비는 매년 7 %, 잠비아의 수도 루사카와 나이지리아의 수도 라고스는 매년 14 %의 인구증가율을 나타내고 있다. 미국은 전체 인구의 70 %가 도시에 살고 있으며 인도는 인구의 20 %가 대도시에 살고 있다.

우리나라의 경우, 서울 인구는 1960년에 244만 5,402명이었으나, 10년 뒤인 1970년에 2배가 넘는 544만 3,298명이 되었고, 1980년에는 836만 4,379명으로 늘어났다. 또한 1990년에는 1,061만 2,577명에 이르러 드디어 1,000만 명을 넘어섰다. 2018년 현재 서울에 980만명, 수도권에 1,600만 명이 살고 있다. 서울과 수도권에 거주하는 인구는 우리나라 총인구의 절반을 차지할 정도로 도시 인구집중문제가 심각하다.

3.3. 환경파괴적인 기술의 개발

산업혁명 이후 사람들이 기계를 이용하여 생산하기 시작하면서 작업효율은 크게 향상되었다. 기술발전은 경제성장의 원동력이기는 하지만 자원의 유한성과 자연의 수용능력 한계를 고려하지 않은 기술개발은 자연자원의 고갈을 가속화시키고 환경문제를 일으키고 있다.

☞ **코모너의 가설**

미국의 대표적인 환경학자인 코모너는 전후 미국 환경오염의 원인으로 산업기술의 변화, 특히 생산기술구조의 변화를 지적하였다. 그에 의하면 제2차 세계대전 이후 미국경제에 환경파괴적인 기술이 도입되어 환경에 충격을 적게 주는 구 기술을 급격히 대체한 것이 환경오염의 커다란 원인의 하나가 되었다고 한다.

3.4. 경제성장

환경문제를 일으키는 가장 중요한 원인은 인간의 사회·경제적 활동이다. 봉건시대에는 가족의 생활 물자 조달을 위해 제한된 규모에서만 자원의 개발이 가능하였다. 가내공업이 발달하고 교환경제가 뿌리를 내리면서 자원의 수요가 증대하였다. 자본주의가 발달함에 따라 공장제 대규모 상품생산을 하게 되었고 그 결과 집중적이고 광범위한 자원의 개발과 이용이 뒤따랐다.

경제규모가 팽창하게 되면 보다 많은 재화를 생산하고 소비하게 되며, 자연으로부터 보다 많은 것을 채취하고 또 쓰고 버리게 된다. 이에 따라 환경오염과 생태계 파괴문제 등 부작용이 일어나게 된다.

즉, 환경자원이 경제적 가치를 가지고 있는 재화임에도 불구하고 기업가나 소비자가 제값을 내지 않고 자원을 남용한다면 필연적으로 환경문제가 발생하게 되는데, 이를 시장의 실패(market failure)라고 부른다.

3.5. 소득증가와 소비행태의 변화

소득이 증가하면 사람들의 소비 패턴이 달라진다. 식량의 경우 곡류 중심의 소비에서 육류와 가공식품의 소비가 늘어나며, 육류 소비의 증가는 대규모 축산을 유도한다. 대규모 축산은 많은 사료 곡류의 소비를 의미하며, 이로 인한 축산 배설물의 증가는 환경오염의 심각한 원인중의 하나로 대두되고 있다.

의복은 다양하고 고급화되고, 주거시설은 커지고 실내장식은 고급화되며 자동차 등

내구소비재의 소비가 급격히 증가한다. 내구소비재나 의복 등의 생산업자는 제품의 물리적인 수명에는 관심이 없다. 이들은 다양한 형태의 모델을 제시하여 소비자로 하여금 계속해서 신제품을 구입하도록 유도한다. 이러한 소비행태의 변화로 자원과 에너지가 더 빨리 낭비되고 각종 폐기물이 증가되어 환경오염은 더욱 악화되고 있다.

3.6. 빈곤으로 인한 환경훼손

풍요와 함께 빈곤도 환경문제의 원인이 된다. 빈곤은 환경문제에 관심을 기울일 수 없게 만든다. 가난한 사람들은 땔감과 식량 부족을 해결하기 위해 무조건 개간하고 야생 동·식물을 무차별하게 포획하여 자연을 파괴하고 자연자원을 고갈시킨다.

특히 농업과 목축업을 중심으로 하는 개발도상국에서는 자연(환경)이 중요한 생산요소가 되는데 이러한 자연훼손은 토양침식과 홍수, 가뭄 등을 일으켜 토지를 황폐화시키고 농업생산성을 하락시킨다. 이는 다시 가난의 원인이 되어 '빈곤의 악순환'(vicious circle of poverty)이 되풀이 된다.

☞ 아프리카의 빈곤과 환경파괴

오늘날 아프리카와 서남아시아의 여러 나라에서 보는 기아와 빈곤의 문제는 자연환경이 파괴된 결과이다. 이 국가들은 빈곤의 문제를 해결하기 위해 삼림의 개간을 통해 농경지를 확보하고자 했다. 이 결과 삼림은 황폐화되고 이로 인해 오히려 농작물의 수확은 감소하고 농업 생산성이 저하되었다.

제2장 지구 환경문제와 국제적 노력

범지구적으로 당면하고 있는 온난화와 기후변화, 오존층 파괴, 산성비, 삼림감소와 사막화, 그리고 화학물질과 내분비계 장애물질의 증가 등 여러 가지 환경문제를 해결하기 위한 UN 등 비롯한 국제기구의 해결 방안을 살펴보고, 국제협력 및 각종 협약 등과 같은 지구 환경보전을 위한 국제적 노력들에 대해서 살펴보고자 한다.

주요 내용

1. 지구 환경문제

지구온난화와 기후변화, 오존층 파괴, 산성비, 삼림감소와 사막화, 생물다양성 감소, 유해 화학물질과 내분비계 장애 물질

2. 지구 환경 보전을 위한 국제적 노력

국제협력기구, 지속가능발전과 국제협력, 국제환경협약

1. 지구환경문제

1.1. 지구온난화와 기후변화

가. 온난화와 온실효과

지구는 태양으로부터 많은 양의 복사 에너지를 받고 있다. 유입된 복사 에너지가 재복사 되는 과정에서 일부가 지구 밖으로 빠져 나가지 못하고 지구 대기권 내에 머무르게 되면 대기의 온도가 점차 상승하게 되는데 이러한 현상을 **온실효과**(green house effect)라고 한다.

대기 중 이산화탄소, 메탄가스, N_2O, CFCs 등을 **온실가스**(GHG: green house gas)라 부른다. 온실가스의 농도가 증가함에 따라 온실효과가 발생하여 지구 표면의 온도가 점차

상승하는 지구적인 현상을 **지구 온난화**라고 한다. 온실가스는 화석연료의 연소과정 혹은 프레온가스 같은 합성 화학물질을 사용할 때 발생된다.

온실효과란 태양에너지가 온실의 유리창을 통해 안으로 들어오지만 밖으로 방출되지 않아 온실 안이 더워지는 현상을 일컫는 말이다. 이산화탄소와 같은 온실가스는 태양에너지가 지구에 유입된 후 다시 복사에너지 형태로 우주공간으로 발산되는 것을 온실의 유리와 같이 막는 역할을 할 것이다. 만약 온실효과가 없다면 지구는 인간이 살 수 없는 차가운 행성으로 변할 것이다.

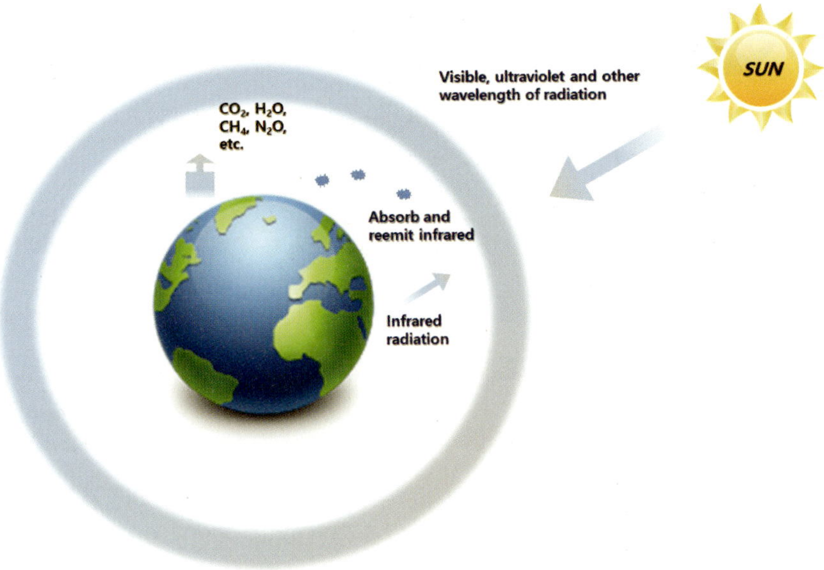

<그림 2-1> 지구온난화 과정

나. 지구 온난화의 영향

지구 온난화의 영향으로는 첫째, 강수량과 수분 증발량이 변함에 따라 **기상 이변 현상**, 지구 수림대의 감소, 사막화 등의 현상이 발생하며, 둘째, 극해의 빙하가 녹아 **해수면이 상승**하여 저지대 육지가 침수되거나 홍수가 발생하고, 셋째, 빙산이 녹을 때 주변 바다의 온도가 낮아져 해양 생태계가 교란된다는 점 등을 들 수 있다.

지구 온난화는 그 결과를 예측하기 힘들 정도의 기상이변 등 다양한 기후 변화 현상을 일으킨다. 또한 수자원, 농업, 건강, 삼림, 해안지역, 생물다양성 등 광범위한 분야에 걸쳐 영향을 미친다는데 문제의 심각성이 있다. 지구 온난화 현상이 진행됨에 따라 농업, 어업, 임업 등 1차 산업 뿐만 아니라 거의 모든 산업분야에 큰 영향을 미치게 된다. 이에 따라 건강과 생태계, 정치, 사회, 문화 등 모든 면에서 인류의 '삶의 방식'이 변화를 맞게 될 것이다.

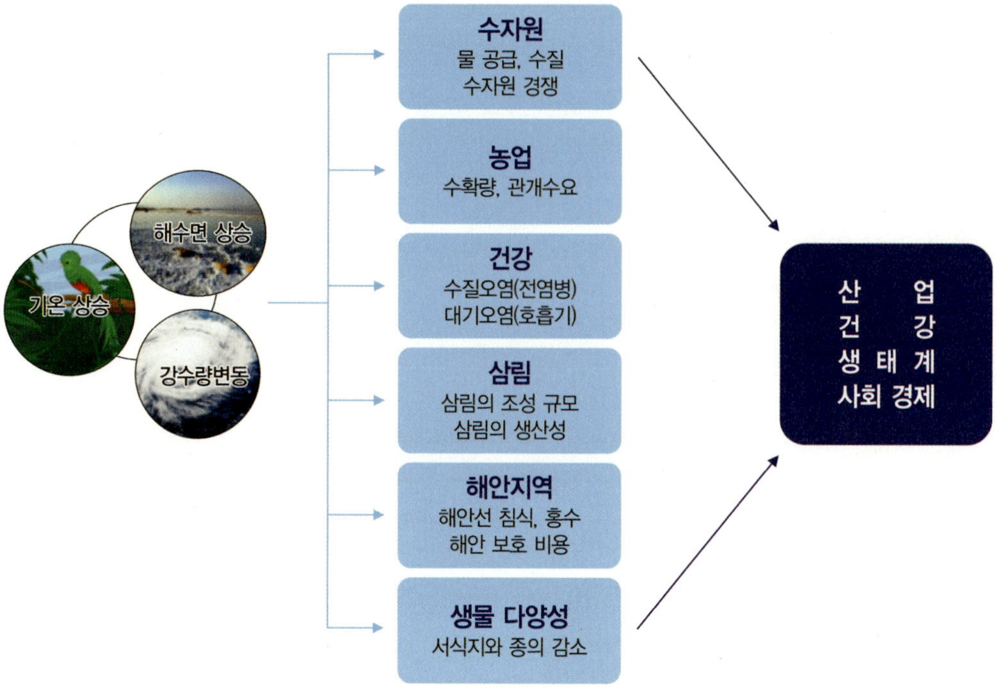

<그림 2-2> 기후변화 영향

☞ 지구온난화로 대기권 두께 8 km 줄어

지구온난화로 인해 대기권의 두께가 줄어들었다는 주장이 영국 과학자들에 의해 제기되었다. 영국의 남극 관측소는 지난 40년간 대기권이 8 km 가량 축소됐으며 그 원인은 이산화탄소가 주원인인 온실효과에 있다고 미국 워싱턴 포스트 지(紙)가 보도했다.

〈조선일보(1998.9.18)〉

☞ 지구온난화와 해수면 상승

세계기상기구(WMO)와 유엔환경계획(UNEP)이 공동으로 설립한 '기후변화에 관한 정부간 협의체(intergovernmental panel on climate change, IPCC)'가 2013년 9월에 발표한 제5차 평가보고서(WG1)에 따르면, 지구온난화로 인해 지구 평균기온이 지난 133년간(1880~2012) 0.85 ℃ 상승했으며, 지구 평균해수면은 110년간(1901~2010) 19 cm 높아졌다. 또한 지난 34년(1979 ~ 2012) 동안 북극 해빙(海氷)의 연평균 면적이 10년에 3.5~4.1 %의 비율로 줄어들었을 가능성이 높다고 밝혔다. 만약 현재와 같은 추세로 온실가스를 배출한다면(RCP 8.5), 21세기 말(2081~2100)의 지구 평균기온은 1986~2005년에 비해 3.7 ℃, 해수면은 63 cm 상승할 것으로 전망된다. 반면 온실가스 감축이 상당히 실현될 경우(RCP 4.5) 평균기온은 1.8 ℃, 해수면은 47 cm 상승에 그칠 것으로 예측된다. 또한 전지구적 기온 상승으로 21세기에는 북극의 해빙면적이 지속적으로 줄어들고 얇아질 것이며, 북반구 봄철 적설 면적이 줄어들 가능성이 매우 높다. 특히 RCP 8.5에서는 21세기 말 9월에 북극 해빙면적이 거의 사라질 것으로 전망되었다.

〈환경백서, 2018〉

☞ **기후변화와 생물의 멸종위기**

온난화로 인해 지구의 기온은 2100년까지 1.8~4.0℃ 상승할 것으로 예상되었는데, 1.5~2.5℃ 오르면 20~30%의 생물종이 사라질 우려가 있고 3℃ 오르면 아시아에서 연간 700만 명이 홍수의 위협당하고 세계의 1억명 이상이 식량부족에 시달리게 된다. 또한, 100만~1억 7천만명이 해안 침수 영향권에 들게 되고 환경난민 1억5천만~2억명 발생한다. 만약 4℃ 오르면 세계의 5명 중 1명이 물 부족에 시달리며 북미의 경우 높은 온도로 인해 피해는 예년에 비해 3~8배 증가하게 될 것이다.

〈기후변화협약 및 국내외동향, 한국환경공단 2009〉

다. 기후변화 대응방안

기후변화 대응방안은 실제 혹은 예측되는 기후변화로 인한 위험을 최소화하고 기회를 최대화하는 것이다. 기후변화 대응방안에는 지역현황 분석, 온실가스 발생을 파악하는 현실분석(inventory), 온실가스를 줄이는 감축 혹은 완화대책(mitigation), 기후변화로 인한 영향에 대처해가는 과정으로서의 적응대책(adaptation) 등이 포함된다.

완화대책은 장기간에 걸쳐 지구 온난화를 감소시키기 위해 청정에너지와 녹색기술을 개발하는 것을 말한다. 즉, 기후변화를 일으키는 주범으로 주목되고 있는 화석에너지를 대체할 수 있는 새로운 에너지와 저탄소 기술을 개발하고 보급하여 기후변화의 원인인 온실가스를 줄이기 위한 적극적인 방안이다.

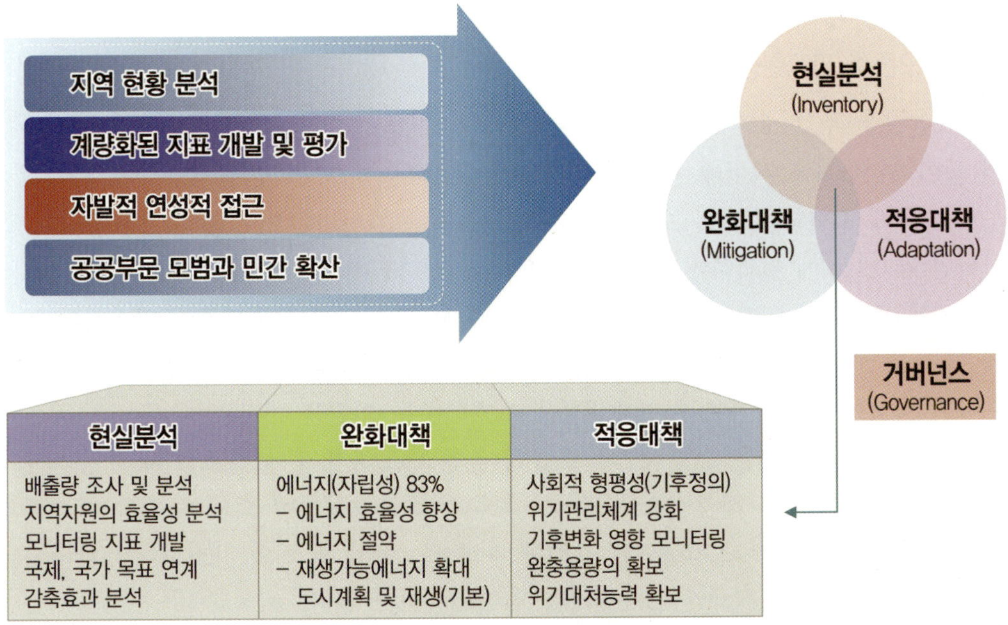

<그림 2-3> 기후변화 대응체계

적응대책은 기후변화로 인한 자연 및 인간 시스템에 대한 직접적인 위협으로부터 지역사회를 보호하는 대응전략을 말한다. 기후변화 대응에 있어서 완화대책과 적응대책, 어느 한 부분만으로는 충분한 대응 전략을 마련할 수 없다. 따라서 실제 현장에서는 기후변화 대응 대책으로서 감축과 적응을 동시에 추진하고 있다.

☞ **환경문제 해결을 위한 선·후진국간의 갈등**

유엔에서는 문제해결을 위해 지속가능한 개발이란 공통된 이념의 추구와 이를 해결하기 위한 다자간 교섭이 진행되고 있다. 이 교섭 과정에서 환경문제의 발생과 해결방법을 두고 선진국과 개도국의 의견 차이가 심화되었다. 특히 환경오염을 방지하기 위한 비용분담 면에서 갈등이 노정되고 있다.

선진국은 오염자부담원칙에 따라 모든 당사국이 동일한 비율로 오염을 감소시키고 비용도 분담해야 하며, 환경보호를 위한 국제협약의 이행을 위해 어느 정도의 무역규제는 필요하다고 주장한다.

후진국은 선진국이 더 많은 비용을 분담해야 한다는 주장이다. 왜냐하면 지금의 지구 환경오염은 과거 선진국이 산업화 과정에서 저지른 공해 배출의 결과라는 것이다. 그러므로 현재의 지구 환경 정화 노력을 이제 막 산업화를 이루려는 후진국에게 떠 맡기고자 하는 논리는 무리라는 입장을 견지하고 있다.

환경문제의 발생과 해결은 경제활동과 관련이 깊다. 국제적인 해결노력은 자연히 경제 및 무역활동을 제한하거나 금지하는 방향으로 움직여 경제, 통상의 이슈로 등장하고 있다.

유엔은 '지속가능한 개발'의 이념으로 선후진국간의 갈등 혹은 개별국가간의 이해관계를 넘어 환경보전과 경제개발의 조화를 이루려고 노력하고 있다.

1.2. 오존층 파괴

가. 오존층 파괴현상

온도분포는 주로 오존의 복사에 의해 결정되는데 특히 많은 양의 오존이 있는 성층권의 높이 20～30 km 사이에 해당하는 부분에서 이루어진다.

대기 중에 포함되어 있는 오존 전량(total ozone)을 지상기압으로 압축시켜 깊이로 환산하면 약 0.3 cm에 불과하며, 이 양의 약 90%는 성층권에 포함되어 있고 나머지 10%는 대류권에 포함되어 있다. 특히 성층권 내에서도 20～30 km 부근에 오존이 밀집되어 있는데 이 층을 오존층(ozone layer)이라 한다. 이러한 오존층은 대기권내의 태양자외선을 흡수하여 지상에서 살아가는 자연계생물을 보호해주는 역할을 하고 있다.

지구는 광합성을 하는 수중식물 남조류의 출현으로 대기 중에 산소 기체가 증가하기 시작하였고 이 산소가 성층권으로 올라가 오존층의 주요성분이 되었다. 성층권 오존은 산소분자가 태양으로부터 방출되는 강력한 자외선을 받아 두 개의 산소원자로 분해되는데, 이때 발생된 산소원자가 산소분자와 결합하여 생성된다.

$$O_2 \rightarrow O + O \qquad O_2 + O \rightarrow O_3$$

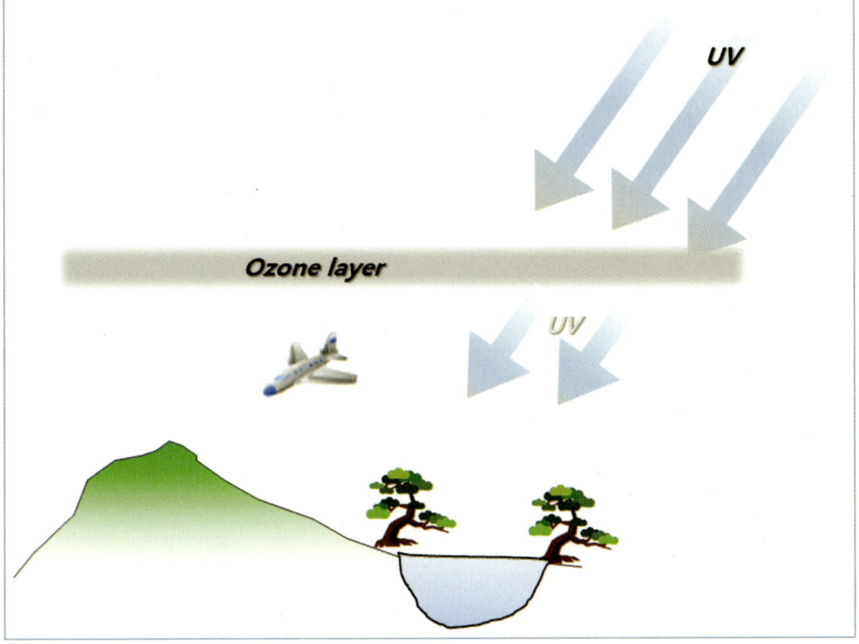

<그림 2-4> 오존층의 역할

오존층 파괴는 프레온 가스(CFCs) 등에서 나오는 화학물질이 오존의 산소 결합 고리를 끊어 성층권의 오존층을 파괴하는 현상을 말한다.

$$O_3(Ozone) \xrightarrow[200 \sim 300nm]{h\nu} O_2 + O$$

오존층 파괴 현상은 1985년 영국의 남극 조사팀에 의해 처음 발견되었다. 지난 10년간 남극 대륙 상공의 오존층은 절반 이상 파괴되었는데 이는 남한 면적의 323배에 달한다. 북반구 지역에서도 오존층이 3 % 정도 얇아진 것으로 관측되었다.

나. 오존층 파괴물질

오존층을 파괴하는 대표적인 물질에는 냉장고의 냉매, 스프레이 등에 쓰이는 프레온 가스, 소화기 등에 쓰이는 할론가스와 같은 합성화학물질과 일산화탄소, 이산화질소 등과 같은 화학물질이 있다.

오존(O_3)은 산화력이 강해 공기정화, 표백, 음료수의 살균 등에 이용된다. 하지만 지상의 오존은 오염물질과 반응하여 유해 화합물을 만드는데, 이 유해화합물은 눈을 자극하고 시야거리를 짧게 하며, 농작물에 피해를 주고, 급속하게 고무를 부식시키기도 한다. 오존은 광화학스모그 발생시 형성되는 대표적인 오염물질이다. 광화학스모그에 의해 오존이 지상에서 발생될 경우 인체에 직접 피해를 주게 된다.

그러나 지상에서 15∼35 km 높이에 있는 성층권의 오존층은 태양에서 방출되는 인체에 해로운 UV-B라는 자외선을 차단하고, 생물체에 덜 해로운 태양 광선만을 선택적으로 통과시키는 천연 여과장치 역할을 한다.

☞ 오존층 파괴의 주범 프레온가스

프레온가스는 대기권에서는 거의 분해되지 않고 성층권에서 자외선을 받으면 분해된다. 프레온가스가 성층권에 도달하는 기간은 대략 15년이며 성층권에서 분해된 CFC에서 나오는 염소원자 하나가 100년 가량 존속하면서 약 10만개의 오존 분자를 파괴하는 것으로 알려져 있다.

다. 오존층 파괴의 영향

오존층이 파괴되면 지표면에 도달하는 자외선이나 유해광선이 많아져 농작물이나 해양생태계의 생육을 저해하고, 피부암, 안질환 등 질병을 일으키고 인체 면역 기능을 손상시키는 등 다양한 환경문제를 일으킨다.

성층권의 오존이 약 1% 감소하면 지표면의 자외선 양이 약 2% 증가한다고 한다. 이에 따라 피부암의 발생률은 약 4%가, 백내장은 0.6%가 각각 증가하여 전 세계적으로 일 년에 약 10만명 이상이 시력을 잃거나 피부암에 걸릴 것으로 추정되고 있다.

오존층 파괴로 자외선이 증가하면 해양 플랑크톤의 체질을 변화시켜 해양 생태계의 먹이사슬이 파괴된다. 육상식물의 경우, 개화 감소, 잎 크기의 감소 등 돌연변이가 크게 늘어나 농·수산물의 생산이 크게 줄어들 것이다.

1.3. 산성비

가. 산성비의 발생과 영향

산성비(acid rain)란 대기 중에 방출된 황 산화물, 질소 산화물 등의 화학물질이 빗물에 녹아 산성화된 비를 말한다.

석탄, 석유 등 에너지가 연소할 때 발생하는 아황산가스(SO_2)와 자동차 배기가스인 질소산화물(NOx)등 주요 원인 물질이 빗물에 녹으면서 황산과 질산이 포함된 빗물이 내리게 된다. 이러한 산성비는 산림을 파괴하고 하천, 호소 등을 오염시켜 생태계를 파괴하며, 토양을 산성화시켜 농업생산에 악영향을 미친다. 또한 산성비는 인체에 직접적인 피해를 주고, 건물, 교량 등 구조물을 부식시킨다.

일반적으로 순수한 물은 중성(pH 7.0)이며, 대기 중의 비는 이산화탄소 등으로 인해 산도(pH)가 5.6 정도이다. 산성비란 산도가 5.6 이하인 비를 말한다. pH 5.6을 빗물의 자연 상태의 pH라고 하며 보통 빗물의 산성 여부를 판단하는 기준으로 사용한다.

대기 중에는 이산화탄소 이외에도 빗물의 산성도에 영향을 미칠 수 있는 수많은 다른 성분들이 있으므로 빗물의 pH는 장소에 따라 변한다. 예를 들어 암모니아가 많거나 토양입자가 많은 지역의 빗물의 pH는 5.6보다 커지게 되며, 화산의 영향권에 있는 지역은 pH가 5.6보다 작아질 수도 있게 된다.

인간 활동의 영향을 별로 받지 않은 지역에서의 빗물 pH는 5.6과 많은 차이를 보일 수 있다. 실제로 오염원으로부터 멀리 떨어진 지역에서는 pH 5.0 부근의 비가 많이 관측되고 있다. 이에 따라 1980년대 이후 많은 연구자들은 실용적인 관점에서 산성비의 pH 기준을 5.0으로 하는 것이 타당하다고 주장한다.

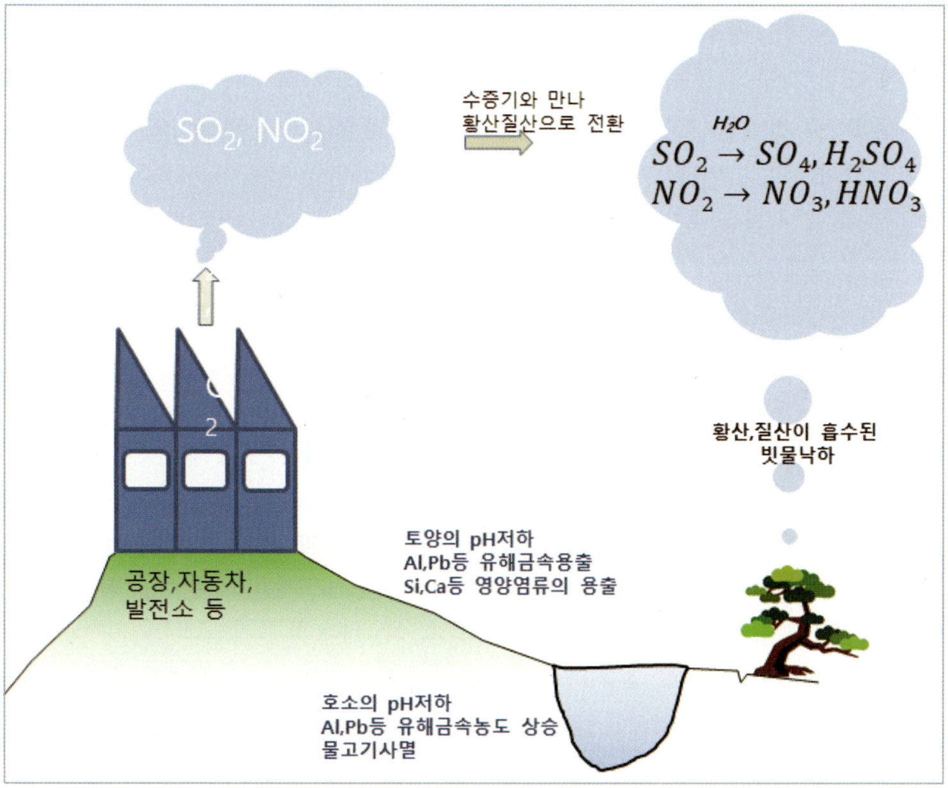

<그림 2-5> 산성비 생성모식도

나. 산성비 피해지역

산성비에 따른 피해는 북미의 캐나다, 스칸디나비아 호수지역 등에서 크게 나타나고 있다. 스웨덴의 경우 85,000개의 호수 중 18,000개가 산성화되었고, 노르웨이는 8,000개

호수 중 1,750개가 산성화되었다. 삼림의 피해는 서부 독일은 삼림의 50% 정도, 동부 독일은 85% 정도가 산성비 피해를 입고 있다고 보고하고 있다. 또한 지난 80년 동안 유럽 지역 삼림 1억 4천여만 헥타아르 중 35%에 달하는 4,965만 헥타아르가 고사하였다. 최근에는 중국대륙의 급격한 공업화로 우리나라를 포함한 동아시아 지역의 산성비 피해가 급격히 증가하고 있는 실정이다.

1.4. 삼림감소와 사막화

가. 열대림의 파괴

열대림은 탄소 동화작용에 의해 이산화탄소를 흡수하고 산소를 배출하는 지구의 허파 역할을 하고 있으며, 해양의 이산화탄소 흡수 능력과 함께 온실가스에 대한 지구 자정능력을 담당하는 매우 중요한 부분이다. 그러나 근래에 이르러 열대림이 감소됨에 따라 온실가스에 대한 지구 자정능력의 상실, 삼림자원의 감소, 생태계의 파괴로 인한 동·식물 서식지 감소 및 생물종 다양성의 감소 등 심각한 환경문제를 일으키고 있다.

특히 동남아시아, 남미 및 아프리카 지역은 위험하리만큼 삼림이 부족하다. 이 지역에서는 벌목 속도가 식목 속도보다 빠르며, 상업용으로 벌채되는 나무 29그루당 불과 1그루의 비율로 대체 조림이 이루어지고 있다. 이러한 열대림의 무분별한 벌목은 토사 유출, 홍수 등 자연재해를 일으켜 농경지를 유실시키고, 이는 또다시 빈곤의 문제로 이어지는 악순환을 되풀이하게 된다.

☞ 지구삼림의 파괴실태

전 세계에서는 지금도 목재와 펄프 생산을 위한 벌채와 작물 재배를 위한 개간 작업이 진행되고 있습니다. 뿐만 아니라 기후변화도 열대우림을 파괴하는 요인입니다. 8천년 전만 해도 지구 전체 면적의 거의 절반을 차지했던 숲이 이제는 4/5가 황폐화 되었거나 파괴되었습니다.

지금 이 순간에도 매 2초마다 축구장 한 개 면적에 해당하는 숲이 벌채나 산림파괴 행위로 지구상에서 사라지고 있습니다. 인도네시아 원시림의 72 %, 아마존 원시림의 15 %는 이미 영원히 사라졌습니다. 그리고 이제는 콩고의 원시림마저 같은 위협을 받고 있습니다.

산림파괴의 원인은 지역마다 다르지만 공통된 원인도 있습니다. 바로 '인간의 활동'입니다. 농업, 벌목, 광산 개발 등으로 인간은 그 무엇으로도 대체가 불가능한 숲과 그 숲에 의존해 살아가고 있는 생물들을 놀랄만한 속도로 파괴하고 있습니다.

〈그린피스, 2018〉

나. 사막화의 진행

사막화란 건조, 반건조, 건조저습 지역에서 기후변화, 인간 활동 등의 다양한 요인에 의해 토양의 질이 저하되어 토양이 점차 사막으로 변하는 현상을 말한다.

현재 사막화가 진행되는 땅은 지구 표면의 1/3에 달하고 있다. 매년 지구에서 240억 톤의 표토가 유실되면서 사막화가 진행 중인데 이러한 사막화 현상에 의해 지난 20년 동안 미국의 경작지 전체를 덮을 수 있는 양의 표토가 유실되었다.

사막화는 기후변화 등에 의한 자연적인 현상과 개간 등의 인간의 다양한 활동에 의해 발생된다. 인구가 빨리 증가하면 개간 등으로 농업지역이 확대되고 삼림이 파괴되어 궁극적으로 사막화를 야기한다. 또한 농약과 기타 화학물질의 과다 사용 역시 토질을 저하시켜 사막화를 촉진한다.

이러한 사막화 현상으로 인해 경작지가 감소되어 식량 생산량이 줄어들게 됨에 따라 농촌 빈곤화 현상이 심화되며, 환경문제, 사회문제 등이 발생하는 등 생태계가 파괴되고 인간의 생존까지 위협받는 상황이 초래될 수 있다.

☞ 사막화 발생과 피해에 대한 유엔의 경고

해마다 미국 로드 아일랜드주(州) 규모의 땅이 먼지 구덩이로 변하는 등 지구촌의 사막화가 급속히 진행되고 있다는 경고가 나왔다. 유엔은 15일 지난 1994년 제정된 사막화 방지 협약 10주년을 맞아 "지구 표면의 3분의 1이 현재 사막화의 위험에 노출돼 있다"며 그같이 경고했다.

유엔에 따르면 지난 90년대 중반부터 2000년까지 매년 로드 아일랜드주와 크기가 비슷한 1천374 평방마일의 땅이 사막으로 바뀌어 왔고, 특히 중국에선 1950년대 이후 인디애나주 크기인 3만6천 평방마일의 땅이 사막으로 변했다. 연평균 지구의 사막화 면적이 70년대 624 평방마일, 80년대는 840 평방마일이었던 점에 비춰보면 90년대 중반 이후 사막화 진행속도가 급격히 빨라졌음을 알 수 있다.

유엔은 또 사막화 현상으로 2025년까지 아프리카에서는 기존 경작지의 3분의 2가 불모지로 변하고, 아시아에서는 3분의1, 남아메리카에선 5분의1의 땅이 비슷한 처지로 전락할 것으로 내다봤다. 아울러 프랑스와 독일 인구를 합친 것과 맞먹는 약 1억3천500만명이 기존 거주지에서 살 수가 없어 물과 초원을 찾아 다른 곳으로 떠나야 할 것으로 예측했다.

〈환경부 알림마당, 2004〉

1.5. 생물다양성 감소

가. 생물다양성 감소와 원인

생물다양성(biodiversity) **감소**란 동·식물이 기후변화로 인한 서식지 파괴, 산성비, 오존층 파괴, 환경호르몬 등의 영향으로 지구상의 생물종이 점차 감소하는 현상이다.

☞ **지구상에는 약 1억종의 생물이 서식하는 것으로 추정되고 있는데 그 중에서 약 170만종이 알려져 있다. 과학자들은 50년 이내에 지구상 생물종의 약 1/4이 소멸될 것으로 예측하고 있다.**

생물종 다양성을 감소시키는 중요한 원인은 인간 활동의 증가이다. 인간 생활에 필요한 목재, 야생 동·식물, 농산물 등의 과도한 채취활동으로 인해 종 보유량은 고갈되고 있다. 또한 농업생산에 효율적이지 않은 생물종을 인위적으로 도태시킴에 따라 생물종 다양성이 급격히 감소되고 있다. 그러나 생물종의 다양성에 대한 더 큰 위협은 유해 화학물질의 생산과 배출 증가로 인한 오염물질이 대기, 강, 호수, 해양 등으로 방출되고 있다는 점이다.

나. 생물다양성 감소의 영향

생물종 다양성의 손실은 인류의 복지와 생존에 영향을 준다. 생물종의 감소는 그 생물종의 존재 유무 뿐 아니라 생태계의 안정성과 자정능력을 감소시킨다. 생물종은 인간에게 새로운 식량, 의약품, 에너지 형태로 다양한 혜택을 주며 환경관리를 도와주기 때문에 가능한 한 다양한 생물종과 유전인자가 보전되어야만 한다.

개도국의 경우 조제되는 약 처방의 25 %가 식물로부터 추출된 성분을 포함하고 있다. 전 세계적으로는 3천종 이상의 항생제가 미생물에서 획득되는 것으로 알려지고 있다. 동양 전통 의약의 경우는 5,100여종의 동·식물이 사용되고 있다.

☞ **생물다양성의 경제적 가치**

경제 가치적 측면에서도 생물다양성 보전은 중요합니다. 현대에 들어 엄청난 잠재적 시장 가치를 가진, 즉 차세대 성장 동력으로서 인정받은 유용 생물자원을 선점하기 위해 국제적 경쟁이 치열합니다. 게다가 생명공학기술의 발달로 천연신약, 유용생물소재 발굴이나 식량과 관련된 종자개량, 유전체 연구 등에 있어 생물자원의 활용가치가 급속히 확대되고 있지요.

크리스마스트리의 재료로 유명한 구상나무는 1900년대 초반 제주도에서 반출된 것이 그 기원이 되었습니다. 일례로 1940년대 라일락과 생김새가 비슷한 털개회나무(수수꽃다리)가 반출된 후 일반 라일락보다 향기가 더 진하고 꽃이 더 오랫동안 피도록 품종개량 되었고, 미국 라일락 시장의 30 %를 점유하게 되었습니다. 결국 우리가 로열티를 지불하고 다시 '미스킴 라일락'으로 역수입했습니다. 크리스마스트리로 유명한 구상나무는 기독교문화권에서 그 가치를 인정받아 제주도에서 반출되었고, 개량을 통해 현재 정원수와 크리스마스트리로 각광을 받는다고 합니다. 넓게 형성된 작물재배단지는 생물다양성을 찾아볼 수 없는 공간이 되었고 농약이나 제초제의 사용에 의해 원래 서식생물은 급속도로 사라져갔다.

하지만 지구 생물종 절멸 속도는 지구 역사상 이전보다 100~1000배 빠르게 일어나고 있답니다. 이러한 상황이기에 유전자원의 보전을 직접 국가 이익으로 돌릴 수 있도록 2010년 일본에서 '나고야 의정서'가 채택돼 2014년 12월부터 발효되었습니다. 타국의 생물 유전자원을 사용하는 국가는 해당 국가에서 사전 승인도 받아야 하고, 의약품 개발 등 수익이 생기면 원산지 국가와 나눠야 한다는 게 골자입니다. 결국 이 의정서는 생물 유전자원의 경제적 가치와 생물다양성 보전이라는 두 마리 토끼를 모두 잡을 수 있다는 내용이죠. '나고야 의정서'는 이를 통해 생물종 절멸 속도를 2020년까지 절반 이상으로 줄인다는 목표를 세우고 있습니다.

〈우리가 생물다양성을 지켜야 하는 이유, 김영준, 한국일보 2018.5.16.〉

☞ **생물다양성과 그 이용**

우리나라 과학기술원에서는 피를 빨아먹는 거머리에서 췌장염이나 관절염 등 염증 치료에 효과가 탁월하며 안정성이 있는 "거머린"을 추출·정제하는데 성공하였다. 거머린은 한국산 흡혈 거머리에서만 발견된다고 한다.

1960년대에는 백혈병에 걸린 어린이의 생존율이 1/5에 지나지 않았으나, 이제는 생존율이 4/5로 크게 증가하였다. 이는 마다가스카르산 열대식물인 빙카에서 발견된 치료제 덕분이다.

아마존 유역에서 자라는 코파이마 나무에서는 디젤오일과 유사한 액체가 나오는데 이것은 트럭에 그대로 부어서 연료로 사용할 수 있다. 서아프리카에서 발견한 딸기는 설탕보다 3천배 달고 칼로리는 설탕보다 낮다.

1.6. 유해 화학물질과 내분비계 장애 물질

가. 유해 화학물질

유해물질(hazardous material) 이란 극히 미량으로도 질병이나 독성을 일으키고 죽음에 이르게 하는 인간의 건강 및 생물체의 기능에 이상을 일으키는 물질이다. 유해 화학물질이 자연환경에 그대로 유입되는 경우 예측이 불가능하며, 짧은 시간에 일어나거나 때로는 인지하지 못하는 경우에는 오랜 시간에 걸쳐 오염이 일어날 수도 있다.

유해물질은 공기, 물, 토양을 통해 생물체에게 전달된다. 유해물질은 산업혁명 이후 현재까지 꾸준히 증가되어 왔는데 이러한 유해물질 대부분이 화학물질이다. 대개의 경우 유해화학물질은 사고를 통해서 유출된다. 국내외 대표적인 유해 화학물질 사고로서 낙동강 페놀 유출사고, 인도 보팔시에서 발생했던 유니온 카바이트사의 메칠이소시아나이트의 폭발사고, 구소련의 체르노빌 원전 폭발사고 등의 예를 들 수 있다.

유해 화학물질은 벤젠, 톨루엔, 다이옥신 등 대기 오염물질, 산업 폐수나 DDT, BHC 등의 유기 염소계 농약에 의한 수질오염 물질 등 다양한 형태로 존재한다.

유해 화학물질 폐해에 대한 관심은 레이첼 카슨(Rachel Carson)이 『침묵의 봄(silent spring, 1962)』에서 DDT가 환경 생태계에 미치는 영향을 경고하면서부터 고조되었다.

카슨은 미연방 야생 동·식물보호국의 직원으로 당시 농약으로 사용되던 DDT를 지속적으로 사용할 경우, 조류가 멸종되어 봄이 와도 새소리가 들리지 않을 것이며, 나아가 인간을 포함한 전 세계에 치명적인 영향을 미칠 것이라고 경고하였다.

나. 내분비계 장애물질 (환경호르몬)

발암이나 유전독성을 지닌 유해물질은 물론 최근에는 인체의 호르몬 작용을 교란시켜 정자수를 감소시키거나 성 변이를 가져올 수 있는 내분비계 장애물질, 일명 환경 호르몬이 등장하였다.

콜보온(『빼앗긴 미래』) 이나 캐드버리(『여성화하는 자연』) 등은 환경호르몬 문제의 심각성을 제기하였고 OECD가 이 문제를 가맹국회의에서 논의할 정도로 심각한 환경문제로 대두하였다.

환경호르몬이란 생체 안에 들어가 여성호르몬(에스트로겐)과 유사한 작용을 하거나 항(抗)남성호르몬(안드로겐) 작용을 하여 내분비계를 교란시키고 생체에 이상 작용을 유발하는 물질을 말한다.

☞ 내분비계 장애물질의 종류

현재 내분비계 장애물질로 의심을 받고 있는 물질은 70여종에 이른다. 대표적으로 알려진 것은 살충제로 사용하는 DDT와 그 분해물질인 DHP, 월남전에서 사용한 고엽제 속의 다이옥신, 일본에서 가네미유 사건으로 밝혀진 폴리염화페닐(PCB), 합성세제원료인 노닐페놀, 플라스틱원료인 비스페놀 A 등이다.

비스페놀A는 음식용기와 음료포장제로 널리 사용되고 있는 플라스틱류의 원료이며, 치과용 재료에도 포함되어 있다.

그 밖에 내분비계 장애물질에 오염된 것으로 우려되는 것은 어패류, 육류 등이며, 내분비계 장애물질을 포함하는 것으로 추정되는 것으로는 일회용 식기, 랩, 전자레인지 등이다.

내분비계 장애물질은 인류를 포함한 지구 생물체의 종족 보전을 위협하는 심각한 환경문제로서 오존층 파괴, 지구 온난화와 함께 21세기를 위협하는 3대 지구 환경 문제로 부각되고 있다.

이러한 유해 화학물질은 오염 사고만을 통해 환경에 유입되는 것이 아니라 식품이나 식기, 일상용품 및 사무기기, 자동차 등 일상생활 과정에서 우리가 흔히 접하는 물질에 포함되어 있기 때문에 더욱 심각한 사회문제로 대두되고 있는 실정이다.

2. 지구환경보전을 위한 국제적 노력

2.1. 국제협력기구

국제적인 환경문제에 대한 논의는 로마클럽이 1972년 발간한 「성장의 한계」라는 책으로부터 시작되었다. 폭발적 인구성장을 경험하고 있던 모든 나라들이 공감대를 형성하고 인구증가와 환경문제에 대해 문제의식을 가지고 동일선상에서 바라보게 되었다. 환경문제에 대한 이러한 국제사회의 의식을 바탕으로 1972년 6월 5일 스웨덴의 스톡홀름에서 제1차 세계환경회의를 개최되었으며, 유엔환경계획(united nations environment program; UNEP)이라는 환경기구를 창설하였고, 6월5일을 세계 환경의 날로 지정하였다.

가. UNEP

UNEP(united nations environment program)은 UN 차원에서 환경 관련 활동에 대한 방향 설정과 조정 등을 통해 정책지침을 제공하고, 환경 분야에서의 국제협력과 환경관련 정보의 수집·평가 및 교환을 촉진하고자 설립되었다.

UNEP외에 환경문제관련 협력기구는 <그림 2-6>과 같다.

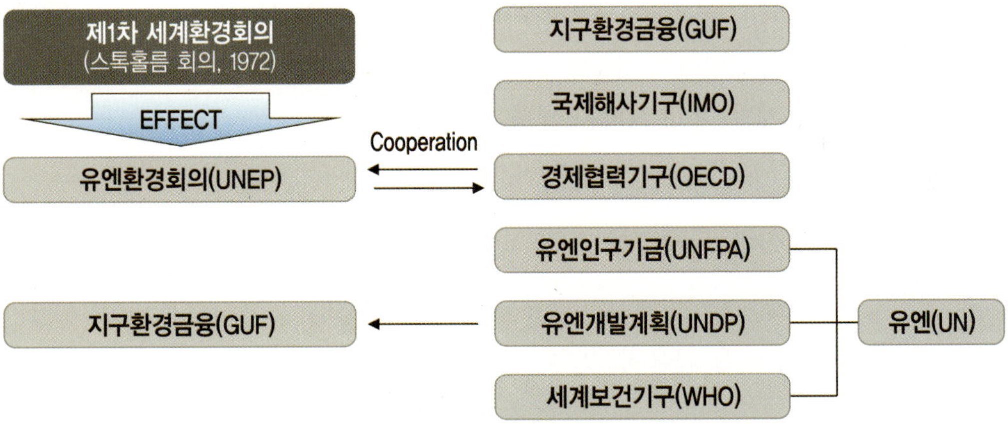

<그림 2-6> 환경문제관련 국제협력기구

나. 유엔 지속가능위원회(UNCSD)

UNCSD는 1992년 6월에 열린 리우 유엔 환경개발회의에서 채택된 '의제 21'의 이행상황을 점검하고 그에 따른 후속방안을 마련하기 위하여 1992년 12월 유엔 총회 결의에 의해 경제사회이사회 산하의 고위급 위원회로서 설립되었다. UNCSD에는 3년 임기로 53개국이 이사국으로 참여하고 있으며, 우리나라는 그동안 네 차례(1993~1995, 2000~

2002, 2004~2006, 2007~2009)에 걸쳐 이사국으로 선정되어 활동 중이다. 빈곤퇴치, 소비·생산, 자연자원 보전·관리, 세계화, 건강, 이행수단, 제도적인 체제, 성평등, 교육 등이 공통 이슈(cross cutting issues)이다.

다. 경제협력개발기구(OECD)

경제협력개발기구(OECD : organization for economic cooperation and development)는 세계경제의 지속적인 성장과 복지증진을 목표로 1961년 9월에 설립된 국제기구이다. 우리나라는 1996년 12월 12일 제29번째 회원국으로 가입하였다.

OECD는 환경 분야와 관련하여 정책개발, 환경·경제 통합, 데이터·정보·경험 공유 및 비회원국과의 협력 등을 주 업무로 하고 있으며, 최근에는 기후변화의 경제학적 분석, 환경성과평가, 정책 미이행 비용 분석 등을 중점적으로 추진하고 있다.

라. 아태 경제사회이사회(ESCAP)

ESCAP(Economic and Social Commission for Asia and the Pacific)은 아시아와 태평양지역의 경제재건 및 개발을 촉진하고, 정보공유 및 기술지원 등 지역 내 경제문제에 관하여 UN 경제사회이사회(ECOSOC)의 기능을 보좌하기 위해 1947년 UN총회의 결의로 태국 방콕에 본부를 두고 설립되었다.

환경 분야에 있어서의 ESCAP의 역할은 범지구적 목표인 지속가능개발을 지역차원에서 성취할 수 있는 제반 방안의 강구와 이행에 있다. 이를 실현하기 위하여 1985년부터 매 5년마다 환경과 개발 각료 회의를 개최하여 왔다.

2.2. 지속가능발전과 국제협력

21세기 들어 국제환경회의에서 가장 빈번하게 등장하는 용어로 '지속가능발전(sustainable development)'을 꼽을 수 있다. 경제와 사회의 발전 및 환경 보전을 3대 축으로 하는 지속가능발전은 지난 1992년 6월 브라질 리우데자네이루에서 열린 유엔환경개발회의(united nations conference on environment and development, UNCED)에서 '리우선언'과 '의제 21'이 채택된 것을 계기로 지구촌 번영의 중심 개념으로 부상하게 되었다.

그로부터 10년 후인 2002년 8월 26일부터 9월 4일까지 남아프리카공화국 요하네스버그에서 열린 '지속가능발전 세계정상회의(world summit on sustainable development, WSSD)'에서는 날로 심각해져 가는 빈곤과 환경문제에 대한 해결방안 등 지구촌 발전방안을 담은 'WSSD 이행계획(일명 '요하네스버그 이행계획')'과 이에 대한 정치적 의지를 표명한 '요하네스버그 선언문'을 채택하였다.

☞ **지속가능발전 국제 동향**

'지속가능발전' 개념은 1987년 환경과 개발에 관한 세계위원회(WCED)가 발표한 보고서 「우리 공동의 미래(our common future)」에서 정의되어 널리 알려졌다. WCED 보고서(브룬트란트 보고서)에 따르면, 지속가능발전은'미래 세대의 필요를 충족시킬 수 있는 능력을 훼손하지 않는 범위에서 현재 세대의 필요를 충족시키는 발전'을 말한다. 지속가능발전은 브라질 리우 데 자네이루에서 1992년 개최된 유엔환경개발회의(UNCED, Rio 회의)에서'환경적으로 건전하고 지속가능한 발전(ESSD)'이라는 환경-경제 통합 개념으로 발전되었고, 2002년 지속가능발전세계정상회의(WSSD, Rio+10)에서 환경-경제-사회의 통합과 균형을 지향하는 인류 보편적인 발전전략으로 정착되었다.

〈환경백서, 2017〉

이러한 지속가능발전 개념은 국제무역질서 재편 과정에도 도입되었다. 1972년 유엔인간환경회의 이후 싹트기 시작한 이러한 움직임은 환경보호와 자유무역간 관계 정립 문제를 중심으로 논의되어 왔으며, 1994년 WTO 설립이후 WTO 산하 무역환경위원회(CTE : committee on trade and environment)가 설립되면서 본격화되었다. 특히 지난 2001년 11월 출범한 '도하개발 아젠다(DDA : doha development agenda)' 무역협상과 현 국제무역의 중심 기조로 자리 잡고 있는 '자유무역협정(FTA : free trade agreement)' 체제는 다양한 환경무역 연계 의제에 대한 논의의 장을 마련함으로써 무역과 환경의 상호발전을 통한 지속가능발전 달성의 추진계기를 마련하였다.

도하개발 아젠다 환경무역 협상은 국제적 차원은 물론 국내적 차원에서의 환경보호 노력을 세계무역규범과 조화시키고 환경서비스 및 환경상품의 국제적 교역을 확대함으로써 환경기술의 국가 간 이전을 촉진하는 것을 목표로 하고 있다.

또한 칠레, 싱가폴, EFTA, 미국(이상 협상완료국), EU, 캐나다, 아세안, 인도, 멕시코와 논의하고 있는 자유무역협정은 무역이 환경에 미치는 영향과 환경시장 개방을 중점 논의함으로써 궁극적으로 환경과 경제의 상호발전을 추구하고 있다.

2.3. 국제환경협약

가. 기후변화협약

기후변화협약(UNFCCC, united nations framework convention on climate change)의 궁극적 목표는 '인간이 기후체계에 위험한 영향을 미치지 않을 수준에서의 대기 중 온실가스 안정화'이다. 기후변화에 관한 정부 간 패널(IPCC, intergovernmental panel on climate change)은 인간 사회의 발전 시나리오에 따라 다양한 결과를 제시하고 있는데 어떠한 안정화 시나리오를 선택하느냐는 정치적인 문제라고 할 수 있다. 높은 농도에서의 안정화를 택하게 될 경우 기후체계의 위험은 가중될 것이다.

기후변화협약은 다양한 행동 원칙도 아울러 제시한다. 무엇보다도 '공통의 차별화된 책임(common but differentiated responsibilities)'과 '대응 능력(respective capabilities)'을 강조하고 있다. 선진국과 개도국 모두 이러한 원칙에 따라 움직여야하는데 여기에 선진국의 리더십이 요구된다는 점에는 이견이 없는 상황이다. 그러나 공통의 차별화된 책임원칙이 과거의 역사적 배출량만을 이야기하느냐 아니면 현재 또는 미래의 배출량도 고려해야 하는 것이냐에 대해서는 선진국과 개도국 간의 생각과 입장이 현저히 다르다.

☞ **기후변화대응 국제 동향**

1979년 제1차 세계 기후회의에서 최초로 기후변화대응을 위한 국제적 공조 방안, 기후변화에 관한 정부 간 패널(IPCC, intergovernmental panel on climate change)의 설립이 논의되었다. 이후 1985년의 비엔나협약에 의해 온실가스이자 오존층파괴물질인 프레온가스(CFCs)에 대한 규제가 시작되었고, 1987년 몬트리올 의정서를 통해 결실을 맺게 되었다. 이러한 움직임은 기후변화협약이 탄생할 수 있도록 국제사회의 인식과 관심을 이끌어냈다.

이후 기후변화협약에 따른 기후당사국총회에서 기후변화대응을 위한 다양한 논의가 진행되고, 교토의정서 등이 탄생하였다.

〈환경백서, 2017〉

기후변화협약은 1992년 채택 당시 국가를 온실가스 감축의무를 부담하는 선진국(부속서 1국가)과 감축의무를 부담하지 않는 개도국(비부속서 1국가)으로 구분하였다. 그 당시 선진국은 경제개발협력기구(OECD) 24개 회원국과 동구 경제전환국 11개국으로 구성되었으나 이후 OECD 24개 회원국, 동구 경제전환국 14개국, 여타 2개국으로 확대되었다. OECD 회원국은 다시 부속서 2국가로 분류되어 개도국에 대한 재정 및 기술 지원 의무를 부담하도록 하였다.

온실가스 감축문제와 관련하여 협약은 선진국들에게 2000년까지 1990년 배출수준으로 복귀할 것을 요구하였다. 또한 이러한 노력이 기후변화 대응에 적절한지의 여부를 정기적으로 점검하도록 하고 있다. 1995년에 개최된 제1차 당사국 총회(독일 베를린)에서는 협약에 대한 평가를 토대로 선진국에 대해 2000년 이후에도 온실가스 감축의무를 부과하고 이를 위해 협약 부속 의정서에 대한 협상을 하도록 요구하였다. 교토의정서는 이러한 요구의 결과로 탄생된 것이다.

나. 교토의정서

1997년 제3차 기후변화 협약 당사국 총회에서는 목적, 감축대상물질, 의무이행 당사국을 지정하였다.

- 목적 : 선진국의 구속력 있는 양적 감축의무 명문화 → 2005년 2월 발효
- 감축대상 가스(GHG; green house gas) : CO_2, CH_4, N_2O, HFCs, PFCs, SF6
- 의무이행 당사국 : 오스트레일리아, 캐나다, 미국, 일본, 유럽연합(EU) 등 총 38개국

실효성을 높이기 위하여 교토 의정서 메커니즘 도입하여 다음과 같은 내용을 포함하였다.

- 공동이행제도 (JI; joint implementation)
- 청정개발체제 (CDM; clean development mechanism)
- 배출권거래제도 (ET; emission trading)

다. Post-2012 협상

2005년부터 교토의정서 의무부담 선진국에 대한 온실가스 감축협상이 시작되었다. 그러나 선진국들은 개도국들의 온실가스 감축문제에 대한 기여가 확보되지 않는 선진국만의 의무부담 논의를 더 이상 진전시키려고 하지 않았다.

그러던 중 2007년 12월 인도네시아 발리에서 개최된 유엔 기후변화 회의에서 2013년부터 시작되는 기후변화체제에 대한 협상(Post-2012 협상) 일정을 제시한 '발리 로드맵'(bali roadmap)이 채택되어 post-2012 협상은 비로소 큰 전환점을 맞게 된다. 이러한 발리 로드맵의 특징은 Post-2012 협상을 교토의정서와 기후변화 협약의 two-track으로 진행시킨다는 점이다.

2009년 12월 7일부터 18일까지 개최된 코펜하겐 회의는 협상 완료 예정 시한이었음에도 불구하고, 협상을 마치지 못한 채 협상 기간을 1년 연장하기로 결정하였지만 향후 협상을 위한 가이드라인이 될 수 있는 '코펜하겐 합의문(copenhagen accord)'을 도출하는 중요한 성과를 거두었다는 점에서 의미를 찾을 수 있다. 코펜하겐 합의문은 전 지구적 기온 상승을 2℃ 이내로 제한하고, 선진국의 감축의무와 개도국의 감축행동을 목록화하기로 하였으며, 개도국 지원을 위한 재원을 단기적으로(2010～2012년) 300억불 규모로 조성하고, 2020년까지의 중기 재원은 매년 1000억불 규모로 조성하기로 하였다.

라. 파리 기후변화 협약

파리기후변화협약이란 전 세계 온실가스 감축을 위해 2015년 12월 12일 프랑스 파리에서 맺은 국제협약을 말한다. 산업화 이전의 시기 대비 지구 평균기온 상승폭을 2도보다 상당히 낮은 수준으로 유지하는 게 주요 목표이다.

파리 기후변화 협약은 2020년 이후 적용할 새로운 기후협약으로서 1997년 채택한 교토의정서를 대체하고자 채택되었다. 교토의정서에서는 선진국만 온실가스 감축 의무가

있었지만 파리 협정에서는 세계 온실가스 배출량의 90% 이상을 차지하고 있는 195개 참여 당사국 모두가 감축 목표를 지켜야 하는 것으로 변화되었다. 이 협약에는 중국을 포함해 총 195개 국가가 서명했지만 2017년 미국이 탈퇴했다

마. 오존층 보호를 위한 비엔나 협약

1985년 3월 발효되었으며, 오존층을 파괴하는 물질에 관한 1987년 9월에 CFCs 생산량을 1986년 수준으로 동결하는 약속을 담은 「몬트리올 의정서」는 47개국이 서명·발효되었다.

바. 생물다양성 협약

생물다양성 협약은 생물다양성의 보전과 지속가능한 이용 및 유전 자원의 이용으로부터 발생되는 이익의 공정한 이익 배분을 목적으로 1992년 리우 유엔 환경개발회의에서 채택되었다. 이 협약은 아래의 내용을 포함하고 있다.

- 각국의 생물자원에 대한 주권적 권리 인정,
- 생물종의 파괴행위에 대한 규제,
- 생물다양성의 보전과 합리적 이용을 위한 국가전략의 수립,
- 생물다양성 보전을 고려한 환경영향평가
- 유전자원 제공국과 생명공학 선진국과의 공정한 이익 배분,
- 유전적으로 변형된 생물체(LMOs : living modified organisms)의 안전관리

사. 멸종위기 야생동식물의 국제거래에 관한 협약(CITES)

CITES는 야생으로부터 포획·채취한 동·식물을 국제적으로 거래하는 것이 동·식물의 생존에 가장 큰 위협이 되고 있음을 깨닫고, 야생 동·식물 수출입 국가들이 상호 협력하여 국제 거래를 규제함으로써 서식지로부터의 무질서한 채취 및 포획을 억제하고자 하는 데서 시작되었다. 1973년 미국 워싱턴에서 81개국이 참가하여 채택되고, 1975년 7월 1일 발효되어 30여년의 역사를 갖는 가장 오래된 환경 협약 중 하나이다. 2007년 5월 현재 171개국이 가입하고 있으며, 우리나라는 1993년 7월 9일 120번째로 협약에 가입하였다.

아. 바젤협약

바젤협약은 「유해 폐기물의 국가 간 이동 및 처리·통제에 관한 협약」으로, 유해 폐기물에 의한 인간의 건강과 환경에 대한 피해를 방지하기 위해 1989년 스위스 바젤에 본부를 두고 탄생하였다. 이 협약은 유해 폐기물이 국가 간 이동에 따른 환경적 위협이 발생하지 않도록 각 국가가 노력해야 한다는 일정한 의무를 부과하고, 국경 이동시 사전 보고를 하며, 불법거래를 금지하는 등의 내용을 포함하고 있다.

자. 사막화방지 협약

심한 가뭄과 사막화를 겪고 있는 아프리카 및 일부 국가들의 사막화 방지를 위한 「국제 연합 협약」을 맺고, 국제적 협력과 노력을 통해 사막화 방지와 심각한 가뭄 및 사막화, 토지 침식현상을 겪고 있는 개발도상국을 행정 및 재정 · 기술적으로 지원하고자 하는 것을 주요 내용으로 하고 있다. 1992년 리우에서 '의제 21'을 채택하고, 사막화 방지를 위한 국제적·지역적 협력방안을 마련하기로 결의한 뒤 1994년 파리에서 최종 채택되었으며 여기에 97개국이 서명하였으며, 1996년 12월에 협약이 정식으로 발효되었다.

차. 람사르 협약: 물새 서식지로서 국제적으로 중요한 습지에 관한 협약

람사르 협약은 수조류, 어류, 양서류, 파충류 및 식물의 기본적 서식지인 습지 보호를 위해 1971년 이란의 람사르(Ramsar)에서 채택하였다. 습지는 홍수와 가뭄을 조절하는 등 기후변화 완충역할을 할 수 있으며, 건초용 목초지 보다 2배 이상의 유기물질을 생산한다고 알려져 있다.

제2편

환경문제 해결을 위한 과학적 기초

제3장 기초단위, 물질수지 및 에너지

환경문제 해결에 필요한 물리적 또는 양적 방법을 다루기 위해서는 기초단위와 물질수지, 그리고 에너지에 대한 이론 확립이 필수적이며, 이를 위해 기초단위에서는 단위계, 단위 환산문제, 단위 표현방법을, 물질수지 및 에너지에서는 물질 보존법칙과 에너지 보존법칙에 대해 설명하였다.

주요 내용

1. **기초단위**

   단위계 및 단위환산, 밀도와 비중, 압력, 기체와 액체의 단위 표현, 몰 농도와 N 농도

2. **물질수지와 반응조**

   물질수지, 반응조의 종류와 특성, 반응조의 혼합정도

3. **에너지 전달**

   에너지의 기본원리, 전도 및 대류

1. 기초단위

1.1. 단위계 및 단위 환산

단위계는 길이, 질량, 시간, 온도 등을 나타내는 기본단위와 이를 바탕으로 물리학적 법칙에 따라 유도된 유도단위(힘, 압력, 열량)로 구분된다. 하지만 일반적으로는 질량을 기본으로 사용하는 절대단위계와 중량을 기본으로 하는 공학단위계로 구분하여 사용한다.

절대단위계와 공학단위계의 근본적인 차이는 절대단위계에서의 질량(mass)은 어떤 물체의 고유한 양으로서 측정 장소가 달라져도 절대 변하지 않는 반면, 공학단위계에서 사용되는 중량은 중력의 크기, 즉 중력가속도에 따라 변하는 값이므로 측정 장소에 따라서

중력가속도가 약간씩 변함에 따라 동일한 질량이더라도 약간씩 달라질 수 있다는 점이다.

☞ 예) 1 kg의 질량을 가진 물체
이 물체의 중량 = 1 kg · 9.80665 m/s^2 = 9.80665 N

미국에서 환경에 관한 수치는 U.S 관습단위(USCS: u.s customary system)와 SI단위(international system of units)를 같이 사용하고 있지만 세계적으로는 SI단위가 더 보편적으로 사용되고 있기 때문에 환경공학도는 SI 단위에 익숙해질 필요가 있다.

가장 기본적인 SI 단위계와 USCS 단위계의 환산 계수를 <표 3-1>에 제시하였다.

<표 3-1> 기본 단위 및 환산계수

Quantity	SI units	SI symbol × Conversion factor = USCS units		
Length	meter	m	3.2808	ft
Mass	kilogram	kg	2.2046	lb
Temperature	celsius	℃	1.8(℃)+32	℉
Area	square meter	m^2	10.7639	ft^2
Volume	cubic meter	m^3	35.3147	ft^3
Energy	kilojoule	kJ	0.9478	Btu
Power	watt	W	3.4121	Btu/hr
Velocity	meter/sec	m/s	2.2369	mi/hr
Flow rate	$meter^3$/sec	m^3/s	35.3147	ft^3/s
Density	kilogram/$meter^3$	kg/m^3	0.06243	lb/ft^3

☞ SI단위계 : 1960년 국제도량형협회에서 국제적으로 통일된 단위계를 제안함
system international unit의 약자
MKS를 표준으로 채택(m, kg, s, A, K, mol, cd, rad, st)
비SI단위계 : CGS(cm, g, s)
FPS(ft, lb, s)

환경공학분야 뿐만 아니라 공학 전 분야에 걸쳐 극한적인 큰 수와 극한적인 작은 수를 자주 접하게 된다. 예를 들자면 일부 유독성 성분의 농도는 ppb(parts per billion) 단위로 측정하고, 한 나라의 에너지 terawatt(thousands of billions of watts) 단위로 측정한다. 이와 같이 극한적인 양을 표현하기 위해서는 단위에 동반되는 접두사를 사용하는 것이 유용하며, 자주 사용되는 접두사를 <표 3-2>에 제시하였다.

<표 3-2> 일반적인 접두사

Quantity	Prefix	Symbol
10^{-15}	femto	f
10^{-12}	pico	p
10^{-9}	nano	n
10^{-6}	micro	μ
10^{-3}	milli	m
10^{-2}	centi	c
10^{-1}	deci	d
10	deca	da
10^{2}	hecto	h
10^{3}	kilo	k
10^{6}	mega	M
10^{9}	giga	G
10^{12}	tera	T
10^{15}	peta	P
10^{18}	exa	E
10^{21}	zetta	Z
10^{24}	yotta	Y

1.2. 밀도와 비중

가. 밀도(density)

물체의 밀도는 단위 부피당 질량의 비로 나타낸다. 따라서 물질의 질량과 부피를 측정하면 밀도를 계산할 수 있다.

$$\text{밀도}(density) = \frac{\text{질량}(g)}{\text{부피}(m^3)}$$

나. 비중(specific gravity)

비중은 동일 부피의 물의 질량에 대한 어떤 물질의 질량의 비이다. 비중은 일정 온도에서 물의 밀도와 어떤 물질의 밀도를 비교하여 물의 밀도에 대한 다른 물질의 밀도를 비교하는데 이용된다.

$$\text{물질의 비중} = \frac{\text{물질의 무게}}{\text{같은 부피의 4℃의 물의 무게}} = \frac{\text{물질의 밀도}(g/cm^3)}{\text{4℃ 물의 밀도}(g/cm^3)}$$

1.3. 압력

단위 표면적에 미치는 힘을 압력(pressure)이라고 한다. 표준 대기압은 1기압으로서 지구 표면의 대기 질량이 표준 중력 가속도의 작용에 의하여 지표면의 단위 면적에 작용하는 힘을 나타낸다.

1기압은 101.325 kPa(Pa는 pascal의 약어이다)이며, 14.7 psi(pound per square inch)이다. 따라서 1 psi=6.89 kPa이다. 1기압의 압력을 수은주의 높이로 나타내면 760 mm이며, 수은의 밀도가 13.595 g/cm^{3}이기 때문에 물의 높이로 1기압의 압력을 나타내면 10.33 m이다.

1.4. 기체와 액체의 단위 표현

흔히 공기와 물에 대한 어떤 물질의 농도를 나타낼 경우, 두 매체에 미터법을 사용하면 농도는 질량(일반적으로 mg이나 g), 부피(일반적으로 L나 m^3), 혹은 숫자(일반적으로 mol)로 각각 표현할 수 있다. 물에 대한 어떤 물질의 농도는 4℃일 때 비중이 1이라고 가정하면 질량/부피 또는 질량/질량이 같은 값으로 나타낼 수 있는 반면에 공기에 대한 어떤 물질의 농도는 물과 같은 방법으로 나타낼 수 없기 때문에 부피/부피로 나타낸다.

가. 액체

물에 녹아 있는 물질의 농도는 일반적으로 혼합물의 단위 부피당 물질의 질량이나 수치로 표현된다. 대부분의 단위는 혼합물의 리터(L)당 물질의 밀리그램(mg), 마이크로그램(μg), 또는 몰(mol)이며 때로는 입방미터당 그램(g/m^3)으로 표현하기도 한다.

또한 액체 중 물질의 농도는 혼합물의 질량당 물질의 질량으로 표현하기도 하며 일반적으로 ppm(parts per million) 또는 ppb(parts per billion)의 단위를 사용한다. 대부분의 오염물의 농도는 매우 작기 때문에 1 L의 혼합물은 1,000 g의 질량을 가지며, 실제적으로는 다음 식과 같이 쓸 수 있다.

$$1\ mg/L\ =\ 1\ g/m^3\ =\ 1\ ppm(\text{무게 기준})$$

$$1\ \mu g/L\ =\ 1\ mg/m^3\ =\ 1\ ppb(\text{무게 기준})$$

특수한 조건하에서 액체 중 오염물의 농도가 너무 높아 혼합물의 비중이 영향을 받게 된다면 위에서 제시된 식은 다음 식으로 수정되어야 한다.

$$mg/L\ =\ ppm(\text{무게 기준})\ \times\ \text{혼합물의 비중}$$

나. 기체

대기 오염물의 농도는 부피 기준으로 표현한다. 예를 들어 기체 오염물의 ppm 농도는 공기 혼합물 100만 부피당 오염물 부피로 나타내는데 다음 식과 같이 표현한다.

$$\frac{\text{기체상 오염물의 부피}}{\text{공기의 부피} \times 10^6} = 1\ ppm(\text{부피기준}) = 1\ ppmv$$

이것은 부피에 기본을 두고 일반적으로 위에서 제시된 식에 나타낸 바와 같이 ppm에 v를 첨가하여 ppmv로 표현한다. 때때로 농도를 $\mu g/m^3$ 또는 mg/m^3과 같이 단위 부피당 질량으로 표현하기도 한다. ppmv와 mg/m^3과의 상관 관계는 압력, 온도 및 오염물의 분자량에 의존하며, 이 상관관계는 다음 식의 이상 기체 법칙을 이용하여 정립할 수 있다.

$$PV = nRT$$

여기서, P = 절대압력(atm)
V = 부피(m^3)
n = 질량(mol)
R = 이상 기체 상수 = 0.08206 $L \cdot atm \cdot K^{-1} \cdot mol^{-1}$
T = 절대 온도(K)

윗 식에서 질량은 기체의 몰(mol) 수이다. 또한 온도는 다음 식과 같이 절대 온도(K)로 표현된 온도를 의미한다.

$$K = ℃ + 273.15$$

예 제

■ 이상 기체의 부피

1몰의 이상기체가 표준 온도 및 압력조건 (STP)인 0 ℃와 1기압에서 차지하는 부피를 구하라. 또한 1기압, 25 ℃인 경우도 계산하라.

풀이

앞 식에서 온도가 0 ℃(273.15K)이면

$$V = \frac{1\ mol \times 0.08206\ L \cdot atm \cdot K^{-1} \cdot mol^{-1} \times 273.15\ K}{1\ atm} = 22.41\ L \text{ 이고,}$$

25 ℃(298.15K)이면 다음과 같다.

$$V = \frac{1\ mol \times 0.08206\ L \cdot atm \cdot K^{-1} \cdot mol^{-1} \times 298.15\ K}{1\ atm} = 24.47\ L$$

위에서 제시된 예제에서 1몰의 이상기체는 0 ℃와 1기압에서 22.41 L(22.41×10^{-3} m^3)를 차지함을 알 수 있다. 따라서 아래와 같이 나타난다.

$$mg/m^3 = ppmv \times \frac{1\ m^3\ pollutant/10^6 m^3\ air}{ppmv} \times \frac{mol\ wt(g \cdot mol)}{22.41 \times 10^{-3} m^3/mol} \times 10^3\ mg/g$$

이를 더 간단하게 표현하면 다음과 같다.

$$mg/m^3 = ppmv \times \frac{ppmv \times mol\ wt}{22.41} \ (0℃ \text{ and } 1\ atm)$$

마찬가지로 미국에서 대기질(air quality)을 언급할 때의 표준 조건인 25 ℃와 1기압에서는 다음 식과 같이 나타낼 수 있다.

$$mg/m^3 = \frac{ppmv \times mol\ wt}{22.47} \ (25℃ \text{ and } 1\ atm)$$

일반적으로 ppm에서 mg/m^3으로 변환하는 방법은 다음 식과 같다.

$$mg/m^3 = \frac{ppmv \times mol\ wt}{22.41} \times \frac{273.15}{T(K)} \times \frac{P(atm)}{1\ atm}$$

같은 온도와 압력의 조건에서 모든 이상 기체 1몰이 차지하는 부피가 같다는 전제는 ppmv로 표현되는 부피의 농도를 여러 방법으로 표현할 수 있도록 한다. 예를 들면

1 ppmv는 공기 100만 부피당 1 부피의 오염물을 의미하며, 이것은 100만 몰의 공기당 1몰의 오염물과 같은 의미이다. 마찬가지로 각 몰은 같은 수의 분자를 포함하고 있기 때문에, 1 ppmv는 100만 개 분자의 공기당 오염물 한 분자에 대당한다.

$$1\ ppmv = \frac{\text{오염물질 } 1mol}{\text{공기 } 10^6 mol} = \frac{\text{오염물질 } 1\text{분자}}{\text{공기 } 10^6\text{분자}}$$

예 제

■ 1.3 ppmv를 mg/m^{3}으로 변환

이산화질소(NO_2)에 대한 대기질 기준(24시간 측정기준)이 0.08 ppmv이다. 이 기준을 1기압과 25℃에서 부피비와 mg/m^{3}으로 환산하시오.

■ 풀이

온도 또는 압력에 관계없이 이 공기 100만 부피에 일산화탄소 9.0 부피가 존재한다. (이것이 ppmv 단위의 장점임). 따라서 부피 백분율은 간단히 아래와 같다.

$$NO_2\ \text{백분율} = \frac{0.08}{10^6} \times 100 = 0.000008\%$$

mg/m^{3}의 농도를 알기 위해서는 이산화질소의 분자량(46, N과 O 원자량이 각각 14와 16)을 알아야 한다. 다음과 같이 계산된다.

$PV = nRT$식으로부터

$$V = nRT/P = \frac{10^6 \cdot 0.08206(273.15+25)}{1} = 24{,}465\ l$$

$$NO_2 = \frac{0.08 \times 46}{24.465} = 0.1504\ mg/m^3$$

1.5. 몰 농도와 N 농도

어떤 물질의 분자의 분자량(molecular weight)은 그 분자를 구성하는 모든 원자의 원자량을 더한 값이다. 물질의 질량을 분자량으로 나누면 질량이 몰(mol)수로 나타내어진다. 일반적으로 질량은 g 으로 나타내며, 1몰은 6.02×10^{23}개의 분자를 포함하고 있는 값이다. 또한 어떤 물질의 g 분자량 또는 몰(mol)수가 1 L 용액에 녹아있는 것을 몰 농도(molarity)라 고 하며, 이는 용액 1 L 안에 존재하는 물질의 몰(mol) 수로 나타낼 수 있다.

$$몰수 = \frac{질량(g)}{분자량(g)}$$

$$몰농도 = \frac{g\ 분자량}{용액(L)} = \frac{몰수}{1\ L}$$

몰 농도는 mg/L 농도와 다음과 같은 관계가 있다.

$$mg/L = 몰농도(mol/L) \times 분자량(g/mol) \times 10^3(mg/g)$$

예 제

■ **몰농도의 계산**

0.04M의 수산화나트륨(NaOH)의 농도는 몇 mg/L인가?

■ **풀이**

0.04M=0.04 mol/L이며, NaOH의 분자량은 40이다.

$$mg/L = \frac{0.04\,mol}{L} \times \frac{40\,g}{1\,mol} \times \frac{1{,}000\,mg}{g} = 1{,}600\,mg/l$$

어떤 원소가 산소 8.0(16.0/2)값이나 수소 1.0(1.0/1)값과 결합 또는 치환하는 양 또는 어떤 원소의 단위 원자가에 해당되는 원자량을 그 원소의 당량(equivalent weight)이라 한다. g 당량은 당량에 g을 붙인 값으로 다음과 같이 구할 수 있다.

$$당량 = \frac{원자량(g)}{원자가}$$

또한 어떤 물질의 g 당량이 1 L 용액에 녹아있을 때 이것을 N 농도(normality, 규정 농도)라 한다.

$$N농도 = \frac{g\ 당량}{L}$$

예 제

■ **규정농도(N)의 계산**

수산화나트륨(NaOH)의 25 g을 증류수 1 L에 녹이면 몇 N인가?

■ **풀이**

수산화나트륨의 g 당량은 40 g(분자량/가수 = 40 g/L)으로

$$N = \frac{25\,g}{1\,L} \times \frac{1\,eq}{40\,g} = 0.625\,N$$

규정농도는 eq/L(equivalent per liter) 또는 epm(equivalent per million)으로 표시할 수 있다. 수질 농도에서는 단위 규모가 작으므로 mg단위 즉, 1/1000N 즉, 1/1000 eq/L단위를 사용하는 경우가 많으며 meq/L로 나타낸다.

$$epm \;=\; meq/L$$

예 제

■ **meq/L농도의 계산**

칼슘이온(Ca^{2+})의 농도가 100 mg/L일 때, meq/L로 환산하면 얼마인가?

■ **풀이**

칼슘이온(Ca^{2+})의 mg 당량은 40 mg/2=20 mg(분자량/가수=40 mg/2)로서

$$meq/L = \frac{100\,mg}{1\,L} \times \frac{1\,meq}{20\,mg} = 5\,meq/L$$

2. 물질수지와 반응조

2.1. 물질수지

하수처리 공정과 수질관리 등 환경 문제 해결에 적용되는 물질수지식(mass balance)을 통해 주어진 반응물의 생산과 소비, 즉 미생물의 증식, 기질의 사용과 소모 등에 관련된 내용에 관하여 기본적인 개념과 반응정도를 파악할 수 있다. 이러한 물질수지 식은 『질량은 만들어지거나 소멸되지 않으며 단지 형태가 바뀔 수 있으며, 시스템 경계 내에 출입되는 모든 물질의 양은 일정하다』는 원리에 기초한다.

주어진 반응에 대한 일반적인 물질수지는 시스템 경계 내 축적률, 경계 내에 들어오는 유입률, 경계 밖으로 나가는 유출률, 그리고 경계 내에서 반응물의 생성 소모율을 고려하여 <그림 3-1>과 같이 정리할 수 있다.

축적률 = 유입률 − 유출률 ± (생성, 소모률)

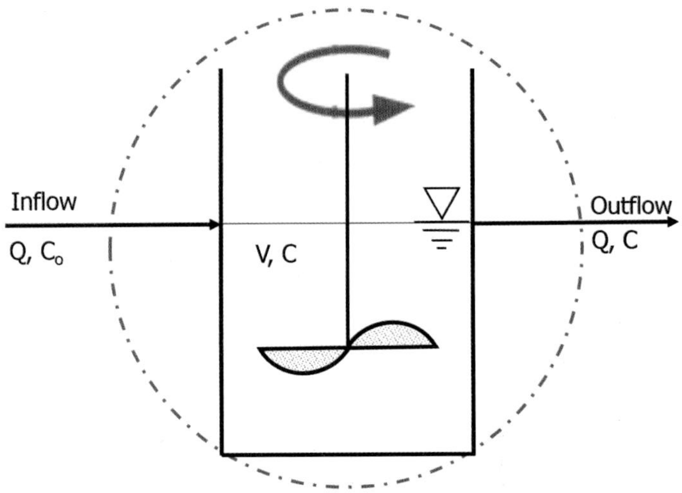

<그림 3-1> 물질수지 분석을 위한 완전혼합반응조

2.2. 반응조의 종류와 특성

환경문제 해결에 사용되는 반응조는 크게 입출입 조작에 따라서 회분식(batch reactor)과 연속식(continuous flow reactor)으로 구분할 수 있으며, 흐름의 형태(혼합의 정도)에 따라 완전혼합(completely mixing) 반응조와 플러그 흐름(plug flow)으로 구분한다.

<표 3-3> 환경문제해결에 사용되는 주요 반응기의 특성(이우범, 2017)

반응기의 종류	특 성
회분식 반응조 (batch reactor)	입, 출입되는 흐름이 없는 반응. 완전 혼합반응 후 배출
플러그 흐름 반응조 (plug-flow reactor, PFR)	유선이 일정한 흐름으로 반응 후 통과해서 배출 이론적 체류시간과 같은 시간동안 탱크 안에 체류 종방향(longitudinal)분산은 없음
완전 혼합 반응조 (complete mix reactor)	완전혼합되어 반응조 전체에 분산되고 희석됨 완전혼합에 도달하는 시간은 반응조의 구조형태와 동력에 따라 달라짐
직렬연결 완전혼합 반응조 (complete mix reactors in series)	플러그 흐름반응조를 모델화하기 위해, 완전 혼합반응조를 직렬 연결시켜 사용 하나의 반응조로 구성되면 완전혼합반응의 형태 반응조가 직렬로 여러개 연결되면 플러그 흐름반응의 형태와 유사
충진층 반응조 (packed bed reactor)	충진층 반응조는 자갈, 슬랙(slag), 도자기, 플라스틱과 같은 충진 매체로 채움
유동층 반응조 (fluidized bed reactor)	충진층 반응조와 여재를 사용하는 면에서 비슷 충진 매체가 하수의 상향 흐름에 의하여 팽창 또는 유동 충진물의 공극률은 유량과 유속을 조절하여 변화 가능

가. 완전혼합 회분식 반응조

완전혼합 회분식 반응기(completely mixed batch reactor, CMBR)는 반응물을 용기에 일정시간동안 주입하고 반응이 목적하는 정도까지 진행될 때까지 혼합과 반응을 진행한 후 반응물을 배출한다. 반응시키는 동안 반응물이 반응기에 들어오거나 나가지 않는다는 가정 하에 반응물에 대한 물질수지 식은 다음과 같다.

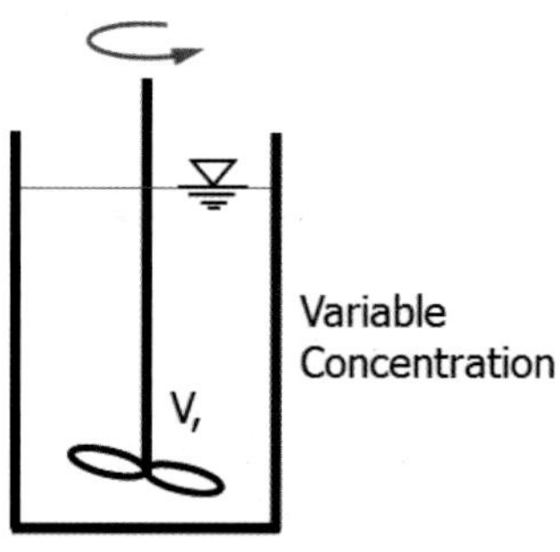

<그림 3-2> 완전혼합 회분식 반응조

반응기내 반응물 축적률 = 반응기내 반응물 소모율

반응물의 농도를 C, 반응기의 체적을 V, 반응속도가 1차 반응이라고 가정한다면 윗 식은 다음과 같이 나타낼 수 있다.

$$V\frac{dC}{dt} = V(-kC)$$

이 식을 적분하면 다음과 같다.

$$C = C_o e^{-kt}$$

☞ **완전혼합 회분식반응기의 특징**

- 반응물은 완전 혼합된다.
- 반응시간 동안 반응기로의 유입이나 유출이 없다
- 설치비용이 연속식에 비하여 적게 소요되나 운영비가 많이 소요되어 대용량 시설에 적용하기 어렵다.
- 소규모 시설에 한정되어 사용된다.(sequence batch reactor, SBR)

나. 완전혼합 연속흐름 반응기

완전혼합 연속흐름 반응기(completely mixed continuous flow reactor)는 연속흐름 교반탱크 반응기(continuous-flow stirred tank reactor, CFSTR)라고 하며, 활성슬러지 공정의 원형, 정방형, 장방형 반응조는 완전혼합 반응조이다.

아래 제시된 <그림 3-3>은 물질수지분석을 위한 완전혼합 반응조이다. 이때 반응물의 농도 C, 반응기의 체적 V, 반응기로 들어가거나 나가는 유량을 Q로 나타낸다. C_0는 유입(inflow)에 있어서의 반응물의 초기 농도이다. CFSTR에 있어서 유출수의 반응물 농도는 반응조 내 모든 위치의 반응물 농도와 동일하다. 일반적으로 CFSTR 반응조 내 반응물의 농도 등의 특성치는 시간에 따라 변하지 않는 정상상태(steady states)의 조건으로 하여 설계한다.

반응물은 연속적으로 반응기로 유입되고 생성된 반응물은 연속적으로 유출되므로 반응기 전체를 통하여 일정한 농도가 유지된다는 것을 기본적으로 가정한다.

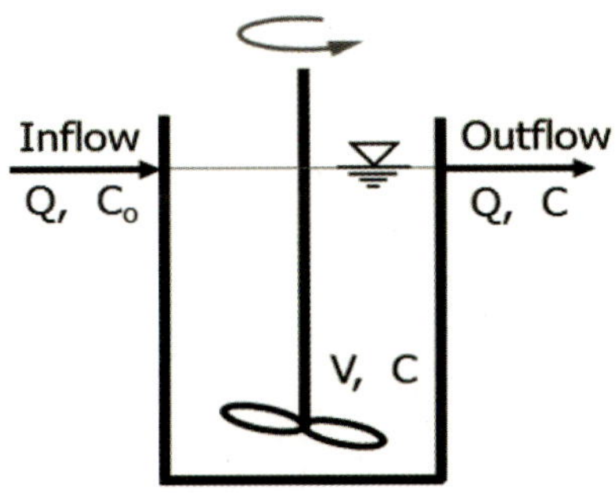

<그림 3-3> 물질수지분석을 위한 완전혼합반응조

그러나 실제 현장조건에서는 유입 부하량부터 반응조 내의 제반 환경조건 등이 상황에 따라 변하기 때문에 반응물의 농도가 항상 일정하지 않은 상태에서 운전될 때가 있다. 이러한 상태를 비정상상태 즉 동적상태(dynamic states)라고 하며, 반응조 내의 기질과 미생물의 농도가 변화하고 있는 상태를 말한다.

다. 정상상태(steady states)

CFSTR의 전 체적을 통하여 반응물 농도가 일정하다는 가정하에 반응기 내에서의 반응물에 대한 질량 변화율의 물질수지 식은 다음과 같이 나타낼 수 있다.

$$0 = \text{유입률} - \text{유출률} \pm (\text{생성, 소모률})$$

반응기 내에서 반응은 소모되는 반응, 즉 1차 반응으로 가정하고 이를 수학적으로 나타내면 다음과 같다.

$$V\frac{dC}{dt} = QC_0 - QC + Vr_s$$

$r_s = -kC$ 이므로, 위 식에 대입하면

$$V\frac{dC}{dt} = QC_0 - QC + V(-kC)$$

정상 상태에서는 반응조 내의 반응물 농도가 시간에 따라 변화하지 않기 때문에 반응물의 질량 변화율 dC/dt은 0이다. 이러한 조건에서 위 식은 다음과 같이 변환된다.

$$0 = QC_0 - QC - VkC$$

위 식은 다음 형태로 다시 정리할 수 있다.

$$C = \frac{C_o}{1 + k(V/Q)}$$

CFSTR에서 수리학적 체류시간(hydraulic retention time, HRT)은 다음 식으로 정의된다.

$$t = \frac{V}{Q}$$

수리학적 체류시간을 고려하여 위 식을 다음과 같이 나타낼 수 있다.

$$C = \frac{C_0}{1 + k \times t}$$

라. 비정상 상태(동적상태, dynamic states)

완전혼합 연속흐름 반응기에 대한 질량수지 식은 앞서 기술한 바와 같이 다음과 같이 나타낼 수 있다.

$$V\frac{dC}{dt} = QC_0 - QC + V(-kC)$$

$\beta = k + \frac{Q}{V}$, $C' = \frac{dC}{dt}$ 라 하면 $C' + \beta C = \frac{QC_o}{V}$ 로 쓸 수 있다.

미분방정식을 풀기 위하여 적분인자 $e^{\beta t}$를 양변에 곱하여 정리하면

$$e^{\beta t}(C' + \beta C) = \frac{QC_o}{V}e^{\beta t}$$

$$(e^{\beta t}C)' = e^{\beta t}C' + e^{\beta t}\beta C \quad \text{이므로} \quad (e^{\beta t}C)' = \frac{QC_o}{V}e^{\beta t}$$

이 식을 적분 형태로 표현하면

$$e^{\beta t}C = \frac{QC_o}{V}\int e^{\beta t}dt$$

이를 적분하면,

$$Ce^{\beta t} = \frac{QC_o}{V\beta}e^{\beta t} + K$$

$e^{\beta t}$를 양변에 나누어 정리하면,

$$C = \frac{QC_o}{V\beta} + Ke^{-\beta t}$$

초기치($t=0$일 때 $C=C_0$)를 고려하여 적분상수 K를 구하면

$$K = C_o - \frac{QC_o}{V\beta}$$

K를 대입하여 정리하면 다음과 같다.

$$C = \frac{QC_o}{V\beta}(1 - e^{-\beta t}) + C_o e^{-\beta t}$$

운전시간을 무한대($t=\infty$)로 놓고 위 식에 대입하면,

$$C = \frac{C_0}{1+kt}$$ 로서 정상상태의 경우와 같아진다.

☞ **완전혼합 연속흐름반응기의 특징**

- 반응물은 유입과 동시 완전혼합 된다.
- 유입된 내용물의 일부는 유출이 된다.
- 충격부하 및 부하변동에 강하다.
- 동일용량의 PFR에 비하여 효율이 낮다.

마. 플러그 흐름 반응기

플러그흐름 반응기 또는 압출류형 반응기(plug-flow reactor, PFR)는 유선이 일정하여 혼합되지 않고 계속 흐르면서 반응한다. 즉, 유체의 성분들이 피스톤과 같은 방식으로 반응조를 횡적인 혼합이 없이 통과하면서 외부로 유출되는 흐름의 반응기이다.

☞ **플러그흐름반응기의 특징**

- 반응조 내 흐름 상태는 혼합이 거의 없다.
- 유입된 내용물은 도입순서대로 반응기를 거쳐 유출된다.
- 충격부하 및 부하변동, 독성물질 등에 약하다.
- 포기에 필요한 동력이 적게 든다.
- 동일용량의 CFSTR에 비하여 이론적으로 효율이 높다.

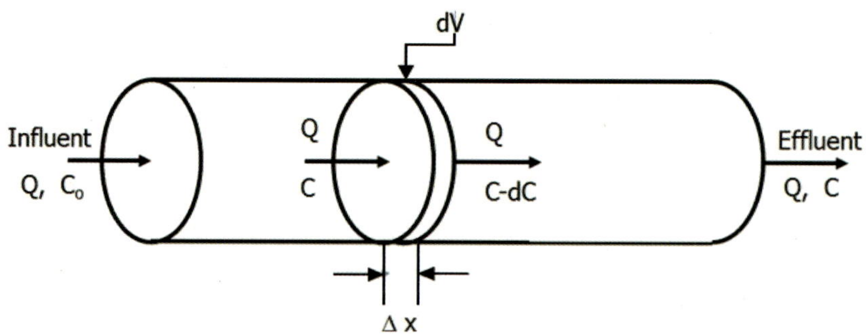

<그림 3-4> 이상적인 플러그흐름 반응기의 흐름도

2.3. 반응조의 혼합정도

유체역학에서는 흐름의 혼합정도를 층류(laminar flow)와 난류(turbulent flow)로 구분한

다. 유체부분이 혼합되지 않고 매끄럽게 흐르는 흠을 층류, 불규칙하게 흐트러져 흐르는 흐름을 난류라고 한다. 레이놀즈는 이러한 두 흐름의 특성을 파악하고 실험을 통해 다음과 같은 식에 의해서 구분하였다.

$$Re = \frac{v \cdot D}{\nu} = \rho \frac{v \cdot D}{\mu}$$

$$Laminar\,flow : Re \le 2{,}000$$

$$Transition \quad : 2{,}000 \le Re \le 4{,}000$$

$$Turbulent \quad : Re \ge 4{,}000$$

여기서, v는 유속, D는 관의 직경, ν는 동점성 계수이다.

또한 반응조의 혼합정도를 나타내기 위하여 분산, 분산수, Morrill지수 등이 사용되는데 이를 다음과 같이 비교하여 구분하였다.

<표 3-4> 반응기별 혼합정도

혼합정도	완전혼합	Plug Flow	비고
분　산	1	0	
분 산 수	∞	0	d=0 : 이상적인 PFR d=0.002: 낮은 분산 d=0.025: 중간정도 분산 d=0.2 : 높은 분산
Morrill 지수	M_0값이 클수록 근접	M_0값이 0에 가까울수록	$M_0 = \frac{t_{90}}{t_{10}}$ t_{90} : 90% 유출시간 t_{10} : 10% 유출시간

예 제

■ **반응속도**

V=1,000 m^3의 반응기에 염소이온농도가 100 mg/L이다. 염소이온이 없는 물이 Q=500 m^3/d계속유입이 된다면 반응기내 염소이온농도가 1.0 mg/L로 낮아질 때가지 걸리는 시간은? (단 k=Q/V)

■ 풀이

회분식반응기에 사용되는 식을 사용하면,

$$C = C_o e^{-kt}$$

$$\ln\frac{C}{C_0} = -kt = -(Q/V)\cdot t$$

$$\ln\frac{1.0}{100} = -(500\,m^3/d/1{,}000\,m^3)\cdot t$$

$$t = 9.2\,d$$

예 제

■ Mass balance

유량 20.0 m^3/s의 하천에 유량 10.0 m^3/s인 지천이 연결되어 있다. 연결점 상류의 염소농도는 25.0 mg/L이고 지천의 염소농도는 50.0 mg/L이다.

염소를 보존성 물질이라 보고, 두 하천이 완전히 혼합된다고 가정했을 때 연결점 하류에서의 염소 농도를 구하여라.

■ 풀이

분석하고자 하는 문제를 도식화하여 공간을 지정하면 아래 그림과 같다. 하류에서의 염소 농도를 구하기 위해 식을 변형하면 다음과 같다.

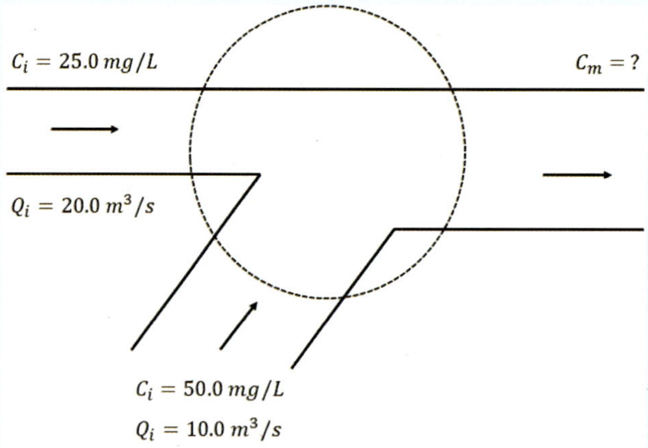

$$C_m = \frac{C_iQ_i + C_wQ_w}{Q_i + Q_w}$$

$$C_m = \frac{(25.0\times20.0 + 50.0\times10.0)\,mg/L\cdot m^3/s}{(20.0+10.0)\,m^3/s} = 33.3\,mg/L$$

3. 에너지 전달

3.1. 에너지의 기본원리

에너지는 일을 할 수 있는 능력으로 정의할 수 있으며, 일(work)은 힘(force)과 힘에 의해 이동된 거리의 곱으로 표현할 수 있다.

물질수지 식을 이용하여 물질의 흐름을 이해하고 분석할 수 있듯이 에너지 수지식을 이용하면 에너지의 흐름을 분석할 수 있다. 여기에 유용하게 사용되는 법칙은 열역학 제1법칙이다.

일을 할 때 열로 소모되는 에너지양이 존재하는데 여기에 사용되는 법칙이 열역학 제2법칙이다. 소모된 열이 환경에 미치는 영향이 있을 수 있기 때문에 열역학 제2법칙은 환경공학 문제를 다룰 때 자주 사용되고 있다.

가. 열역학 제1법칙

열역학 제1법칙은 에너지 보존의 법칙으로 어떠한 에너지도 생성되거나 소멸되지 않고 어떤 주어진 과정에서 형태가 변한다는 것이다. 예를 들자면 연료의 화학적 에너지는 발전소에서 열과 전기로 변환되고, 댐 위에서 물의 위치에너지(potential energy)는 터빈을 돌리는 기계에너지로 전화되며 최종적으로 전기에너지로 변환된다.

이렇게 열역학 제1법칙에서는 어떠한 과정에서도 에너지는 처음과 동일한 양이 유지됨을 전제로 하고 있다. 따라서 이러한 에너지 흐름을 분석하기 위해서 에너지 수 지식이 사용되며 다음 식으로 정의할 수 있다.

$$\text{에너지 유입} = \text{에너지 유출} + \text{내부에너지 변화}$$

$$\text{내부에너지 변화} = mc\Delta T$$

여기서, m : 질량, c : 물질의 비열, ΔT : 온도변화

예 제

■ **에너지 1법칙**

10 L의 물을 1 kW가 공급되는 열탕기로 데우고자 한다. 10℃에서 60℃까지 가열하는 데 걸리는 시간을 산정하시오.(단 물의 비열은 4.2 kJ/kg·℃)

■ **풀이**

가열시간 t(sec)

유입에너지$= 1kW \cdot t(\mathrm{sec}) = 5 \cdot t$

외부손실이 없는 것으로 가정

유출에너지 = 0

물의 비중을 1kg/l로 가정하여

축적된 에너지$= mc\Delta T$

$= 10L \times 1kg/L \times 4.2kJ/kg \cdot ℃ \times (60-10)℃$

$= 210kJ$

$1 \cdot t(kW \cdot \mathrm{sec}) = 210kJ$

$$t(\mathrm{sec}) = \frac{210kJ}{1kW} = 210\,\mathrm{sec}$$

나. 열역학 제2법칙

석탄화력 발전소에서 사용되는 석탄 안에 포함된 연료 에너지 중 일부분만이 전기에너지로 전환되고 일부분은 폐열로서 주변 환경으로 버려지는 현상을 볼 수 있다. 즉, 일을 수행하는 에너지의 일부분만이 열로 소비되고, 비효율적인 부분이 항상 존재한다, 따라서 열을 일로 전환하는 기계의 효율은 100% 가 될 수 없다. 예를 들면 화력발전소에서 발전에 들어가는 3단위의 에너지에 대하여 약 1단위만 전기로 전환되고 2단위는 폐열로서 주위에 배출된다, 개선된 공정을 지닌 화력발전소조차도 40%정도의 효율만을 나타낼 뿐이다.

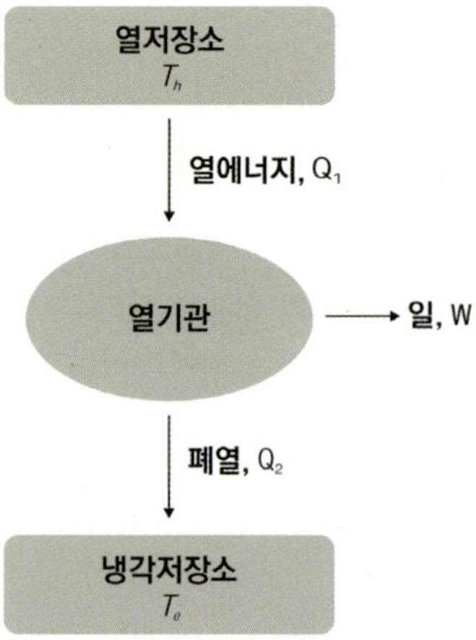

<그림 3-5> 카르노엔진

3.2. 전도 및 대류

두 개 물질이 온도차가 있을 때 열의 이동되는 현상을 열 전달(heat transfer)이라하는데 전도(conduction), 대류(convection), 복사(radiation)의 형태로 일어난다. 복사는 물체 사이에 어떤 물리적 매개체가 없어도 열전달이 일어나며, 전도는 일반적으로 고체에서 한 분자가 격자안의 다른 분자를 진동시켜 열전달이 일어나게 하는 현상이다. 고체에서의 열 전달속도는 물질의 열전도에 비례한다.

가상의 벽을 통하여 대류와 복사 그리고 전도 과정을 설명할 수 있다. 벽을 통한 열 전달속도는 다음 식으로 설명할 수 있다.

$$q = \frac{A(T_i - T_o)}{R}$$

여기서, q : 벽을 통한 열 전달 속도(W)
A : 벽 면적(m^2)
R : 총괄 열 저항($m^2 \cdot ℃/W$)
T_i : 벽 한쪽의 공기온도(℃), T_o : 주위 공기 온도(℃)

열 복사에 의한 열 전달은 전도 및 대류와는 다르게 전자기파에 의해 복사 에너지가 전달되므로 에너지를 운반할 중간 매체가 필요 없다. 모든 전자기파들은 광속으로 이동되며, 파장 또는 진동수로 나타낼 수 있다.

$$c = \lambda \nu$$

여기서, c : 광속(3×10^8 m/sec)
λ : 파장(m)
ν : 진동수(Hz, 단위초당 사이클수)

복사 에너지가 광자로 표현될 때 진동수와 에너지 사이의 관계는 다음과 같다.

$$E = h\nu$$

여기서, E : 광자에너지(J)
h : 플랑크상수(6.6×10^{-34} J/s)

위 식은 짧은 파장의 광자가 높은 에너지를 가지고 있기 때문에 살아있는 생명체가 이것들에 장시간 노출될 경우 위험할 수 있음을 나타내고 있다.

모든 물체는 열복사 에너지를 방출하는데 방출된 파장의 특성과 방출량을 파악하는 것은 흑체(black body)라는 가상적 추상체와 비교함으로서 가능하다.

플랑크 법칙은 온도 T의 흑체로부터 나오는 모든 파장의 복사로부터 흑체의 방출능을 나타낸다. 플랑크 법칙을 주파수 ν 의 함수로 나타내면

$$E_\lambda = \frac{C_1}{\lambda^5 (e^{C_2/\lambda T} - 1)}$$

여기서, E_λ : 흑체의 방출능($W/m^2 \cdot \mu m$)

T : 몸체의 절대온도(K)

C_1 : 3.74×10^8 $W \cdot \mu m^4/m^2$)

C_2 : 1.44×10^4 $\mu m \cdot K$

이 함수는 표면의 단위면적당, 단위 입체각당, 단위 주파수당 방출되는 파워(단위 시간당 에너지)를 나타낸다. 플랑크 법칙은 다루기가 까다롭기 때문에 이보다 비교적 간단하게 계산될 수 있는 방법으로 슈테판-볼츠만법칙과 빈의 변위법칙을 추천할 수 있다.

슈테판-볼츠만 법칙에서는 표면적과 절대 온도로부터 전체 흑체 방출속도를 계산할 수 있다.

$$E = aAT^4$$

여기서, E : 흑체의 총 방출율

α : 스테판-볼쯔만 상수(5.67×10^{-8} $W/m^2 \cdot K^4$)

T : 절대온도(K)

A : 물체의 표면적(m^2)

빈의 법칙은 물체가 내는 가장 강한 강도를 가지는 파장을 다음과 같이 구할 수 있다.

$$\lambda_{max}(\mu m) = \frac{2898}{T(K)}$$

여기서, λ : 파장(μm),

T : 절대온도(K)

제4장 환경화학

화학적 평형에서는 화학평형식과 화학양론을, 반응속도론에서는 화학 반응형태에 따른 반응속도를, 그리고 수질화학에서는 물의 이온화와 완충작용에 대해 각각 설명하였으며, 아울러 콜로이드 화학, 산화 및 환원에 대한 환경공학적 배경을 제시하였다

주요 내용

1. **화학평형식과 화학양론**
   화학평형, 화학반응식과 화학양론
2. **물의 pH와 완충작용**
   물의 이온화적과 pH, 완충작용(buffer capacity)
3. **콜로이드 화학**
   일반적 성질, 전기적 성질
4. **산화와 환원**
5. **반응속도론**
   정의, 반응속도의 영향인자, 반응형태에 따른 반응속도

1. 화학평형식과 화학양론

1.1. 화학평형

대부분의 화학반응은 어느 한 방향으로 진행하여 생성물이 발생하고, 역방향으로는 반응물질이 발생한다. 즉 한마디로 표현하면 양방향으로 동시에 진행되는 가역반응이며, 양방향으로 반응의 속도와 농도의 균형이 이루어 질 때 반응이 평형(equilibrium)에 도달

되었다고 말한다.

일반적인 가역반응을 식으로 나타내면 다음과 같다. 여기서 A, B, C, D는 화학물질을 의미하고 a, b, c, d는 화학반응식의 균형을 맞추는데 필요한 계수이다.

$$aA + bB \Leftrightarrow cC + dD$$

평형상태의 화학반응은 다음의 등식으로 나타낼 수 있다.

$$\frac{[C]^c[D]^d}{[A]^a[B]^b} = K$$

[ ]는 평형상태의 화학종의 농도를 나타내며, 단위는 mol/L이다. K는 평형상수로서 주어진 온도에서의 상수를 의미하며, 생성물과 반응물의 비로 표현된다. 수용액에서 평형은 전해질의 이온화 평형과 용해도 평형으로 나눌 수 있다.

가. 산-염기의 이온화 평형

이온화는 Arrhenius의 이론에 의하면 모든 산, 염기 및 염들이 물에 용해가 되면 이온으로 해리되며, 수용액 속에서 관찰되는 여러 현상을 설명할 때 주요하게 사용되고 있다. 이온화 평형은 이온화된 이온과 이온화되지 않은 분자 사이의 평형을 말한다.

고전적인 정의에 의하면 산이란 물과 반응하여 양성자, 즉 H^+이온을 생성하는 물질로 정의할 수 있다. 강산인 염산(HCl), 황산(H_2SO_4), 질산(HNO_3)등은 완전히 해리하여 H^+농도가 산의 N농도와 일치한다. 반면 약산인 아질산(HNO_2)나 시안화수소(HCN), 초산(CH_3COOH)등은 소량 해리하게 되며 다음과 같은 가역반응으로 표시할 수 있다.

$$HA \rightleftarrows H^+ + A^-$$

$$\frac{[H^+][A^-]}{[HA]} = K_a$$

여기서 Ka를 산의 해리 상수 또는 이온화 상수라 한다. 탄산(H_2CO_3)과 같이 두 개의 양성자를 낼 수 있는 2가산의 경우, 2단계로 이온화가 일어나며 각 단계에서 이온화 상수를 적용시킬 수 있다.

$$\text{제 1단계 : } H_2CO_3 \rightleftarrows H^+ + HCO_3^-$$

$$K_1 = \frac{[H^+][HCO_3^-]}{[H_2CO_3]}$$

$$\text{제 2단계 : } HCO_3^- \rightleftarrows H^+ + CO_3^{2-}$$

$$K_2 = \frac{[H^+][HCO_3^{--}]}{[HCO_3^-]}$$

위의 제 1, 제 2단계를 종합하면

$$H_2CO_3 \rightleftarrows 2H^+ + CO_3^{2-}$$

$$K = \frac{[H^+]^2[CO_3^{2-}]}{[H_2CO_3]} = K_1 \times K_2$$

염기는 산이나 물로부터 H^+이온을 받아들이거나 물에서 OH^-이온(수산이온)을 생성한다. 강염기인 가성소다(NaOH), 수산화칼륨(KOH)등은 물에서 완전히 해리하여 OH^- 농도가 염기의 N농도와 같다.

약염기인 암모니아(NH_3)의 경우,

$$NH_3 + H_2O \rightleftarrows NH_4^+ + OH^-$$

평형식은 다음과 같이 정의된다.

$$K = \frac{[NH_4^+][OH^-]}{[\mathrm{NH_3}]} = K_b$$

여기서 평형상수 K_b는 염기 해리상수(이온화 상수)이다.

나. 용해도 평형

수용액 중 고체 물질을 과잉 상태로 넣어두면 용해되고 포화 용액이 만들어진다. 이 포화용액에서는 녹아있는 물질과 과잉의 고체 물질사이에 평형이 성립되고 있다. 액체에 녹는 고체의 양의 경우 온도에 의존하며, 녹이는 액체(용매) 및 녹는 고체(용질)의 특성과도 직접적인 관계가 있다. 이와 같이 용질이 용매에 녹는 정도를 용해도(solubility)라

하는데, 용해도는 폐수처리에서 침전성과 밀접한 관계가 있다.

기체의 용해도는 온도의 상승에 따라 감소하고, 대부분의 고체는 온도 상승에 따라 증가한다. 그러나 Ca화합물, 즉 $CaCO_3$, $CaSO_4$, $Ca(OH)_2$ 등은 온도가 상승하게 되면 용해도가 감소한다. $CaCO_3$와 같은 낮은 용해도를 가진 염(고체화합물)과 그 이온은 포화 용액 간의 평형 상수식에 의해서 평형을 나타내고 있다.

$$CaCO_3(s) \rightleftarrows Ca^{2+} + CO_3^{2-}$$

$$\frac{[Ca^{2+}][CO_3^{2-}]}{[CaCO_3(s)]} = K$$

$$[Ca^{2+}][CO_3^{2-}] = K[CaCO_3(s)] = K_{sp}$$

여기에서 K_{sp}는 용해도곱 상수(solubility product constant) 또는 용해도곱 (solubility product)이라 한다.

K_{sp}는 온도가 일정하면 변함없는 상수이다. 폐수 처리와 관련한 침전에는 이 값이 적을수록 유리하다. 즉, K_{sp}가 적다는 것은 물속에 적게 용존되고 불용성 침전물로 많이 형성된다는 뜻이 된다.

다. 물에 대한 기체의 용해도

공기가 물과 접촉하면 공기에 포함된 일정 성분이 물에 용해된다. 이때 물의 온도와 순도 즉 염분 농도에 따라 용해되는 정도가 달라지는데, 헨리는 기체의 용해된 정도를 기체의 분압과 관련지어 다음과 같이 나타내었다.

$$[G] = K_H P_g$$

여기서, [G]는 용해된 기체의 농도(mol/L), K_H는 헨리상수(mol/L·atm), P_g는 공기 중 기체의 분압이다. P_g값은 부피농도에 대기압을 곱한 공기 중의 분압을 의미하는데, 압력의 단위는 기압(atm)이다. 예를 들면 산소는 대기 중 21 %를 차지하므로 산소 분압(P_g)은 1기압에서 0.21×1 atm=0.21 atm으로 나타난다.

각 기체는 고유한 헨리 상수 값을 가지고 있으며 온도에 따라 달라진다.

예 제

■ **빗물의 pH**

이산화탄소가 320 ppm, 온도는 25℃, 1기압인 경우 빗물의 pH를 산정하시오.

■ **풀이**

수소 이온(H^+)이 가지고 있는 양의 전하량은 중탄산이온(HCO_3^-), 탄산이온(CO_3^{2-}), 수산화이온(OH^-)의 음의 전하량과 같아야 한다.

$$[H^+] = [HCO_3^-] + 2[CO_3^{2-}] + [OH^-]$$

약산성의 빗물에서는 $[CO_3] \ll [HCO_3^-]$이므로

$$[H^+] = [HCO_3^-] + [OH^-]$$

$$[H^+][OH^-] = K_w = 10^{-14}$$

$$[H^+] = [HCO_3^-] + [\frac{10^{-14}}{H^+}]$$

$$\frac{[H^+][HCO_3^-]}{[CO_{2(aq)}]} = K_1 = 4.47 \times 10^{-7} mol/l \text{이므로}$$

$$[H^+] = \frac{K_1 CO_{2(aq)} + 10^{-14}}{[H^+]}$$

$$[H^+]^2 = K_1 CO_{2(aq)} + 10^{-14}$$

25℃일 때 헨리상수 K_H는 0.0379mol/L·atm이므로

$$[CO_2] = K_H P_g = 0.0379 mol/l.atm \cdot 320 \times 10^{-6} atm$$
$$= 1.21 \times 10^{-5} mol/l$$

$$[H^+]^2 = 4.47 \times 10^{-7} \times 1.21 \times 10^{-5} + 10^{-14}$$
$$[H^+] = 2.33 \times 10^{-6} mol/l$$

$$pH = -\log[H^+] = 5.63$$

예 제

■ **산소의 용해도**

공기 중의 산소가 부피비로 21 %일 때 25 ℃, 1기압에서 물에 용해된 산소의 농도(용존산소)를 구하시오.

■ **풀이**

공기 중 산소가 21 %이므로 1기압중 산소의 분압은

$$P_g = 0.21 \times 1\,atm = 0.21\,atm$$

25℃일 때 헨리상수 k_H는 0.001263mol/L·atm이므로

$$\begin{aligned}[O_2] &= K_H P_g = 0.0012630 mol/L \cdot atm \cdot 0.21 atm \\ &= 2.65 \times 10^{-4} mol/L \\ &= 2.65 \times 10^{-4} mol/L \times 32\,g/mol \times 10^3\,mg/g \\ &= 8.5\,mg/L\end{aligned}$$

1.2. 화학반응식과 화학양론

화학반응에서 반응물(reactant)과 생성물(product)의 관계를 화학식으로 나타낸 것을 화학반응식이라 한다. 화학반응식은 기본 계수를 맞추어 주어야 하며, 질량 보존 법칙에 의한 반응식 양변의 각 원자의 총량 및 전하량의 합은 항상 같아야 한다. 화학반응식은 다음과 같이 일반적 화학식, 이온반응식 그리고 알짜 이온반응식으로 구분할 수 있다.

일반적 화학식

$$HCl(aq)\ +\ NaOH(aq) \rightarrow NaCl(aq)\ +\ H_2O(l)$$

이온반응식

$$(H^+\ +\ Cl^-)\ +\ (Na^+\ +\ OH^-) \rightarrow Na^+\ +\ Cl^-\ +\ H_2O(l)$$

알짜 이온반응식(net-ion equation)

$$H^+\ +\ OH^- \rightarrow H_2O$$

위의 반응식 중 일반적 화학식의 반응을 보게 되면, 각각의 분자량은 HCl(1+35.5=36.5), NaOH(23+16+1=40), NaCl(23+35.5=58.5), H_2O((2×1)+16=18)로 36.5g의 HCl과 40g의 NaOH가 반응하여 58.5g의 NaCl 및 18g의 H_2O가 생성되었다.

이와 같이 화학 반응식으로부터 반응물질과 생성물질의 양적 계산을 하는 것을 화학양론적 계산(stoichiometric calculation)이라고 한다. 반응물질과 생성물질의 양적계산을 통해서 물질사이의 질량비와, 부피비, 몰수비 등을 파악할 수 있으며, 이를 이용하여 한 물질의 양으로부터 다른 물질의 질량, 부피, 입자수, 몰수 등을 파악할 수 있다.

예 제

■ 화학양론 계산

글루코스의 화학 반응식으로부터 300 mg/L의 글루코스 용액($H_6H_{12}O_6$)을 CO_2와 H_2O로 완전히 산화시켰다고 가정했을 때, 이 반응이 완결된 시점의 산소 요구량을 화학양론적으로 해석하시오.

■ 풀이

$$C_6H_{12}O_6 \ + \ 6O_2 \rightarrow 6H_2O \ + \ 6CO_2$$

이와 같은 계산은 수학의 방정식과 같은 형태로 이해할 수 있으며, 글루코스와 산소의 분자량으로부터 각각의 농도에 대한 비율로 계산할 수 있다. 완전산화가 이루어졌다고 가정할 때, 글루코스의 분자량인 180 g/mol과 산소의 분자량인 192 g/mol의 비율을 글루코스의 농도에 곱해주면 실질적으로 필요한 산소의 요구량을 계산할 수 있다.

$$180 : 192 = 300 : x$$

$$x = 300 \times \frac{192}{180} = 321\,mg\,O_2/L$$

2. 물의 pH와 완충작용

2.1. 물의 이온화적과 pH

산과 염기의 경우 산은 용액의 수소 이온(H^+) 농도를 증가시키고 염기는 수산 이온

(OH^-) 농도를 증가시킨다. 일정한 농도에서 물에 대한 해리의 경우 물은 매우 약한 전해질이며, 다음과 같이 극히 소량만이 해리한다. 두 이온의 곱은 일정하며 K_w로 정의할 수 있다.

$$H_2O \rightarrow H^+ + OH^-$$

$$K = \frac{[H^+][OH^-]}{[H_2O]}$$

$$[H^+][OH^-] = K[\mathrm{H_2O}] = K_w$$

여기서 K_w를 물의 이온화적(ion product of water) 또는 이온화 상수라고 하며, 25℃에서 $K_w = 1.0 \times 10^{-14}$이다. 수온이 높아지면 해리도(전리도)가 증가하여 K_w는 커지고 온도가 낮으면 K_w가 적어진다. 또한 알칼리성 일수록 온도에 의한 pH변화가 커진다.

순수한 물일 경우 : $[H^+] = [OH^-] = \sqrt{K_w} = 0.1 \times 10^{-7}$ 중 성

산을 가할 경우 : $[H^+] > 10^{-7} > [OH^-]$ 중 성

염기를 가할 경우 : $[H^+] < 10^{-7} < [OH^-]$ 염기성

<표 4-1> 온도에 따른 물질의 이온화적 상수

온도(℃)	K_w	pH	온도(℃)	K_w	pH
0	0.114×10^{-14}	7.5	40	2.919×10^{-14}	6.7
10	0.292×10^{-14}	7.3	50	5.474×10^{-14}	6.6
20	0.681×10^{-14}	7.1	60	9.619×10^{-14}	6.5
30	1.469×10^{-14}	6.9			

용액내의 H^+농도(mol/L)의 역수의 상용대수 값을 그 용액의 pH라 한다. x를 임의의 주어진 화학종의 농도 또는 평형상수라고 한다면 $p(x)$는 다음과 같이 정의할 수 있다.

$$p(x) = -\log_{10}(x) = \log_{10}\frac{1}{(x)}$$

수소 이온 농도의 음의 로그 값은 pH로 표현할 수 있고 수산화 이온의 농도로부터 pOH 값을 유도할 수 있다.

$$pH = -\log[H^+] = \log\frac{1}{[H^+]}$$

$$pOH = -\log[OH^-] = \log\frac{1}{[OH^-]}$$

다른 물질이 없는 순수한 물의 활동도는 농도와 같으며 전기적인 중성이다. 따라서 $[H^+]$ = $[OH^-]$를 만족하게 되며 다음의 식들로 표현할 수 있다.

$pH = pOH = 7$ …… 중성
$pH < 7 < pOH$ …… 산성
$pH > 7 > pOH$ …… 염기성
$pH + pOH = 14$
$pH = 14 - pOH$
$pH = 14 - (-\log[OH^-])$
$pH = 14 + \log[OH^-]$

예 제

■ **감귤주스의 pH 계산**

pH 4.1의 감귤주스에 들어있는 수소이온농도(H^+)와 수산화이온(OH^-)농도를 구하시오.

■ **풀이**

$pH = -\log[H^+] = \log\frac{1}{[H^+]}$ 로부터

$4.1 = -\log[H^+] = \log\frac{1}{[H^+]}$

$[H^+] = 10^{-pH} = 10^{-4.1} = 7.94 \times 10^{-5} mol/L$

$[OH^-] = \frac{10^{-14}}{[H^+]} = \frac{10^{-14}}{7.94 \times 10^{-5}} = 1.26 \times 10^{-10} mol/L$

2.2. 완충작용(buffer capacity)

한정된 산이나 염기를 가했을 때, 또는 용액 내에서 생성될 때, pH가 변화하기 않도록 저항하는 작용을 완충작용(buffer capacity)이라 하고 이를 일으키는 용액을 완충용액(buffer solution)이라 한다. pH를 유지하기 위하여 완충용액을 많이 사용하고 있으며 보통의 경우 약산 및 짝염기의 혼합물 또는 약염기 및 짝산의 혼합물로 구성된다. 완충용액의 작용은 화학 평형원리로 설명할 수 있다.

예를 들어, [CH_3COOH + CH_3COOK]의 완충용액일 경우 ($CH_3COOH \rightleftarrows CH_3COO^-$ + H^+ 약하게 전리, $CH_3COOK \rightleftarrows CH_3COO^-$ + K^+ 강하게 전리)

CH_3COOH에 있어서

$$K_a = \frac{[CH_3COO^-][H^+]}{[CH_3COOH]}$$

가 성립된다. 한편, CH_3COOK는 완전히 해리되므로 CH_3COO^-농도는 거의 CH_3COOK의 농도에 가깝게 된다. 따라서 [CH_3COO^-]=[CH_3COOK]로부터

$$K_a \approx \frac{[CH_3COOK][H^+]}{[CH_3COOH]}$$

이항시켜 정리하면

$$[H^+] = K_a \times \frac{[CH_3COOH]}{[CH_3COOK]}$$

양변에 -log를 취하면

$$-\log[H^+] = -\log K_e - \log\frac{[CH_3COOH]}{[CH_3COOK]}$$

$$\therefore\ pH = pK_a + \log\frac{[CH_3COOK]}{[CH_3COOH]}$$

즉, $\mathrm{pH} = \mathrm{pK_a} + \log\frac{[염]}{[산]}$ 으로 표시되며 이를 완충방정식이라 한다. 이는 약산과 그 염(짝염기)으로 만들어진 완충용액의 pH가 산과 짝염기의 비율에 의존하는 것을 보여준다. 특히 KH_2PO_4(mono potassium phosphate)와 Na_2HPO_4(disodium phosphate)의 혼합염의 완충용액은 생물학과 환경공학분야에서 널리 쓰이고 있다. 여기서 약산은 KH_2PO_4의 $H_2PO_4^-$이온이며 염이온은 Na_2HPO_4의 HPO_4^{2-}이온이다.

산 또는 염기가 용액에 가해지면 용액 속에 존재하는 여러 가지 화학종들은 상호작용을 일으키면서 새로운 평형관계가 나타난다. 정확히 측정된 양의 산성 또는 염기성의 시약을 용액에 넣고 원하는 변화가 일어나도록 하는 실험 방법을 적정(titration)이라고 한다. 적정의 당량점을 이용하여 환경공학에서는 산도(acidity), 알칼리도(alkalinity)등을 결정할 수 있을 뿐만 아니라 여러 가지 수질분석을 할 때에도 기초적인 실험 방법으로 활용되고 있다.

3. 콜로이드 화학

3.1. 일반적 성질

콜로이드(colloid)는 분산과 관계된 특성을 보여주고 고체, 액체 또는 기체에 존재하고 있다. 부유상태와 용존상태의 중간상태로 여과에 의해서 제거되지 않으며, 브라운 운동(brownian movement) 때문에 침전되지도 않는다. 콜로이드 분산은 <표 4-2>에 나타난 케이스로 확인할 수 있다.

<표 4-2> 분산질과 분산매에 의한 콜로이드

분산질(phase)	분산매(medium)	이 름
고체	고체	
액체	고체	
기체	고체	
고체	액체	졸(sol)
액체	액체	애멀젼(emulsion)
기체	액체	폼(foam)
고체	기체	매연(smoke)
액체	기체	안개(fog)

액체 속의 고체 콜로이드의 경우 액체와 결합되어진 정도에 따라 달라진다. 액체와 강하게 분산되어 있는 콜로이드의 경우에는 안정하기 때문에 분리하기가 매우 어렵다. 친수성(hydrophilic) 콜로이드는 물과 강하게 결합되어져 있는데 형태에 따라 졸(Sol) 또는 서스펜션(suspension)이라고 한다.

액체와 액체의 경우 에멀젼(emulsion)이라고 하며 두 액체는 서로 섞이지 않는다. 대표적인 예로 기름과 물로 구성된 콜로이드를 생각할 수 있으며, 비누 및 세제에 의한 계면활성제(surfactant)로 에멀젼이 형성될 수 있다. 액체 속의 기체는 보통 거품(foam)으로 일반적인 공업과 환경공학의 산업폐수 처리에 활용되고 있다.

기체 속에서의 콜로이드는 자연 현상에서 흔히 야기되는 대기오염을 그 예로 들 수 있다. 일례로써 에어로졸(aerosol)은 기체상에 분산되어 있는 고체 및 액체를 표현하기 위해 사용하는 용어로 안개, 스모그 등이 입자상의 에어로졸에 해당된다.

3.2. 전기적 성질

콜로이드 입자들은 대체적으로 1～10 nm의 크기를 가지고 있으며 현미경으로도 보기가 힘들다. 콜로이드 입자는 질량에 비해 표면적이 매우 큰 특징을 보여주고 있으며, 콜로이드는 전기적으로 하전이 되어 있어 어떠한 조건에서도 흡착이 될 수 있고 제타 전위(zeta potential, 입자 간에 서로 밀어내는 힘(척력, 반발력)), 반데르발스 힘(van der waals force), 서로 잡아당기는 힘(인력, 전기적 흡인력))과 입자 무게에 의한 중력이 서로 평형되어 있어 항상 안정 상태를 유지하고 있다. 인력과 척력에 의해 콜로이드가 안정하다는 것은 Derjagin-Landau-Verwey-Overbeek에 의한 DLVO이론 등이 뒷받침하고 있다.

콜로이드 입자 표면의 대전은 콜로이드 입자 안정에 큰 역할을 한다. 즉, 대전 입자는 상호간에 서로 상대 입자의 접근을 막기 때문에 입자들이 합체할 수 없다. 콜로이드 입자들이 가지고 있는 전하는 표면 근처의 용액상 속에 있는 반대로 하전된 이온(counter ion)에 의해 중화되고, 이러한 전기적 중화에 의해 전기 이중층(electric double layer)이 형성된다.

콜로이드 입자가 가지고 있는 일차 전하로 인해서 입자의 표면과 용액 사이에는 전위가 발생하며, 용액의 이온 세기 및 콜로이드 입자들 사이의 거리에 의해 상호작용을 하게 된다. 대개 콜로이드의 안정도는 다음 식에 제시된 zeta potential의 양에 따라 결정한다.

$$\zeta = \frac{4\pi\delta q}{D}$$

여기서, q : 입자의 하전(또는 분산매인 액체와 입자와의 하전의 차)

δ : 전하차가 유효한 구간의 입자 주위의 두께(diffuse layer)

D : 매개체의 유전계수(dielectric constant)

콜로이드 입자를 제거하기 위해서 콜로이드가 띠고 있는 전하와 반대되는 전하 물질을 투여하여 전하의 반대쪽 극으로 이동하게 한다. 이러한 현상을 전기영동(electrophoresis)이라고 하며 콜로이드 입자의 전하에 대한 특성을 측정하는데 활용된다.

또한 pH의 변화를 일으켜서 zeta potential을 감소시키고, 콜로이드간의 거리를 좁혀서 서로 뭉치게 할 수 있다. 이것을 응결 또는 응집이라고 하며, 이때 사용되는 약품을 응집제(coagulant)라고 한다.

4. 산화와 환원

환경공학의 산화 및 환원은 폐수처리 과정에서의 유기물의 산화, 메탄 발생, 질산화(nitrification) 및 탈질(denitrification) 등 박테리아에 의한 반응을 들 수 있으며 산화제를 사용한 수 처리 및 여러 환경 분석 시험 방법에서도 찾아볼 수 있다.

광의적인 의미로는 산화란 각 원소가 가지고 있는 산화수(oxydation number)가 증가하는 것이며, 환원이란 산화수 감소 즉, 음 원자가의 증가를 말한다. 원자 구조와 전자의 이동에 대한 개념에서는 원자, 분자, 이온이 전자를 잃으면 산화된다고 하고 전자를 얻으면 환원된다고 말한다.

<표 4-3> 산화-환원의 개념

	산화 (oxidation)	환원 (reduction)
(1)산소	화합…산소와 화합하는 현상 $C + O_2 \rightarrow CO_2$	잃음…산화물에서 산소를 잃는 현상 $2CuO + H_2 \rightarrow Cu_2O + H_2O$
(2)수소	잃음…수소화합물에서 수소를 잃는 현상 $2H_2S + O_2 \rightarrow 2S + 2H_2O$	화합…수소와 화합하는 현상 $N_2 + 3H_2 \rightarrow 2NH_3$
(3)전자	잃음…전자를 잃은 현상 $Na \rightarrow Na^+ + e^-$	얻음…전자를 받아들이는 현상 $Cl + e^- \rightarrow Cl^-$
(4)원자가 (산화수)	증가…원자가(원자의 산화수)가 증가되는 현상 $2FeCl_2 + Cl_2 \rightarrow 2FeCl_2$ (Ⅱ) (Ⅲ)	감소…원자가(원자의 산화수)가 감소되는 현상 $2FeCl_3 + SO_2 + 2H_2O \rightarrow 2FeCl_2$ (Ⅲ) (Ⅱ) $+ 2HCl + H_2SO_4$

산화와 환경의 개념으로부터 산화제(oxidizing agent)와 환원제(reducing agent)를 정의할 수 있다. 산화제는 자신은 환원되면서 상대 물질을 산화시키는 물질로 전자를 받을 수 있다. 대표적 산화제로는 산화납(II), 산화염소, 염소 등이다.

환원제는 반대로 자신은 산화되지만 상대 물질을 환원시키는 물질이다. 대표적인 환원제로는 수소, 이산화황, 탄소 등으로 전자를 줄 수 있는 물질들이 해당된다. 산화 및 환원은 서로 동반하지 않고서는 일어날 수 없고 산화제가 얻은 전자의 수는 환원제가 잃은 전자의 수와 같아야 한다.

<표 4-4>는 대표적인 산화제와 환원제이다.

<표 4-4> 대표적인 산화제 및 환원제

산화제	O(0), Cl(0), Fe(Ⅲ), Cr(Ⅵ), Mn(Ⅳ), Mn(Ⅶ)
환원제	H(0), Fe(0), Mg(0), Fe(Ⅱ), Cr(Ⅲ), Mn(Ⅳ)

다른 화학반응과 마찬가지로 산화-환원 반응도 평형 상태를 향해서 진행한다. 산화-환원 반응은 반쪽 반응식과 같이 전자 전달이 포함되어 있다. 산화된 종을 "Ox"로 표현하고 환원된 종을 "Red"로 표현하면 다음과 같다.

$$Ox + ze^- \rightleftarrows Red$$

본 반응식의 평형상태는 다음과 같다.

$$K = \frac{\{Red\}}{\{Ox\}\{e^-\}^z}$$

$$\{e^-\} = \left(\frac{\{Red\}}{K\{Ox\}}\right)^{\frac{1}{z}}$$

용액중의 산화, 환원력의 척도는 산화 환원 전위(ORP : oxidation reduction potential)가 이용된다. 다음 반응식에서 ORP가 높은 순서 즉, 강한 산화제의 순서는 불소, 오존, 염소 순이다

$$F_2 + 2e^- \rightleftarrows 2F^-, \; E_0 = +2.87V$$

$$O_3 + 2H^+ + 2e^- \rightleftarrows O_2 + H_2O, \; E_0 = +2.07V$$

$$Cl_2 + 2e^- \rightleftarrows 2Cl^-, \; E_0 = +1.36V$$

E 는 용액의 산화력 또는 환원력의 강도 척도이다. 전자 교환이 따르는 모든 화학반응은 산화환원 반응이며, 산화-환원의 강도는 ORP 측정으로 나타난다. 따라서 ORP의 측정은 계열의 강도 측정으로, 계열의 용량은 측정할 수 없기 때문에 pH 측정, 혹은 온도의 측정에 유리하다.

ORP의 측정값으로는 용액중의 산화제나 환원제의 농도를 알 수 없고 단지 양자의 농도 비율만을 알 수 있으며, 처리를 위하여 가해진 산화제나 환원제의 양도 알 수 없다. 폐수처리에서는 일반적으로 Ox 또는 Red의 농도 절대 값을 필요로 하는 경우는 많지 않고 농도의 비만을 알면 실용적인 입장에서 충분한 경우가 대부분이다.

유리전극 pH계의 유리전극 대신에 백금전극을 넣으면 pH계는 그대로 ORP측정용 전위차계로서도 사용할 수 있다.

5. 반응속도론

5.1. 정의

반응기에 도입된 물질이 반응하여 새로 생산되거나 소비될 경우, 그 생산율과 소비율을 화학양론으로 설명할 수 있다. 화학양론 반응에서 물질이 생성되거나 소비되는 속도를 반응속도(chemical kinetics)라고 하며, 반응에 참여하는 반응물질의 단위 시간당 농도 변화를 의미한다. 반응속도와 반응물의 농도 및 반응차수 n과의 관계는 다음과 같다.

$$\text{반응속도} = \frac{\text{반응물, 생성물의 농도변화}}{\text{단위시간}}$$

$$r = \frac{dc}{dt} = -KC^n$$

반응조 내 반응물의 체류시간과 반응조의 용량은 반응속도와 직접적으로 관계가 있기 때문에 반응조의 설계에 중요한 자료로 이용된다. 환경공학에서의 반응 속도는 보통 느리게 반응하는 경우가 많으며 생물학적 변환, 미생물 성장, 폭기, 소독, 산화-환원 반응 등에 적용될 수 있다.

5.2. 반응속도의 영향인자

반응속도는 반응물의 농도, 촉매, 온도 등 환경 인자에 영향을 받으며 그 특성은 다음과 같다.

- 농도 : 농도가 증가하면 반응속도가 빨라진다. (단 0차 반응은 제외)
- 촉매 : 대부분의 경우 촉매를 첨가하면 반응속도가 빨라진다.
- 반응온도 : 대부분의 화학 반응 및 생물학적 반응은 온도가 높아지면 반응속도가 빨라진다. 친온성 조건에서 10 ℃증가에 2배 빠른 반응속도를 나타낸다.
- 표면적 : 표면적이 넓을수록 반응속도는 빨라진다.

5.3. 반응형태에 따른 반응속도

반응형태와 반응차수는 실험에 의하여 파악할 수 있으며 0차 반응, 1차 반응, 2차 반응 등 3개의 반응차수로 구분할 수 있다.

가. 0차 반응 (zero-order reaction)

반응물이나 생성물의 농도와는 관계없이 반응온도 등에 영향을 받는 반응을 말하며 시간에 따라 반응물의 농도는 선형적으로 감소한다.

$$\frac{dC}{dt} = -kC^0 \rightarrow C_t = C_0 - kt$$

C는 반응물질의 농도이고 k는 농도와 시간의 변화율을 나타내는 속도상수이다. 암모니아의 아질산으로 산화 및 호기성 미생물에 의한 글루코스 산화 등에서 영차 반응이 나타난다.

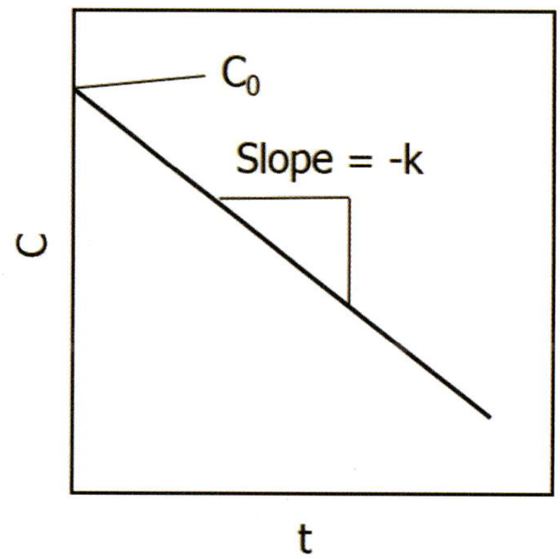

<그림 4-1> 0차 반응속도

나. 1차 반응 (first-order reaction)

A → B + C가 되는 반응으로서 반응속도가 반응물질의 농도에 비례하는 반응형태이다. 방사성 원소의 붕괴가 대표적인 예로서 다음과 같이 나타낼 수 있다.

$$\frac{dC}{dt} = -kC^1$$

반응식에서의 (-) 부호는 시간이 경과함에 따라서 반응하는 물질의 양이 감소되는 것을 나타내며, t = 0일 때, C = C_0의 조건을 주어 적분하면 다음과 같다.

$$\int_{c_0}^{c} \frac{1}{C} dc = -k \int_{0}^{t} dt$$

$$\ln[C]_{C_0}^{C} = -k[t]_0^t$$

$$\ln C - \ln C_0 = -k(t-0)$$

$$\ln\frac{C}{C_0} = -kt$$

$$C = C_0 e^{-kt}$$

여기서, C_0 : 초기(t = 0) 농도
C : t시간 후 농도
k : 반응속도 상수 또는 감소속도 정수($time^{-1}$)
t : 반응시간(time)

1차 반응의 log 그래프(ln(C/C_0) vs t)는 직선으로 나타난다. 실험 결과가 직선으로 나타나면 그 반응은 1차 반응으로서, 이때 이 직선의 기울기는 k이며 반응속도는 상수가 된다. 속도상수는 (-)값을 가질 수 없기 때문에 기울기에 (-)를 곱하여 값을 구한다.

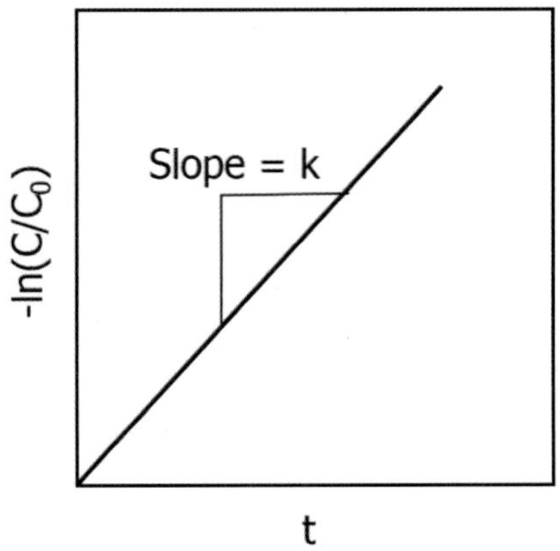

<그림 4-2> 1차 반응속도

1차 반응의 대표적인 예인 방사성 원소의 붕과의 경우 '반감기(half-life)'라고 말한다. 반감기는 대상 물질의 양(농도)이 처음의 값에서 반으로 감소할 때까지 걸리는 시간을 의미한다. 1차 반응에서의 반감기는 $C=(1/2)C_0$를 대입하여 구할 수 있다. 따라서 반감기 $t_{1/2}$는 다음과 같이 나타낸다.

$$t_{1/2} = \frac{\ln 2}{k} = \frac{0.693}{k}$$

다. 2차 반응 (second-order reaction)

A + B → C + C 또는 A + B → C + D가 되는 반응으로서 반응속도가 반응물질 중 한 성분의 농도의 제곱에 비례한다. 또는 두 가지 각각 다른 반응 물질 농도의 곱에 비례하는 반응이다.

이때 2차 반응속도 식은,

$$\frac{dC}{dt} = -kC^2 \text{ 또는 } \frac{dC}{dt} = -kCD\text{이며}$$

$$\frac{dC}{C^2} = -kdt$$

$t = 0$일 때 $C = C_0$의 조건을 주어 적분하면 다음과 같다.

$$\int_{C_0}^{C} \frac{1}{C^2} dc = -k\int_{0}^{t} dt$$

$$\frac{1}{C} - \frac{1}{C_0} = kt$$

여기서, C_0: 초기(t = 0)농도

C : t 시간 후 농도

k : 반응속도 상수(time^{-1})

t : 반응시간(time)

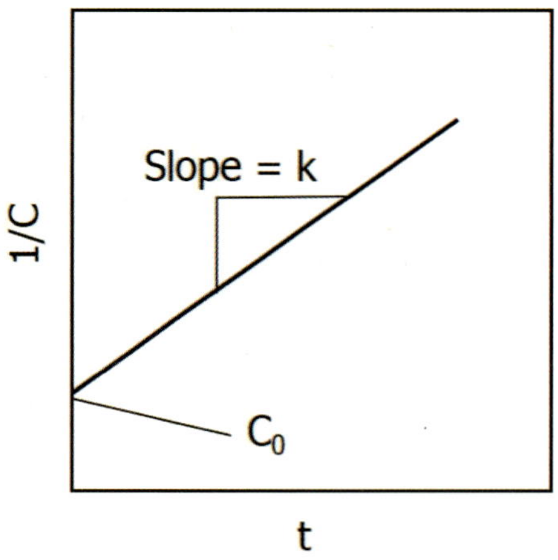

<그림 4-3> 2차 반응속도

라. 연속 반응 (consecutive reaction)

연속 반응의 경우 1단계의 생성물이 다음 반응의 반응물로 작용하는 A → B → C가 되는 반응이다.

$$A \xrightarrow{k_1} B \xrightarrow{k_2} C$$

각각의 단계에 대한 속도상수가 k_1, k_2가 존재하며, 생성물 및 반응물의 농도가 서로 연관성을 가지고 있기 때문에 이를 연속 반응으로 표현할 수 있다. 만약 각 단계의 반응 속도를 1차 반응으로 가정한다면 반응물과 생성물에 대한 반응 속도는 미분 방정식으로 표현할 수 있다.

$$-\frac{dC_a}{dt} = k_1 C_a$$

$$\frac{dC_b}{dt} = k_1 C_a - k_2 C_b$$

$$\frac{dC_c}{dt} = k_2 C_b$$

여기서, C_a, C_b C_c : A, B, C 의 농도

k_1, k_2 : 연속 반응의 반응속도 상수(time^{-1})

제5장 생태계

환경문제의 해결을 위해서는 생태계의 구조와 기능에 대한 이해가 중요하다. 따라서, 이 장에서는 생태계의 개념과 제한요인, 환경의 질을 평가하는 생물학적 지표, 생산력과 먹이사슬 등을 다루는 생태계의 에너지 역학, 생물농축과 물질의 생물지구화학적 순환 등에 대해 설명하였으며, 나아가 개체군 수준의 밀도와 상호작용, 다양한 서식처에서 생활하고 있는 개체군의 집합체인 생물군집의 특성을 다루었다.

주요 내용

1. 생태계의 정의와 개념

생태학의 정의, 생태계의 개념

2. 제한요인

제한요인의 개념, 물리화학적 제한요인

3. 생태계의 에너지역학

에너지 동태, 생산성, 1차 생산력의 측정, 먹이사슬·먹이그물 및 영양단계, 생물학적 증폭, 영양구조와 생태적 피라미드

4. 생물지구화학적 순환

정의, 물의 순환, 탄소의 순환, 질소의 순환, 인의 순환, 재순환 경로

5. 개체군

정의, 밀도, 출생률, 사망률, 연령조성, 생장형, 변동, 분산과 집단화, 격리와 세력권제, 개체군 상호작용

6. 생물군집

생물군집의 개념, 우점종, 종의 다양성, 군집의 분류와 명명, 층위형성, 주기성, 천이, 극상

1. 생태계의 정의와 개념

1.1. 생태학의 정의

생태학(ecology)이라는 용어는 1869년 헤켈(Ernst Haeckel)이 처음으로 사용하였으며 주거의 학문(oikos; house, logos; science)이라는 의미를 가지고 있다. 즉, 생태학은 집을 연구하는 학문이라는 뜻으로서, 여기에서의 집이란 생물을 둘러싸고 있는 주변의 조건을 말하는 것이다. 따라서 생태학은 생물과 그 주변 환경과의 상호작용(interaction)에 관한 학문이라고 정의할 수 있다.

1.2. 생태계의 개념

생태계(ecosystem)란 어떤 공간에 있어서 생물적 또는 비생물적 환경을 포함하여 그 속에서 상호작용을 하는 생물들의 군집(community) 및 그 계(system)라고 정의된다.

지구는 대기권(atmosphere), 수권(hydrosphere), 지권(또는 암권, lithosphere)등 3개의 권역(sphere)으로 구분되는데, 각 권역의 어느 곳이든 생물이 서식하고 있는 부분을 생물권(biosphere)이라고 하며, 이러한 생태계의 주요 구성요소는 물리적 환경, 생산자, 소비자 및 분해자이다.

물리적인 환경요인이란 빛, 토양, 물, 온도, 바람, 습도 등의 무생물적 요소를 말한다. 생산자란 삼림의 초본, 수목, 호수나 바다의 조류(algae), 남조세균(cyanobacteria, 또는 blue-green algae)이나 화학합성 박테리아(chemosynthetic bacteria) 등과 같은 독립영양생물(autotrophs)을 말한다.

이에 대하여 다른 생물을 섭식하거나 유기물을 섭취함으로써 필요한 영양분을 얻는 생물을 종속영양생물(heterotrophs)이라고 하는데 식물에서 영양분을 직접 얻는 생물을 1차 소비자(primary consumer) 또는 초식동물(herbivore)이라고 하며, 2차 이상의 고차 소비자들은 모두 육식동물(carnivore)이다.

생태계 내에는 종속영양생물의 또 하나의 군이 존재한다. 그것들을 통틀어 분해자(decomposer) 또는 미세소비자(microconsumer)라고 한다. 이들은 사체와 배설물 등을 무기화시켜 재순환에 기여하며, 대부분의 박테리아와 곰팡이 무리가 이에 속한다(<그림 5-1>).

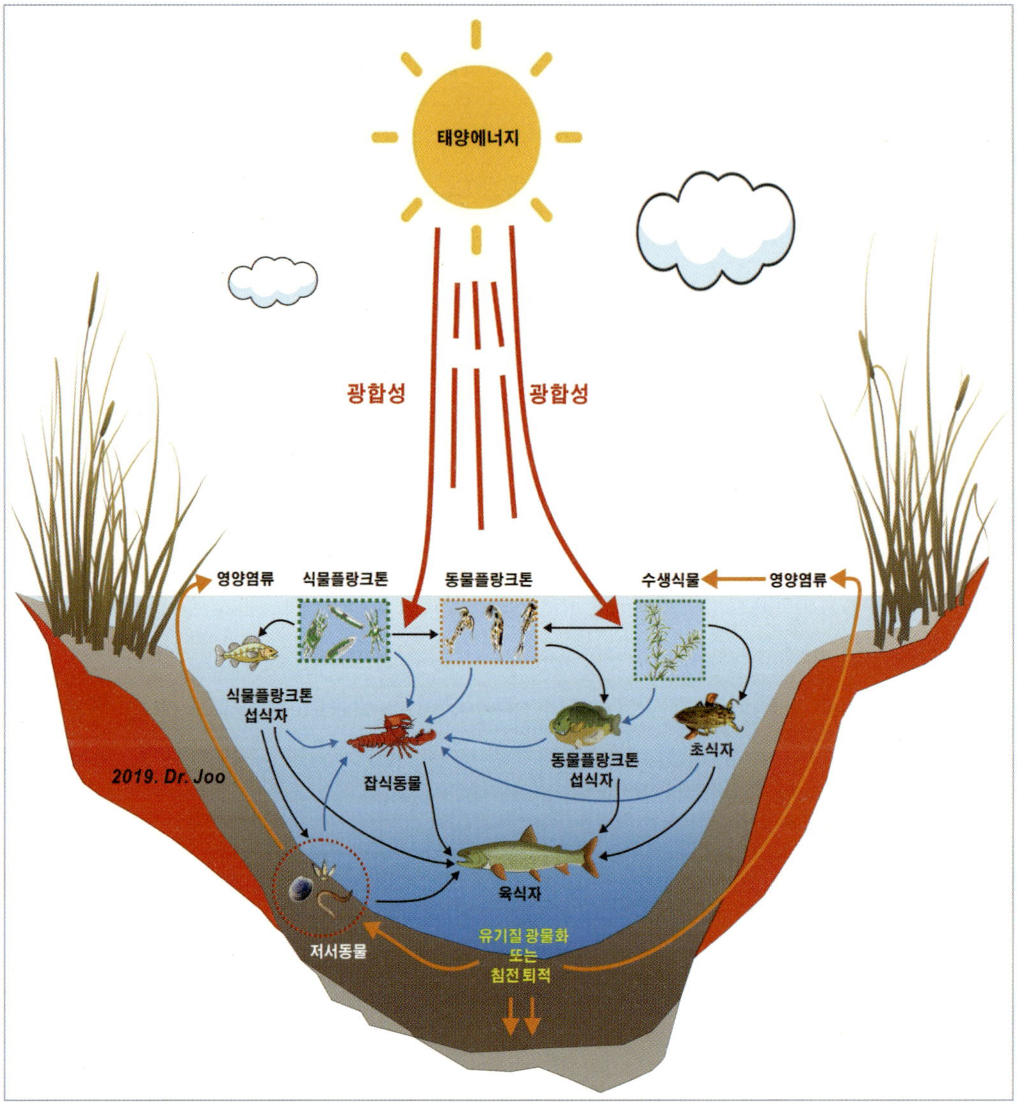

<그림 5-1> 호수 생태계

이와 같이 생태계는 각 구성 요소를 통해 물질이 순환되고 에너지 흐름이 발생된다. 생태계의 성립에 필요한 궁극적인 에너지의 원천인 태양 에너지가 생산자에게, 생산자로부터 소비자에게, 소비자로부터 분해자에게, 그리고 다시 분해자에 의해 에너지가 전이되고 물질이 순환하는 것을 생태환(ecological cycle 또는 ecocycle)이라고 한다.(<그림 5-2>)

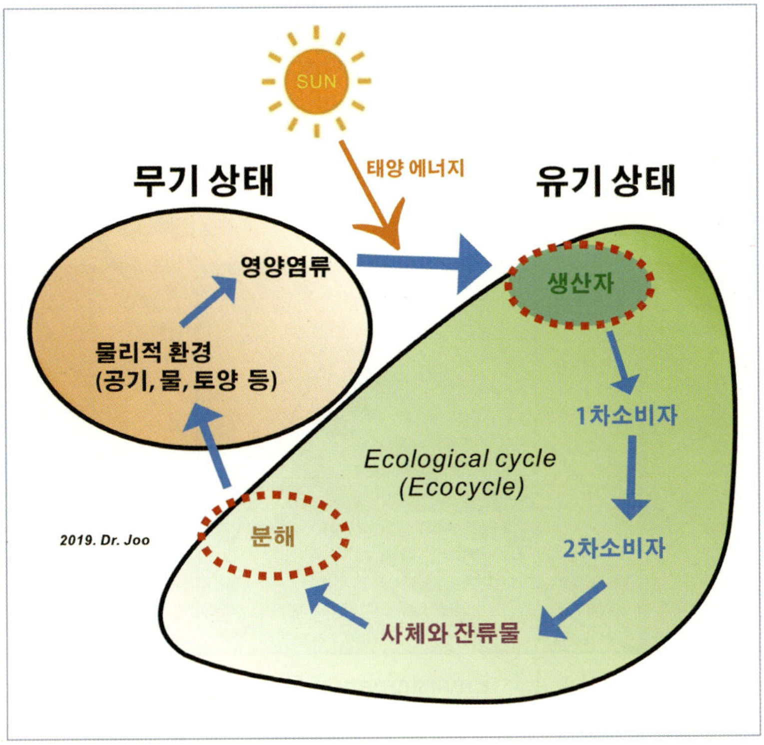

<그림 5-2> 생태학적 순환(ecological cycle)

2. 제한요인

2.1. 제한요인의 개념

하나의 생물이 살아가기 위해서는 수많은 환경요인(environmental factor)이 서로 긴밀하게 연계되어야 한다. 어떤 생물이 존재하거나 번영하는 이유는 그에 필요한 여러 가지 조건이 갖추어졌기 때문이다. 필수 영양물질은 말할 것도 없고, 일정한 범위의 물리·화학적 및 생물적 조건이 갖추어져야만 하는 것이다.

그런데 생물의 생존은 이러한 많은 조건 중에서도 가장 부족한 단일 또는 소수 조건에 의해 지배된다. 이와 같은 요인을 제한요인(limiting factor)이라고 부른다.

리비히(J. Liebig, 1840)에 따르면 농작물의 수확량은 이산화탄소(CO_2)나 물(H_2O)과 같이 풍부한 요인에 의하여 제한되는 것이 아니라 붕소(B)와 같은 미량의 영양분에 의하여 제한된다고 한다. 그에 대해 수많은 연구 및 조사결과가 제시되고 있는데 그중에서도 담수에서 흔히 이산화탄소나 인산염이 제한요인으로 적용되는 것은 좋은 예라 할 수 있다.

환경요인 중에서도 열·광선·물 등이 제한요인으로 작용하는 경우가 많다. 생물의 대부분은 이와 같은 환경요인의 생태학적 최소치와 최대치 사이에서 살고 있는데 이것을 내성의 범위라고 부른다. 내성의 범위는 생물 종에 따라 또는 동일한 종에서도 개체에 약간의 차이를 나타낼 수 있으며, 내성의 정도는 <그림 5-3>과 같다.

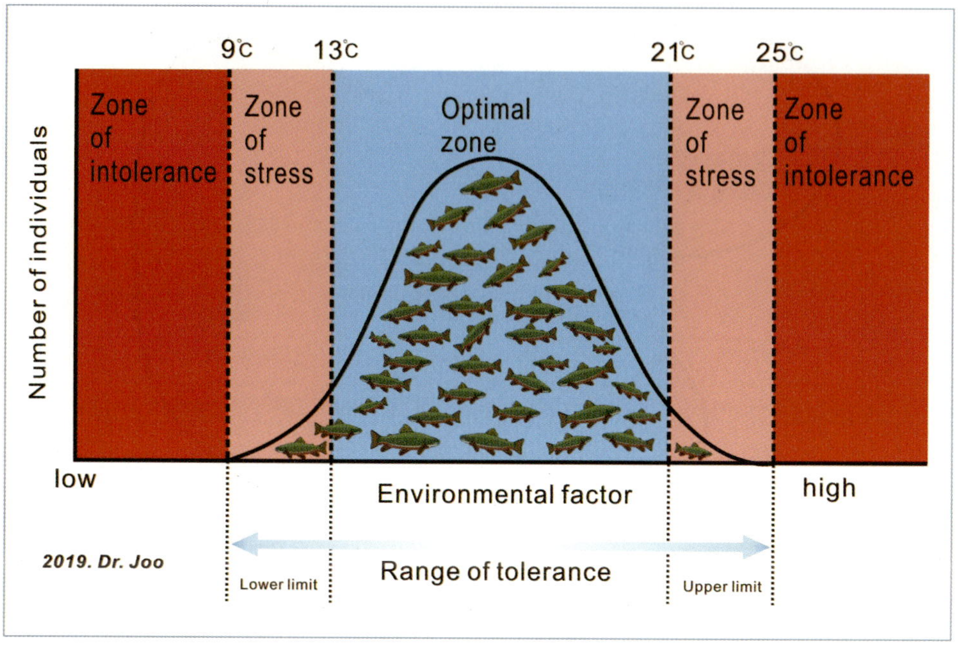

협온성(stenothermal); 광온성(eurythermal) ······· 온도
협수성(stenohydric); 광수성(euryhydric)) ······· 물
협염성(stenohaline); 광염성(euryhaline) ······· 염분농도
협식성(stenophagic); 광식성(euryphagic) ······· 먹이
협서성(stenoecious); 광서성(euryecious) ······· 서식장소 선택

<그림 5-3> 서식온도에 대한 강송어(무지개 송어의 일종)의 내성범위

2.2. 물리 · 화학적 제한요인

물리·화학적 주요 제한요인 가운데에서도 중요한 요소는 온도, 빛, 물, 대기 중의 가스, 영양염류, 흐름과 압력, 토양, 화재 및 미환경과 생물기후 등이다.

가. 온도

생물은 -200℃~100℃ 사이에서 생존이 가능하다고 알려져 있지만 실제적으로 대다수의 생물은 이보다 훨씬 좁은 범위의 온도에서 살고 있다. 다만 극히 소수의 생물이 휴면기에 극저온에서도 생존하며, 일부 박테리아나 조류는 100℃에 가까운 온천에서도 생존하고 있는 것이 발견되었다.

온도의 변화 범위는 육상보다는 수중이 더 좁은 경향이 있다. 대체로 수서생물은 육상생물보다 온도에 대한 내성의 폭이 좁기 때문에 온도가 제한요인으로 작용한다.

나. 빛

태양 에너지는 생태계의 구성에 필요로 하는 궁극적인 에너지원으로서 만약 빛이 없다면 생물은 존재할 수 없을 것이다. 빛이 생태학적으로 영향을 미치는 세 가지 요소는 빛의 질(파장), 강도 및 기간(일장)이다.

이중에서도 태양광선의 질(파장)은 수생태계의 중요한 제한요인이다. 육상 생태계에서는 태양 광선의 질이 광합성 속도에 중요한 차이를 가져올 만큼 변화가 그리 크지 않다. 그러나 수중에서는 광선의 적색부와 청색부가 제거되고 남은 녹색부의 일부만이 엽록소에 흡수된다. 홍조의 경우에는 보조색소인 피코에리트린(phycoerythrin)을 지니고 있어서 이 에너지를 이용하여 녹조보다 깊은 곳에서도 생존할 수 있다.

다. 물

물은 모든 원형질에 생리적으로 반드시 필요하다. 물은 육상에서는 변동되기 쉽고, 수중에서는 고농도의 염분이 삼투압에 의해 생물체에서의 수분 손실을 조장하기 때문에 생태학적 측면에서 보았을 때 육상과 수중에서 다 같이 주요 제한요인이다.

강우는 주로 지형과 대규모 공기 이동의 형식, 즉 기상계에 따라서 결정되며 연간 강우의 분포는 생물에게 대단히 중요한 제한요인이 된다. 온대의 위도에서 균등하게 분포되는 연간 총강우량의 차이에서 예상되는 생물군집은 다음과 같다.

0 ~ 250 mm	·······	사 막
250 ~ 760 mm	·······	초원·사바나
760 ~ 1,000 mm	·······	건조림
1,000 mm 이상	·······	습윤림

라. 온도와 습도

온도와 습도는 생태계 내에서 밀접하게 서로 작용하고 있다. 예를 들면, 바구미 일종은 습도가 대단히 높을 때보다 낮거나 적합할 때, 그리고 고온에서 잘 견뎌낸다. 덥고 건조한 기후는 목화 재배지대의 농부에게는 바구미의 개체 수 증가의 경계 신호이다. 덥고 습도가 높은 기후는 바구미에게도 적합하지 못하고, 목화에도 불리하다.

마. 대기와 수중의 가스

생물권의 주요 부분인 대기는 놀랄 만큼 안정 상태에 있으며, 이산화탄소(CO_2)와 산소

(O_2)의 농도(0.03 %, 21 %)는 고등식물의 증식을 어느 정도 제한한다. 수중에서는 대기 중에서와는 달리 가스순환의 양상이 매우 다르게 나타난다. 산소·이산화탄소 및 기타 대기 중의 여러 가지 기체가 물에 용해되어 있는 양이나 생물이 이용할 수 있는 양은 때와 장소에 따라서 다르다. 수중, 특히 유기물의 퇴적이 많은 호수에서는 산소가 제 1의 제한요인이다.

바. 영양염류

생물체에 필요한 가용성 염류(dissolved salt) 중 질산염과 인산염은 중요한 제한요인으로 작용하는 경우가 많으며, 그 밖에도 칼륨(K)·칼슘(Ca)·황(S)·마그네슘(Mg) 등이 제한요인의 대상이 된다. 칼슘은 연체동물이나 척추동물에는 특히 다량 필요하고, 마그네슘은 엽록소에 필요한 성분으로서 그것이 없으면 생태계는 존재할 수 없다. 생태적으로 다량 필요한 원소나 화합물을 다량 영양소(macronutrient)라 하고, 반대로 생태계에 필요불가결한 원소나 화합물이지만 미량만 존재해도 충족시킬 수 있는 것을 미량원소(trace element) 또는 미량영양소(micronutrient)라고 한다.

사. 흐름과 압력

물의 흐름은 기체나 영양염류의 농도에 큰 영향을 끼칠 뿐만 아니라 제한요인으로 직접 작용한다. 따라서 강과 연못에 서식하는 생물군집의 차이는 대부분이 물의 흐름이라는 요인의 차이에 의해서 나타난다.

또한 육상의 경우 바람이 중요한 제한요인으로 나타나기도 한다. 화이트헤드(Whitehead, 1957)는 나출된 산지에 서식하고 있는 식물의 생장이 바람에 따라서 제한된다는 것을 실험적으로 입증하였고, 또한 바람을 막을 수 있도록 장벽을 구축했을 때 식물의 키가 더 자란다는 것을 확인하였다. 바람은 증산에 따른 물의 손실도 촉진하기 때문에 건조지역에서는 식물에 대해서 특히 중요한 제한요인이 된다.

압력의 경우 육상에 비해 수생태계에서 그 영향력이 비교적 크며, 수중에서 수압은 10 m마다 1기압씩 증가되고, 해양의 가장 깊은 곳은 수압이 1,000기압까지 달한다. 그러므로 수생태계에서 수압은 대단히 중요한 제한요인이 된다.

아. 토양

토양은 살아있는 생물과 분해된 생물이 혼합된 지각의 풍화층으로 구성되어 있으며 여기에는 생물이 만들어낸 생산물도 포함된다. 즉, 토양은 지질적 또는 무기질적 기질의 생물 및 그 생산물이 혼합된 것으로서 기질입자 사이의 공간은 기체와 물로 채워져 있다. 대부분의 경우 토양은 명확한 층으로 구분되어 있으며, 빛깔을 각각 달리하고 있다.

이러한 토양의 구조를 토양층위(soil horizon)라고 부르며, 표면에서부터 밑으로 이어지는 층의 연속을 토양단면(soil profile)이라고 한다. 토양층위는 <그림 5-4>에 제시된 바와 같이 표면층인 O층은 부엽층, A층은 토양상부의 부식층, B층은 광물질 토양층, C층은 풍화된 모암층으로 구성되어 있다.

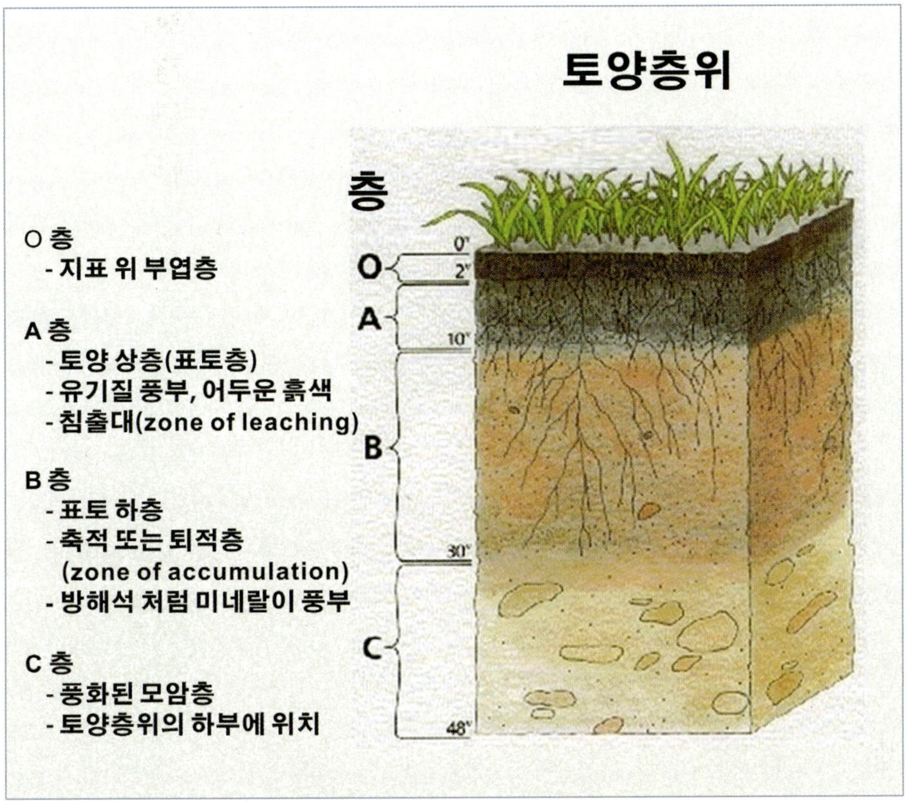

<그림 5-4> 토양의 단면(층)구조

자. 불

화재에는 두 가지 유형이 있다. 그 중 하나는 관상화재(crown fire)로서 식생을 전멸시키는 불이고, 다른 하나는 지표화재(surface fire)로서 지상부만 태우는 불이다. 전자의 경우에는 거의 모든 생물을 파멸시키지만 후자의 경우에는 선택효과의 작용으로 불에 대한 내성이 강한 생물에 대해서는 오히려 증식을 유도하는 효과를 나타낸다.

따라서 가벼운 지표 화재는 새로운 식물의 생장에 필요한 무기영양소의 생성을 촉진하고, 타기 쉬운 낙엽을 최소한으로 유지하게 함으로써 치명적인 관상화재의 위험성을 감소시킨다. 아울러 특정의 식물이 생산한 항생물질을 제거함으로써 일차 생산과 종의 다양성에 대한 안정성을 유지하는 등 생태계에 긍정적인 영향을 미친다.

차. 미환경과 생물기후

미환경(microenvironment)이란 아주 협소한 지역의 환경을 말한다. 이러한 개념을 바탕으로 가장 많이 사용되고 있는 것은 미기후(microclimate) 또는 생물기후(bioclimate)라는 용어이다. 미환경의 한 예로서 툰드라지대인 중앙 알래스카의 겨울 동안에 눈 위와 밑의 온도와 생물을 비교해 보면 눈 위의 온도는 영하 50～55℃ 인데 비하여 눈 밑의 지표면은 그 보다 약 45℃나 높다. 눈 위에서 생활하고 있는 말사슴이나 북극 여우와 같은 동물은 저온에서 견디고 있으나 눈 밑에서 살고 있는 동물은 실제로 남방의 기후권 내에서 생활하고 있는 셈이다.

2.3. 생물학적 지표

생물은 일반적으로 광범위한 적응성을 나타내고 있지만, 어떤 종은 특정한 환경조건 하에서만이 생육할 수 있는 특징을 나타내는데 이와 같은 종을 지표종(indicator species)이라고 한다. 일반적으로 내성범위가 좁은 종일수록, 그리고 희소종일수록 좋은 지표종이 되는 경우가 많다.

예를 들면, 물이 탁하고 용존산소가 2 ppm이하로 떨어져도 모기붙이의 유충이나 실지렁이는 살아남는다. 다른 생물들이 살아남지 못하고 이들 종만 생존하고 있다면 그것은 그들의 환경 조건을 표시하는 것이므로 이 경우에 이들은 좋은 지표종이 된다.
또, 대기 중의 아황산가스가 0.03 ppm을 초과 했을 때 또는 0.2 ppm이상일 때에는 각각 지의와 소나무가 생존할 수 없다. 이들 식물도 이러한 경우에 좋은 지표종이 된다.

3. 생태계의 에너지역학

3.1. 에너지 동태

생물의 생명활동에 필요한 에너지는 태양으로부터 온다. 태양 에너지는 식물의 광합성에 의해 화학 에너지로 전환되고, 다시 세포의 대사활동에서 기계적 에너지나 열에너지로 전환되는 것이다. 이와 같은 에너지 전환은 생물이나 생태계에서의 에너지 동태를 논함에 있어 가장 기본적인 개념이 된다.

태양은 그 구성물질인 수소가 헬륨으로 융합되는 과정에서 막대한 에너지를 전자파의 형태로 방출한다. 이 전자파는 단파인 X선이나 γ선에서 장파에 속하는 라디오파에 이르기까지 넓은 범위에 걸쳐 있다. 전체 에너지의 약 99 %는 파장 0.2～4.0 μm의 부분, 즉 자외선에서 적외선 사이에 존재하는데 이 에너지의 약 절반이 가시광선(0.38～0.77 μm)

을 둘러싸고 있는 부분에 존재한다.

지구에 도달하는 에너지는 태양에서 방사하는 총 에너지의 약 5천만분의 1정도에 해당되며, 그 양은 1년을 통해 거의 변함이 없다. 지구의 대기권에 도달하는 태양광선은 매분 1 cm^2 당 2 gcal로서, 연간 13×10^{23} cal이며, 대기를 통과하는 동안에 감소되어 여름의 맑게 개인 날 정오를 기준으로 했을 때 에너지의 67 %에 해당되는 1.34 gcal/cm^2/min 만이 지표에 도달하게 된다(<그림 5-5>).

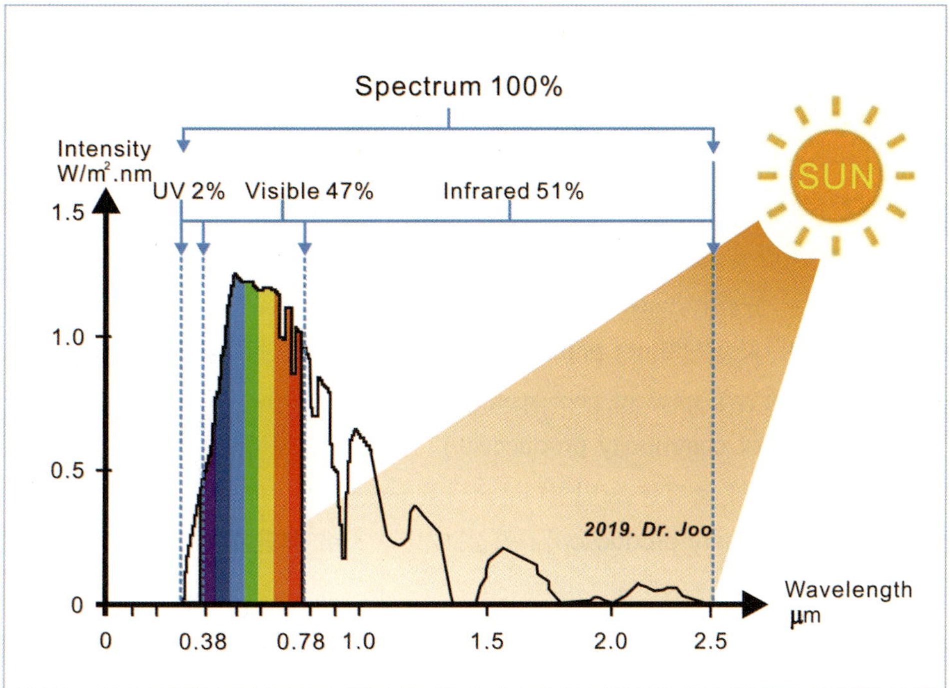

<그림 5-5> 태양광선의 스펙트럼

지구는 거의 구형에 가까운 타원체를 이루고 있기 때문에 위도 및 계절의 변화에 따른 수광량의 차이가 각각 다르다. 동일한 지역에 있어서도 기상 조건에 따라 흐린 날과 맑은 날, 공기 중의 여러 가지 성분함량(먼지, 탄산) 등에 따라 지표에 방사되어지는 태양광선의 에너지는 차이가 있다.

Gates(1965)에 따르면 식물은 청색부와 적색부의 가시광선을 많이 흡수하고, 녹색부의 흡수력은 약하며, 그 밖에 근적외부의 흡수력은 매우 약하지만 초적외부의 흡수력은 강하다고 한다. 숲 속이 시원한 것은 나무들의 수관부에서 가시광선과 적외선을 거의 모두 흡수해 버리기 때문이다. 청색부(파장 0.4~0.5 μm)와 적외부(파장 0.6~0.7 μm)의 광선은 특히 엽록소에 잘 흡수되고, 초적외부의 광선은 잎의 수분이나 잎 주변의 수증기에 잘 흡수된다. 이처럼 녹색식물은 광합성에 유효한 청색부와 적색부의 광선을 효과적으로 흡수하는 한편, 태양의 열에너지는 편재해 있는 적외부에 광선을 반사함으로써 치사온도를 피하고 있고, 수중식물은 물로 냉각시킴으로써 치사온도를 피하고 있다.

3.2. 생산성

지구상에 살고 있는 생물을 무게 기준으로 비교했을 때, 식물이 99 %를 차지하고 있고 동물은 겨우 1 %에 지나지 않는다. 생태계나 군집의 기초 생산력, 즉 1차 생산력(primary productivity)은 광합성과 화학합성에 따른 방사 에너지가 먹이로 이용할 수 있는 유기물로 고정되어지는 양이라고 할 수 있다. 다음은 생산력에 대한 몇 가지의 개념을 정리한 것이다.

- **1차 총생산력(gross primary productivity)** : 일정기간 중 광합성에 의하여 생산된 총량을 말하며, 따라서 그 기간 중에 호흡에 의하여 사용된 유기물의 양까지도 포함된다. 1차 생산력을 총광합성(total photosynthesis) 또는 총동화(total assimilation)라고도 한다.
- **순생산력 또는 1차 생산력(net primary productivity)** : 총생산력에서 호흡량을 제거한 양으로, 현실광합성(apparent photosynthesis) 또는 순동화(net assimilation)라고 한다.
- **군집 순생산력(net community productivity)** : 일정 기간에 종속 영양자에게 이용되지 않는 유기물의 축적량을 말한다.
- **2차 생산력(secondary production)** : 일정 기간의 소비자 단계에서의 에너지 축적량을 말한다.

3.3. 1차 생산력의 측정

생산력을 측정하는 이상적인 방법은 생태계를 통과하는 에너지의 양을 측정하는 것이지만 그것을 실행하기는 매우 곤란하다. 그러므로 현재까지는 생산된 물질의 양, 이용된 원료의 양, 방출된 부산물의 양 등, 어떤 간접적인 양에 의거하여 측정하고 있다.
자연계에서 일어나는 대부분의 생산에는 새로운 원형질이 생성된다. 생산력의 가장 총괄적인 반응식은 다음과 같다.

1,300,000 ㎈의 방사에너지 + 106 CO_2 + 90 H_2O + 16 NO_3 + 1 PO_4 + 무기물 요소 = 원형질 3,258 g(106 C, 180 H, 46 O, 16 N, 1 P, 815 g의 무기회분)의 13,000 ㎈ 잠재에너지 + 154 O_2 + 1,287,000의 방사열에너지(99 %)

이와 같은 반응식을 이용하여 에너지의 단위, 이용된 이산화탄소나 질소, 인, 원형질의 중량(또는 먹이의 형태로 된 탄소의 양) 및 산소 사용량으로 나타나는 생산력의 척도를 서로 환산할 수 있다. 1차생산력의 측정 방법에는 수확법(harvest method), 산소측정법, 이산화탄소법, pH법, 원료 소실법, 방사성 동위원소 이용법, 엽록소법 등이 있다.

3.4. 먹이사슬·먹이그물 및 영양단계

먹이 에너지는 식물에서 시작하여 포식과 피식을 반복하면서 일련의 생물군을 통하여 옮겨가는데, 이것을 먹이사슬(food chain)이라고 한다. 먹이 사슬의 각 이동단계에서는 비중이 큰 80～90 %의 잠재 에너지가 열로 소실된다. 이러한 영양단계의 수, 즉 먹이사슬은 보통 4～5단계에 한정되는데, 먹이사슬이 짧으면 짧을수록 이용할 수 있는 에너지의 양이 많다.

먹이사슬에는 두 가지 기본형이 있다. 하나는 녹색식물에서 시작하여 초식자·육식자로 이어지는 채식 먹이사슬(grazing food chain)이며, 다른 하나는 생물의 사체에서 미생물, 잔재식 생물, 즉 잔재식자(detritivore), 다시 포식자로 이어지는 잔재 먹이사슬(detritus food chain)이다. 이러한 먹이사슬은 서로 복잡하게 얽혀져 있는데 이를 먹이그물(food web)이라고 한다(<그림 5-6>).

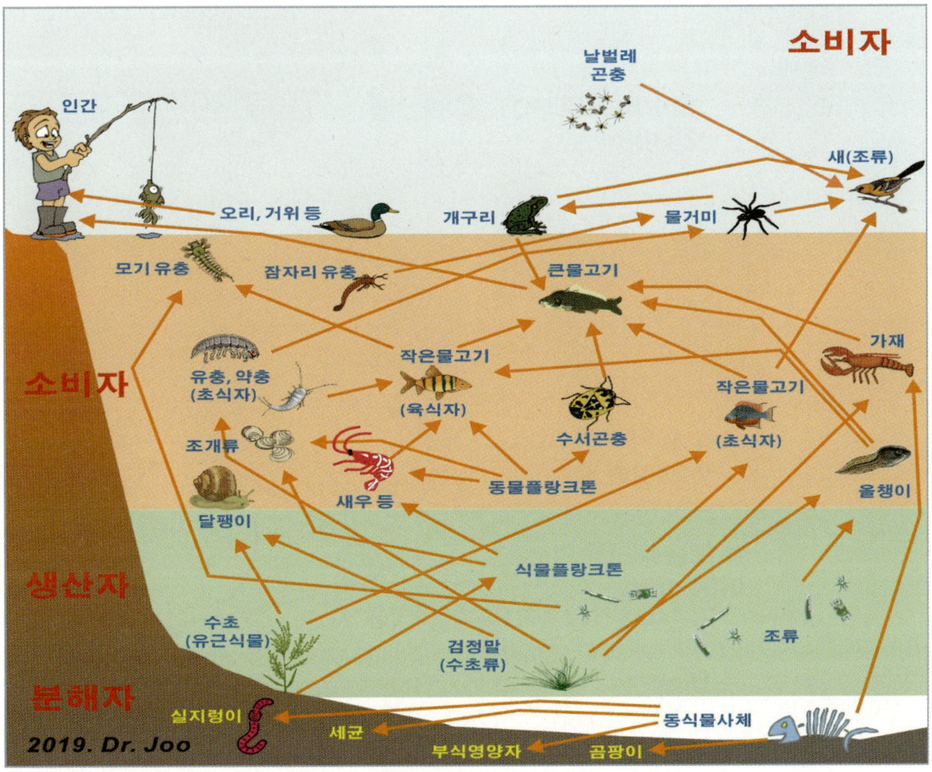

<그림 5-6> 수역의 생물군집에서 먹이그물의 한 예

3.5. 생물학적 증폭

일부 특수물질은 먹이사슬의 각 단계에서 확산되어 체외로 배출되지 못하고 먹이사슬을 따라 농축되는데 이와 같은 현상을 먹이사슬 농축(food chain concentration) 또는 생물학적 증폭(biological magnification)이라고 한다.

<그림 5-7>은 미국 투울(Tule)호 및 lower klamath 보호구에서 발생한 DDT의 오염을 나타낸 것이다. 이 호수에서는 10일 동안 307마리의 물새가 집단적으로 죽은 일이 있었는데 이는 DDT의 생물학적 농축에 의한 결과이다. DDT는 유기 염소계 살충제로서 지방에 잘 용해되기 때문에 체내에 농축되기 쉬운데 <그림 5-7>에서 보는 바와 같이 논병아리의 지방체에 DDT가 호수의 함량보다 무려 77만배나 농축되어져 있었던 것으로 밝혀졌다.

<그림 5-7> 미국 Tule호 생물군집의 DDT 오염 및 생물학적 농축

또한 일본에서 1950년대에 사회적인 문제가 되었었던 미나마타병이나 이타이이타이병 등은 각각 메틸수은이나 카드뮴이 먹이사슬을 따라 생물학적으로 농축되어 일어났던 사건 중의 하나이다.

3.6. 생물농축에 영향을 미치는 인자

가. 잔류성

어떤 화학물질이 생물에 농축되기 위해서는 지속적으로 노출되는 시간이 필요하다. 특히 농축과 관련하여 중요한 것은 먹이사슬을 통해 노출되는 시간과 아울러 그 화합물질의 잔류성이다. 어느 화합물질이 특정 생물에 축적되는 경향은 화학물질의 생물에 대한 생물학적 반감기로 나타낸다. 보통의 환경에서 잔류하는 화합물질은 반감기가 길고, 충분한 양의 화학물질이 환경 중에 분포하면 비교적 높은 수준으로 축적되는 경향이 있다.

나. 표면적

생물농축은 유해물질의 동물세포에 흡착과정을 통해 축적되기 때문에, 어떤 유해물질이 축적되는 정도는 주로 생물과 환경과의 경계면적에 의해 결정된다. 입자의 크기가 감소됨에 따라 단위 질량당 또는 용적당 표면적이 증대하게 된다. 그러므로 흡착은 생물농축에 주요한 인자가 되어 적은 입자 또는 생물이 큰 비율로 화합물질을 축적하게 된다.

다. 분배 계수

일반적으로 생물은 상당량의 지방을 가지고 있으므로, 지방층에 높은 분배계수를 갖는 화학물질이 이들 지방조직에 많이 분포하는 경향을 나타내는 것으로 알려져 있으며, 높은 농도로 농축된다. 특정 생물의 지방 함유량도 농축정도를 나타내는 지표가 된다.

라. 농축계수(concentration factor, CF)

생물 농축계수란 어떤 오염물질이 생물체에 축적되었을 때 환경 중에 존재하는 농도와 생물체에 존재하는 물질의 농도 비율을 말한다. 어떤 오염물질이 환경 중에 존재하는 농도(CW)와 최종적으로 외계와 평형에 도달하였을 때의 생물체 내의 농도를 CB라고 하면, 농축계수(CF)는 CB/CW로 나타낼 수 있다.

CF = CB/CW　　　　CF = 농축계수

CW = 환경 중에 존재하는 농도　　　　CB = 생물체에 존재하는 농도

그러나 생물체에 내의 기관에 따라 오염물질의 농도가 다르므로 각 기관별로 농축계수를 구분하여 평가하는 것이 일반적이다.

3.7. 영양구조와 생태적 피라미드

영양구조는 생태계의 고유한 유형에 따라 각각 달라질 수 있으며, 단위 면적당 현존량 또는 각 영양 단계에서의 단위시간·단위면적당 고정되는 에너지의 양을 통해 측정할 수 있다. 이러한 결과는 각 영양단계를 기준으로 하여 그림으로 표현할 수 있으며, 이를 생태적 피라미드(ecological pyramid)라고 한다.

생태적 피라미드는 표현하는 기준에 따라 개체수 피라미드(pyramid of numbers), 생체량 피라미드(pyramid of biomass), 에너지 피라미드(pyramid of energy) 3가지 형으로 구분할 수 있다. 개체 수 혹은 생체량을 토대로 작성한 피라미드는 각각 개체수와 생물의 중량을 기준으로 한 것이기 때문에 때에 따라서는 피라미드가 역삼각형을 취하기도 한다. 즉, 생산자의 개체수가 소비자의 개체수보다 적을 경우에는 독립된 피라미드 형태가 된다. 그러나 에너지 피라미드는 그 생태계 내에 공급되는 모든 에너지를 대상으로 할 경우 진정한 삼각형이 된다(<그림 5-8>).

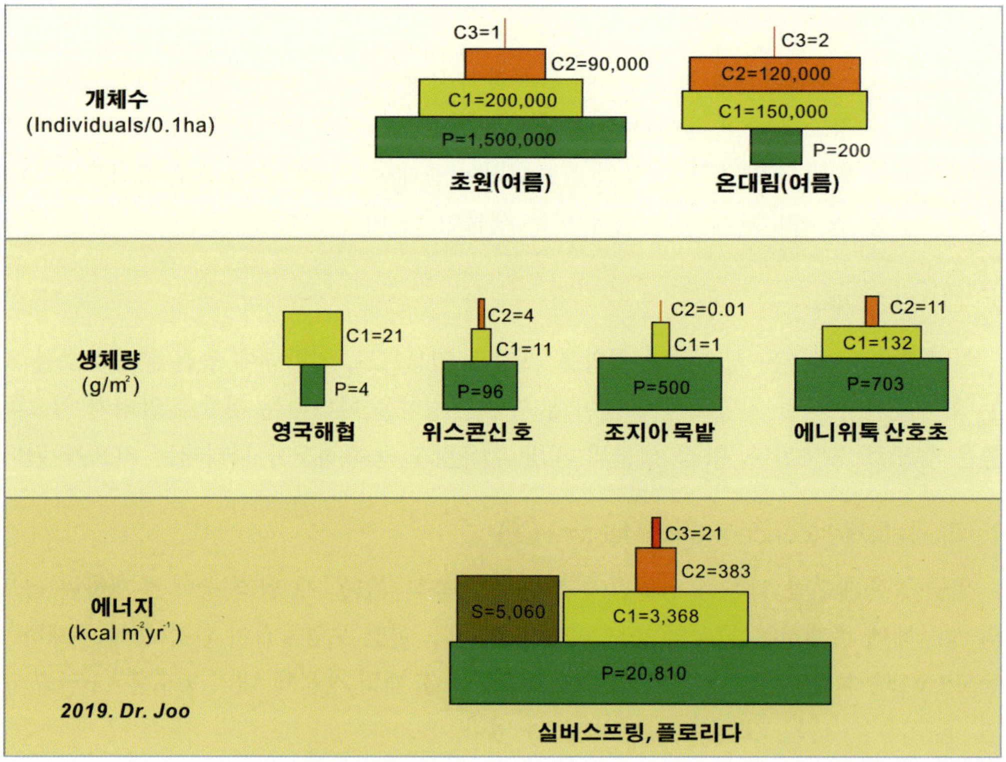

위 : 개체수의 피라미드
가운데 : 생체량의 피라미드. $1m^2$당의 건중량.
아래 : 에너지 흐름, 피라미드.
(P ; 생산자. C_1 ; 1차 소비자. C_2 ; 2차 소비자. C_3 ; 3차 소비자.)

<그림 5-8> 여러 생태계에 있어서 개체수, 생체량, 에너지의 생태적 피라미드

4. 생물지구화학적 순환

4.1. 정의

지구상에 존재하는 거의 모든 원소는 환경에서 생물로, 다시 생물에서 환경으로 일정한 경로를 통해서 순환되어지며, 이를 일컬어 생물지구화학적 순환(biogeochemical cycle)이라고 한다. 또한 이러한 원소와 생명체에 필수적인 무기화합물의 순환은 영양염 순환(nutrient cycle)이라고 한다.

생물지구화학적 순환은 원소의 저장소(reservoir pool)에 따라 기체형(gaseous type)과 침전형(sedimentary type)으로 구분할 수 있는데 기체형은 대기 혹은 해양을 저장소로 하는 원소이며, 침전형은 지각을 저장소로 하는 원소이다.

4.2. 물의 순환

대기 중의 물은 소량이며, 대기 중에서 물의 회전율(turnover rate)은 이산화탄소보다 빠르고 체류시간이 짧다. 물의 순환에 있어서 특히 주목되는 것은 첫째, 바다에서는 강우로 되돌아오는 양보다는 증발량이 많으며, 육지에서는 이와 반대의 현상이 일어난다는 것이다. 따라서 육상생태계를 지탱하고 있는 강우의 일부는 해양에서 증발한 물이다. 둘째, 0.25 지오그램(1 geogram = 10^{20} g)의 추정수량이 담수의 호수나 하천에 있어서 0.2 geogram의 물이 매년 유출되기 때문에 회전시간은 약 1년이 소요된다(<그림 5-9>).

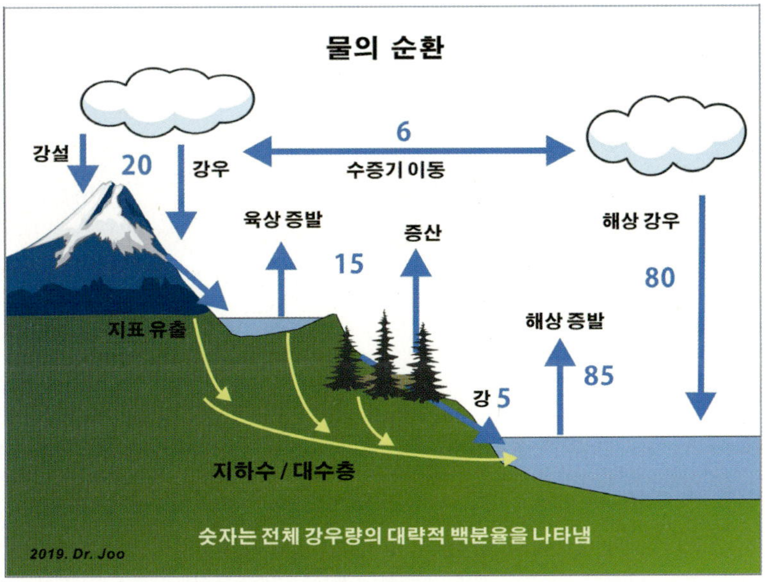

<그림 5-9> 물의 순환 : 단위는 10^{20} g

4.3. 탄소의 순환

탄소의 저장고는 대기와 물이다. 탄소의 기본적인 이동은 대기 저장고로부터 생산자와 소비자로, 양자로부터 분해자로, 이어서 대기 저장고로 순환된다. 이러한 탄소의 순환은 생물권의 생산량, 지구대기의 온도조절 및 수역에 있어서 pH의 완충능력 등과 관련이 있다.

자연적인 순환뿐만 아니라 지질시대에 지각에 매몰되어 갇혀있던 화석연료의 형태인 탄소, 즉 토탄, 석탄 및 석유, 석회석 등이 최근 공업화와 더불어 인간에 의해 대기로 재순환되어짐에 따라 여러 가지 기상 및 환경문제가 유발되고 있다(<그림 5-10>).

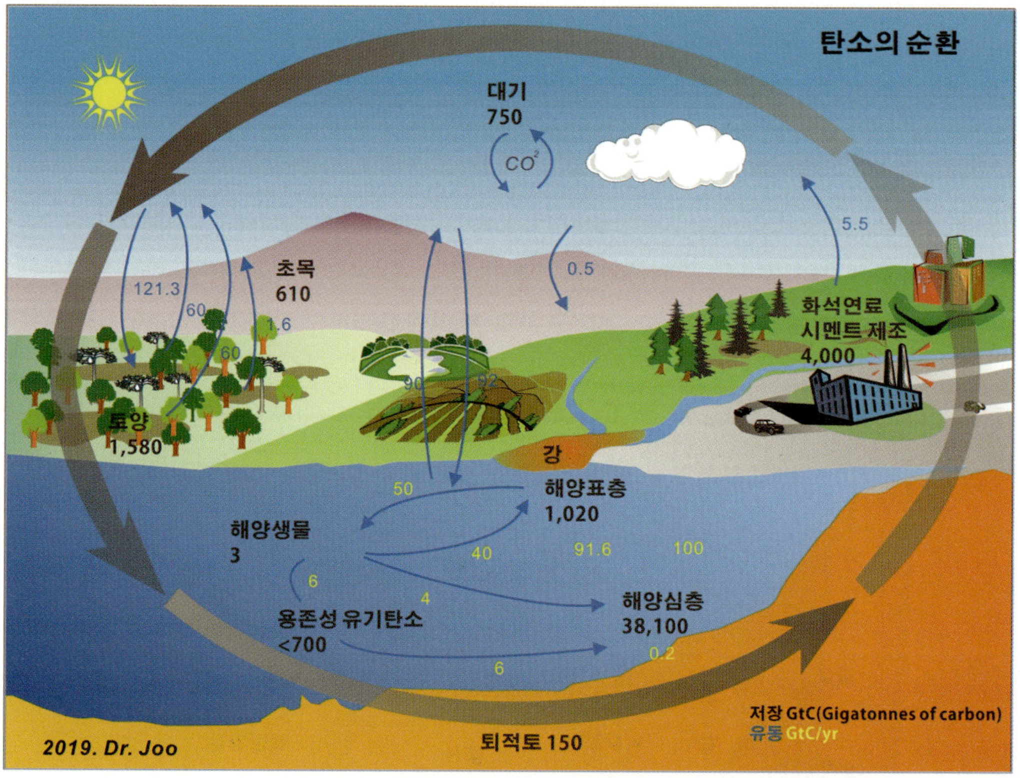

<그림 5-10> 탄소의 순환 : 단위는 10^9 ton

4.4. 질소의 순환

대기를 저장소로 하고 있는 질소(N_2)는 그 구조상 매우 안정적이어서 대기를 구성하고 있는 가스의 약 79 %를 차지하고 있다. 이러한 질소의 생물권으로의 유입은 3가지 경로를 따라 고정되는데, 대기 중의 공중방전, 공업적 질소의 고정, 생물학적 질소고정이 바로 그것이다. 여기에서 가장 큰 의미를 가지고 있는 것은 생물학적 질소고정(biological nitrogen fixation)으로, 이를 수행하는 생물군은 *Azotobacter*(호기성 세균의 일종), *Clostridium* (혐기성 세균의 일종) 등의 미생물과 콩과 식물과의 공생관계를 하는 뿌리혹박테리아(*Rhizobium*), 또는 *Anabaena*, *Nostoc* 등을 포함하는 일부의 남조류가 여기에 속한다.

이와 같이 여러 가지 경로를 통해 고정되어진 질소는 대개 질산염이나 암모늄염의 형태로 생물에게 이용되며, 생물권 내의 먹이사슬, 배설 및 사체 등의 형태로 순환, 분해되어 수역이나 대기 중으로 재순환된다.

생물권으로부터 수역이나 토양으로 배출되어진 질소는 먼저 알부미노이드성 질소의 형태로 유출되며, 질산화 세균에 의해 암모니아성 질소, 아질산성 질소, 질산성 질소의 순으로 산화되어진다. 이를 질산화 과정(nitrification)이라고 하며, 여기에 참여하는 세균으로는 *Nitrococcus*, *Nitrobacter* 등이 있다.

또한 질소가 다시 대기 중으로의 되돌아가는 과정이 동시에 존재하는데 이를 탈질화 과정(denitrification)이라고 한다(<그림 5-11>).

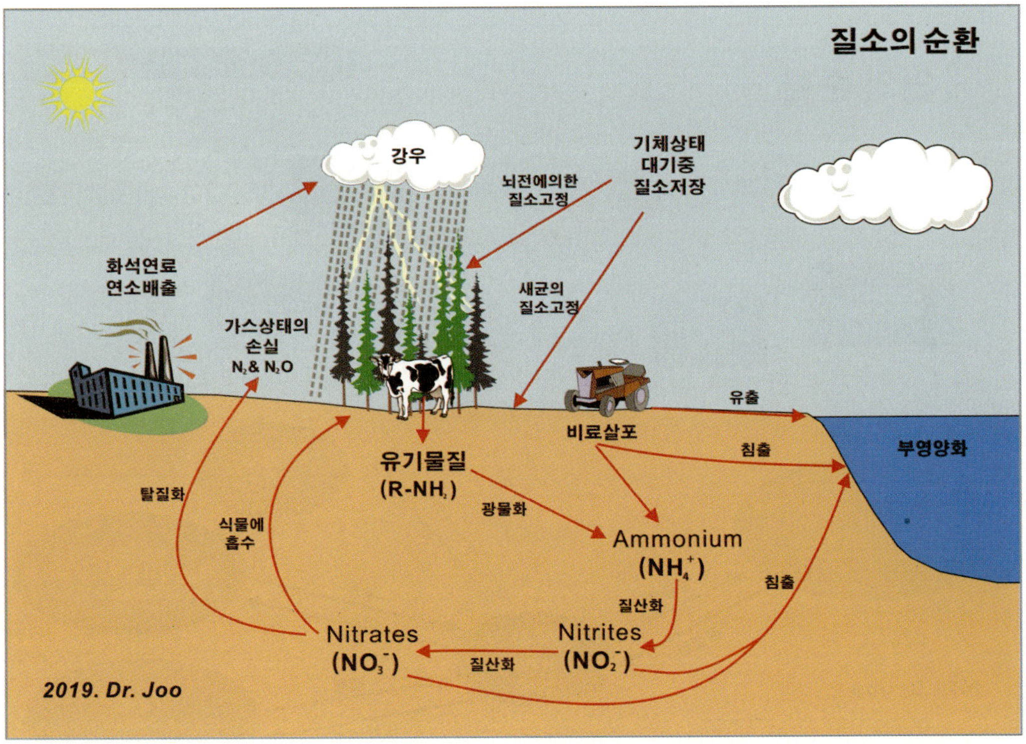

<그림 5-11> 질소의 순환

4.5. 인의 순환

인(phosphorus)은 원형질 구성에서 중요한 필수 원소중의 하나로서 질소 대비 희소한 편으로 1 : 23 정도로 나타나고 있다. 인을 포함하고 있는 유기화합물은 식물에 의해 다시 이용할 수 있는 인산염으로 분해된다.

인의 저장고는 지질시대에 조성된 암석이나 그 밖의 퇴적물이다. 이들 암석이나 퇴적물은 서서히 침식되어 생태계에 인산염을 제공하는데, 이중 다량의 인산염이 바다로 들어가서 일부는 천해의 퇴적물 중에 침전되고, 또 일부는 심해의 퇴적물로 소실된다.

새나 인간이 육상으로 운반하는 인의 양 만으로는 순환계로 복원되기에는 불충분하다. 바다에서 먹이를 구하는 새나 해양 동·식물을 많이 이용하는 인간이 다량의 인을 육상으로 반출하는 것은 사실이지만 그 양은 1년에 겨우 6만 톤밖에 되지 않는다. 이에 비하여 인간에 의해 구아노(guano) 등으로부터 채굴되어지는 인광석의 양은 200~300만 톤으로 그 대부분이 유실되고, 따라서 대규모의 인산염 순환은 불완전하여 결손을 보충하지 못하고 있다(<그림 5-12>).

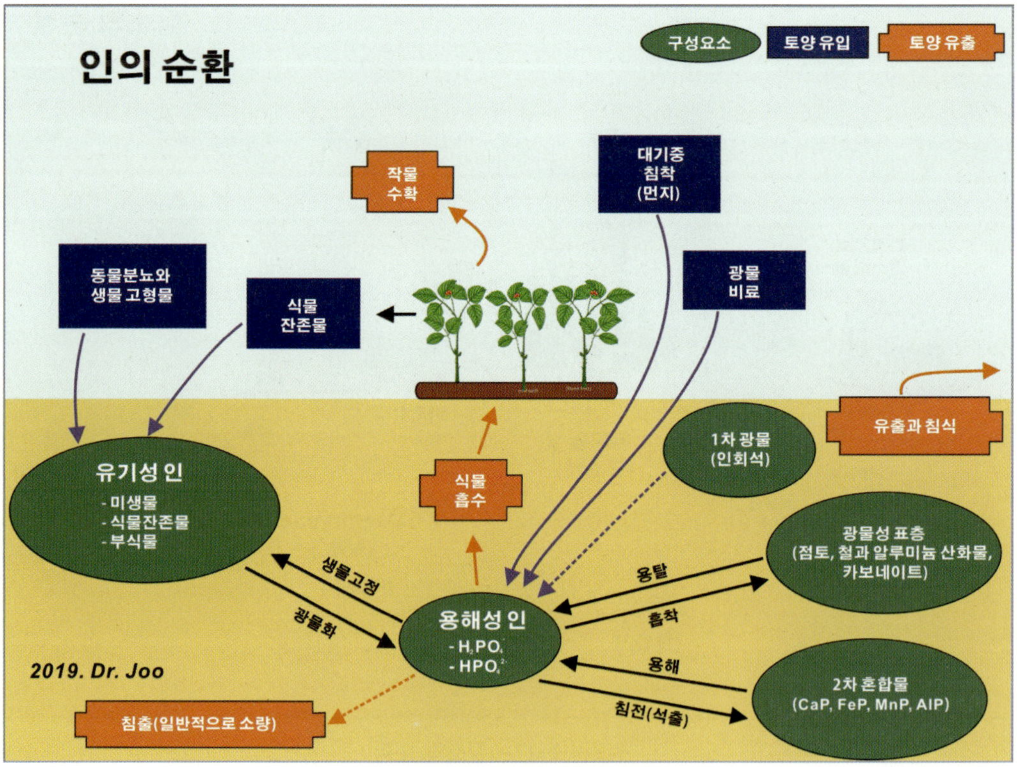

<그림 5-12> 인의 순환

4.6. 재순환 경로

생태계 내 먹이사슬에서 영양물질의 재순환(재생산)은 다음과 같은 두 가지 주요 경로가 있다. 즉 초식동물과 육식동물의 배설로 생산자에게 되돌아가는 경로(I)와 미생물이 유기물의 잔재를 분해하여 생산자에게 되돌아가는 경로(II)이다.

이러한 재순환 경로 I은 주로 채식 먹이사슬에서 볼 수 있고, 경로 II는 잔재 먹이사슬에서 볼 수 있다. 또, 공생 박테리아에 따른 식물에서 식물로의 직접 순환을 포함하는 제 3의 경로도 생각할 수 있다. <그림 5-13>은 영양물질의 기본적인 재순환 경로를 나타낸 것이다.

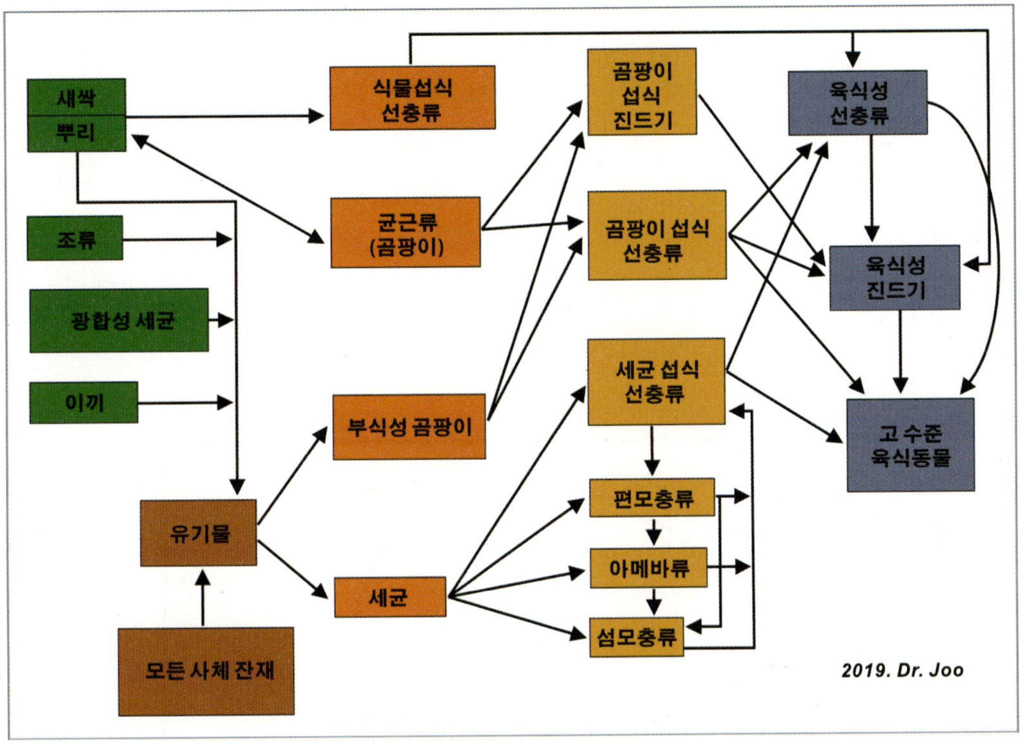

<그림 5-13> 주요 영양염의 재순환 경로

5. 개체군

5.1. 정의

개체군(population)은 어떤 특정 시간에 특정 공간을 차지하고 있는 같은 종의 생물군이다. 예를 들어 지리산의 토끼 개체군, 백두산의 호랑이 개체군, 서울의 인구 등이 바로 개체군을 말하는 것이다. 개체군에서는 개체 수준에서 다루어지지 않는 밀도(density)의 개념이 도입되어지며, 개체군 밀도에 영향을 미치는 요인으로는 출생, 이입과 같은 양의 요인과 사망, 이출과 같은 음의 요인이 있다.

5.2. 밀도

개체군의 밀도는 단위면적이나 체적에서의 개체수(number) 또는 생체량(biomass)을 말한다. 예를 들면, 1 km^2 당 300그루의 수목, 물 1 m^3당 500만의 규조, 1 ha의 수표면당 50 ton의 물고기 등으로 표현된다.

단위 총 공간당 개체수(또는 생체량)를 조밀도(crude density)라 하고, 단위 생활공간당 개체수(또는 생체량)를 생태밀도(ecological density) 또는 고유밀도(specific density)라고 한다. 생태밀도는 어떤 개체군이 현실적으로 생활하고 있는 공간을 기준으로 하며, 따라서 조밀도와 생태밀도를 구별하는 것은 개체군의 밀도조사에서 대단히 중요하다.

예를 들어 칼(Kahl, 1964)이 미국 플로리다주 남부를 대상으로 조사한 바에 따르면, <그림 5-14>에서 보는 바와 같이 겨울의 건조기에는 수면이 낮아져서 이 지역 전체의 물고기의 밀도는 저하되는 반면, 크고 작은 많은 웅덩이가 나타나서 그 속의 생태밀도는 급속히 증대되었음을 보고하였다.

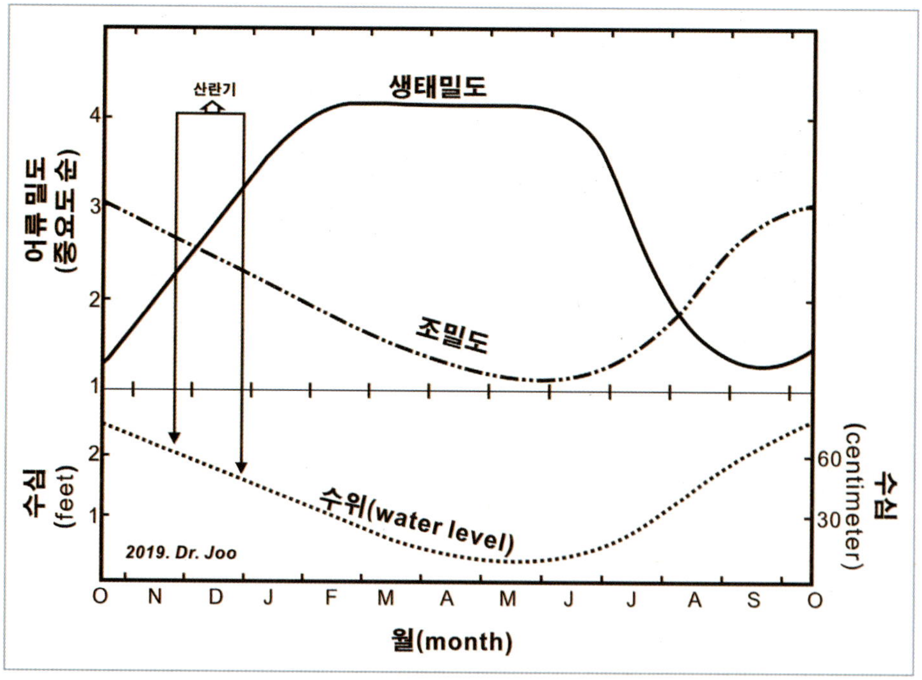

<그림 5-14> 호수에서 수위변화에 따른 생태밀도와 조밀도의 관계

밀도를 측정하는 방법에는 총계법, 표본법 등이 있다. 총계법(total counts)은 조사하려는 지역에서 개체군의 총 개체수를 세는 방법이며, 표본법(sampling method)은 개체군 전체의 크기를 알기 위하여 소부분을 표본으로 하여 계수한 후 그것을 기준으로 전체를 추정하는 방법으로서 방형구법과 포획-재포획법, 제거법, 비구획법 등으로 구분할 수 있다.

5.3. 출생률

새로운 개체가 생식에 의해 추가되는 비율을 출생률(natality, birth rate)이라 하는데 이상적 환경 하에서의 출생률을 최대 출생률(maximum natality)·절대출생률(absolute natality) 또는 생리적 출생률(phygiological natality)로 구분하고 있다. 또 실제의 어떤 특정 환경조건 하에서의 출생률을 생태적 출생률(ecological natality) 또는 실현출생률(realized natality)이라고 한다.

일반적으로 출생률이라고 하는 것은 후자를 말하며, 최대출생률은 개체군별로 일정하지만 생태적 출생률의 크기와 구성·환경조건 등에 따라서 달라진다. 출생률은 ⊿Nn/⊿t로 나타낸다. 즉, 출생된 새로운 개체의 수를 시간으로 나눈 율이다.

만일, 단위 개체 당 출생률을 나타낼 때에는 ⊿Nn/N⊿t가 되는 데, 이것을 고유출생률(specific natality)이라고 한다. 여기에서 N은 전체 개체수를 나타낼 수도 있고, 개체군 중에서 생식이 가능한 개체를 나타낼 수도 있으며, 고등동물의 경우에는 암컷 개체 당 출생률을 따지는 것이 통례이다. 고유출생률은 개체군 중 각 연령층으로 따로 산출할 수도 있는데, 이 경우에는 연령별 고유출생률(age-specific natality)이라고 한다.

5.4. 사망률

개체군에서 사망에 의하여 감소되는 개체의 비율을 사망률(mortality)이라고 한다. 생물의 수명은 생리적 수명(physiological longevity)과 생태적 수명(ecological longevity)의 두 가지 형으로 구분할 수 있다. 전자는 최적 환경조건 하에서 개체군을 구성하는 개체의 평균수명을 말하고, 후자는 주어진 환경조건 하에서 개체군의 평균수명을 말한다.

래크(Lack, 1954)는 유럽산 찌르레기의 경우, 야외에서 기대되는 수명은 1년밖에 되지 않지만 적어도 11년간은 살 수 있다고 하였다. 고대 로마 여자의 평균수명은 21세이었고, 1780년대 영국의 경우에는 37세, 1960년대 미국의 경우에는 73세이었다고 한다.

이와 같이 수명을 두 가지 형으로 구분할 수 있으므로 사망률도 최소사망률(minimum mortality)과 생태적 사망률(ecological mortality)로 구분할 수 있다. 전자는 생리적 수명에 따른 노령만으로 사망했을 때의 사망률을 말하고, 후자는 생태적 수명에 따른 사망률을 말한다. 생태적 사망률은 현실사망률이라고도 하며, 포식자·질병 및 기타 환경조건의 영향을 받으므로 최소사망률보다 훨씬 높은 것이 통례이다.

각 개체군의 평균수명을 100으로 환산하여 시간의 흐름에 따른 개체수의 변화를 그래프로 표시한 것을 생존곡선(survivorship curve)이라고 한다. <그림 5-15>에서 Type Ⅰ은 극단적인 블록형 곡선을 나타낸 것으로서 개체군의 사망률이 종말에 근접할 때 까지 낮으며, 인간도 이곡선형에 가깝다.

Type Ⅲ은 반대로 극단적인 오목형 곡선으로서 사망률은 어렸을 때에 높으며, 조개·물고기·식물 등이 그 좋은 예이다. Type Ⅱ는 Ⅰ과 Ⅲ의 중간형으로서 생존곡선은 대각선에 근접하고 있다. 사슴을 비롯한 거북류 등처럼 성체의 생존율이 상대적으로 높은 경우는 Type Ⅲ과 Type Ⅱ 사이에 생존곡선을 나타낸다.

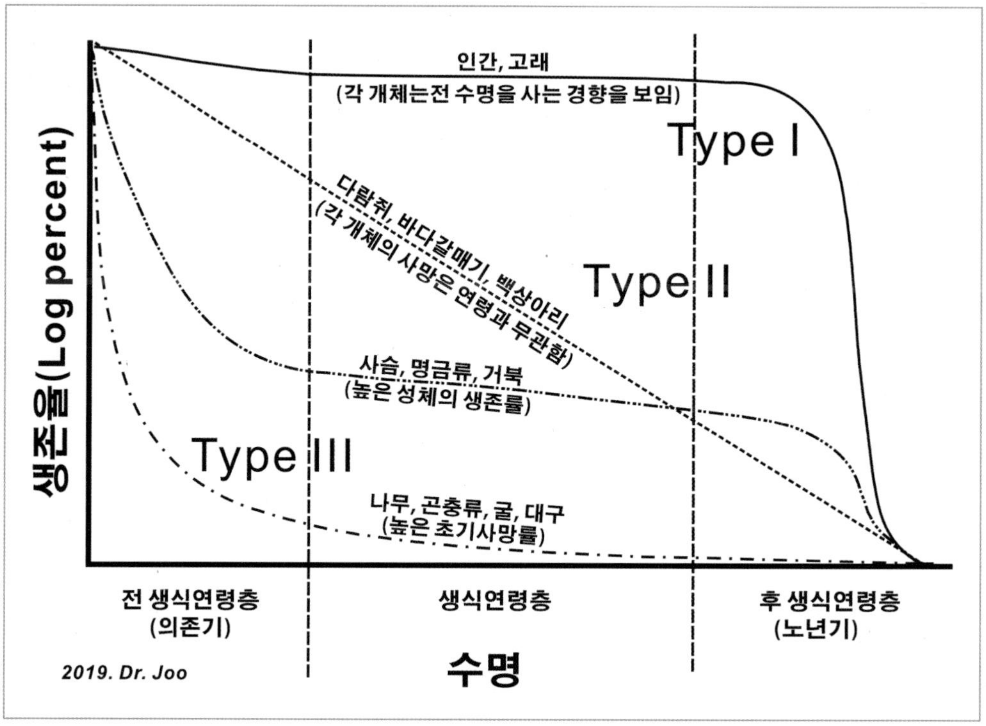

<그림 5-15> 몇몇의 생존곡선

5.5. 연령조성

어떤 개체군에서 유년층·중년층·노년층의 구성비는 출산률과 사망률 또는 생존률에 지대한 영향을 끼친다. 이들 연령층의 비율을 알면 그 개체군의 현존의 번식상태를 알 수 있고, 장래의 동향도 짐작할 수 있다.

일반적으로 급속히 증대되는 개체군에서는 젊은 층이 우세하고, 안정된 개체군은 각 연령층이 고르며, 쇠퇴하는 개체군은 노년층이 우세하다.

보덴하이머(Bodenheimer, 1938)는 개체군의 연령을 전생식연령·생식연령·후생식연령의 3단계로 구분하였다. 이와 같은 생태적 연령의 구성비는 종에 따라서 다르며, 인간의 경우 평균수명을 70으로 볼 경우 전생식연령은 약 21 %에 해당하고 약 42 %(즉 15~45세 까지)가 생식연령이며, 37 %가 후생식연령이다.

쥐의 경우에는 각각 25 %, 20 %, 55 %를 나타낸다. 이와는 대조적으로 많은 곤충들은 전생식연령이 생활사의 반 이상을 차지한다. 하루살이나 매미무리 중에는 유충단계에서 수년 내지 10여 년을 사는 것이 있지만, 성충단계가 매우 짧아 수일 내지 수 10일밖에 되지 않으며, 어류나 곤충 또는 일부 식물 중에는 후생식단계를 갖지 않는 종도 적지 않다. 이와 같은 종들은 산란이 끝나면 곧 죽는다.

<그림 5-16>의 팽창형(expanding)은 개체수가 급속히 증가하는 개체군의 연령조성을 나타낸 것으로서 피라밋 또는 삼각형이며, 안정형(stationary)은 종 모양을 나타낸다. 한편, 항아리형(contraction)의 연령조성을 나타내고 있는 것은 어린 연령층에 속하는 개체수가 적으며, 일반적으로 노쇠하였거나 쇠퇴하고 있는 개체군을 나타낸다.

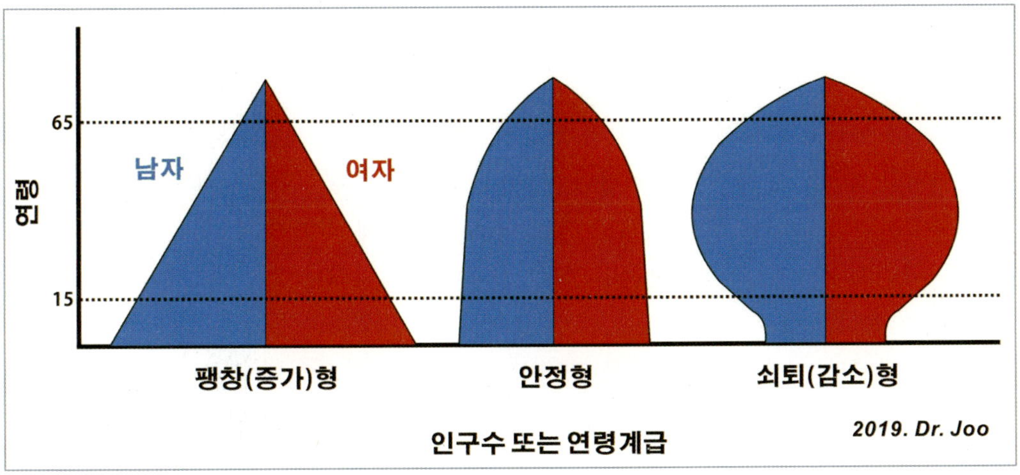

<그림 5-16> 연령 피라미드

5.6. 생장형

생물번식능력과 환경저항과의 상호작용을 이해하기 위하여 효모를 시험관에서 배양할 경우 S자형의 생장곡선을 얻을 수 있다. 여기에서 생장이란 개체수가 증가하는 것을 뜻한다.

이 생장곡선을 보면 처음에는 서서히 상승하고, 다음 단계에서는 급속이 상승하며, 마지막에는 다시 생장이 둔화된다. 이와 같이 배양 개시 후 처음 4시간 동안에는 생장이 빠르지 않지만 계속해서 개체수가 증가되는데, 이 기간을 지체기라고 하며, 다음 4~10

시간 동안에는 생장이 급속히 이루어지는데, 이 기간을 대수기라 한다. 또한, 10시간 이후에는 생장이 급속히 둔화되는데, 이 기간을 정체기라 한다. 생장률이 0으로 떨어지면 S자형 생장곡선은 상한선에 도달한 것으로서 더 이상 개체수가 증가 되지 않으며, 여기에서 개체군과 환경과의 사이에는 평형상태가 성립하게 된다.

다시 말하면 환경이 개체군을 유지하는 한계점에 달했다고 할 수 있으며, 이 한계를 흔히 환경의 포용능력(carrying capacity)이라고 한다. 만일 환경이 변하게 된다면 환경의 포용능력도 달라질 것이다.

반면에 생태계에서는 J자형의 생장곡선을 나타내는 개체군이 있다. 가령, 서리가 내렸을 때의 일년생 초본이나 모기 또는 추수가 끝난 후의 벼메뚜기, 폭발적으로 발생했을 때의 녹조 등은 그 좋은 예이다. 이와 같은 예에 있어서는 어떤 제한(추위·건조·독성물질 등)이 가해지기까지는 대수적인 생장을 하지만, 생존을 불가능하게 하는 제한요인이 가해지면 그 개체군은 사멸하게 된다. 이 경우, 제한요인을 급속히 제거하지 않으면 개체군의 크기가 회복되지 않는다. J자형 생장에는 밀도가 지수·함수적으로 급격히 증가된다. 그러나 제한요인이 갑자기 효과적으로 작용하게 되면, 생장도 급속히 정지된다.

5.7. 변동

개체군의 생장이 끝나서 ⊿N/⊿t의 평균이 0이 되었을 때 개체군의 크기가 고정되는 것이 아니고 실제로는 증감이 일어난다. 이와 같은 변동은 물리화학적 환경의 변화, 개체군 내부에서의 상호작용 또는 개체군 간의 상호작용 등에 의하여 일어나는 것이라고 추정된다. 따라서 개체군 크기의 변동은 실험실 내에서 유지되어 있는 일정한 환경 하에서도 일어날 수가 있다.

자연 상태에서는 개체군의 변동을 계절적 변동, 일변동, 조석에 따른 변동, 연변동 등으로 구별한다. 개체군 크기의 변동은 전술한 바와 같이 내부요인과 외부요인에 의하여 일어나지만 명확한 기작에 관해서는 그 일부만이 알려져 있을 뿐이다.

예를 들면, 북극지방의 짐승·새·물고기·해충 및 식물의 종자생산 등은 수년을 주기로 하여 개체군의 밀도변동이 일어난다. 가장 잘 알려진 주기는 9~10년 또는 3~4년 주기이며 9~10년 주기로 변동하는 예로 토끼와 시라소니를 들 수 있다. 캐나다의 hudson만 상사가 보유하고 있는 모피의 기록에 따르면 시라소니의 모피를 연도별 그래프로 나타내었을 때 개체수의 최고치는 9~10년이고, 평균 9.6년마다 반복되며, 최고치에 이어서 붕괴가 일어나면 개체수가 급격히 감소된다.

토끼의 개체수도 시라소니와 비슷한 주기를 가지고 증감되지만 그 최고치는 1~수년 빠르다. 시라소니는 주로 토끼를 포식하므로 포식자와 피식자의 개체수 증감의 주기는 서로 관계가 있다. 그러나 두 종간의 주기는 엄밀히 말하면 인과관계가 있다고 할 수는 없는데 그 이유는 시라소니가 살고 있지 않은 곳의 토끼의 개체수 역시 주기적으로 변동되고 있기 때문이다(<그림 5-17>).

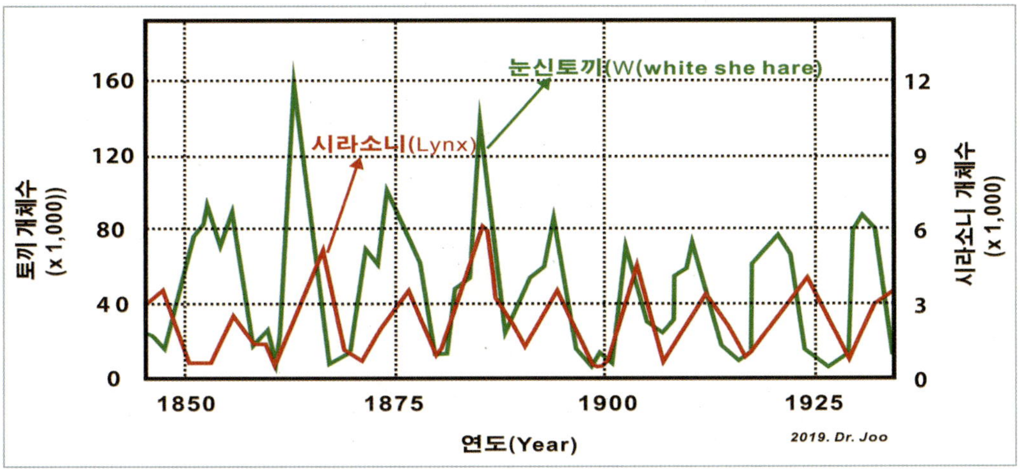

<그림 5-17> 토끼(Hare)와 시라소니(Lynx)의 개체수 변화관계

또한 엘튼(Elton, 1942)은 노르웨이의 유명한 나그네쥐의 이동에 관한 연구를 통해 그들의 거대한 무리가 남쪽으로 이동을 하여 바다에 도달하면 대부분이 투신한다고 하였다. 이와 같은 이동은 4년마다 주기적으로 일어나는 것이 아니고 예외적으로 개체수가 증가했을 때에 일어나며, 보통은 툰드라나 그 밖의 산악지대에서 서식한다.

이와 같은 개체 수 변동의 주기성을 일으키게 하는 기작에 관해서는 기상설, 랜덤변동설, 개체군 상호작용설, 영양단계 상호작용설 등과 같은 여러 가지 설이 있으나 아직까지 명확하게 알려지지 않고 있다.

5.8. 분산과 집단화

분산(dispersal)이란 어떤 생물이 어떤 형태로든지 점유지역 안으로 또는 밖으로 이동하는 것을 말한다. 이와 같은 이동에는 점유지역 안으로 들어가는 이입(immigration), 밖으로 나가는 이출(emigration) 및 주기적으로 이탈 또는 복귀하는 회귀이동(migration)의 3가지 형이 있다.

개체군에 있어서 분산은 개체군 절멸의 방지, 개체군 내의 종 간경쟁의 감소, 유전학적 다양한 형질의 획득 등의 이점을 가지고 있다. 따라서 거의 대부분의 생물은 이동능력이 있는 동물군에서부터 수동적인 분산의 형태를 취하는 식물에 이르기까지 개체군의 분산을 시도하고 있다. <그림 5-18>은 올빼미의 둥지로부터 일정한 방향성을 나타내는 분산의 한 예이다.

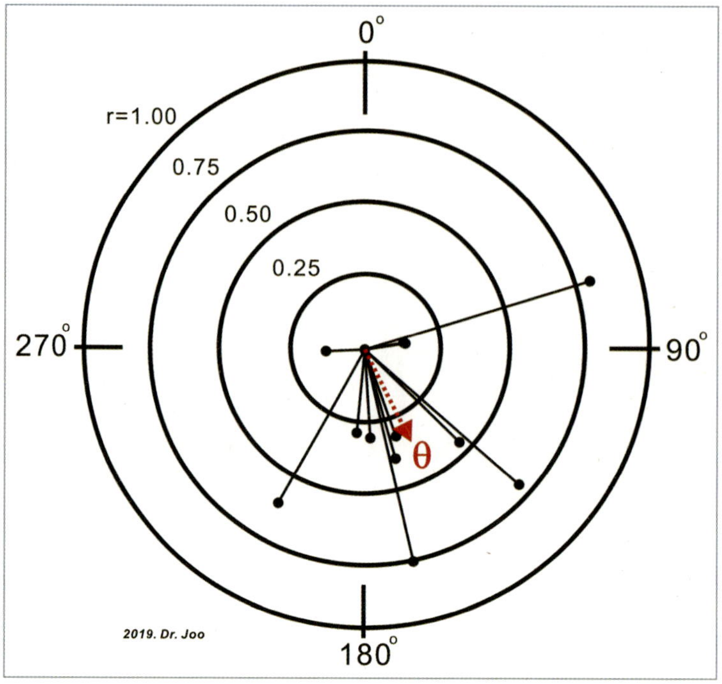

<그림 5-18> 부화된 장소로부터 올빼미의 분산

자연계에서는 개체군의 개체들이 괴상분포를 하는 것이 보통이며, 그 원인은 지리적 생활 장소의 차이, 일주기 또는 계절적 변화, 생식방식, 사회적 유인력(고등동물의 경우와 같이) 등에 따른 개체의 집합에 따른 결과이다.

따라서 어떤 개체군에서 볼 수 있는 집단화(aggregation)의 정도는 생활 장소의 고유의 성질, 기후 및 기타 생리적 요인, 그 종 고유의 번식양식, 사회성의 정도 등에 의존하게 된다.

집단화는 영양염·먹이·공간 등을 대상으로 개체 간의 경쟁을 조장하게 된다. 그러나 집단자체의 생존을 확실하게 함으로써 이를 보충할 수 있다. 불리한 조건 하에 놓여 있을 때나 다른 생물로부터 공격을 받았을 때 고립되어 있는 개체보다는 집단 중의 개체가 보다 안전한 경우가 흔히 있다. 그 이유는 환경에 노출되는 표면이 그 양에 비해서 작아지고 집단 자체가 미기후나 미생활장소를 적합하게 변화시킬 수 있기 때문이다.

집합의 정도에는 전체적인 밀도와 마찬가지로 개체군의 최적생장과 생존을 보장하는 밀도가 있으며, 과소는 과밀과 마찬가지로 제한요인이 된다. 이것이 바로 알리(Allee)의 원리이다.

식물의 경우에는 앞서 예시한 바와 같이 빛, 영양염, 공간 등 3가지 요인에 의하여 집단화가 일어나지만, 고등동물의 경우에는 4가지 요인 모두가 집단화의 요인이 된다. 예를 들면, 물고기의 무리는 일반적으로 단독으로 존재하는 개체보다 수중에 투입된 독성분에 대한 저항성이 강하고, 또한 단독의 물고기를 전에 물고기무리가 살고 있었던 물에 넣었을 경우가 생물적 조절이 되어 있지 않은 물에 넣었을 경우보다도 강한 저항성을 나타냈다고 한다. 전자의 경우에는 점액이나 기타 분비액이 독의 중화를 촉진한 것으로 집단화의 유리함을 보여주는 것이다.

꿀벌의 경우에도 분산된 개체가 살아남을 수 없는 저온조건 하에서도 벌통 속에 있거나 무리를 이루고 있을 때에는 전체 개체군이 살아남을 수 있을 만큼 충분한 열을 내서 집단을 유지하게 된다.

<그림 5-19>는 알리의 원리를 나타낸 것이다. 그림에서 보는 바와 같이 어떤 개체군의 경우 생장률이나 생존률은 개체군의 크기가 작을 때에 최대가 된다. 그러나 종내 협동이 이루어지고 있는 개체군에서는 중 정도의 크기일 경우에 가장 유리하다.

알리의 원리를 인간에게 적용해 보았을 때 인간의 경우 도시집중은 인간에게 유리하지만 거기에는 한계가 있어서 그 한계점을 넘으면 오히려 불리하다는 것이다.

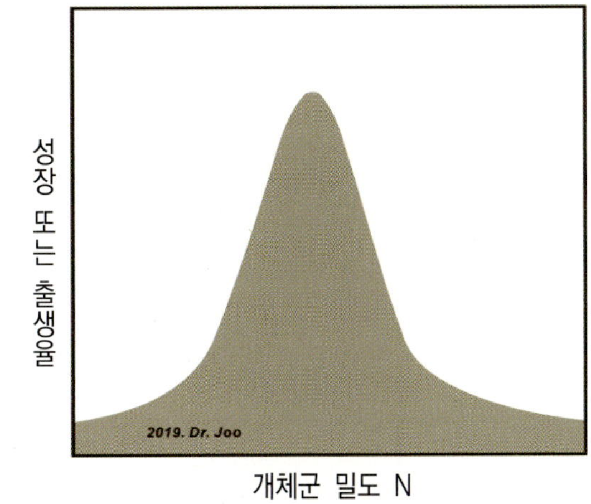

<그림 5-19> 알리(Allee)의 원리

5.9. 격리와 세력권제

개체군 내에서 각 개체, 암·수 1쌍 또는 소집단이 서로 떨어져서 서식하는 격리현상은 개체군 조절이라는 측면에서 중요하다. 격리는 보통 소량밖에 없는 자원을 놓고 개체 간에 경쟁이 일어났을 때, 직접적 대립 등과 같은 요인에 따라서 일어난다.

척추동물이나 고등 무척추동물에서의 각 개체, 암·수 1쌍 또는 가족집단의 활동범위는 행동권(home range)이라고 불리는 일정한 구역에 한정되며, 이 지역이 적극적으로 방위되는 경우 이것을 세력권(territory)이라고 한다.

고등동물에서의 격리 기작은 신경계를 통한 행동으로 설명할 수 있다. 이와 같은 격리는 경쟁을 적게 하고, 생활조건이 가혹한 기간에 대처하기 위하여 에너지를 축척하며, 과밀을 방지하고, 먹이의 탕진도 방지할 수 있다.

같은 의미로 세력권제는 어떤 특수 분류군에 한정되지 않는 동물계에서 널리 볼 수 있는 생태적 현상이다. <그림 5-20>은 두 동물 개체군 사이의 행동권을 나타낸 것으로서

이 종은 행동권을 방어하지 않으므로 서로 중복된다.

나이스(Nice, 1941)에 따르면 새에서의 세력권제는 몇 개의 기초형, 교미·먹이·번식지역을 방위하는 형, 교미·둥우리 만들기 등을 위한 지역만 방위하는 형, 교미장소만 방위하는 형, 둥우리만 방위하는 형, 비번식지역을 방위하는 형 등으로 분류할 수 있다고 한다. 교미·먹이·번식지역을 방위하는 형은 세력권을 형성할 경우 방위지역이 필요 이상으로 넓다. 예를 들면, *Poliptila* 속의 일종인 조그만 새는 평균 18 ㎢의 세력권을 갖지만 필요한 먹이를 구하려면 둥우리 주변의 훨씬 좁은 지역만으로도 충분하다(Root, 1969). 많은 경우 세력권제는 경계를 넘어서의 경쟁을 최소로 줄이도록 억제되어 있다.

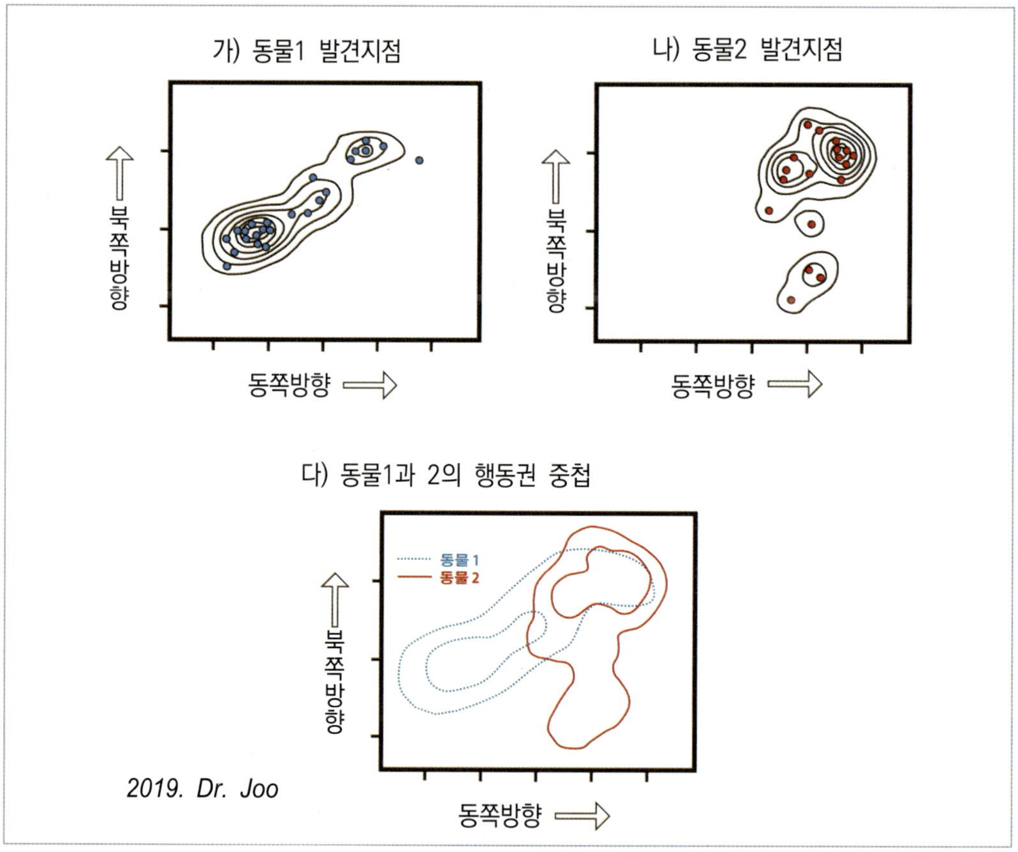

<그림 5-20> 행동권과 세력권제

5.10. 개체군 상호작용

버크홀더(Burkholder, 1952)는 어떤 두 종 간의 상호작용을 다음과 같이 구분하여 설명하고 있다.

- 중립 : 어느 개체군도 다른 개체군과의 공동생활에서 영향을 받지 않는다.
- 경쟁 : 두 개체군이 서로 적대적으로 영향을 주고받는다.
- 편해공생 : 한쪽 개체군만 피해를 받는다.
- 기생 및 포식 : 한쪽의 개체군이 다른 개체군을 공격하면서도 그에 의존하고 있다.
- 편리공생 : 한쪽 개체군만 이익을 받고, 다른 개체군은 영향을 받지 않는다.
- 원시협동 : 양쪽 개체군이 서로 이익을 주고, 받으나 그 관계에는 구속성이 없다.
- 상리공생 : 양쪽 개체군의 생장이나 생존에 이익이 될 뿐만 아니라 그 관계가 긴밀하여 어느 한쪽이 없으면 자연 상태에서는 서로 생존할 수 없다.

위에 제시한 개체군의 상호작용은 두 가지가 강조된다.

첫째, 생태계가 진화하고 발전함에 따라서 경쟁이나 기생과 같은 음(negative)의 상호작용은 축소되고, 서로 이익을 얻음으로써 양종의 생존을 높이는 양(positive)의 공생으로 바뀌어 가는 경향이 있다.

둘째, 상호관계의 역사가 짧은 종 사이에는 오래된 것에 비하여 가혹한 음의 상호관계가 성립되기 쉬운 경향이 있다.

6. 생물군집

6.1. 생물군집의 개념

생물군집(biotic community)은 어떤 지역이나 서식처에서 생활하고 있는 개체군의 집합체이다. 그것은 내부가 조직화된 하나의 단위로서 구성요소인 개체나 개체군에서는 볼 수 없는 새로운 속성을 갖추고 있고, 종 개체군의 합병에 따른 물질대사의 재편성을 통하여 단위로서의 기능을 갖추고 있다.

생물군집으로서 고차군집(major community)은 그 규모가 크고 고도로 조직화된 완전한 군집으로 독립성이 강하여 외부로부터 태양광선을 받기만 하면 인접한 군집의 도움을 거의 받지 않아도 성립되는 군집을 말하며, 이에 대하여 주변의 다른 군집에 다소라도 의존하는 군집을 저차군집(minor community)이라고 한다.

6.2. 우점종

군집을 구성하고 있는 각 개체군 중 군집 전체에 영향력을 미칠 수 있을 정도로 개체수·몸의 크기·생산력 및 기타 활동력 등이 우세한 종을 우점종(dominant species)이라고 한다. 고차군집은 적어도 생산자와 크고 작은 다양한 소비자를 지니고 있다. 이들 중에서 에너지의 유동이나 물질순환의 중추적 역할을 맡고 있는 종이나 집단이 생태적 우점종(ecological dominants)이다. 1종, 수종 또는 그 이상의 종에 대한 우점의 집중도는 적절한 우점도 지수(index of dominance)로 표현한다.

심슨(Simpson, 1949)은 군집에서 우점도지수를 구하는 다음과 같은 방정식을 제시하였다.

$$c = \sum (n_i / N)^2$$

여기서, c : 우점도 지수

n_i : 각 개체군이 같는 중요도의 수치(개체수·생체량·생산량 등),

N : 각 중요도의 총화

6.3. 종의 다양성

생물군집을 구성하는 종수와 개체수(생체량 또는 생산성 등)와의 사이에는 일반적으로 역상관 곡선이 나타난다. 개체수가 적은 다수의 희소종과 개체수가 많은 소수의 보통종으로 구성되는 구조상의 특징은 어떤 군집에서든 볼 수 있다. 그러나 종과 풍부도는 종과 군집에 따라서 크게 달라지며, 외부압력이 가해지면 희소종의 종수가 감소되고, 소수의 우점종의 중요성이 높아진다. 다시 말하면 우점종의 집중화가 일어나서 곡선이 평탄화되는 경향을 나타낸다. 유용한 다양성 지수의 한 예를 들어 보면 다음과 같다.

Shannon지수(Shannon & Weaver, 1949; Margalef, 1968)

$$H' = -\Sigma\left(\frac{n_i}{N}\right)\log\left(\frac{n_i}{N}\right) \text{ 또는 } H' = -\Sigma \mathrm{P}_i \log \mathrm{P}_i$$

여기서, n_i : 개개의 종이 갖는 중요도의 수치, N : 중요도의 총화,

P_i : 개개의 종의 중요도의 분담율(n_i/N)

6.4. 군집의 분류와 명명

생물군집은 편의상 다음과 같은 여러 가지 점, 즉, 우점종·생활형·지표종 등 구조상의 주요 특색, 군집의 물리적 서식처의 특징, 군집의 대사형과 같은 기능적 특성 등을 기준으로 하여 분류하고 있다.

서식처를 중심으로 할 경우, 육상·해양 또는 담수로 크게 구분하며, 군집의 중요한 생물을 중심으로 할 경우에는 예를 들어 소나무-상수리나무 군집 등과 같이 우점종의 명

칭을 사용한다. 또한 수중군집에서는 서식처의 물리적 특징을 따는 수도 있다. 예를 들면, 여울군집·개펄군집·원양군집 또는 모래땅 군집 등으로 구분하기도 하며, 조간대에서 서식하는 고착성의 저서동물과 같이 동물들이 밀집되어 있고 그것이 현저한 특징을 지닌 경우 그 군집의 명칭은 그들 동물명을 따서 굴 군집, 따개비 군집 등으로 부른다.

6.5. 층위형성

독립 영양층과 종속 영양층은 생물군집에서 볼 수 있는 기본 층으로 이를 다시 세분할 수 있다. 즉, 숲의 경우 초본층(herb layer)·관목층(shrub layer)·아교목층(understory tree layer)·교목층(overstory tree layer) 으로 분류하며, 토양 역시 층을 구분한다. 이와 같은 층위형성(stratification)은 식물이나 소형의 생물뿐만 아니라 대형의 동물에서도 볼 수 있는 특징이다.

도우디(Dowdy, 1947)는 미국의 미주리(missouri) 주의 오크-히코리(oak-hickory)숲에서 5개의 주요한 층에서 절지동물 개체군의 표본을 1년간 채집한 결과 240종의 곤충·거미·지네무리 중 181종(약 73 %)이 단일 층에만 있었고, 32종은 2층에, 19종은 3층에 걸쳐 있었으며, 4~5층 어디에서나 볼 수 있는 종은 겨우 3~5종밖에 없었다고 하였다. 이것은 이동성이 있는 동물까지 의외로 특정 층에 집착성이 있다는 것을 보여주는 예이다.

6.6. 주기성

대부분의 경우 생물에게 있어 주기성(periodicity)은 환경의 주기적 변화와 관련되거나 연결되어 있다. 생물의 생리와 행동은 환경주기에 대응하고 있으며, 이와 같은 생물 주기성은 환경의 주기적 변화에 대한 적응이라고 볼 수 있다.

일주기성이란 용어는 24시간 내지 그 이내의 간격으로 반복해서 일어나는 것을 말하고, 일주 리듬(circadian rhythm)이란 환경과 생리 리듬에 연결된 생물시계(biological clock)에 따라 조절되는 지속적인 주기성을 말한다.

이러한 군집의 주기성은 생물군집 전체가 낮과 밤의 순환(cycle)에 동조하는 것과 같은 활동성을 보여주었을 때 이루어진다. 예를 들면, 야행성(nocturnal)·주행성(diurnal) 및 박모성(crepuscular)의 생물은 각각 밤·낮·저녁때에만 활동한다. <그림 5-21>에 나타낸 바와 같이 담수나 해양의 동물성 플랑크톤의 대부분은 일주기성을 나타내고, 이들 동물성 플랑크톤은 일반적으로 낮에는 아래로, 밤에는 위로 이동한다. 이는 광선이 지배적인 요인으로 추정되지만 대부분의 경우 이와 같은 일주기 활동은 매우 복잡하여 생리적 기작에 관해서는 아직도 충분히 해명되지 못하고 있다.

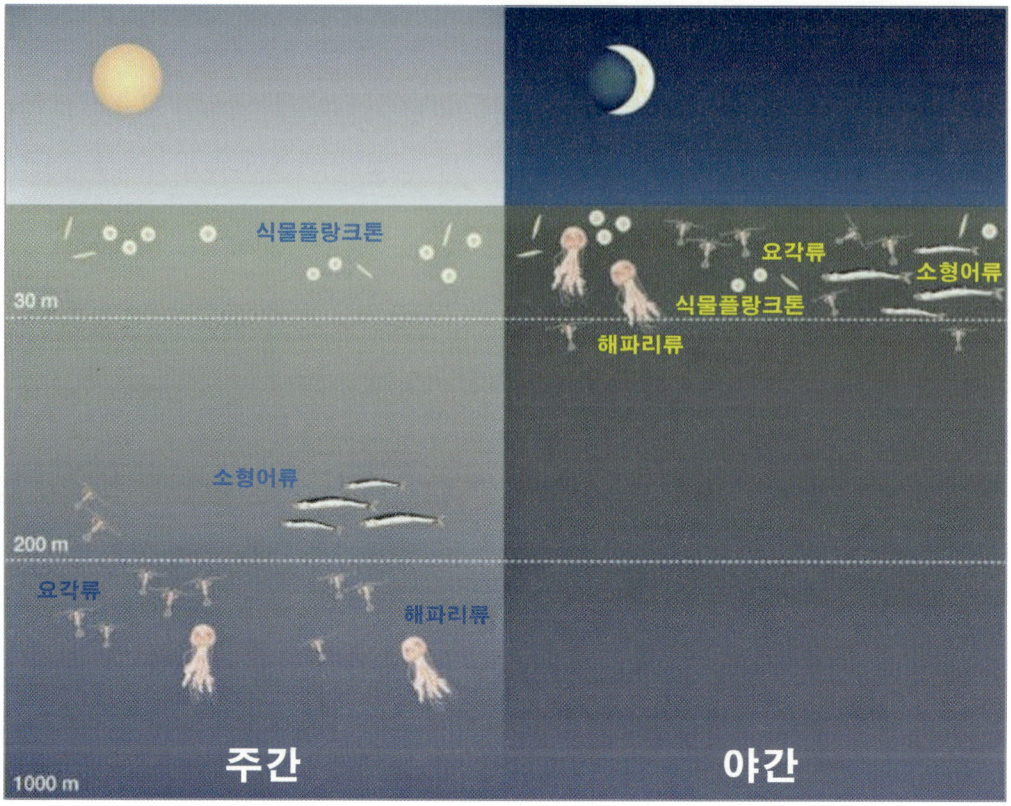

<그림 5-21> 해양성 부유생물의 일주 수직운동의 한 예

6.7. 천이

생물군집의 시간적 변화과정을 생태적 천이(ecological succession)라고 하며, 천이는 다음과 같은 성격을 지니고 있다.

첫째, 천이는 종 구성의 변화와 시간에 따른 군집 변화 과정을 내포한 군집 발전의 규칙적인 과정이다. 이론적으로 방향성이 있으며, 그 결과를 어느 정도 예측할 수 있다.

둘째, 천이는 군집에 따른 물리적 환경의 변화에 따라 일어난다. 천이의 양상이나 변화속도를 결정하고 발전을 제한하는 것은 물리적 환경임에도 불구하고 천이를 주도하는 것은 군집 자체이다.

셋째, 이용할 수 있는 에너지에 대한 최대의 생체량과 생물 간의 공생적인 기능이 유지되는 안정된 군집에 이르렀을 때 천이가 완결된다.

어떤 지역에서 변천하는 군집계열 전체를 천이계열(sere)이라 하고, 변화되는 군집 하나하나의 단계를 계열단계(serial), 발전단계(developmental stage) 또는 개척단계(pioneer stage)라고 한다. 최종적으로 안정된 군집은 극상(climax)이라고 한다.

가. 1차 천이와 2차 천이

새로 노출된 바위·백사장·용암류 등, 군집으로 점령되지 않았던 곳에서 천이가 일어났을 때, 이것을 1차 천이(primary succession)라 하고, 만일 군집 천이가 제거된 기존군집(방치된 경작지·숲의 벌채지·산불로 소각된 산림 등)에서 진행되었을 때는 이것을 2차 천이(secondary succession)라고 한다.

2차 천이의 경우에는 일부 생물이나 종자·포자·피낭체 등이 이미 존재하고 있기 때문이 천이가 급속하게 진행된다. 1차 천이는 2차 천이보다 생존력이 낮은 단계에서 시작된다.

1차 천이의 실례로 잘 조사된 것으로서 쿠퍼(Cooper, 1939)와 로렌스(Lawrence, 1958)의 연구가 있다. 알래스카 동남부에 위치하고 있는 빙하만(Glacier Bay)에서 이루어진 연구로서 원래 그곳은 빙하로 덮여 있던 곳이지만 1750년경부터 빙하가 약 61 mile이나 후퇴한 곳이다. 빙하가 물러간 자리에 천이가 어떻게 진행되었는지에 대해 연구하여 다음과 같은 결과를 발표하였다.

처음에는 노출된 지면이 선태류·담자리꽃나무(*Dryas*)·버드나무·풀솜나물 등으로 덮어졌다. 다음에는 오리나무(*Alnus*)가 아주 빨리 침입하여 10 m 내외까지 생장하여 거의 순림을 형성하였고(이와 같은 상태에 이르기까지는 약 50년이 소요됨), 여기에 침엽수인 가문비나무가 침입하여 그것이 밀림을 형성하기까지는 다시 120년이나 소요되었다. 그 후 솔송나무가 침입하게 되어 가문비나무·솔송나무 극상림으로 안정되기까지는 다시 80년이 소요되었다. 그러나 이와 같은 숲은 배수가 잘 되는 경사부에서만 형성되었으며, 배수가 잘 되지 않는 곳에서는 물이끼가 침입하여 수분을 많이 갖게 되었고, 흙은 현저하게 산성화되었다. 이와 같은 상태에서 흙이 물에 잠기게 되고 뿌리가 산소의 부족으로 호흡을 할 수 없기 때문에 나무가 살아남지 못하였으며, 결국 이 지대는 물이끼로 덮인 늪으로 변하였다. 2차 천이에 대하여 잘 조사된 또 하나의 예로서 미국 남동부지방 산기슭에서 발생한 화재 후 2차 천이를 들 수 있다. 화재 후 시간의 흐름에 따라 생물상의 변화를 나타내는 천이의 여러 단계를 볼 수 있다(<그림 5-22>).

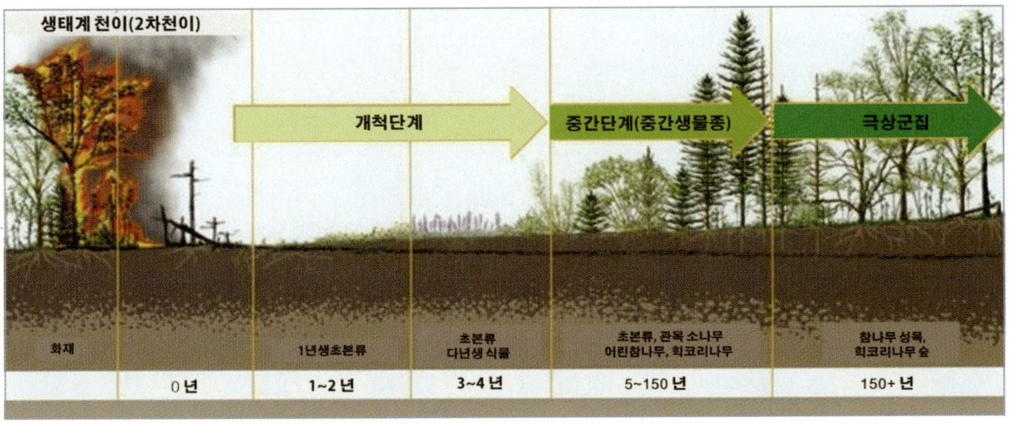

<그림 5-22> 미국 남동부지방의 산기슭 지대의 2차 천이

6.8. 극상

극상군집은 어떤 천이계열의 최종적인 안정된 군집으로서 영속적이고, 물리적 환경과 평형상태에 있다. 극상군집에서는 발전 중이거나 다른 불안정한 군집과는 대조적으로 유기물의 연간 순 생산량은 없을 것이다. 즉 연 생산 및 유입은 연간 군집의 소비 및 유출량과 같을 것이다.

어떤 지역에서 일반적인 기후와 평형상태에 있는 단일기후 극상, 저질의 국지적 조건에 따라 변경되는 여러 가지 토지극상 등을 인정하는 것이 편하다. 전자는 어떤 지역에서 모든 천이가 향하고 있는 물리적인 군집이고, 보편적인 지역 기후의 효과를 변경할 만큼 저질의 물리적 조건이 극단적이 아닌 경우에 천이가 토지극상으로 끝난다.

극상의 형성기작에 관한 학설로서 단극상설(monoclimax theory)과 다극상설(polyclimax theory)이 있다. 단극상설이란 모든 군집이 발달하면서 서서히 향하고 있는 유일의 극상이 어느 지역에도 있다는 주장이고, 다극상설은 특정 기후대의 모든 군집이 물리적 환경조건이 결코 균일하지 않은 경우에도 똑 같은 극상에 도달한다고 가정하는 것은 결코 현실적이 아니라는 주장이다. 그러나 단일의 이론적 기후극상과 저질의 다양성에 의존하는 많은 토지극상을 다 같이 인정하지 않을 수 없다.

기후(강우, 기온, 일조량)에 따른 생물군계(biome)

- 사막(황원; desert) : 연간 25 cm 이하
  선인장, 가시관솔, 넓은잎 유카, 크레오쇼트 덤불, 가시콩나무 등
- 초원(grassland) : 연간 25~75 cm 정도, 초본식물이 우세
- 열대사바나(tropical savanna) : 연간 100~150 cm 정도
  열대우림지역의 경계에 존재하는 독특한 유형의 초원
  우기와 건기로 구분되며, 초본류와 종려나무, 아카시아 등의 관목류가 혼생함
  건기에는 얼룩말, 기린, 영양, 누 등의 동물들이 물을 찾아 이동
- 열대우림(tropical rain forest) : 연간 250~450 cm 정도
  적도지역에 존재하는 지구상에서 가장 강우량이 많은 지역
  착생식물에서 높이 30~45 m에 이르는 대형 교목층까지 잘 발달됨
  생물상이 매우 다양함
- 지중해성 관목지대(chaparrel) : 연간 25~75 cm 정도
  주로 해안에 분포, 여름철 긴 가뭄, 겨울철의 짧은 우기에 집중 강우
  사막과 비슷하나 해안에 접해 있어 생물서식은 더 좋은 편
  주로 키 작은 관목류가 발달하고 난쟁이덩굴 등이 서식
- 온대 낙엽수림(temperate deciduous forest) : 연간 약 100 cm 정도
  한국, 일본, 중국 등
  떡갈나무, 너도밤나무, 단풍나무 등

- 타이가(taiga) : 북반구에 한정, 북아메리카의 습한 한대지역에 발달
  가문비나무, 전나무 등 침엽수가 우점
- 침엽수림(coniferous forest) : 작은 관목류의 발달이 거의 없고 키 큰 침엽수가 우점종, 토양의 산성화 → 침엽림이 떨어져 토양을 산성화시키기 때문(경쟁)
- 툰드라(tundra) : 연간 15 cm 이하, 대륙의 끝, 생물의 서식 한계점
  이끼, 지의류, 왜소한 초본식물, 강수량의 대부분은 눈으로 내림
  토양의 아래쪽은 영구동토

환경호르몬이란?

남성의 정자수가 줄어들고 있으며, 불임 판정을 받은 여성의 수가 늘고 있다. 암수가 한 몸에 공존하는 동물이 발견되기도 한다. 인간이 인간의 편익을 위해 만든 화학물질이 환경호르몬으로 변신하여 성의 구분을 모호하게 만들고 생식능력을 떨어뜨리고 있는 것이다.

이와 같이 환경호르몬이란 인간이 만들어낸 인공화합물이나 천연에 존재하는 유기물의 분해산물 등이 생체의 호르몬과 유사한 기작을 일으킴에 따라 내분비 계통을 교란하여 나타내는 여러 가지 생태학적 또는 생물학적 악영향을 유발하는 물질을 통칭한다.

미국 환경보호청(US EPA)은 환경호르몬을 내분비 교란물질이라는 뜻의'endocrine disruptor'라고 정의하고 있다. 환경호르몬의 종류와 이에 의해 나타나는 여러 가지 피해현상을 살펴보면 다음과 같다.

먼저 환경호르몬의 종류는 광범위하다. 1990년대 들어 본격적으로 환경호르몬의 위해성을 지적하기 시작한 세계야생보호기금(WWF)은 자연에 노출된 환경호르몬의 종류를 67종으로 선정했다. 이를 크게 농약류(43종)와 합성화합물류(24종)두종류로 구분할 수 있다. 농약류는 대부분 자연계에 오랫동안 잔류하는 특성을 가진 염소(Cl)를 포함한다. 보통 반감기가 2-12년인데, 최대 59년에 이르는 것도 있다.

그러나 67종이란 수는 어디까지나 현재가지 알려진 화학물질 중에서 환경호르몬으로 확인된 것일 뿐이다. 매년 수 십만종 이상의 화학물질이 실험실에서 합성되고 있기 때문에 자연계에 실제로 얼마나 많은 수의 환경호르몬이 존재할지는 아무도 모르는 실정이다. 또 학자에 따라서 환경호르몬의 종류는 다양하게 구분된다. 일본의 경우 독자적으로 환경호르몬을 1백43종으로 선정했다. 미국은 주별로 규제물질의 종류가 다양하다. 그래서 67종에서 제외된 수은이나 카드뮴 같은 중금속류가 환경호르몬에 포함되기도 한다. 이런 추세라면 앞으로 환경호르몬의 수가 얼마나 늘어날지 예측하기조차 어려운 실정이다. 환경호르몬이 생체를 공략하는 부위는 무차별적이라 해도 과언이 아니다. 호르몬계는 생명체의 거의 모든 생리기능에 관여하는 가장 중요한 조절시스템의 하나이기 때문이다.

1990년대 들어 환경 호르몬이 생식기능과 면역기능을 약화시키고, 행동 이상을 일으키며, 암 발생률을 높인다는 점이 밝혀지기 시작했다. 이 가운데 세인들에게 가장 큰 관심을 모은 주제는 최근 세계 곳곳에서 보고되고 있는 생식기능의 이상이다.

1997년 4월 일본 국립의약품식품위생연구소 독성부는 자국에서 시판중인 컵라면 용기를 비롯한 25종류의 폴리스틸렌 용기에서 위험한 수준으로 우려되는 독성 물질이 검출됐다고 밝혔다. 비슷한 시기에 한 대학교 의학부에서 20대 남성 34명의 정액을 조사한 결과 정자의 농도와 운동성이 세계보건기구(WHO)의 기준을 충족시킨 사람은 단 1명뿐이라는 충격적인 사실이 전해졌다. 이미 몇 년 전부터 유독성 화학물질 때문에 남성의 정자가 계속 줄고 있는 점이 세계적으로 인식되던 터였다. 일본 열도는 순식간에 '환경호르몬 공포증'에 휩싸였으며, 화학물질 관련제품 판매량이 급감하고, 비닐 랩이나 플라스틱 컵 사용량이 크게 줄어들게 되었다.

여성의 경우도 예외가 아니다. 1998년말 미국 버팔로대학 병역학자들은 온타리오호에 서식하는 다이옥신과 PCB로 오염된 물고기를 먹으면 여성의 월경주기가 짧아진다는 연구 결과를 발표했다. 또 임신 기간이 지체될 가능성도 지적했다.

그러나 더 놀라운 점은 생식기능이 단순히 약해지는 현상을 넘어 아예 성 자체의 구분이 모호해지는 일이 자연에서 벌어진다는 점이다. 미국 플로리다주의 가장 커다란 호수인 아포프카호는 악어의 천국으로 알려진 천혜의 습지대다. 1980년대 야생동물 연구자들은 악어사육 산업을 위해 악어 알을 찾기 시작했다. 그런데 놀랍게도 악어알이 태부족이란 점이 드러났다. 그나마 발견된 알의 부화율은 겨우 18 %에 불과했다. 더욱 불행한 일은 부화된 새끼 악어 중 절반이 10일 이내에 기력을 잃고 죽었다는 점이다. 왜 이런 일이 벌어졌을까? 연구자들은 호숫가에서 수백 m 떨어진 화학공장에서 살충제(DDE)가 유입되었다는 사실을 알아냈다. 그리고 이 살충제의 영향으로 악어 수컷의 음경이 눈에 띄게 작아졌다는 점을 밝혔다. 그러나 가장 놀라운 사실은 암컷화된 수컷이 발견된 점이다. 남성호르몬 테스토스테론을 거의 생산하지 못하는 한편 오히려 여성호르몬 에스트로겐의 수치가 정상보다 몇 배 높게 나타났다. 반대로 여성이 남성화되는 경향도 곳곳에서 발견되고 있다. 1980년대 초 영국과 프랑스에서 참굴 암컷에 수컷의 생식기가 달린 기현상이 보고됐다. 주범은 TBT였다. TBT는 선박 밑 부분에 생물이 달라붙지 못하도록 페인트에 섞어 사용되는 부착방지제의 원료다. 이후 이 현상은 일본을 비롯한 여러 나라에서 활발히 연구됐으며, 최근에는 국내 남해안에서도 발견돼 화제를 모았다.

환경호르몬은 어떤 메커니즘을 통해 생명체를 괴롭히는 것일까. 불행하게도 정확히 밝혀진 것은 거의 없으며, 단지 몇 가지 가설만이 존재할 뿐이다. 대표적으로 환경호르몬이 체내 천연호르몬과 똑같이 행동한다는 모방설, 그리고 천연호르몬의 작용을 방해한다는 봉쇄설을 들 수 있다. 이외에도 다양한 가설이 존재하지만 아직 충분히 검증되지 않은 상황이다. 또 한 가지의 문제는 환경호르몬이 생명체에 유입되는 경로 역시 추측하기 어렵다는 점이다. 우리가 호흡하는 공기나 마시는 물은 물론이고 매일 식탁에 오르는 음식, 그리고 음식을 포장하고 담는 용기 등 생활의 모든 구석에서 환경 호르몬의 위험에 노출돼 있는 것이 사실이다.

한편 환경호르몬의 위해성은 체내 축적양이 먹이사슬을 통해 대폭 증가한다는 데에 있다. 한 예로 미국 5대호 생물들의 PCB 축적량을 비교해보자. 5대호 물에서는 PCB의 농도가 너무 낮아 거의 검출되지 않는다. 그러나 식물성 플랑크톤의 경우 이보다 2백 50배 높은 양이 검출됐고, 동물성 플랑크톤은 5백배, 이들을 먹고 사는 갑각류는 4만5천배, 갑각류의 천적인 빙어는 83만5천배, 그리고 급기야 빙어를 잡아먹는 재갈매기에 이르면 농도가 2천5백만 배까지 증폭된다고 한다. 물이 '깨끗하다'고 해서 환경호르몬의 위협으로부터 결코 벗어날 수 없음을 단적으로 보여주는 예라 할 수 있다.

국내의 경우 환경호르몬에 대한 관심은 얼마 전 일본 젊은이들의 정자수가 감소했다는 사실이 알려지면서 대폭 증가했다. 그러나 사실 정자수가 줄어들었다는 점은 장기적으로 볼 때 하나의 에피소드에 불과할 지 모른다. 보다 근원적인 문제는 생태계 자체가 교란되고 있다는 사실이다.

미나마타의 참상

환경오염으로 인한 인간의 피해 중 가장 처참한 참사라고 할 수 있는 미나마타병은 현대 일본 역사에 심각한 의미를 부각시킨 비극이라 하지 않을 수 없다. 공장폐수 중에 함유되어 있던 아주 적은 양의 오염물질이 바다 속의 생물에 축적되고 그 고기를 먹은 사람에게 피해를 준 이 사건은 일본의 남단 구마모토현의 '미나마타'라고 하는 작은 어촌에서 일어났다.

1953년 원인을 알 수 없는 질환이 어민 사이에서 일어나기 시작했다. 어느 날 갑자기 걸음이 이상해지고 손발이 마비되며 말을 할 수 없을 뿐 아니라 시야가 망원경을 거꾸로 들여다보는 것 같이 좁게 보이는 시야 협착 증세 등을 일으키는 이병은 가난한 어민들 사이에 전염병처럼 번졌다. 그리고 1956년 환자의 수가 폭발적으로 늘어나 온 마을이 공포의 도가니로 휩싸이게 되었다.

처음에 의사들은 뇌종양, 뇌성 소아마비, 매독 등의 가능성을 두고 여러 가지로 진찰을 해 보았으나 그 원인을 찾을 수가 없었다. 대부분의 환자들이 많은 고기를 먹고 나서 병에 걸렸다는 이야기를 근거로 병리학자인 다게우찌 박사가 철저히 조사한 결과 유기수은의 일종인 메틸수은이 그 원인임을 밝혔다. 구마모도의 의과 대학 팀과 질병대책위원회의 많은 의사와 과학자들은 미나마타만의 바닷물을 기점으로 거꾸로 거슬러 올라가며 메틸수은을 추적한 결과 그 마을의 상류지역에 위치한 짓소회사의 폐수에까지 도달했다. 짓소회사(전 신일본질소)는 화학 비료, 화공 약품, 프라스틱 원료, 합성 섬유 등 화학공업의 주요 제품을 생산하는 회사로 미나마타 만으로 흐르는 강에 치명적이 메틸수은을 버렸던 것이다. 처음 발병자 121명 중 46명이 죽었다. 짓소회사는 서둘러 그 치명적인 폐수를 버리는 것을 중단했고 피해자 가족들에게 사과했지만 이미 죽은 사람은 돌아오지 못하고 살아남은 사람들 역시 완전히 폐인으로 죽음을 맞이하게 되었다.

일본 정부는 이 병을 공해병으로 인정하고 사망자 한 사람당 4백만 엔의 보상금을 지급하였으나 액수가 너무 적다는 비난과 공장측의 무성의한 태도로 인해 '미나마타 난투극' 이라는 유혈 참사마저 불러 일으켰다. 그러나 근본적인 해결방안은 찾지 못하였고, 미나마타병이라는 새로운 공해병의 탄생과 함께 미나마타 만에 '위험 구역 표지판'이라는 말뚝만을 남겨 놓았다. 결국 1979년까지 미나마타병으로 인해 280여명이 사망했다.

미나마타병의 전형적 증세를 보면 지각 장애, 언어 장애, 운동 장애, 청력 장애, 보행 장애와 가벼운 정신 장애를 일으키며 손, 발이 마비되고 안으로 휘어들어가는 증세를 보이고 심하면 중추신경의 마비로 사망한다.

제6장 환경미생물학

자연환경으로 유입되는 오염물질에 대한 미생물학적 제어와 관련한 생물학적 폐수처리 공정, 인공 화합물 및 유류 성분의 생분해, 호소의 부영양화, 그리고 병원성 미생물 등과 관련된 분야로서, 환경관련 미생물의 종류와 생태학적 특성, 미생물의 물질대사, 미생물의 성장을 다루었으며 환경공학이나 환경과학에 필요한 미생물학적 기초 원리의 설명에 중점을 두었다.

주요 내용

1. 환경관련 미생물의 종류와 특성

수처리 관련 미생물, 기타 환경관련 미생물

2. 미생물의 물질대사(metabolism)와 에너지원

ATP, 물질대사(metabolism), 에너지원

3. 미생물의 성장

미생물의 성장패턴, 미생물의 성장측정, 미생물 성장에 영향을 미치는 인자, 미생물의 성장 속도식과 기질 소비속도

1. 환경관련 미생물의 종류와 특성

1.1 수처리 관련 미생물

환경 관련 미생물은 엄격하게 정의하기는 어렵지만 일반적으로 육안으로 식별하기 어려운 1 mm이하의 후생동물, 원생동물, 조류, 균류, 세균, 바이러스 등을 말한다. 수처리 분야에서 주로 다루어지는 미생물에는 박테리아, 균류(fungi), 조류(algae), 원생동물

(protozoa), 그리고 원생동물보다 조금 더 큰 고등동물 또는 슬러지 벌레(sludge worms) 등이 있다.

가. 세균 (박테리아)

생물학적 폐수처리에 관여하는 박테리아는 어떠한 종류의 양분을 요구하느냐에 따라 크게 종속영양세균(heterotrophic bacteria)과 독립영양세균(autotrophic bacteria)으로 구분한다. 종속영양세균은 에너지와 합성을 위한 탄소를 얻기 위하여 유기물을 이용한다. 반면 독립영양세균은 탄소를 얻기 위해서는 무기탄소를 이용하고, 에너지를 얻기 위해서는 무기물을 산화시킨다.

<표 6-1> 탄소원과 에너지원에 따른 미생물의 분류

에너지 / 탄소원		독립 영양계	종속 영양계
		CO_2	유기물질
광 영양계	빛(광)	광 무기 영양계	광 유기 영양계
화학 영양계	산화환원반응	화학 무기 영양계	화학 유기 영양계

종속영양세균은 산소와의 관계에 따라 호기성, 혐기성 그리고 임의성 세 가지로 구분하고 있다. 활성 슬러지법이나 살수여상법에서와 같이 BOD가 낮은 폐수를 처리할 때는 호기성 세균을 이용하고, 슬러지나 특수하게 BOD가 높은 공장 폐수를 처리할 때는 혐기성 세균을 이용하고 있다.

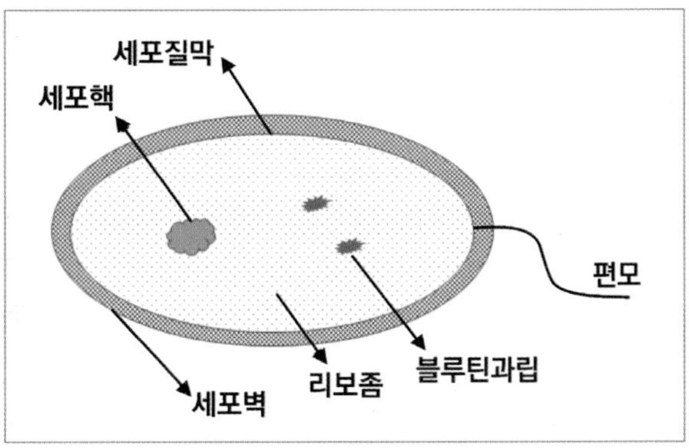

<그림 6-1> 박테리아 구조

박테리아의 화학적 분자식은 호기성일 경우에는 $C_5H_7NO_2$, 혐기성일 경우에는 $C_5H_7NO_3$, 인을 포함할 경우에는 $C_{60}H_{87}O_{23}N_{12}P$로 각각 나타내고 있다.

박테리아의 구성은 물이 80 %이며, 고형물이 20 %로서, 그중 유기물이 90 %(C : 53%, O : 29 %, N : 12 %, H : 6 %) 무기물이 10 %(P_2O_5 : 50 %, K_2O : 6 %, Na_2O : 11 %, MgO : 8 %, CaO : 9 %, SO_3 : 15 %, $FeCl_3$: 1 %)이다.

박테리아의 크기는 대개 0.8~5.0 μm이며, 형태에 따라서 구형(coccus), 막대형(간균), 나선형(spiral)으로 구분한다.

나. 균류(fungi)

균류(fungi, 단수 fungus)는 yeast, 곰팡이 등 탄소동화작용을 하지 않는 미생물을 총칭하며, bacteria는 그 중요성 때문에 균류(fungi)에서 분리시켜 분류하고 있다. 균류의 화학적 분자식(조성식)은 $C_{10}H_{17}O_6N$으로서, 75~80 %가 물이고 나머지는 고형물로 구성되어 있다. 낮은 pH (2~5)조건에서는 사상균(絲狀菌)으로 나타나며, 활성슬러지법에 의한 방법에 잘 침전하지 않고 sludge bulking을 일으키는 미생물이다.

균류는 박테리아와 먹이를 갖고 경쟁할 때 박테리아가 더 우세하다는 것이 일반적으로 알려진 정설이다. 일례로 생물학적 하수처리공정에서는 균류보다 박테리아가 더 많이 존재한다. 그러나 만일 처리공정의 pH가 낮다면 박테리아보다 균류에게 더 유리한 조건이 발생하게 된다. 때문에 활성슬러지 처리공정보다 생물여상법에서 더 많은 균류가 존재하는 현상이 나타난다.

다. 조류(algae)

조류는 조건(빛과 먹이)이 좋은 생물여상 표면, 안정지와 최종 침전지에서 발견된다. 엽록소를 가지고 있는 단세포 혹은 군체성 식물이며 무기탄소(CO_2, HCO_3)를 이용하여 광합성(탄소동화작용)을 하기 때문에 독립영양(autotrophic)으로 분류한다. 조류 특유의 맛과 냄새가 있으며, 산화지 처리에 산소원으로도 이용되고 있다. 화학적 분자식 (조성식)은 $C_5H_8O_2N$으로 표현한다.

라. 원생동물(protozoa)

원생동물의 화학적 분자식(조성식)은 $C_7H_{14}O_3N$ 으로, 생물학적 처리시설에서 나타나는 대표적인 원생동물은 *Sarocina, Nastigophora, Sporozoa, Ciliate, Suctoria* 등이 있다. 활성 슬러지에 출현하는 원생동물은 처리되는 폐수의 성상, 처리시설의 운전조건 등에 따라 수시로 달라지는데 소수 출현 종까지 합치면 그 종류가 상당히 많다.

양호한 처리조건에서 발견되는 활성슬러지 중의 원생동물 종류의 우점종(優占種)은 ***Vorticella, Epistylis, Aspidisca*** 등이다. 대개 활성슬러지 중의 원생동물의 총 개체 수는 폭기조 혼합액 1mL중 5,000~20,000정도이다.

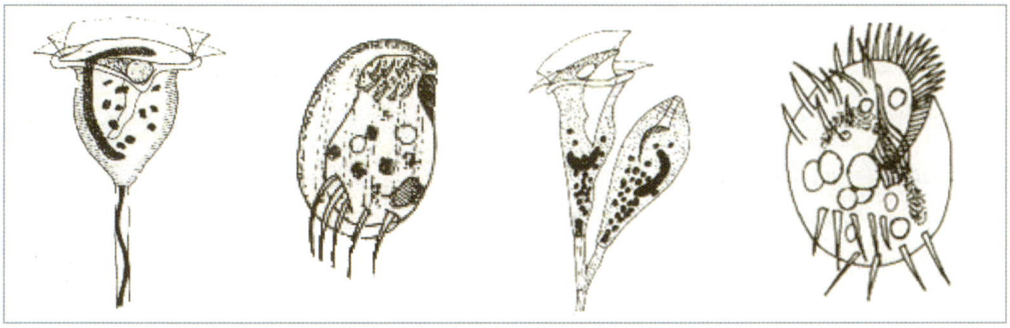

<그림 6-2> 활성슬러지 중 원생동물

마. 고등동물(高等動物)

다세포로 되어 있는 미생물을 후생동물이라고 한다. 활성슬러지에 출현하는 미생물은 보통 **대형동물**(坐形動物)의 윤충류(輪蟲類)와 선충류(線蟲類)로서 윤충류는 200~500 μm, 선충류는 1~3 μm정도의 길이이다. 윤충류에는 *Phirodina, Lecane, Notommata, Rotaria, Lepadella* 등이 있고, 선충류에는 *Dorylaimus, Rhabdolaimus, Diphlogaster* 등이 있다. 윤충류나 선충류의 개체는 그다지 많지 않은데 선충류의 개체 수가 윤충류 보다 더 적다. 장기포기법을 운영하는 경우 윤충류 및 빈모류(貧毛類)등이 다량으로 출현하는 경우가 있고, 때로는 이들이 우점종으로 형성되기도 한다. 빈모류는 1~3mm정도의 크기로서 폭기조 혼합액 1 mL당 500개체 이상이 되면 적갈색을 나타낸다. 대표적인 빈모류에는 *Rotifer*(윤충), *Crustaceans*(갑각류) 등이 있다

1.2. 기타 환경관련 미생물

가. 대장균(Escherichia coli)

대장균은 단일종의 세균으로 인간이나 온혈동물의 장내에서 우점을 이루는 통성혐기성세균이다. 사람의 분변에 109/g 가량 분포하는데 대장균군이나 분원성 대장균군보다 분원성 오염에 대한 특이성이 가장 높아 가장 신뢰할 수 있는 분원성 오염지표이다. 대장균은 사람, 사육동물, 혹은 야생동물이나 조류 등이 배출한 하수, 처리 유출수, 자연수, 최근 분변에 오염된 토양 등에서 다양하게 발견되며, 특히 물속에 대장균이 존재한다는 것은 항상 잠재적으로 위험한 오염을 나타내므로 즉각적인 주의가 요구된다.

대장균은 보통 장내에서 서식하며 대부분이 비병원성이다. 그러나 몇몇 subtype은 다양한 기작에 의하여 장 질환을 일으키며, 감염의 유형은 살모넬라, 이질, 콜레라, 위장염 등과 비슷하다.

나. 분변성 대장균군(fecal coliforms or thermotolerant coliforms)

분변성 대장균군은 배양 온도가 44℃로 높기 때문에 열저항성 대장균군이라고도 한다. 이들은 Escherichia속과 그보다 낮은 범위로 존재하는 Klebsiella, Enterobacter, Citrobacter의 종들로 구성되어 있다. 이 미생물 중 오로지 대장균만이 분원성이며, 인간이나 다른 포유동물, 조류의 분변에는 많은 수의 대장균이 항상 존재한다. 분변으로 오염되지 않은 물이나 토양에서는 거의 발견되지 않는다. 대장균 이외의 내열성 대장균군은 산업폐수 혹은 부패한 식물 찌꺼기나 유기물이 풍부한 토양의 물에서 나타난다.

다. 총대장균군(total coliforms)

대장균군(=총대장균군)은 특히 식수에서 검출과 계수가 용이하므로 오랜 기간 동안 먹는 물의 수질 지표로 인식되어 왔다. 세균 분류상 Enterobacteriaceae에 속하며 담즙염(bile salt)이나 이와 비슷한 성장 억제 표면활성제의 존재 하에서 36~37℃에서 유당을 분해하여 산과 가스를 생성하는 그람 음성, 비아포성 간균으로 oxidase 음성인 세균을 총칭한다. 최근 효소적 방법이 개발됨에 따라 이 정의가 β-galactosidase의 활동성을 가진 것으로 확장되었다.

전통적으로 대장균군은 *Escherichia, Citrobacter, Klebsiella, Enterobacter* 속이 속한 것으로 알려졌으나, 현대적 분류법에 의해 더욱 다른 이종의 그룹으로 구성되어 있는 것으로 알려지고 있다.

라. 분원성 연쇄상구균(fecal streptococci)

분원성 연쇄상구균은 Lactobacilliceae과(family)에 속하는 연쇄상구균(Streptococcus) 속(Genus)중에서 장내에서 발견되는 세균이다. 아울러 그람 양성 구균이며 Catalase음성으로 45℃에서 40 % 담즙과 0.04 % sodium azide에서 잘 성장하는 특성을 지닌다.

분원성 연쇄상구균의 지표로서의 특징은 사람과 온혈동물의 분비물에 높은 농도로 존재하고, 하수나 분비물에 오염된 환경에서 존재하며, 오염되지 않은 시료에서는 검출되지 않는다. 또한 환경에서 재 증식하지 않으며, 유해물질에 대한 저항성이 대장균보다 강하고, 대부분의 온혈동물의 분변에 분원성 대장균군보다 더 많은 수로 존재한다는 점이다.

분원성 연쇄상 구균은 대장균보다 분변에서의 배출농도는 높지 않으나 수환경이나 처리과정에서 생존율이 높고 재성장을 하지 않는 장점 때문에 분원성 대장균과 같이 보완적으로 사용한다. 특히 유럽에서는 분원성 연쇄상 구균은 먹는 물, 자연수 등의 수질의 지표로서 널리 사용하고 있으며, WHO도 자연수의 분원성 오염의 지표로서 분원성 연쇄상 구균을 분원성 대장균군과 함께 권장하고 있다.

또한 분원성 연쇄상 구균(FS)은 분원성 대장균군(FC)과의 비율을 통해 사람과 동물의 오염을 구분하는데 사용되어 왔다. Standard method 17판은 FC/FS가 4이상이면 사람에 의한 오염, 0.7보다 작으면 동물에 의한 오염이라고 주장하였다. 그러나 이러한 수치는 분원성 연쇄상 구균의 각 종이 각각의 환경에서의 생존율이 크게 차이가 날 뿐만 아니라 소독처리나 분석법에 영향을 받기 때문에 그 신뢰성에 의문을 제기하였다. Standard method 19판 (1995)에서 의문점을 제기한 이후 이제는 더 이상 사용하지 않는다.

마. 녹농균(*Pseudomonas aeruginosa*)

녹농균은 식물, 곤충, 어류, 양서류, 파충류, 새, 포유류 등에 널리 분포하여 가장 넓은 감염대상을 가지고 있는 기회성 병원균이다. 상처, 혹은 환자의 호흡기나 눈을 통해 감염되며 병원 감염성 폐렴의 주원인이다. 때문에 병원, 수영장 등에서는 녹농균이 주요 감시 대상이다. 수질평가에서 녹농균은 분원성 오염과 직접적인 연관성은 없으나 배급 수관에서의 재성장이나 병입 과정의 위생 상태를 점검하는데 사용된다,

바. 수인성 전염병

대표적인 수인성 전염병의 종류는 콜레라, 장티푸스, 파라티푸스, 세균성 이질, 간염, 아메바성 이질 등이다. 이러한 수인성 전염병의 1차 매개체는 식음수이며, 배설물이나 음식물을 통해서도 전염된다. 수인성 전염병의 원인균은 세균, 바이러스, 원생동물 등 다양하며 모든 계층과 연령층에서 발생할 수 있다.

2. 미생물의 물질대사(metabolism)와 에너지원

생물이 살아가기 위해서는 유전자 정보와 생체구성물질 그리고 에너지가 필요하다. 생체구성물질은 생물이 섭취한 영양물질의 분해에 의하여 공급되며, 필요한 에너지는 영양물질의 분해과정에서 공급받거나 광에너지 등을 이용하기도 한다.

생체를 구성하는 물질이 효소에 의하여 일어나는 화학변화를 물질대사(metabolism)라고 한다. 일반적으로 물질대사는 물질을 분해하여 에너지를 생성하는 이화작용(catabolism)과 세포를 합성하는 동화작용(anabolism)으로 구분한다. 생체내의 에너지는 ATP(adenosine triphosphate)를 통하여 전달된다.

2.1. ATP

아데노신 3인산(ATP)은 아데노신(아데닌+리보오스)에 3개의 인산분자가 결합된 화

합물로서 끝에 붙은 2개의 인산은 높은 에너지로 결합되어 있다. 에너지를 풍부하게 갖고 있는 분자인 ATP는 산화과정 중에 생기는 화학 에너지를 에너지가 필요한 세포로 전달하는 운반자 역할을 한다. ATP는 화학적, 전기적, 삼투 작용 등과 같은 에너지를 필요로 하는 과정에서 인산이 분리되어 아데노신 2인산(ADP)과 무기 인산이 되거나 또는 아데노신 1인산(AMP)과 무기 피로인산으로 전환된다.

ATP를 만드는 3가지 물질대사원으로는 발효(fermentation), TCA 회로, 전자전달이 일어나는 산화적 인산화반응(oxidative phosphorylation)이 있다.

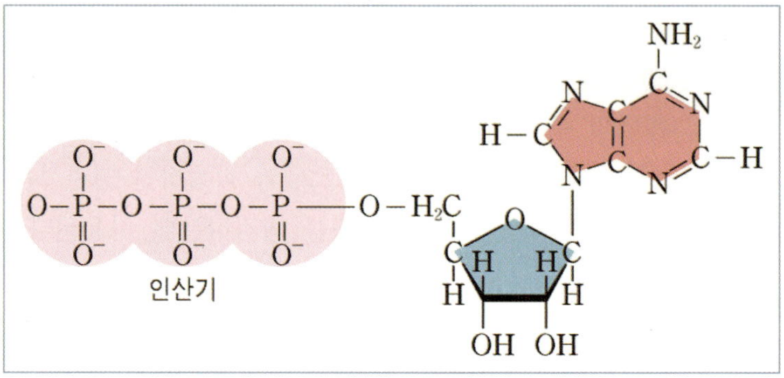

<그림 6-3> ATP의 구조도

2.2. 물질대사(metabolism)

가. 이화작용(catabolism)

이화작용은 큰 분자를 분해하는 대사과정 이다. 유기물질을 분해하고 산화하는 과정을 포함하며 동화작용에 필요한 물질을 공급하고 에너지를 얻는다. 이화작용의 정확한 특성은 생물마다 각기 다르며, 필요에 따라서는 생물을 에너지와 탄소를 얻는 원천에 따라 분류할 수 있다.

에너지원으로 유기영양생물(organotroph)은 유기분자를, 무기영양생물(lithotroph)은 무기물을, 광영양생물(phototroph)은 태양광을 사용한다. 대사는 서로 다르지만 모두 산화환원 반응에 의존하고 있으며, 전자를 유기 분자, 물, 암모니아, 황화 수소, 철 이온(Fe^{2+})과 같은 환원된 공여체에서 산소, 질산염, 황산염과 같은 수용체로 전달한다.
식물이나 남세균 등 광합성 생명체는 전자 전달 반응이 에너지를 방출하지 않고 태양광으로부터 에너지를 흡수해 저장하는 용도로 쓰인다.

이화작용의 1단계는 큰분자의 유기물질이 포도당류 등의 단위체로 가수분해되는 과정이다.(당분해과정) 2단계는 1단계의 분해산물들이 아세틸-CoA, 피루브산, TCA회로의 중간물질 같은 보다 더 단순한 분자상태로 분해된다. 이 과정은 산소 없이 진행되며 이때 적은 양의 NADH, FADH, ATP 등이 생성된다. 3단계는 2단계에서 만들어진 단순한 구조의 분자물질이 TCA회로를 거쳐 CO_2로 완전히 산화되고 그 과정에서 ATP, NADH, $FADH_2$를 생산한다. 전자전달 물질인 NADH와 $FADH_2$는 전자 전달계로 전자를 운반하며, 전자는 최종수용체인 산소 또는 무기분자에 전달된다.

<표 6-2> 미생물에 의한 ATP생산방법

광합성			ADP+인산 광에너지 → ATP
생물학적 산화환원	호흡		전자수용체
			O_2
	혐기성호흡	질소환원	NO_2, NO_3 → N_2
		황산환원	SO_4 → H_2S
		탄산환원	CO_2, CO_3 → CH_4
	발효		유기물질 전자수용체, H 공여체

나. 동화작용(anabolism)

동화작용은 물질로부터 새로운 세포를 형성하는 과정으로서 단백질, 핵산, 다당류, 지질 등 새로운 세포를 합성하는 과정이다. 세포합성에는 전체적으로 150가지의 분자물이 이용되는데, 크게 분류하면 대량 소용물질, 소량 소요물질, 그리고 미량 소요물질로 구분할 수 있다. 미생물에 필요한 주요 대량 영양물질은 C, H, O, N, S, P, 소량 소요물질은 K, Mg, Ca, Fe, Na, Cl 등이 있고, 주요 미량영양물질로는 Zn, Mn, Mo, Se, Co, Cu, Ni 등이 포함된다(Madigan et al., 2000). 탄소 또는 에너지원보다 영양물질이 때로는 미생물의 세포합성과 성장을 위한 제한물질이 될 수 있다.

성장인자로서 알려진 필요 유기성 영양물질은 전구물질(precursor) 또는 기타 탄소원으로부터 합성할 수 없는 유기성 세포물질의 성분으로 생물에 필요한 화합물이다. 생물에 따라 필요 성장인자가 다르지만 주요 성장인자는 아미노산, 질소염기(예를 들자면 purines, pyrimidines 등) 그리고 비타민(vitamin) 등 3요소이다.

2.3. 에너지원

세포합성에 필요한 에너지는 빛이나 화학적 산화반응에 의해서 제공된다. 박테리아는 에너지를 얻기 위해 유기 또는 무기화합물을 산화시킨다. 에너지원으로 빛을 이용하는 미생물을 광합성 미생물(phototrophs)이라고 한다. 광합성 미생물은 종속영양(heterotrophs)이거나 혹은 독립영양(autotrophs)이다. 화학반응으로부터 에너지를 얻는 미생물을 화학영양미생물(chemotrophs) 이라고 한다. 광영양 미생물에서와 같이 화학

영양 미생물도 종속영양(원생동물, 균류, 대부분의 박테리아)이거나 독립영양(질산화 박테리아)이다. 화학독립영양 미생물(chemoautotrophs)은 암모니아 아질산염, 철염, 아황산염 등과 같은 환원된 무기화합물로부터 에너지를 얻고, 화학종속영양 미생물(chemoheterotrophs)은 대부분 유기화합물질을 산화시켜서 에너지를 얻는다.

종 류	관여반응
질산화박테리아	$NH_3 + O_2 \xrightarrow{Nitrosomonas} NO_2 + Energy$ $NO_2^- + O_2 \xrightarrow{Nitrobacter} NO_3 + Energy$
유황박테리아	$H_2S + O_2 \xrightarrow{Thiobacills} H_2SO_4 + Energy$
철박테리아	$F^{2+} + O_2 \xrightarrow{Crenothrix \text{ or } \leq Leptothrix} Fe^{2+} + Energy$

전자수용체로 산소를 이용할 때의 반응을 호기성(aerobic), 다른 전자 수용체를 수반하는 반응을 혐기성(anaerobic)이라고 한다. 무산소(anoxic)는 혐기성 조건하에서 전자수용체로 아질산염이나 질산염을 사용하는 조건으로 혐기성 조건과 구별하기 위해 사용한다. 무산소 조건에서 아질산염이나 질산염은 환원되어 질소가스가 발생하는데, 이 반응을 생물학적 탈질(denitrification) 이라고 한다.

에너지원으로 산소만을 요구하는 미생물은 절대 호기성세균(obligate aerobes) 이다. 산소를 이용하거나 산소를 이용할 수 없을 때 일부 세균은 산소 또는 질산염 아질산염을 전자수용체로 이용하는데, 이러한 세균을 통성 호기성(facultative aerobic)세균이라고 한다. 발효에 의해 에너지를 발생시키고 산소가 결여된 환경조건에서만 존재할 수 있는 생물을 절대 혐기성세균(obligate anaerobes)이라고 한다.

산소분자의 유무에 관계없이 성장할 수 있는 능력을 가진 통성혐기성 미생물(facultative anaerobes)은 물질 대사 능력에 따라 두 그룹으로 분류되며, 통성혐기성 미생물은 산소분자의 유무에 따라 발효성에서 호기성 호흡대사로 바꿀 수 있다.

3. 미생물의 성장

3.1. 미생물의 성장패턴

박테리아의 성장은 <그림 6-4>에 나타난 바와 같이 기질이 소비되면서 지체기, 대수성장기, 안정기, 그리고 사멸기의 4가지의 패턴이 연속적으로 전개된다.

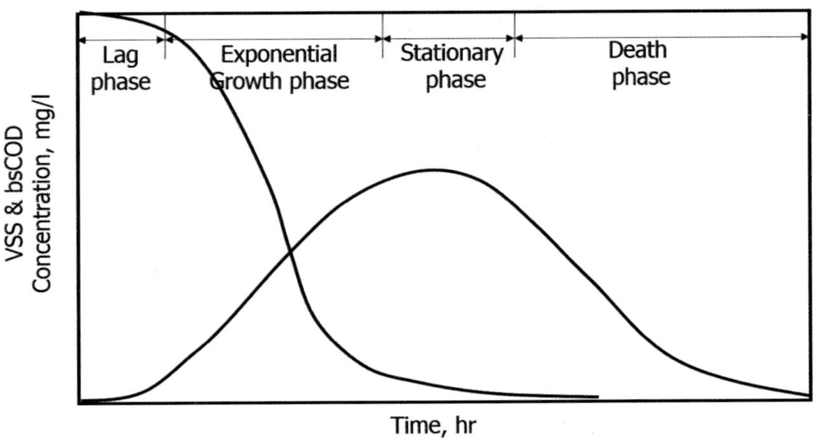

<그림 6-4> 시간에 따른 기질소모와 미생물의 성장

가. 지체기 (lag phase)

미생물의 첨가에 따른 지체기는 주된 세포분열과 미생물의 생성이 일어나기 전에 새로운 환경에 미생물이 순응하는데 필요한 시간을 의미한다. 지체기 동안에 효소 유도(enzyme induction)가 일어날 수 있고, 세포는 염분, pH, 온도의 변화에 순응하게 된다. 지체기의 정도는 초기 회분식 상태 동안에 저농도의 미생물 측정 정도에 의해 영향을 받을 수 있다.

나. 대수 성장기 (exponential-growth phase)

대수 성장기 동안에 박테리아 세포는 기질이나 영양물질 틀에 의해 아무런 제한을 받지 않고 최대 속도로 증식한다. 이 기간 동안 생물 성장곡선은 지수함수로 증가 한다. 기질과 영양물질의 제한이 없기 때문에 지수성장속도에 영향을 주는 유일한 인자는 온도이다.

다. 안정기 (stationary phase)

이 기간에 미생물의 농도는 시간에 따라 상대적으로 일정하게 유지된다. 박테리아의 성장은 더 이상 지수함수가 아니며, 성장하는 양도 세포 사멸에 의해 상쇄된다.

라. 사멸기 (death phase)

기질이 고갈되어 더 이상 성장이 이루어지지 않고, 미생물의 농도도 세포 사멸 때문에 변하게 된다. 미생물 농도의 대수적인 감소는 매일 없어지고 남은 미생물의 대략 일정한 분율로 종종 관찰된다.

3.2. 미생물의 성장측정

미생물의 생체량(biomass)을 측정하는 방법은 세균의 체적을 실측하여 체적 당 탄소량을 측정할 수 있는 전환계수를 이용하는 방법 , 세포 구성 물질을 분석하는 생화학적 방법, 미생물의 호흡률을 이용하는 방법 등이 있다.

미생물 대부분은 유기물질이기 때문에 미생물의 증가량은 휘발성 부유고형물(volatile suspended solids, VSS) 이나 입자성 COD (TCOD - SCOD)로 측정할 수 있다. 미생물 성장을 측정할 수 있는 다른 변수로는 단백질 함량, DNA, ATP, 에너지 전달과 관련된 세포 화합물들이 있다. 이들 성장측정 변수들 중 VSS는 분석이 용이하고 분석시간도 짧게 소요되기 때문에 전체 규모의 생물학적 하수처리 시스템에서 미생물 성장이 일어나는 경우에 가장 널리 사용되고 있다.

대부분 하수에는 얼마간의 비생분해성 VSS가 포함되어 있다. 생물학적 반응기에서 분해속도가 느린 VSS등의 고형물들은 VSS 측정시 미생물 농도로 포함되어 나타난다. 따라서 VSS 값의 측정은 미생물 생성의 확실한 지표로 이용될 뿐만 아니라 일반적인 반응기의 고형물질의 농도를 나타내는데 유용하게 쓰일 수 있다.

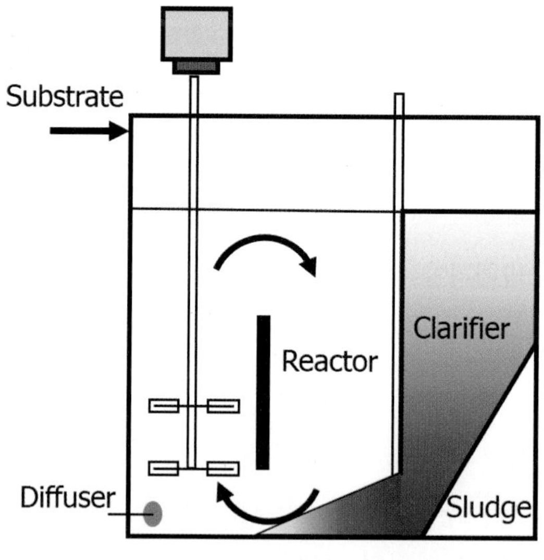

<그림 6-5> 미생물성장측정을 위한 연속반응기

가. 미생물의 합성계수

미생물의 세포성장은 유기 또는 무기화합물의 산화와 동시에 이루어진다. 미생물 생성률(biomass yield)은 소비된 기질의 양에 대한 생성된 미생물의 비(g 미생물/g 기질)로 정의되며, 일반적으로 사용된 전자공여체에 대한 상대량으로 정의하기도 한다.

$$Biomass\ Yield,\ Y = \frac{g\ biomass\ generated}{g\ substrate\ consumed}$$

나. 미생물의 수율과 화학양론

제거되는 기질, 호기성 종속영양 미생물의 생분해 동안 소비되는 산소의 양, 관찰된 미생물 수율 사이에는 명확한 양론적 관계가 존재한다. 하수 내 기질농도는 산소당량으로 정의할 수 있기 때문에 사용된 COD는 미생물이나 산화되는 양이 보존된다고 볼 수 있기 때문에 계산이 가능하다. 일반적으로 하수 내 혼합화합물의 생물학적 산화를 포함한 정확힌 양론은 알려져 있지 않지만, 유기물을 $C_6H_{12}O_6$ (glucose)로 나타낼 수 있다고 가정하면, 새로운 세포는 $C_5H_7NO_2$로 나타낼 수 있다.

$$\begin{array}{l} 3C_6H_{12}O_6 + 8O_2 + 2NH_3 \rightarrow 2C_5H_7NO_2 + 8CO_2 + 14H_2O \\ 3(180) \qquad\quad 8(32) \qquad\quad 2(113) \end{array}$$

미생물의 농도는 일반적으로 VSS로 나타내어지는데 VSS에 대응하는 산소당량은 모델구축에 용이하게 사용될 수 있다. 분자식이 $C_5H_7NO_2$인 미생물의 COD는 다음과 같이 계산된다.

$$\begin{array}{l} C_5H_7NO_2 + 5O_2 \rightarrow 5CO_2 + 2H_2O + NH_3 \\ (113) \qquad\quad 5(32) \end{array}$$

$$COD = \frac{\Delta(O_2)}{\Delta(C_5H_7NO_2)} = \frac{5(32g/mole)}{(113g/mole)} = 1.42\,g\,O_2/g\,cells$$

3.3. 미생물 성장에 영향을 미치는 인자

미생물의 성장은 고등생물과 마찬가지로 주변 환경에 영향을 많이 받는다. 미생물은 크기가 작기 때문에 주변 환경 변화에 더 민감하게 반응하는데 기질농도, 영양물질, 온도, 산소, 빛, 압력, pH, 산화, 환원, 전위 등 물리 화학적 요인 등이 단독적, 혹은 복합적으로 작용하여 성장과 증식에 영향을 미친다.

가. 기질농도

도시하수는 여러 가지 생분해성 기질을 함유하고 있다. 생분해성 COD(bCOD)와 UBOD를 표현되는 생분해성 기질은 보편적으로 사용가능한 유기성 화합물이다. 이러한 생분해성 기질을 이용하여 미생물이 성장하는데 기질농도가 높으면 지수성장이 일어나고, 기질농도가 낮아지면 성장률이 감소한다. 세포의 대사과정은 효소에 의해서 조절되며 기질의 이용률과 세포의 성장률은 효소반응의 반응속도와 비례한다. 일반적으로 성장률에 미치는 생분해성 기질농도의 영향은 Michellis-Menton과 Monod equation으로 나타낼 수 있다.

나. 온도

미생물은 0℃이하에서부터 100℃ 이상까지도 생존할 수 있다고 알려져 있다. 미생물은 종류별로 자기 성장에 적절한 최적온도(optimum temperature)가 있고 그러한 조건하에서 가장 빠른 성장률과 증식률을 나타낸다. 일반적으로 온도가 높아질수록 미생물의 활성도는 빨라지며 10℃가 증가하면 효소의 활성도는 2배 증가하고, 성장도 2배로 빨라진다고 알려져 있다.

미생물은 성장 최적온도에 따라 친냉성(psychrophilic), 중온성(mesophilic), 친열성(thermophilic) 세 가지로 구분하는데, 친냉성은 최적 성장 온도가 12~18℃, 중온성은 25~40℃, 친열성은 55~65℃이다.

종류	온도, ℃	
	범위	최적
친냉성(psychrophilic)[a]	-10~30	12~18
중온성(mesophilic)	20~50	25~40
친열성(thermophilic)	35~75	55~65

[a]Cryophilic이라 불리기도 함.

다. 영양물질

미생물은 C, H, O, N, P, S 과 기타 각종 물질 (Ca, Mg, K, Na 등)을 구성하므로 수중에 이와 같은 물질들이 있어야 한다. 미생물의 성장에 필요한 무기성 영양물질은 N, S, P, K, Mg, Ca, Fe, Na, Cl 등이며 미량 영양물질은 Zn, Mn, Mo, Se, Co, Cu, Ni등이 포함된다.

영양물질은 생분해성 기질보다 미생물의 세포합성에 영향을 주는 제한인자가 되기도 한다. 가정 하수에는 영양물질이 충분히 함유되어 있으나 공장폐수에는 C, H, O 이외에는 영양물질이 부족할 수 있기 때문에 공장폐수처리 공정과정에서 다소간의 영양분 보충이 필요할 수도 있다. 일반적으로 활성슬러지 공정과 같은 생물학적 처리에는 유입수의 BOD:N:P =100:5:1의 분포가 미생물의 대사 및 처리에 최적인 것으로 보고되고 있다.

라. pH

일반적으로 많은 미생물들은 극한의 pH 상태에서 견디지 못한다. 몇몇의 특수한 미생물은 심해, 혹은 화산 분출구와 같은 극한의 조건에서 살아남은 경우도 있지만 대부분의 미생물은 극한의 조건에서는 세포 구성 물질과 효소가 가수분해 되거나 변성되어 생존이 어렵다.

마. 산소

산소는 호흡으로 생존하는 생물(호기성 생물)에게는 필수적인 요소이나 또 다른 생물체에게는 독성을 나타내는 물질이다. 공기 중의 산소는 21 %로서 이보다 높을 경우 독성이 나타난다. 미생물은 산소에 민감하게 반응하는데 분자 상태에서의 필요 여부에 따라 호기성미생물과 혐기성 미생물로 크게 구분할 수 있다. 전자 수용체로 산소를 이용하면 호기성이고 다른 전자 수용체를 수용하면 혐기성(anaerobic)이다. 무산소(anoxic)란 혐기성 조건하에서 아질산염과 질산염을 환원시켜 질소가스를 발생시키는 조건을 일컫는다.

3.4. 미생물의 성장 속도식과 기질 소비속도

생물 반응기에서 생체 고형물(biomass, X)은 휘발성 부유 고형물 (VSS)을 가지고 측정하는데, 배양액을 일정한 상태에서 잘 교반시키면서 거기에서 나타나는 세포증식을 관찰하여 아래와 같은 1차반응식으로 나타내었다.

$$\frac{dX}{dt} = \mu X$$

여기서, $\frac{dX}{dt}$: 미생물농도 증가속도(g/L · hr^{-1})

μ : 미생물의 비증식속도(hr^{-1})

X : 미생물의 농도(g/L)

생물 배양기내의 영양물질이 고갈되면 미생물 세포의 증가 속도는 감소된다. 이때 첫째로 고갈되는 영양물질, 즉 제한 기질(limiting substrate, S)과 미생물의 비증식 속도(μ)와의 관계를 Michaelis-Meten 식을 이용하여 Monod는 아래와 같은 실험식으로 표시하고 있다.

$$\mu = \frac{\mu_{max} S}{K_s + S}$$

여기서, μ_{max} : 세포의 비증식속도 최대치 (hr^{-1})

S : 제한기질의 농도 (g/L)

Ks : 1/2 μ_{max}일 때의 S농도 또는 반포화기질농도(g/L)

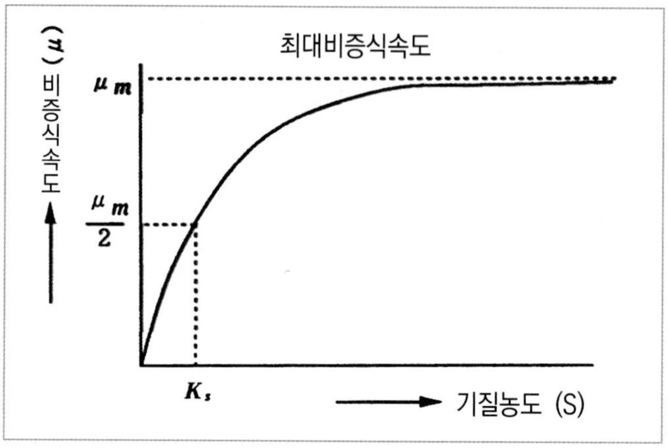

<그림 6-6> Monod Equation

위 식을 결합하면

$$\frac{dX}{dt} = \mu X = \frac{\mu_{\max} S}{K_s + S} X$$

이 때 세포증가율은 아래와 같이 제한기질의 감소를 수반한다.

$$\frac{dX}{dt} = -Y\frac{dS}{dt}$$

여기서 Y : 제거된 유기물질 당 세포생산율, 세포생산계수(g VSS/g COD)

따라서 기질 이용속도(substrate utilizing rate, r_{su})는 다음과 같이 나타낼 수 있다.

$$r_{su} = \frac{dS}{dt} = -\frac{1}{Y}\frac{dX}{dt} = -\frac{1}{Y}\frac{\mu_{\max} SX}{K_s + S} = \frac{kSX}{K_s + S}, \qquad \frac{\mu_{\max}}{Y} = k$$

여기서 k: 최대기질 비소비속도를 나타낸다.

제7장 수자원과 수문학

생태계의 보전과 대체 불가능한 자원으로서 물의 순환과 분포, 수자원의 종류와 특성, 물의 흐름을 나타내는 유속과 유량의 측정, 지구상 물의 순환과 관련된 강수, 침투, 증발산과 표면유출을 다루었으며, 강우와 강우-유출관계, 합리식에 의한 유출량의 산정 등 하천 수문학과 관련된 내용을 요약하여 제시하였다.

주요 내용

1. 수자원 문제

물의 기원과 인류문명, 물의 중요성과 수자원, 물의 순환과 분포, 수자원의 종류와 특성, 기후변화와 수자원

2. 물의 흐름과 유량측정

정의, 유량 측정의 의의 및 목적, 베르누이정리와 응용, 유속과 유량의 측정

3. 하천수문학

정의, 강수의 종류와 평균 강수량, 강우-유출관계, 손실, 첨두홍수량

1. 수자원 문제

1.1. 물의 기원과 인류문명

고대 철학자 탈레스는 「물을 만물의 근원」으로 표현하며 우주의 근원과 자연의 이치를 물로서 설명하였다. 그리스 신화에서는 물을 여자의 영혼과 생명체와 모체로서 신성시하였고, 고대 중국에서는 물로서 우주의 근본 원리인 오행이라는 개념을 설명하고자 하였다. 이처럼 물은 고대에서부터 신성하고 존엄하며 근원적인 의미를 가지고 있었다.

인류 문명사를 살펴보면 고대의 문명에서 물은 인간생활에 가장 중요한 요소가 되었고 인류의 역사는 물과 함께 이루어져 왔다. 세계 4대 고대 문명이 나일강 유역, 티그리스강과 유프라테스강 유역, 인더스강과 갠지스강 유역, 중국 황하 유역과 같이 모두 큰 강 유역에서 발생하였다. 현대에 이르러서도 물은 그 지역의 각종 생산 활동과 도시의 규모를 결정하는 중요한 역할을 담당하고 있으며 수자원의 중요성은 앞으로도 더욱 부각될 것이다.

1.2. 물의 중요성과 수자원

인구의 증가와 도시집중 그리고 고도의 산업발전으로 인해 물은 인간생활에 필수적인 자원일 뿐만 아니라 산업 활동의 중요한 요소이며 생태계의 보전에 중요한 역할을 한다. 건강을 유지하고 삶을 지속하기 위해서 음용수는 믿을 만하고 깨끗해야 한다. 물의 이용방법은 시대에 따라서 그 양상이 변화되어 점진적으로 발전을 거듭하였으며 경제 규모의 대규모화 고도의 산업 발달, 도시의 인구집중 등으로 음용수는 물론 생활, 공업, 농업 및 기타 용수의 사용량이 급증하고 있다.

범지구적인 관점에서 보면 지구의 어느 한쪽에서는 물 부족 때문에 물 공급은 해결해야 할 절대 과제이지만 다른 지역에서는 홍수범람, 해수면 상승과 같은 문제가 야기되기도 한다. 또 국지적인 집중강우나 폭우는 하수나 우수 처리시설의 용량을 초과하여 수질을 악화시키기도 한다. 물은 대체 불가능한 자원으로서 양적인 측면과 질적인 측면에서뿐만 아니라 시간적, 공간적 분포에도 제한을 받고 있다.

1.3. 물의 순환과 분포

가. 물의 순환

지구상에 존재하는 물은 강수(precipitation), 침투(infiltration), 유출(runoff) 및 증발산(evapotranspiration) 등의 순환과정을 반복하고 있다. 이러한 물의 순환과정은 물의 이동이 일정하게 연속적으로 이루어진다는 의미뿐만 아니라 순환과정을 통하여 변동성을 갖는다는 것을 의미한다.

물은 지구상에서 풍부한 자원중의 하나이며 대기 중의 수증기, 하천수와 호소수와 같은 지표수, 토양수분 및 지하수, 해수와 얼음 형태인 빙하와 눈으로 분포한다.

지구상에서의 물의 순환은 대기 중의 수분이 응축되어 지상에는 비나 눈 등의 형태로 변한다. 비나 눈은 지상에 도달한 후 지표 또는 지하로 흐르며, 그 과정에서 일부는 지표나 수목의 잎 등에서 직접 증발하고 일부는 바다로 흘러간 후 증발해서 다시 구름이 되어 비와 눈의 원인이 된다.

이렇게 자연계에서 물을 순환하게 하는 근원은 태양 에너지이며 태양열에 의해 지구 표면의 물이 증발되어 상승하게 된다. <그림 7-1>은 이와 같은 물의 순환과정을 그림으로 나타낸 것이다.

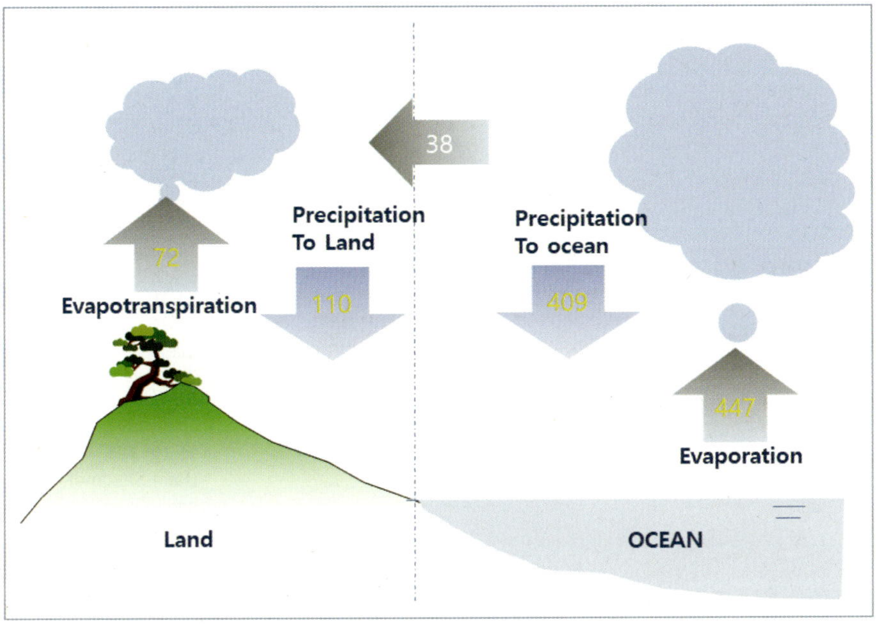

<그림 7-1> 물의 순환

나. 강수(precipitation)

물의 순환과정 중에서 강수는 구름이 응결되어 떨어지는 눈, 비, 우박, 이슬 그리고 서리와 같은 모든 형태의 수분을 말한다. 강수를 형성하기 위한 조건으로는 공기를 이슬점까지 냉각시킬 수 있어야 하며 물방울을 형성시킬 수 있는 응결핵이 있어야 하고 응결된 소규모 단위의 수분 입자들을 점점 크게 할 수 있어야 한다. 또한 충분한 강도를 가진 수분을 집적할 수 있어야 한다.

강수는 따뜻한 공기의 상승요인에 따라 대류형, 전선형, 산악형으로 분류된다. 대류형 강우는 따뜻한 공기가 대류현상에 의해 차가운 공기 속으로 자연 상승할 때 형성되는 강우이다. 전선형 강우는 따뜻한 기단이 차가운 기단 위로 진행할 때 발생되는 온난 전선형과 빠르게 이동하는 차가운 기단에 의해 따뜻한 기단이 강제로 상승할 때 발생되는 한냉 전선형이 있다. 마지막으로 산악형 강우는 습윤한 기단을 운반하는 바람이 산맥을 넘지 못하고 산맥에 부딪혀 기단이 상승할 때 발생되는 강우로서 반대편 사면은 일반적으로 매우 건조한 상태가 된다.

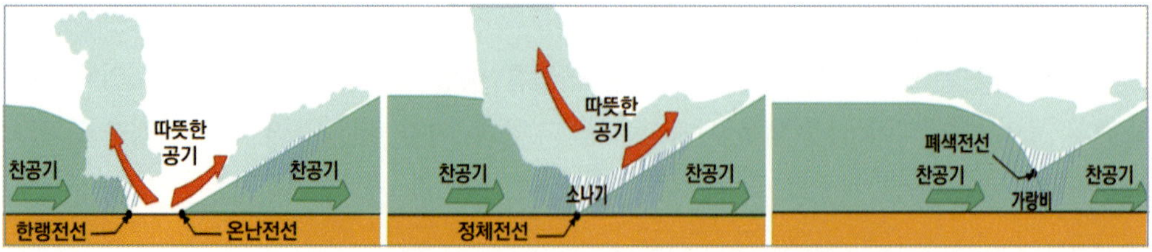

<그림 7-2> 전선형강수(한랭전선, 온난전선, 정체전선, 폐색전선)

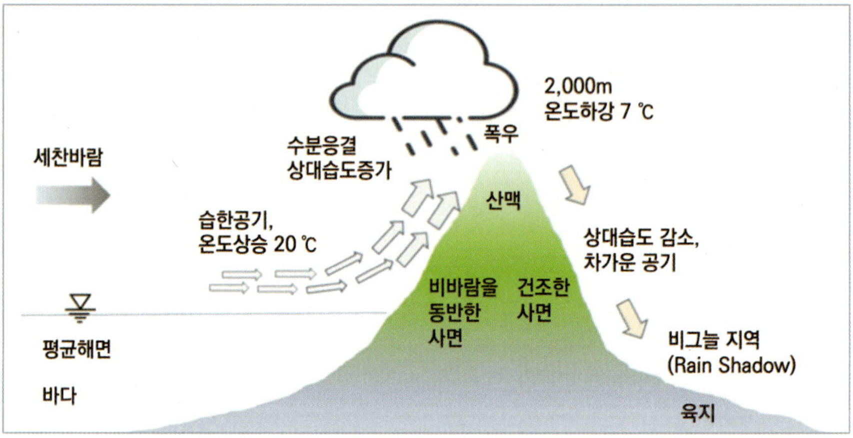

<그림 7-3> 산악형 강수

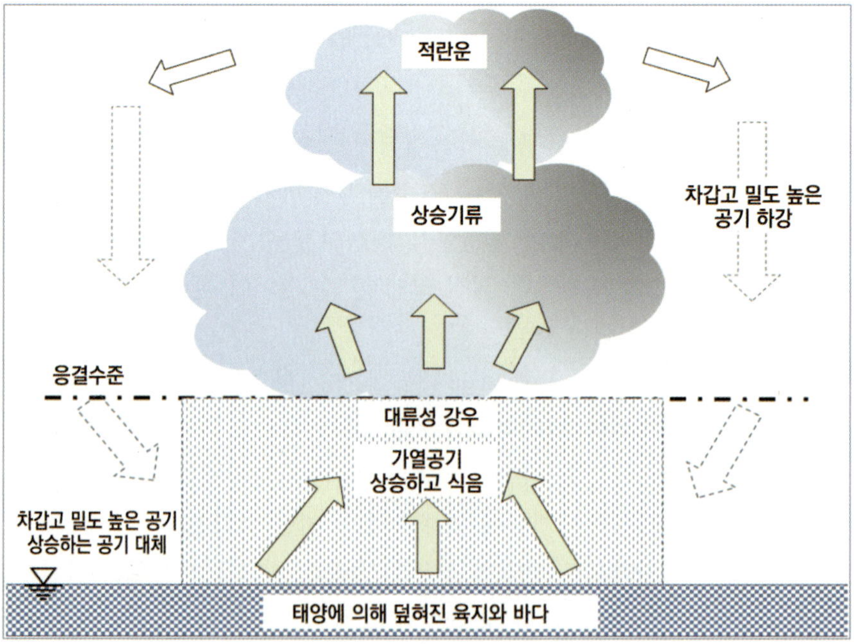

<그림 7-4> 대류형 강수

우리나라의 연평균 강수량은 1,277 mm/y이나 심한 계절적인 편차를 보이고 있다. 특히 6~8월 사이에 연 강수량의 2/3가 집중되고 있으며, 이로 인해 **하상계수**가 매우 크게 나타나고 있다. 하상계수는 하천의 어떤 지점에서 특정연도의 최대유량과 최소유량의 비로서 해당 하천유량의 변동성을 나타낼 수 있으므로 유량변동계수라고 하며, 하상계수가 클수록 하천 수량의 변화 상태를 의미하는 유황(流況)이 불안정하다는 것을 의미한다. 세계 주요 하천의 하상 계수를 살펴보면, 한강 1 : 90, 낙동강 1 : 260, 금강 1 : 190, 나일 강 1 : 30, 앙쯔 강 1 : 22, 라인 강 1 : 18, 콩고 강 1 : 4 등이다.

<표 7-1> 국내외 주요 하천의 하상계수(유량변동계수)

하천	콩고강	테임즈강	라인강	양자강	나일강	세느강	요도강
하상계수	4	8	18	22	30	34	114
하천	한강	영산강	금강	낙동강	섬진강		
하상계수	90	130	190	260	270		

다. 표면(지면)유출(surface runoff)

지상에 내린 강우의 일부는 지상의 식물에 의해 차단되고 오목한 지역에 모여서 지면 저류 상태가 되며 나머지 일부는 땅속으로 침투하여 지하수대까지 내려간다. 지면이 완전히 습윤 상태가 되면 지표면에서의 흐름인 유출이 시작된다. 이 표면(지면)유출은 지표면의 토양 속에 침투하여 지상에 가까운 상부 토층을 통해 하천으로 흐르는 표면류(overland flow)와 중간유출(inter flow)로서 지하수위보다 높은 층을 흐르는 유출을 말한다.

이러한 유출은 기상학적 특성과 그 유역의 지형학적 특성에 따라 매우 큰 영향을 받는다. 기상학적 특성으로는 강우의 형태, 강우 강도, 지속 시간, 강우의 시간적, 공간적 분포를 말하고, 지형학적 특성에는 피복 상태 및 토지 이용 상태, 지표면 경사 등을 들 수 있다.

라. 증발산(evapotranspiration)

증발(evaporation)은 수면 또는 습한 토양의 물 분자가 태양에너지에 의해 기체화되는 과정을 말하며, 물 1 g이 증발하는데 필요한 열량은 약 600 cal 정도로 알려져 있다. 물은 동물뿐만 아니라 식물이 살아가는 데도 필수적으로 사용된다.

식물은 태양의 열에너지. 이산화탄소 및 물을 이용하여 세포물질을 합성하는 탄소동화작용을 하며, 이 과정에서 식물이 흡수한 물은 수증기 형태로 대기 중에 방출된다. 이러한 현상을 증산(transpiration)이라고 하며 증발과 증산을 통해 물이 수증기로 변하는 과정을 합쳐서 증발산(evapotranspiration)이라고 한다.

증발산 현상에 중요한 영향을 미치는 인자는 공기의 온도, 바람, 상대 습도, 대기압, 수질 및 수표면의 성질과 형상 등이다. 온도가 높아짐에 따라 운동 에너지와 포화 증기압이 상승하게 되어 증발을 촉진하고, 바람은 기화한 물 분자들을 증발 수면으로 이동시켜 실제 증기압은 감소하고 증발률이 높아진다.

상대 습도가 높아지면 공기가 수표면으로 부터 이탈하는 수분입자를 흡수할 수 있는 능력이 감소되므로 증발률이 낮아지며 대기압의 감소는 수면으로부터 물 분자의 이탈을 촉진시키므로 증발률의 증가요인이 된다.

마. 침투(infiltration)와 침루(percolation)

지상에 내린 강우는 지표면의 식생과 토양을 적시게 되며 지표면이 완전히 포화 상태에 도달한 후 지표면 층에 스며들거나 불투수층 위를 흘러 유출에 도달한다. 지표면 층에 스며들은 빗물은 토양 속에 존재하는 미세한 공극을 통하여 중력에 의해 지하로 스며들거나 모관력과 흡착력에 의해 지하로 스며들게 되는데 이러한 과정을 침투(infiltration)라고 말한다. 토양 속에 스며든 이후부터는 중력에 의해 지하로 이동하게 되는데 이 과정을 침루(percolation)라고 한다.

침투 및 침루현상에 영향을 미치는 인자는 토양의 종류, 포화층 두께, 토양의 함유수분, 식생피복 등이 있다. 토양의 종류에 따라 간극 크기와 간극의 분포상태 등이 서로 상이하기 때문에 토양의 종류에 따라 침투율이 영향을 받게 된다. 즉 포화층이 두꺼울수록 물이 통과하는데 생기는 마찰력이 증가되어 침투할 수 있는 능력이 감소된다.

토양의 함유 수분은 토양 공극의 모관력에 매우 큰 영향을 미치게 되므로 함유 수분 정도에 따라 침투능력이 변하게 된다. 만약 토양 속에 콜로이드와 같은 물질이 존재하면 토양 속의 간극을 감소시키게 되므로 침투에 큰 영향을 미친다. 식생 피복 상태는 토양의 공극을 보전하는 역할을 하게 되므로 기온이 따뜻한 계절에는 마찰력이 적어 추운 계절보다 침투에 더 좋은 조건이라고 할 수 있다.

1.4. 수자원의 종류와 특성

지구상에 있는 물중에서 인간이 자원으로 이용할 수 있는 물을 수자원(water resources)이라고 하며 생활환경과 산업에 이용하고 있다. 수자원은 우수, 지표수, 지하수 및 해수로 구분할 수 있다.

가. 우수

우수는 일단 증발되어 응결된 물이다. 이론적으로 우수는 다른 어떤 종류의 자연수보다 깨끗한 순도를 지닌 물이다. 그러나 공기 중의 작은 먼지와 같은 미립자가 핵이 되어 안개방울이 형성되기 때문에 응축하는 그 순간부터 불순물을 포함하게 된다.

빗방울은 가스를 흡수하며, 해안 가까이에서는 부유 염류를 용해하기도 하며, 공기 중으로 강하하면서 보다 낮은 대기층에 부유하고 있는 어떤 종류의 불순물 또는 오염물질과 미생물들을 흡수하게 된다. 우수는 연수이기 때문에 목욕이나 세탁에 적절하게 사용될 수 있고 석회염이 적으므로 취사용수에도 적합하다.

또한 우수는 용해성분이 적기 때문에 완충작용이 작고 대기로부터 용해된 CO_2의 영향이 현저하여 때때로 pH 4정도에 머무는 경우가 있는데 이것이 산성비이다. 일반적으로 1기압의 대기와 평형인 우수의 pH는 25 ℃에서 5.6으로 계산된다.

우수의 주성분은 해수의 주성분과 거의 동일하다고 할 수 있다. 즉, Na^+, K^+, Ca^{2+}, Mg^{2+}, SO_4^{2-}, Cl^- 등이다.

나. 지표수

지표수는 **하천수, 호소수**로 구성되며 호소수는 담수호와 염수호로 구분한다. 지표수의 구성은 집수역의 특성, 즉 유역에 따라 크게 달라진다. 지표수는 표면 세척물과 운반물질에 의해서 직접 오염에 노출되어 있다. 그럼에도 불구하고, 하천수, 호소수와 같은 지표수는 대량으로 취수가 가능하기 때문에 대부분 도시 상수도 수원으로 이용되고 있어 주의가 요망된다.

하천수 수질은 유입되는 오염물질에 따라 달라지며, 지하수의 혼합정도에 영향을 받는다.

호소는 자연적으로 형성된 것과 인공적으로 만들어진 것으로 구분된다. 자연적인 호소는 침식작용 또는 화산활동 및 물의 흐름에 의해 형성되고, 인공적인 호소는 홍수조절, 각종 용수공급, 수력발전 및 관광운하 등의 목적으로 인간이 건설한 경우이다. 호소수는 하천수와 지하수의 유입으로 이루어지며, 하천과는 달리 유속이 거의 없는 정체된 수역으로 하천수와는 다른 수질 특성을 나타낸다.

호소수는 호수에 정체하는 시간이 길며 수심이 깊고, 빛에너지를 많이 받아 식물성 플랑크톤의 성장이 잘될 수 있는 적합한 환경이 된다. 특히 인공 호소는 수심이 깊기 때문에 수온 차에 의해서 수심에 따른 각기 다른 밀도를 형성하여 층을 형성하게 된다. 최상부층은 수온이 일정하고 순환이 크게 일어나며, 수온약층과 심층은 정체되는 현상이 나타난다. 호소수는 대부분 폐쇄성 상태이므로 일단 유기물질과 영양염류가 유입되면 부영양화 현상 등이 발생될 가능성이 크고 성층 현상과 전도현상에 의해서 부영양화 현상이 가속된다.

다. 지하수

지하수는 지상으로 내려온 강수가 흙 속으로 침투, 침루하여 짧은 시간 내에 하천으로 바로 방출되지 않고 지하에 머무르면서 흐르는 물을 말한다. 지하수는 관개용수, 생활용수 및 공업용수 등으로 많이 이용되고 있으며 지표수에 비해 수온 변화가 적고, 비교적 안정된 특성을 지니고 있는 중요한 수자원이다.

지하수면의 아랫부분은 물로 포화되어 있는데 이것을 포화대(saturated zone)라고 한다. 윗부분은 공기와 물로 채워져 있고 이것을 불포화대(unsaturated zone)라고 한다. 이와 같이 지하수의 생성대는 포화대와 불포화대로 구분할 수 있으며, 불포화대 내의 물은 농작물 재배에 중요한 수원이 되고 포화대의 물은 주로 인간이 이용하는 수원이 된다.

지하수는 일반적으로 토양수, 지하수 및 심층 지하수로 나눌 수 있다. 토양수는 불포화대 내의 물을 말하며, 지하수는 편의상 지표면에서 800 m를 기준으로 하여 800 m이내의 물을 지하수라 하고 800 m이상 깊이의 물을 심층 지하수라 한다.

지하수의 우물에서 밀어 올린 물이나 용천으로부터 자연적으로 솟아 나오는 물은 동일지역의 지표수에 비해 그 수질이 뛰어나다.

세사상층을 통과한 지표수의 경우 자연의 여과 과정으로서 유기물질은 산화되고 세균은 대부분 여과층에 부착되어 그 수가 감소되기 때문에 수질이 매우 우수하다.

따라서, 토양은 대량의 오염을 방지해 주며 불순물과 세균이 없는 좋은 지하수를 만드는 데 그 역할을 하고 있다.

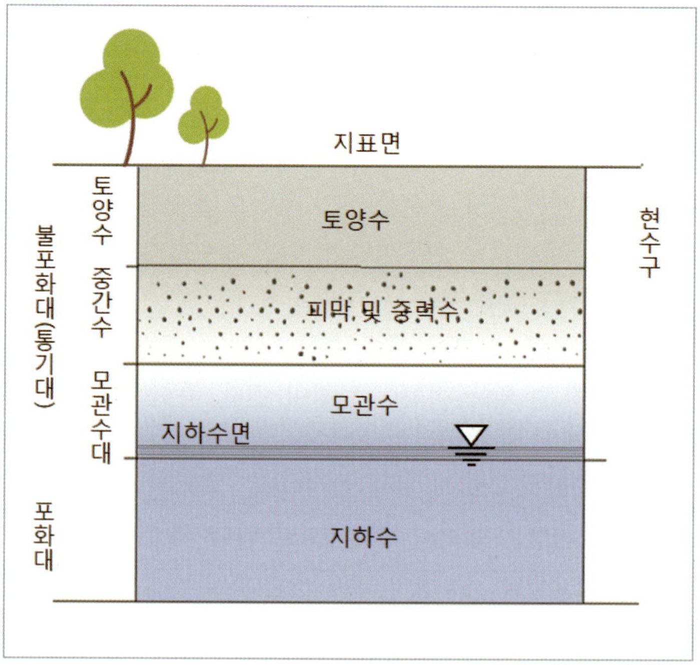

<그림 7-5> 지하수의 포화대와 불포화대

라. 해수

바다는 지구상에서 가장 많은 물을 가진 곳으로 강수가 육지에 강하되어 침투, 침루, 증발 및 유출을 거쳐 최종적으로 도달하는 곳이다. 그리고 육지에서 일어나는 순환과 이동의 기본적 근원이 되는 지점으로 지구 환경의 유지에 매우 중요한 역할을 한다.

모든 수자원은 궁극적으로 바다에 도달하게 되므로 바다는 매우 중요한 수자원이다. 해수의 주요 화학적 성분을 살펴보면 Cl^-, Na^+, SO_4^{2-}, Mg^{2+}, Ca^{2+}, K^+ 및 HCO_3^-이며, 기타 성분으로는 Br, Sr, B, F, Rb, Al, Ba, I, SiO_2, N, Zn, Pb 등이 있다.

해수의 pH는 약 8.2 정도로서 HCO_3^-의 완충용액이며 해수 내의 용존 유기물질의 양은 평균 0.5 ppm 이다. 해수의 평균 염분농도는 35,000 ppm으로 바닷물 1L에 염분이 평균 35 g 정도 녹아있다.

해양에서 중요한 영양소인 질소는 대기 중으로부터 N_2, NH_3-N 또는 NO_x로 흡입되어 화학적으로 안정된 상태이지만 해양미생물에 의해 합성되어 NH_3-N와 유기질소가 된다. 해수에서의 질소분포 형태는 NO_2-N와 NO_3-N 형태로 65 % 정도 존재한다.

해수의 탄소 함유량은 해수 내 염의 약 2 % 정도이며 대기로부터 CO_2 형태로 유입되어 CO_2, HCO_3^-, CO_3^{2-}로 용존한다. 새벽에는 해수표면에 CO_2의 농도가 높으며 일출시 생물의 탄소동화작용으로 CO_2의 농도가 급격히 감소된다. 자정 이후에는 CO_2의 감소가 둔화되고 O_2의 농도는 증가한다. 일몰시 O_2의 농도는 감소하고 미생물의 호흡작용으로 인해 CO_2의 농도가 다시 증가한다. 일반적으로 수온이 높은 해수에는 CO_2의 농도가 낮게 유지되는데 그 이유는 수온이 높으면 탄소동화작용이 활발히 일어나기 때문이다.

<표 7-2> 해수성분의 조성

성 분	농 도(ppm)
Cl^-	18,980
Na^+	10,556
SO_4^{2-}	2,649
Mg^{2+}	1,272
Ca^{2+}	400
K^+	380
HCO_3^-	140
Br^-	65
H_3BO_3	26
Sr^{2+}	13
F^-	0.1

마. 빙하

높은 산이나 극지방에 내린 많은 눈들이 녹지 않고 쌓인 만년설이 오랜 시간이 지나면 밑부분은 얼음이 되어 낮은 쪽으로 서서히 움직이는데 이러한 것을 빙하라 한다. 특히 높은 산의 방하는 골짜기를 따라 흐르면서 U자 계곡을 형성한다.

빙하에는 그린랜드나 남극 대륙과 같이 넓은 지역에 발달한 대륙 빙하와 알프스, 록키, 히말라야 등과 같은 산의 골짜기를 따라 흘러내리는 곡 빙하 및 곡 빙하가 산록에 이르러 넓이가 넓어진 산록 빙하 등이 있다.

지구상에 존재하는 빙하는 지구상의 전체 물의 분포의 2.15 %로 29,176,000 km^3이며, 이 양은 전체 담수량의 87.3 %를 차지하는 양이다.

1.5. 기후변화와 수자원

지구 환경 변화는 수자원을 위협하고 있다. 지구의 기후 변화를 일으키는 요인은 크게 자연적인 것과 인간 활동에 의한 것으로 구분된다. 자연적인 요인에 의한 변화는 우주에서의 대규모 유성 충돌, 판구조의 이동에 동반된 화산의 활동, 지구궤도 변화 등에 의해 발생하며, 인간 활동에 의한 변화는 19세기 산업혁명 이후 급격한 화석연료의 사용에서 비롯된 온실가스에 의한 것이라 볼 수 있다.

이러한 요인들에 의해 지구 대기 온도가 지속적으로 상승하고, 그 영향으로 해양과 대기의 에너지 및 물 순환 변동이 일어난다. 또한 지구 온난화로 인한 해수면 상승 등의 문제점이 발생하고 있다. 이러한 현상은 지구의 강수량, 증발량 및 토양 함수량의 변화를 초래하게 되고 세계 곳곳에서는 엘리뇨와 라니냐의 영향 등으로 사막화, 홍수, 가뭄 및 산불등 기상이변에 따른 피해를 반복하여 입고 있는 실정이다.

우리나라 수자원의 전체 이용량 301억 m^3 중 자연 하천수 취수가 57 %로서 조금만 가물어도 취수 장애가 발생하므로 기후변화에 대응한 댐 건설이 필요하다. 우리나라에 내리는 비의 양을 수자원 총량으로 보았을때 연간 약 1,267억 m^3정도이며, 이중 지하로 스며들거나 증발되는 양을 제외하고 하천으로 흘러가는 물의 양은 697억m^3 이다. 이중 467억 m^3은 홍수 시에 한꺼번에 흘러가고, 평상시 유출량은 230억 m^3에 불과하다.
우리나라 연간 강수량은 세계 평균보다 많지만 높은 인구 밀도와 좁은 국토 면적으로 인해 1인당 수자원 부존량은 매우 적은 편이다. 우리나라는 연도별, 지역별, 계절별 강수량의 차이가 크고, 수량 변화의 폭이 클 뿐만 아니라 기후변화에도 취약해서 수자원 관리가 매우 어려운 상황이다

물은 인간 생활에 가장 필수적이며 모든 산업의 기본이 되는 소중한 자원이다. 그러나 물은 다른 재화와는 달리 **대체재**가 전혀 없다는데 그 심각성이 있다. 따라서 기후변

화에 따른 물 부족 현상이 발생한다면 국민이 받는 고통과 경제적 손실은 매우 심각할 것이다. 또 댐건설 등 수자원 개발 사업은 조사에서 건설까지 10년 이상 걸리기 때문에 물이 부족할 때 시작하면 이미 시기가 늦게 된다. 그래서 미리미리 준비해야 하지만 여러가지 현실조건에 밀려 미래를 위한 적기 투자가 매우 어려운 실정이다.

2. 물의 흐름과 유량측정

2.1. 정의

물 유체의 이동현상을 흐름(flow)이라 정의하고 이러한 흐름의 속도를 유속(velocity of flow)이라 하며, 흐름의 방향에 대한 직각 방향의 단면을 통수 단면적 또는 유수 단면적이라 한다. 이 유수 단면적을 지나는 단위시간 당 통과하는 유체의 량을 유량(flow rate)이라 정의한다. 물의 흐름은 유속과 유량, 그리고 압력 등에 따라 변화한다. 일정단면을 지나는 물의 유량은 시간에 따라 변화하는 것과 변화하지 않은 것으로 구분할 수 있는데, 시간에 따라 유량이 변화되지 않은 흐름을 정상류(steady flow) 또는 정류라고 하고, 시간에 따라 유량이 변동하는 흐름을 비정상류(unsteady flow) 또는 부정류로 정의한다.

정상류(정류) 흐름 가운데 유수단면 어느 곳에서나 유속이 일정한 흐름을 등류(uniform flow)라하고 위치에 따라서 유속이 변화하는 흐름을 부등류(nonuniform flow)라 한다.

유체의 흐름이 혼합되어 흐르는지, 또는 혼합이 없이 유선이 흐트러지지 않은 상태로 흐르는지에 따라서 난류(turbulent flow)와 층류(laminar flow)로 구분한다. 일반적으로 유속이 느린 경우, 층상으로 정연하게 흐르는 반면 유속이 어느 정도 이상이 되면 유체가 혼합하면서 흐른다. 유선이 매끄럽게 선형적으로 흐르는 흐름을 층류라 하고, 불규칙하게 혼합되는 흐름을 난류라 정의 한다. 레이놀즈는 다음과 같은 실험식을 통해 두 흐름이 구분될 수 있음을 파악하였다.

$$R_e = \frac{VD}{\nu} = \rho\frac{VD}{\mu}$$

여기서, R_e : 레이놀즈 수

V : 유속

D : 관의 직경

ν : 동점성계수

관수로에서는 레이놀즈 수가 2000을 초과하는지에 따라 흐름의 상태를 구분할 수 있다.

층류 : $R_e \leq$ 2,000
천이영역 : 2,000$\leq R_e \leq$4,000
난류 : $R_e \geq$ 4,000

물의 흐름은 자유수면(대기와 직접 접하는 수면)을 갖는지 여부와 흐름을 지배하는 인자에 따라서 관수로(pipe line)흐름과 개수로(open channel)흐름으로 구분한다. 관수로와 개수로는 여러 면에서 비슷하나 둘 사이의 큰 차이점은 자유수면과 흐름을 지배하는 인자에 있다.

개수로는 하천, 운하 등과 같이 자유수면을 가지고 있는 수로이며 흐름은 대기압의 영향을 받고 자유수면의 경사에 의해서 흐르게 되므로 중력이 흐름을 지배하는 자연유하식 이다. 관수로는 물이 가득 찬 상태의 흐름이기 때문에 자유수면이 없으며, 흐름은 대기압이 직접 작용하지 않으므로 압력이 흐름을 지배한다.

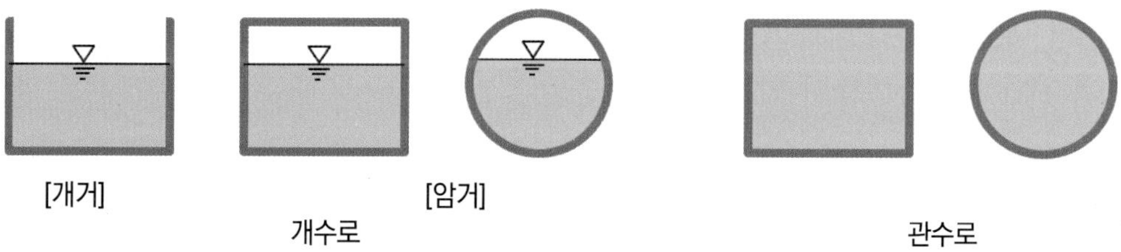

<그림 7-6> 개수로와 관수로의 개념도

2.2. 유량 측정의 의의 및 목적

유량을 측정하는 것은 온도, 압력 등과 함께 유체의 흐름을 나타내는 가장 중요한 측정량중의 하나인 동시에 모든 공학 설계에 있어서 직접 또는 간접적으로 깊은 관계가 있다. 유량 측정의 대상 범위는 대단히 광범위하여 공업, 농업분야는 물론, 식품, 의료, 항공우주산업 분야에 이르기까지 공학의 모든 분야가 총 망라되어 있다.

그러나 유체가 이동하는 양을 측정한다는 것은 다른 물리량을 측정하는 것에 비하여 어려움이 많다. 그 이유는 측정목적이나 측정 대상의 종류나 성질, 흐르는 상태들에 맞는 다양한 측정 기법과 계측기를 적절히 선택하여 사용하지 않으면 정확한 유량을 측정할 수 없을 뿐만 아니라 사용 상태에 따라 여러 가지 보정을 해야 하기 때문이다.

측정 유체의 종류로는 물 이외에도 기체, 기름 등과 같이 여러 종류가 있으며 또한 저온 저압이나 고온 고압 상태에서의 측정, 미소 유량에서부터 첨두 홍수량까지의 측정, 그리고 측정지역 장소가 한랭한 곳 또는 고온지역, 혹은 위험장소 등의 매우 다른 환경 조건에서 측정을 하여야 하기 때문에 정확한 결과를 얻는데 어려움이 뒤따른다.

따라서 유량 측정을 하는 데에 있어서 전문가들은 어떤 유량계와 계측기법을 사용하여 얼마만큼 정확하게 그리고 안전하며 경제적으로 유량을 측정할 것인가를 결정하여야 한다.

2.3. 베르누이 정리와 응용

베르누이 정리는 1738년 Daniel Bernoulli에 의하여 제안된 식이다. 에너지 보존의 법칙을 이용하여 에너지 방정식을 유도한 것이며 흐름의 문제를 쉽게 접근할 수 있는 이론적 근거로 이용된다.

물과 같이 점성이 없는 비압축성 유체(완전유체)인 경우, 그 흐름이 정상류일 때에 중력만으로 하나의 유관에 대하여 다음 식의 관계가 성립하며 이를 베르누이 정리라고 한다.

$$z + \frac{p}{w} + \frac{v^2}{2g} = constant$$

여기서, z : 어떤 수평 기준면으로부터의 유관 중 어떤 단면의 높이,
p : 그 어떤 단면의 압력,
v : 그 단면의 유속,
$w \doteqdot \rho g$,(ρ : 유체의 밀도, g : 중력 가속도)

흐름이 정상류일 때 <그림 7-8>과 같이 단면 1과 2에 Bernoulli 정리를 적용하면 다음과 같다.

$$z_1 + \frac{p_1}{w} + \frac{{v_1}^2}{2g} = z_2 + \frac{p_2}{w} + \frac{{v_2}^2}{2g}$$

여기서 z를 위치수두, p/w를 압력수두, $v^2/2g$를 속도수두라 하고 이들의 합을 전수두(total head, 全水頭, H)라 정의한다.

$$H = z + \frac{p}{w} + \frac{v^2}{2g}$$

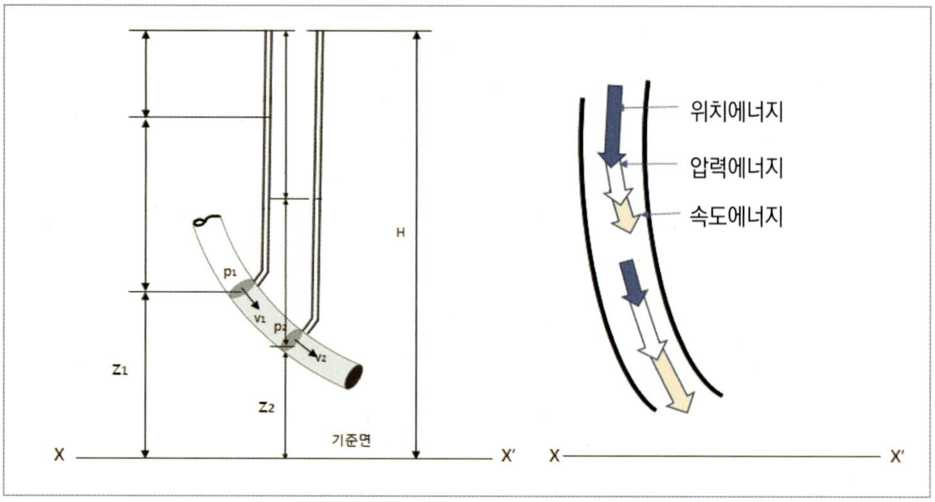

<그림 7-7> 완전유체의 전수두 변화

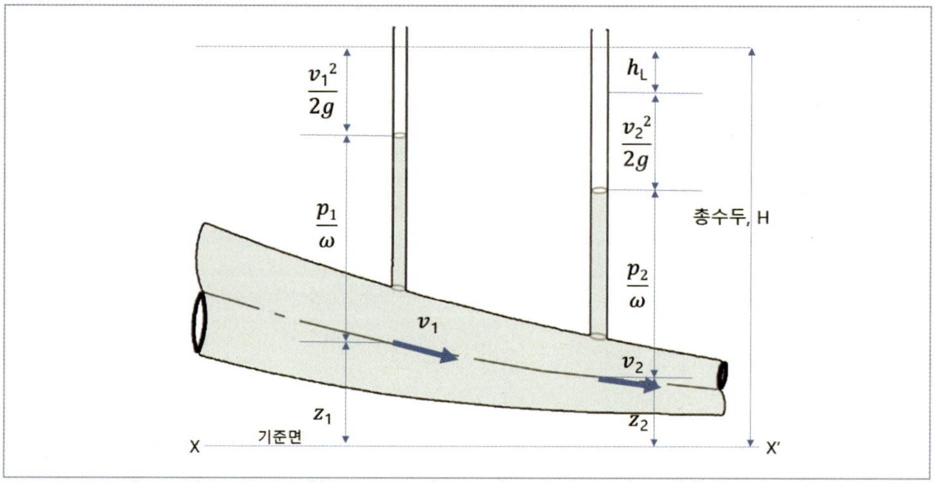

<그림 7-8> 실제유체의 전수두 변화

2.4. 유속과 유량의 측정

물의 흐름에 대한 유속과 유량의 측정은 관수로와 개수로 두 가지로 나누어 설명할 수 있다. 관수로의 경우 피토튜브를 이용하여 점유속을 측정하며, 유량은 앞서 제시한 벤튜리미터와 피토튜브, 유량측정용 노즐, 관오리피스 등을 이용한다. 개수로에서는 유속계를 주로 사용하며, 측정용 수로에 의한 유량측정은 웨어와 파샬플륨 등을 사용한다.

가. 유속측정

유체의 흐름에 대한 전체적인 압력과 정압과의 차이를 측정하고 그것으로부터 유속을 계산하는 방식이다. 1728년 프랑스의 피토가 발명하였는데, 항공기 선박의 속도 및 풍속의 측정에 유용하게 사용되어 왔다. <그림 7-9>의 A에는 유체의 정압과 동압이 모두 합한 총압이 작용하고 측면부 B점에서는 정압이 걸리므로, 두 지점의 압력차는 동압을 나타내며 수두차 h로 측정할 수 있다. 흐름은 정상류로 가정하고, 점 A와 점 B에 베르누이 정리를 적용하면

$$z_A + \frac{p_A}{w} + \frac{v_A^2}{2g} = z_B + \frac{p_B}{w} + \frac{v_B^2}{2g}$$

여기서, $z_A = z_B$ 이며, $v_B = 0$ 이므로

$$\frac{p_A}{w} + \frac{v_A^2}{2g} = \frac{p_B}{w}$$

$$\frac{v_A^2}{2g} = \frac{p_B}{w} - \frac{p_A}{w} = \frac{p_B - p_A}{w}$$

$$v_A = \sqrt{2g(\frac{p_B - p_A}{w})} = \sqrt{2gh} \qquad (\because h = \frac{p_B - p_A}{w})$$: 이론유속

실제유속(v_a)은 유속계수 C_v를 적용하여

$$v_a = C_v\sqrt{2gh}$$

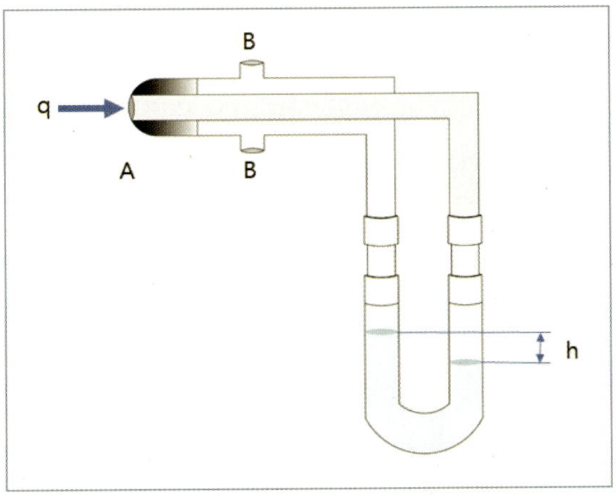

<그림 7-9> 피토튜브

개수로의 유속은 일반적으로 유속계를 이용하여 측정하는데, 컵형 유속계와 프로펠러형 유속계로 구분한다. 이러한 형태의 유속계는 유속의 크기와 컵 또는 프로펠러의 회전속도가

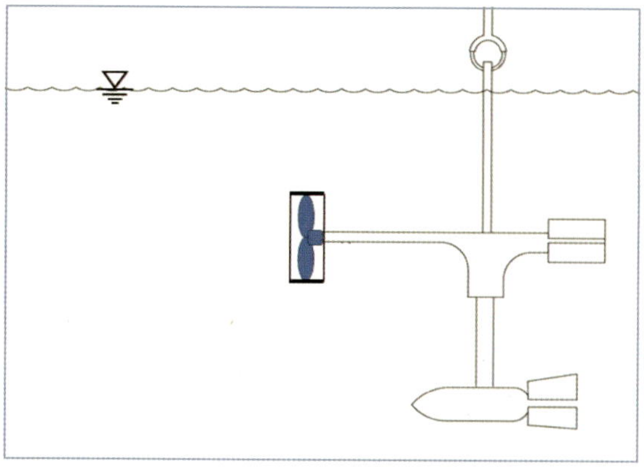

<그림 7-10> 프로펠러형 유속계

비례한다는 사실을 기초한 것으로서 유속과 단위시간당 회전수 간의 상관관계로부터 유속을 산정할 수 있다.

$$v = a + bN$$

여기서, N : 회전자의 초당회전수

a, b : 계기상수

나. 관수로에서 유량측정

유량은 단위시간당 흐르는 물의 부피를 나타내므로 관수로에서 유량은 직접 측정할 수 있다. 부피를 알고 있는 물통에 물을 받고 채워지는 시간을 잰 다음, 부피/시간을 계산하면 유량을 쉽게 구할 수 있다. 그러나 실제현장에서는 직접적으로 물통에 받아서 측정하는 방식은 현장 여건상 어려움이 있을 뿐만 아니라 연속적인 측정이 불가능하다. 이를 극복한 방법이 간접적 측정방법인데 베르누이정리를 이용하여 관수로내의 유량을 측정하는 방법이 제안되고 있다. 대표적인 방법이 벤튜리 미터이고, 그 외에도 노즐, 관 오리피스 등이 있다.

• 벤튜리 미터

베르누이 정리를 이용하여 단면적 변화에 따른 유속과 압력의 차로 유량을 측정하는데 사용하는 대표적 방법이 벤튜리 미터이다. <그림 7-11>과 같은 관로의 일부 단면을 축소하면 그 부분의 유속이 커지고 수압은 상대적으로 작아진다. 유속과 압력수두의 변화를 베르누이의 정리에 적용하면 관내의 유량을 용이하게 계산할 수 있다.

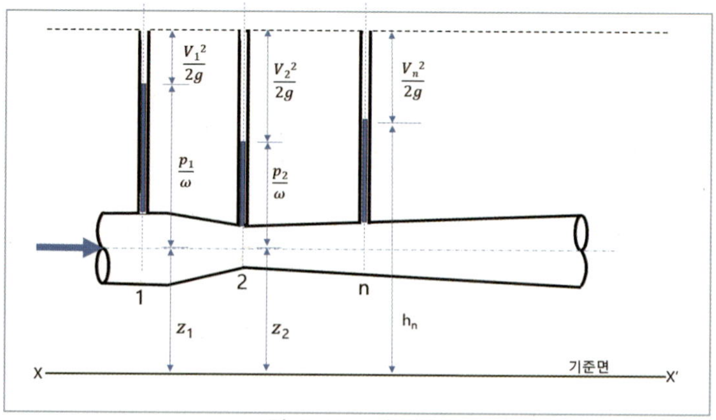

<그림 7-11> 벤튜리미터

흐름이 정상류이며 완전유체라는 가정과, 단면 1과 2의 유속과 압력 그리고 위치수두를 v_1, v_2, p_1과 p_2 그리고 z_1과 z_2라고 하고 베르누이 정리에 적용하면

$$z_1 + \frac{p_1}{w} + \frac{v_1^2}{2g} = z_2 + \frac{p_2}{w} + \frac{v_2^2}{2g}$$

$z_1 = z_2$ 이므로

$$\frac{p_1}{w} + \frac{v_1^2}{2g} = \frac{p_2}{w} + \frac{v_2^2}{2g}$$

따라서

$$\frac{(v_2^2 - v_1^2)}{2g} = \frac{p_1}{w} - \frac{p_2}{w}$$

연속방정식에서 $Q = v_1 A_1 = v_2 A_2$ 이므로, $v_1 = \frac{Q}{A_1}$, $v_2 = \frac{Q}{A_2}$ 를 대입하면

$$\frac{Q^2}{2g}\left(\frac{1}{A_2^2} - \frac{1}{A_1^2}\right) = \frac{p_1}{w} - \frac{p_2}{w}$$

$$\frac{Q^2}{2g}\left(\frac{A_1^2 - A_2^2}{A_1^2 A_2^2}\right) = \frac{p_1}{w} - \frac{p_2}{w}$$

Q에 대해서 정리하면

$$Q = \frac{A_1 A_2}{\sqrt{A_1^2 - A_2^2}} \sqrt{2g\left(\frac{p_1 - p_2}{w}\right)}$$

$\frac{p_1 - p_2}{w}$는 수두차 h로 정의할 수 있으며, 이를 대입하면 이론유량은 다음과 같다.

$$Q = \frac{A_1 A_2}{\sqrt{A_1^2 - A_2^2}} \sqrt{2gh}$$

그러나 실제유량은 유량계수(수축계수와 유속계수의 적) $C = C_a C_v$를 적용하여 실제유량 Q_a를 결정할 수 있다.

$$Q_a = C \frac{A_1 A_2}{\sqrt{A_1^2 - A_2^2}} \sqrt{2gh}$$

<그림 7-12>와 같이 수은을 이용한 액주계의 H를 이용하면 실제유량은 다음과 같다.

$$Q_a = C\frac{A_1 A_2}{\sqrt{A_1^2 - A_2^2}}\sqrt{2gH(\frac{w_h}{w} - 1)}$$

여기서 w_h는 수은의 단위중량이다.

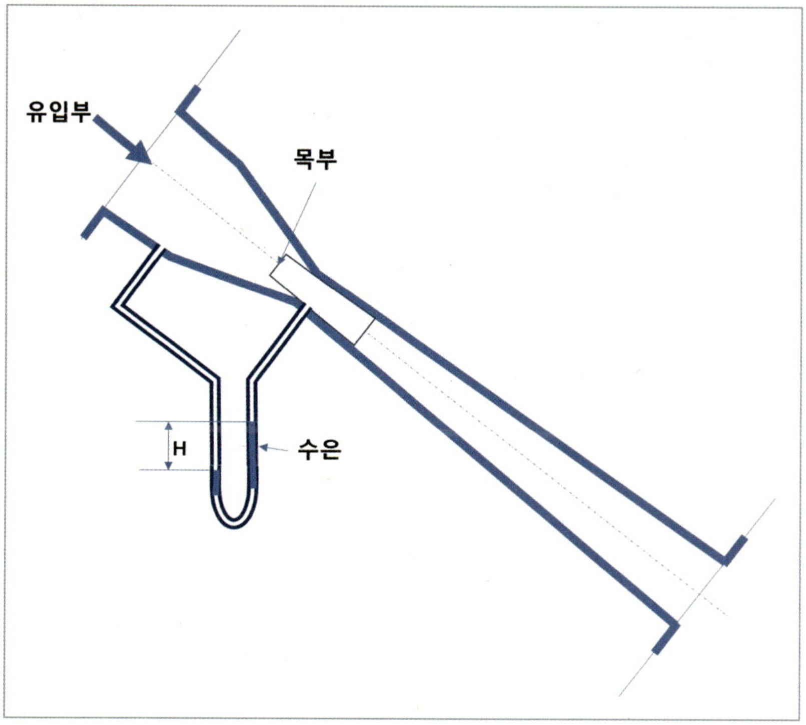

<그림 7-12> 벤튜리미터

• 노즐(nozzle)

유량측정을 위한 관수로 선단에 붙인 점축소관을 노즐이라 하며, 베르누이 정리를 이용하여 수두차를 이용하여 A지점과 B지점의 총압(정압+동압)과 정압과의 차이를 구할 수 있으며, 측정원리는 확대 원추부가 없는 벤튜리미터와 유사하다. 그러므로 벤튜리미터의 유량측정 공식을 노즐에 적용할 수 있고 약간의 부유 고형물질이 함유된 하수의 유량 측정에 이용할 수 있다. 노즐을 측정하고자하는 부분의 상하류에 플랜지를 장착하고 플랜지 사이에 노즐을 설치함으로서 장치가 간단하여 벤튜리미터에 비하여 설치비용이 저렴하다는 장점이 있다.

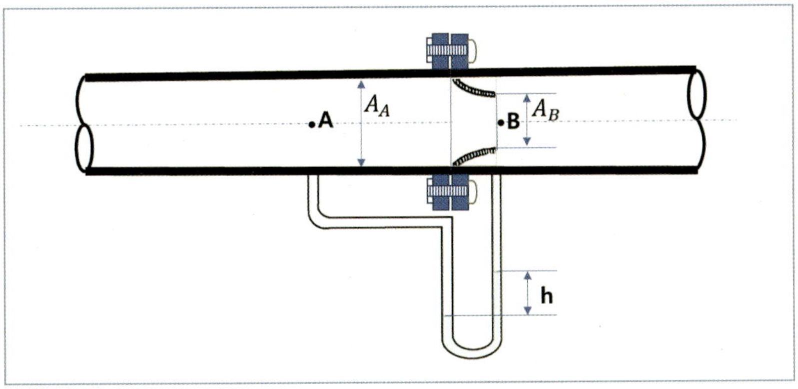

<그림 7-13> 노즐

흐름이 정상류이며 완전유체라는 가정과, 단면 A와 B의 유속과 압력 그리고 위치수두를 v_A, v_B, p_A과 p_B 그리고 z_A과 z_B라고 하고 베르누이 정리에 적용하면

$$z_A + \frac{p_A}{w} + \frac{v_A^2}{2g} = z_B + \frac{p_B}{w} + \frac{v_B^2}{2g}$$

$z_A = z_B$이므로

$$\frac{p_A}{w} + \frac{v_A^2}{2g} = \frac{p_B}{w} + \frac{v_B^2}{2g}$$

따라서

$$\frac{(v_B^2 - v_A^2)}{2g} = \frac{p_A}{w} - \frac{p_B}{w}$$

연속방정식에서 $Q = v_A A_A = v_B A_B$이므로, $v_A = \frac{Q}{A_A}$, $v_B = \frac{Q}{A_B}$를 대입하면

$$\frac{Q^2}{2g}\left(\frac{1}{A_B^2} - \frac{1}{A_A^2}\right) = \frac{p_A}{w} - \frac{p_B}{w}$$

$$\frac{Q^2}{2g}\left(\frac{A_A^2 - A_B^2}{A_A^2 A_B^2}\right) = \frac{p_A}{w} - \frac{p_B}{w}$$

Q에 대해서 정리하면

$$Q = \frac{A_A A_B}{\sqrt{A_A^2 - A_B^2}} \sqrt{2g(\frac{p_A - p_B}{w})}$$

$\frac{p_A - p_B}{w} = h$ 이므로 이를 대입하면 이론유량은 다음과 같다.

$$Q = \frac{A_A A_B}{\sqrt{A_A^2 - A_B^2}} \sqrt{2gh}$$

그러나 실제유량(Q_a)은 유량계수 $C = C_a C_v$를 적용하여 다음과 같이 결정할 수 있다.

$$Q_a = C\frac{A_A A_B}{\sqrt{A_A^2 - A_B^2}} \sqrt{2gh}$$

• 측정용 오리피스(orifice)

측정용 오리피스는 <그림 7-14>에 나타낸 바와 같이 동심원형의 구멍이 있는 얇은 금속판으로 되어 있다. 관의 플랜지사이에 삽입 연결되며 관 오리피스(pipe orifice)라고도 한다. 오리피스를 사용하는 원리와 방법은 벤튜리미터와 노즐과 유사하다. 오리피스의 장점은 단면이 축소되는 목부분을 조절함으로서 유량이 조절되며 설치에 비용이 적게 들고 비교적 유량측정이 정확하다는 점이다.

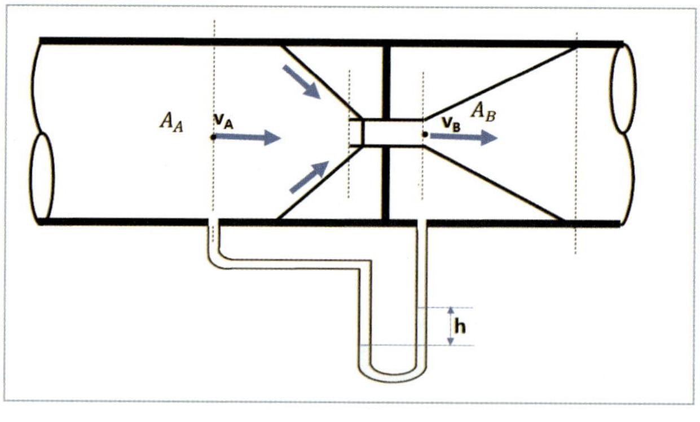

<그림 7-14> 유량측정용 오리피스

노즐에서와 같이 흐름이 정상류이며 완전유체라는 가정과, 단면 A와 B의 유속과 압력 그리고 위치수두를 v_A, v_B, p_A과 p_B 그리고 z_A과 z_B라고 하고 베르누이 정리에 적용하면 이론유량(Q)과 실제유량(Q_a)은 다음과 같다.

$$Q = \frac{A_A A_B}{\sqrt{A_A^2 - A_B^2}} \sqrt{2gh}$$

$$Q_a = C \frac{A_A A_B}{\sqrt{A_A^2 - A_B^2}} \sqrt{2gh}$$

• 전자유량계(magnetic flow meter)

자기장내에 전도체인 하·폐수를 이동시킬 때, 자속이 변화되고 2차 회로에 기전력이 발생한다. 이 기전력은 하수관의 직경과 자속에 따라 전압으로 바뀌므로 이것을 이용하여 유량을 측정할 수 있다. 고형물질을 많이 함유하는 폐수는 이러한 전자유량계에 의한 방법의 적용하는 것이 유리하다. 측정원리는 패러데이 법칙을 이용하여 자장의 직각에서 전도체를 이용할 때 발생되는 전압이 전체의 속도에 비례한다는 원리를 바탕으로 한다.

다. 개수로에서 유량측정

개수로의 유량측정은 염분과 유속계를 이용한 직접측정법과 각종 웨어나 계측수로를 이용하는 간접측정방법으로 구분할 수 있다. 직접적인 측정법은 염분 농도법, 하천의 유속·면적법 등이 있으며, 간접적인 방법은 웨어나 계측수로를 이용하는 방법으로서 많이 사용되는 계측수로방식은 **벤튜리 플륨**과 **파샬 플륨**으로 구분할 수 있다.

• 웨어(weir)

웨어는 수로를 막아서 물이 설치된 단면을 월류하게 함으로써 유량을 측정하도록 만든 장치를 말하는데, 규칙적인 노치 또는 구조물을 포함하고 있다. 웨어는 <그림 7-15>와 같이 물의 절단면의 형상에 따라서 삼각웨어, 구형웨어, 전폭웨어 등으로 구분한다.

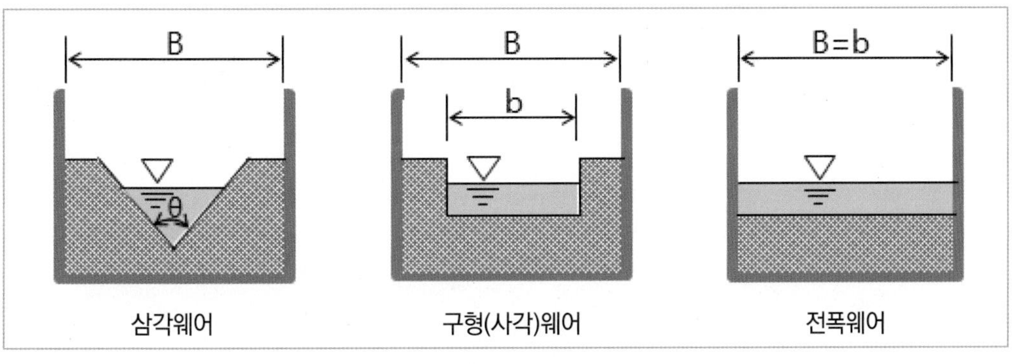

<그림 7-15> 노치 형상에 따른 웨어의 종류

<그림 7-16> 삼각웨어의 실제 모양

• 계측수로(weir)

토사나 부유성 고형물질이 많이 함유된 하수의 유량을 측정할 때 웨어와 같은 방법을 적용하게 되면 웨어의 직상류부의 수로바닥에 고형물질이 퇴적하는 문제가 발생한다. 이와 같은 문제점을 한계유속(소류력)이상의 수로에서 해결할 수 있는 벤튜리 수로와 같은 장치가 개발되었다. 벤튜리 수로는 벤튜리 미터처럼 축소부와 목부 그리고 확대부로 구성되어 있다. 벤튜리 수로는 목부에서 한계수심과 한계유속이 형성되도록 하고 확대부에서 도수(hydraulic jump)가 발생하고 잠수상태가 되도록 한다.

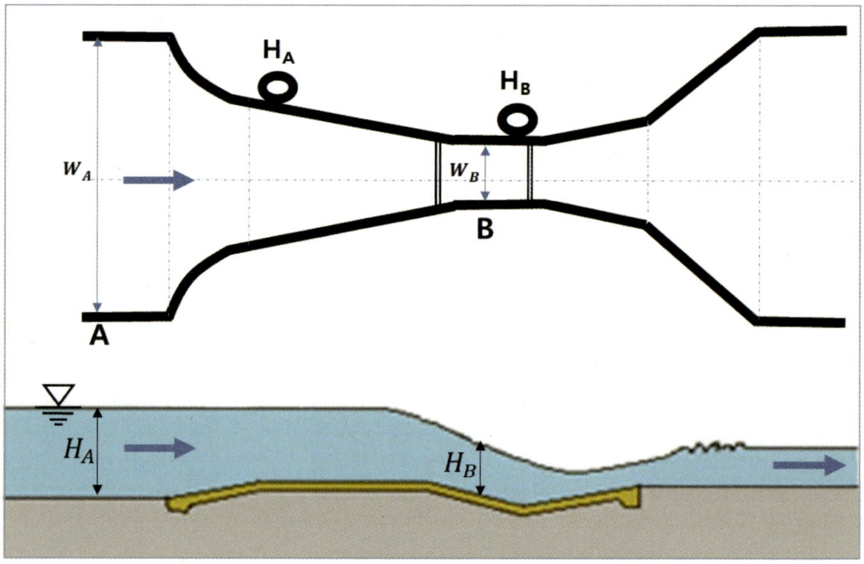

<그림 7-17> 벤튜리수로와 파샬프륨의 개념도

수로를 통과하는 유량은 목부의 수심과 다른 단면에서의 수심을 측정함으로써 계산할 수 있다. 단면 A와 B에서의 폭과 수심의 비를 각각 $x(=W_A/W_B)$, $y(=H_A/H_B)$라고 하고 유량계수를 C라고 하면 유량은 다음과 같이 계산된다.

$$Q = CD_B\sqrt{2gH_B(H_A - H_B)}\sqrt{\frac{x^2}{x^2 - y^2}}$$

개수로 내의 계측수로를 이용하는 방법으로 가장 널리 이용되는 방법이 벤튜리 플륨과 유사한 파샬 플륨이다.

라. 하천의 유속계에 의한 유량산정

유량측정 단면에서 수면으로부터 하저까지 유속의 수직분포는 하상상태, 하폭, 풍향, 수면경사 등의 영향을 받기 때문에 일정하지 않다. 수면 폭에 따른 단면상의 유속분포는 유심부에서 유속이 최대가 되고 양안으로 갈수록 점차 감소하여 타원에 근사한 곡선으로 분포한다.

연직선상의 유속분포는 하저에서 유속이 최소로 되고 수면 또는 수면에 접근한 지점에서 유속이 최대가 되며 그 변화는 포물선 또는 대수곡선으로 표시할 수 있다. 따라서 정확한 유량측정을 위해서는 소분할된 각 단면의 평균유속을 구하여 유량을 산출하여야 한다.

우선, 평균유속을 구하는 방법은 표면유속법, 1점법, 2점법, 3점법, 4점법, 정밀법 등이 있으며, 그 내용은 다음과 같다.

1) 표면유속법 : 자유수면에서 표면유속(V_S)을 측정하여 평균유속을 구하는 방법이다. 즉 $V_m = \alpha V_S$, 여기서 $\alpha = 0.7 \sim 0.9$

2) 1점법 : 수면하의 전 수심에 대한 비가 0.6인 지점의 유속을 측정하여 이를 평균유속으로 한다. 즉 $V_m = V_{0.6}$

3) 2점법 : 수면으로부터 측정수심까지의 비가 0.2, 0.8인 지점의 유속을 측정하여 평균유속을 구하는 방법이다.

   즉 $V_m = \dfrac{V_{0.2} + V_{0.8}}{2}$

4) 3점법 : 수면으로부터 측정수심까지의 비가 0.2, 0.6, 0.8인 지점의 유속을 측정하여 평균유속을 구하는 방법이다.

   즉 $V_m = \dfrac{V_{0.2} + 2V_{0.6} + V_{0.8}}{4}$

5) 4점법 : 수면으로부터 측정수심까지의 비가 0.2, 0.4, 0.6, 0.8인 지점의 유속을 측

정하여 평균유속을 구하는 方法이다.

$$즉\ V_m = \frac{1}{5}[(V_{0.2}+V_{0.4}+V_{0.6}+V_{0.8})+\frac{1}{2}(V_{0.2}+\frac{V_{0.8}}{2})]$$

6) 정밀법 : 수면으로부터 0.3m 깊이마다 유속을 측정하여 종유속곡선을 그린 다음 종유속곡선의 면적을 전수심으로 나누어 평균유속을 구하는 방법 등이 있다.

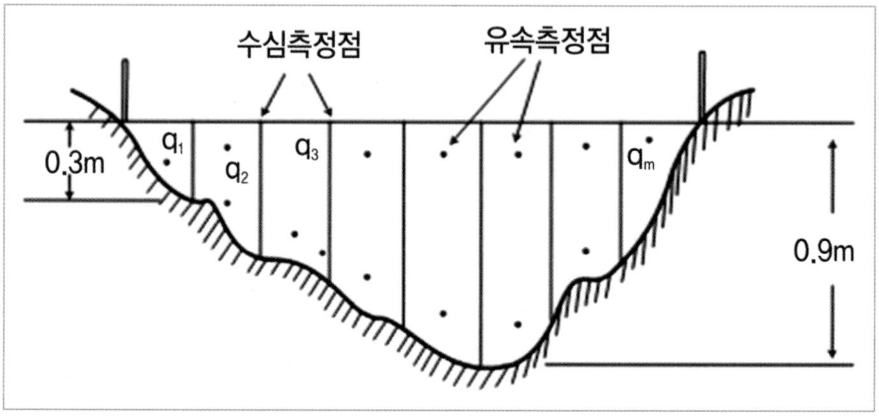

<그림 7-18> 수심에 따른 유속측정지점(유속면적법)

하천에서의 유량산정을 위한 유속측정은 일반적으로 수심이 0.4m 미만일 때는 1점법, 수심이 0.4 m 이상 1.0 m 미만일 때는 2점법, 수심이 1.0 m 이상일 때는 3점법으로 측정하여 평균유속을 계산한다.

하천의 단면을 횡단하면서 각 소단면의 점유속을 측정하고, 각 소단면의 평균유속을 구하여 소단면의 유량을 산정할 수 있으며, 전 하천 단면에 걸쳐 합산하면 관측지점의 총 유량 Q를 구하게 된다.

$$즉\ Q = \sum_{i=1}^{n} A_i \cdot V_{mi}$$

여기서, A_i : i번째 소단면의 단면적

V_{mi} : i번째 소단면의 평균유속

n : 소단면수이다.

예 제

■ **평균유속산정**

어떤 하천에서 수심에 대한 유속을 측정한 결과 아래 표와 같다. 평균유속을 표면유속법, 1점법, 2점법, 3점법, 4점법으로 각각 구하시오.

수심	표면	20 % 지점	40 % 지점	60 % 지점	80 % 지점
m/sec	0.8	1.3	1.2	0.9	0.7

■ **풀이**

1) 표면유속법 : $V_m = 0.85\,V_S = 0.85 \times 0.8 = 0.68\,m/\text{sec}$

2) 1점법 : $V_m = V_{0.6} = 0.9\,m/\text{sec}$

3) 2점법 : $V_m = \dfrac{V_{0.2} + V_{0.8}}{2} = \dfrac{1.3+0.7}{2} = 1.0\,m/\text{sec}$

4) 3점법 : $V_m = \dfrac{V_{0.2} + 2\,V_{0.6} + V_{0.8}}{4} = \dfrac{1.3+2\times 0.9+0.7}{4} = 0.95\,m/\text{sec}$

5) 4점법 : $V_m = \dfrac{1}{5}[(V_{0.2} + V_{0.4} + V_{0.6} + V_{0.8}) + \dfrac{1}{2}(V_{0.2} + \dfrac{V_{0.8}}{2})] = 0.985\,m/\text{sec}$

• 유속-면적법(velocity-area method)

소규모 하천에서의 평수기 유량 측정은 일반적으로 지점식 초음파 유속계, 프로펠러 유속계 등을 활용해 도섭법으로 측정된 유속 측정성과를 기반하여 유속-면적법으로 산정한다. 유황이 일정하고 하상상태가 고른 지점을 선정하여 물이 흐르는 방향과 직각이 되게 하천의 양끝 지점을 로프로 고정하고 같은 간격으로 수심을 측정한다. 수심을 측정하면서 각각의 수심지점의 소구간에서 수심이 0.4 m미만인지 여부에 따라 평균유속을 구하여 소구간의 면적에 소구간의 평균유속을 곱하여 소구간의 유량을 구하고 전체를 합하여 총 유량을 산정한다.

유량은 횡단의 각 구분 면적에 그 면적을 대표하는 평균 유속을 곱해 각 구분 면적의 유량으로 하고 이것을 전단면에 대해 구한다. 중간 단면적의 구분 유량은 연속되는 지점사이의 구분 단면에 대해서 계산되고 연속되는 지점들의 유속 및 수심들을 각각 평균한다. 그리고 단면은 횡적으로 한 관측지점에서 다른 관측지점으로 넓혀진다. 이때 각 지점사이 거리와 두 지점의 평균수심의 곱에 두 지점의 평균 유속의 곱이 평균유량이 된다. 유량계산방법은 중간단면적법과 평균단면적법이 있으며 Young(1950)은 중간 단면법이 평균 단면법보다 계산이 간편하다는 연구결과를 발표하였다.

• 중간 단면적법(midsection method)

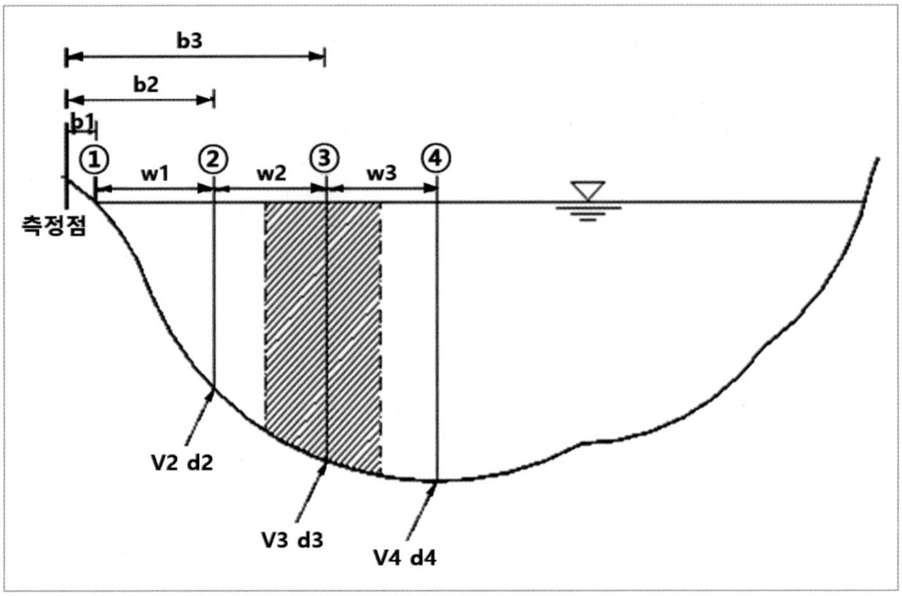

<그림 7-19> 중간단면적법

<그림 7-19>에 나타난 것과 같이 단면을 n 개로 구분하여 계산하면 구분단면 x에 대한 단면적 a_x와 유량 q_x는 다음과 같다.

$$a_x = \frac{b_{x+1} - b_{x-1}}{2} d_x$$

$$q_x = V_x \frac{b_{x+1} - b_{x-1}}{2} d_x$$

여기서, q_x : 구분단면에서의 유량

V_x : x 지점에서의 평균유속

b_{x+1} : 초기지점에서 x+1 지점까지의 거리

b_{x-1} : 초기지점에서 x-1 지점까지의 거리

d_x : x 지점에서의 수심

• 평균 단면적법(mean-section method)

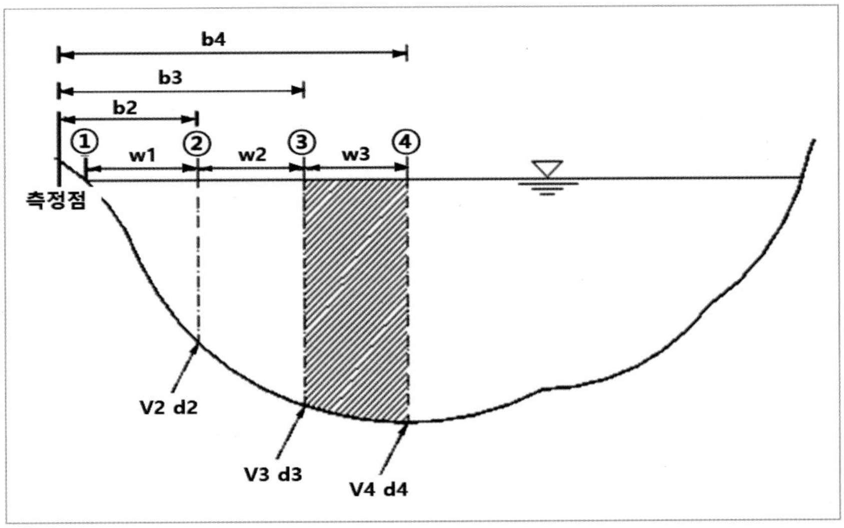

<그림 7-20> 평균단면적법

<그림 7-20>에서 보듯이 단면을 n 개로 구분하여 유량을 계산하면 구분단면 x와 x+1 사이의 단면적 a_x와 유량 q_x는 다음과 같다.

$$a_x = \frac{d_x + d_{x+1}}{2}(b_{x+1} - b_x)$$

$$q_x = \frac{V_x + V_{x+1}}{2}\frac{d_x + d_{x+1}}{2}(b_{x+1} - b_x)$$

여기서, q_x : 구분단면에서의 유량

V_x, V_{x+1} : x 또는 x+1 지점에서의 평균유속

b_x, b_{x+1} : 초기지점에서 x 또는 x+1 지점까지의 거리

d_x, d_{x+1} : x 또는 x+1 지점에서의 수심

소구간 평균유속에 소구간 단면적을 곱한 소구간 유량(q_m)의 합이 총유량(Q)이 된다.

$$Q = q_1 + q_2 + \cdots + q_m$$

여기서, Q : 총 유량,

q_m : 소구간 유량,

v_m : 소구간 평균 유속

유속-면적법으로 측정된 유량 측정 성과는 횡방향 측선의 수, 수심방향 측점의 수, 측정 시간, 수심 등 제반 측정 인자에 의해 영향을 받는다.

예 제

▪ 중간단면적법

중간단면적법에 의하여 측정한 값들이 아래 표의 (1)~(5)란에 주어져 있을 때 해당 하천의 유량을 계산하시오. 단, 유속계산식은 $v=0.06+0.27N$을 사용하시오.

(1) 제방으로 부터거리 (m)	(2) 수심 (m)	(3) 유속계 위치 (m)	(4) 회전수	(5) 시간 (초)	(6) N (회전수/초) (4)/(5)	(7) v (m/s)	(8) 평균유속 V (m/s)	(9) 소단면 면적 (m^2)	(10) 유량 △Q (m^3/s) (8)×(9)
0.8	0.2	0.12	12	60	0.200	0.114	0.114	0.16	0.018
1.6	0.3	0.18	16	60	0.267	0.132	0.132	0.24	0.032
2.4	0.6	0.48	41	60	0.683	0.244	0.213	0.42	0.089
		0.12	27	60	0.450	0.182			
3.0	0.8	0.64	55	60	0.917	0.308	0.256	0.48	0.123
		0.16	32	60	0.533	0.204			
3.6	1.2	0.96	58	60	0.967	0.321	0.312	0.72	0.225
		0.72	67	60	1.117	0.362			
		0.24	32	60	0.533	0.204			
4.2	0.9	0.72	53	60	0.883	0.298	0.258	0.63	0.163
		0.18	35	60	0.583	0.217			
5.0	0.5	0.40	34	60	0.567	0.213	0.177	0.40	0.071
		0.10	18	60	0.300	0.141			
5.8	0.2	0.12	23	60	0.383	0.163	0.163	0.16	0.026
6.6	0.0								
합계									0.747

풀이

(7)란 계산 : (6)란의 초당회전수를 이용하여 유속($v=0.06+0.27N$)을 계산

(8)란 계산 : (7)란의 점유속을 이용하여 1점법, 2점법, 3점법으로 평균유속을 계산

(9)란 계산 : (1)란의 측선간의 거리를 확인하여 0.6(또는 0.7, 0.8)cm와 (2)란의 수심을 곱하여 면적을 계산

(10)란 계산 : (8)란의 평균유속과 (9)란 면적을 곱하여 소단면의 유량을 계산

따라서 하천의 유량은 소단면의 유량을 합하여 결정한다. $Q = 0.747\ m^3/\text{sec}$

• 등류의 평균 유속공식

개수로는 중력 작용에 의하여 높은 곳에서 낮은 곳으로 유하하는데 자유 수면이 있는 개수로의 경우 Manning공식, Chezy공식 등을 사용한다. 식이 단순하며 측정결과가 비슷한 결과를 나타내기 때문에 주로 Manning공식이 많이 이용된다. Manning의 공식은 수로단면의 형상과 조도를 고려하여 계산한 것으로 다음 식과 같다.

$$V = \frac{1}{n} R^{\frac{2}{3}} I^{\frac{1}{2}} (m/\sec)$$

여기서 n : Manning 조도계수(coefficient of roughness),

R : 수리경심(흐름의 단면적을 윤변으로 나눈값, R=A/S)

I : 수로바닥의 경사

조도계수 n값은 실험으로 얻어지는 상수이다.

개수로에서 유량은 Manning공식을 이용하면 다음과 같이 구할 수 있다.

$$Q = A \cdot V = A \cdot \frac{1}{n} R^{\frac{2}{3}} I^{\frac{1}{2}} (m^3/\sec)$$

<표 7-3> 소하천 및 수로의 조도계수

소하천 및 수로의 상황		n의 범위
인공수로 개수하천	콘크리트 인공수로	0.014 ~ 0.020
	나선형(spiral) 반관수로	0.021 ~ 0.030
	양안에 돌붙임이 적은 수로	0.025 (평균치)
	암반을 굴착하여 방치한 하상	0.035 ~ 0.050
	다듬은 암반 하상	0.025 ~ 0.040
	점토성 하상, 세굴이 일어나지 않을 정도의 유속	0.016 ~ 0.022
	사질 Loam, 점토질 Loam	0.020 (평균치)
	Drag Line 굴착준설, 잡초 적음	0.025 ~ 0.033
자연하천	평야의 소하천, 잡초 없음	0.025 ~ 0.033
	평야의 소하천, 잡초와 관목있음	0.030 ~ 0.040
	평야의 소하천, 잡초 많음, 잔자갈 하상	0.040 ~ 0.055
	산지하천, 골재, 호박돌	0.030 ~ 0.050
	산지하천, 호박돌, 큰호박돌	0.040 이상
	큰하천, 점토, 사질하상, 사행이 적음	0.018 ~ 0.035
	큰하천, 자갈, 하상	0.025 ~ 0.040

출처: 소하천설계기준(2012.03, 국립방재연구소)

3. 하천수문학

3.1. 정의

수문학(水文學, hydrology)이란 지구의 물의 발생, 지구상에서의 순환과 분포, 물리적·화학적인 특성과 인류의 생활에 대한 반응을 포함한 자연 화학적·생물학적인 환경의 상호작용을 취급하는 과학이다. 수문학은 지구상에 있는 물의 순환의 역사 전체를 포괄하는 분야이다. 연구 대상은 물의 공급원으로서의 강수의 지역적·시간적 분포 특성, 증발, 침투, 육수와 지하수의 이동 등이 중심이 된다.

물은 학문의 대상일 뿐만 아니라 수자원으로서도 중요하기 때문에 수문학은 이학, 공학, 농학 등의 여러 가지 분야와 관련이 깊고, 사회와의 접점을 취급하는 등 다양한 분야를 아우르는 횡단적인 연구영역이라는 측면이 있다.

수문학의 연구 분야는 물순환의 각 과정, 즉 침투, 유출, 증발산, 지하수 유동, 호소, 하도 유출 등을 대상으로 하며 이러한 각 과정에서의 수질을 취급하는 것뿐만 아니라 지구 전체 등 한층 더 넓은 영역의 물순환을 대상으로 한다.

관련된 학문으로는 이학에 있어서는 기상학, 육수학, 호소학, 공학의 토목공학에 있어서는 하천공학, 수리학, 또 농학에 있어서는 사방학, 관개공학, 토양물리학 등이 있다. 넓은 의미에서 수문학은 이러한 관련하는 학문을 모두 포함하는 종합적인 학제영역이다.

3.2. 강수의 종류와 평균 강수량

가. 강수의 종류와 형태

강수는 강우(비)를 포함한 모든 형태의 수분을 말하며, 강수의 형태는 매우 다양하고 종류도 많지만 대표적인 몇 가지의 강수 형태는 <표 7-4>와 같다.

<표 7-4> 강수의 종류

종 류	크 기	상태	설 명
안개 (mist)	0.005~0.05 mm	액체	공기가 1m/sec로 이동할 때 얼굴로 느낄 수 있을 정도로 큰 물방울, 층운과 관련이 있음.
이슬 (dew)		액체	복사에너지가 빠져나간 밤에 지표면이 냉각되면서 지상의 공기가 응축을 하여 형성.
이슬비 (drizzle)	0.1~0.5 mm	액체	층운으로부터 떨어지는 작고 균일한 물방울, 물방울들이 작아 공기 중에 떠다니는 것처럼 보이기도 하며 강도는 1mm/h를 드물게 초과하며, 일반적으로 수 시간 지속.

종 류	크 기	상태	설 명
강우 (rain)	0.5 mm이상	액체	일반적으로 난층운과 적란운에 의해 발생, 강하게 내릴 경우 지역마다 많은 다양성을 보임.
진눈깨비 (sleet)	0.5~5 mm	고체	빗방울이 떨어지면서 얼거나 녹은 얼음 조각들이 다시 얼면서 발생, 둥근 얼음입자, 크기가 작아 피해는 작음.
우빙 (glaze)	1 mm~2 cm	고체	빗방울이 지상의 차가운 물질과 접촉하여 얼 때 형성되어진 얼음 코팅의 형태, 두껍게 누적되면 나무나 전선에 피해를 준다.
서리 (rime)	쌓이는 정도에 따라 변함.	고체	바람이 부는 방향으로 쌓인 얼음깃털로 서리같은 형태로 과냉각된 구름이나 차가운 물체에 안개 접촉시 발생
싸라기눈 (graupel)	2~5 mm	고체	부드러운 우박이라고도 하는데 일반적으로 우박과는 달리 충돌하면 납작하게 됨.
눈 (snow)	1 mm~2 cm	고체	얼음 크리스탈 형태의 강수로서 이 얼음 크리스탈들이 녹아 서로 합해진 상태, 과냉각된 구름에서 형성, 눈의 결정체는 6면 결정, 판, 바늘형태 등 다양.
우박 (hail, hailstone)	5 mm이상	고체	단단하고 둥근 돌모양 또는 불규칙한 얼음형태로 갑작스럽고 심한 뇌우(thunderstorm) 속에서 발생하며, 대류형 적란운에서 발생.

나. 강수의 측정

모든 강수의 형태는 통상 강수가 담긴 통의 바닥 표면으로부터 채워진 물의 높이를 토대로 측정되어진다. 통에 담긴 강수의 체적을 통의 면적으로 나누어 깊이를 구함으로써 강수는 mm, cm 등의 단위로 측정되어지며, 일 강수량이 1 mm 또는 0.1 mm이하의 값은 측정 한계치 이하의 값(trace) 또는 무강수로 간주되어지기도 한다. 2.5 mm/h의 강도를 가진 강우는 가랑비(light rain), 2.5~7.5 mm/h를 보통 비(moderate rain), 7.5 mm/h 이상을 호우(heavy rain)로 분류하기도 한다.

강우는 우량계(rain gauge)를 사용하여 측정하는데 보통우량계(non-recording rain gauge)와 자기우량계(recording rain gauge 또는 automatic recording rain gauge)로 나누며, 최근에는 레이더(radar)와 인공위성(satellite)등을 이용하여 강수를 측정하기도 한다. 우량계는 어떤 특정 지점에서 강수를 측정하며, 레이더와 인공위성 등과 같은 원격탐사(remote sensing)는 지점이 아닌 공간적으로 강수를 측정하는데 이용한다.

<그림 7-21> 보통 우량계

다. 유역의 평균강수량

우량계에 의한 강수량 측정은 설치지점에서의 점 강수량(point precipitation)을 얻게 된다. 그러나 실제 수문분석에 있어서는 어떤 유역의 면적에 걸쳐서 내린 강수량을 필요로 하게 되므로 점 강수량을 평균 면적강수량(mean aerial precipitation) 또는 유역 평균강수량으로 환산하여야 한다. 그 방법들은 산술평균법, 티센다각형법, 등우선법 등이 있다.

• 산술평균법

어떤 유역에 많은 관측지점이 존재하고 자료의 변동성이 작다면 유역 면적에 대한 평균강수량을 다음 식과 같은 산술평균법에 의해 구할 수 있다.

$$\overline{P} = \frac{P_1 + P_2 + \ldots + P_N}{N} = \frac{1}{N}\sum_{i=1}^{N} P_i$$

여기서 P_i는 N개 관측지점 각각에 있어서 어떤 주어진 기간에 대한 강수량이다.

• 티센다각형법

티센다각형법(thiessen polygon method)은 티센법이라 하며, 관측지점에 가까운 면적을 가중치로 하여 유역면적에 대한 강수량을 구하는 방법이다. <그림 7-22>에서와 같이 관측지점이 유역 내부에 2개와 유역 경계에서 가까운 외부에 1개가 있다. 관측지점 3개를 정삼각형에 가깝도록 서로 연결하여 1개의 삼각형을 구성한다. 각 삼각형 변에 대해 수직이등분선을 그어 서로 만나는 점들을 이으면 다각형이 형성이 된다. 이 다각형의 면적이 각 관측점들의 우량계의 지배면적이 된다.

$$\overline{P} = \frac{P_1A_1 + P_2A_2 + \cdot\cdot\cdot + P_NA_N}{A_1 + A_2 + \cdot\cdot\cdot + A_N}$$

$$\overline{P} = \frac{\sum_{i=1}^{N} P_iA_i}{A} = \sum_{i=1}^{N} P_i \frac{A_i}{A}$$

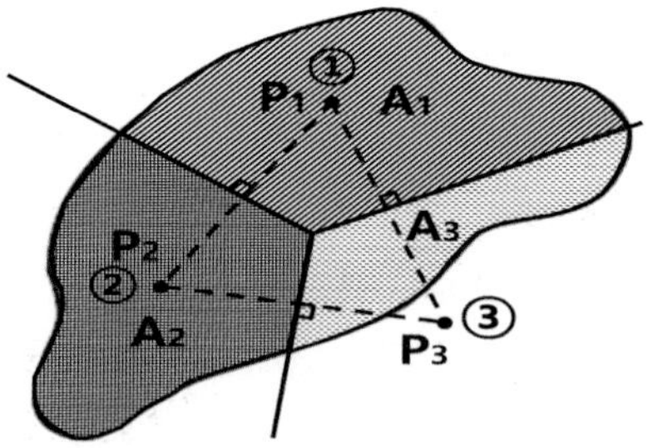

<그림 7-22> Thiessen method의 다각형

$$\overline{P} = \frac{P_1A_1 + P_2A_2 + P_3A_3}{A_1 + A_2 + A_3}$$

여기서 P_iA_i는 각 다각형의 강우의 용적(volume)이며, A_i/A는 각 관측지점에 대한 가중계수(thiessen weights)이다. 티센법은 강수량에 대한 산악의 영향은 고려하지 못하지만 관측지점의 지배면적을 고려하는 객관성 때문에 가장 널리 사용하고 있다.

- 등우선법

등우선법(isohyetal method)은 같은 강수량을 가진 점들을 연결한 등우선(유역 내 관측소의 강우량 자료로부터 같은 강우의 크기를 갖는 선)을 이용하는 방법으로 등우선 간의 면적을 전체 면적으로 나눈 것을 가중치로 하여 평균하는 방법이다. 특히, 관측지점의 수가 많을수록 유리한 방법이다. 어떤 유역에 등우선을 작성하고 유역 내 2개의 등우선 사이의 면적, $A_1, A_2, \ldots, A_{N-1}$을 구적기로 구하여 유역 전체면적 A를 구한다. 그리고 등우선의 값들을 $P_1, P_2, \ldots, P_N$이라고 하면, 유역의 평균강수량은 다음 식과 같다.

$$\overline{P} = \frac{A_1\left(\frac{P_1+P_2}{2}\right) + A_2\left(\frac{P_2+P_3}{2}\right) + \ldots + A_{N-1}\left(\frac{P_{N-1}+P_N}{2}\right)}{A} = \frac{\sum_{i=1}^{N} A_i \overline{P_i}}{\sum_{i=1}^{N} A_i} = \frac{\sum_{i=1}^{N} A_i \overline{P_i}}{A}$$

예 제

■ 평균강우량의 산정

다음 유역면적에 대하여 산술평균법, 티센다각형법, 등우선법에 의하여 각각 평균강우량을 구하시오.

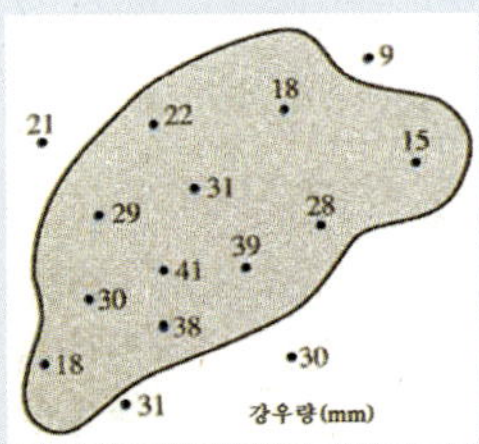

(1) 산술평균법

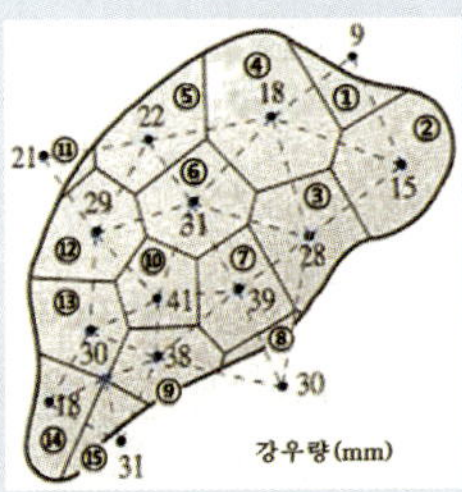

(2) 티센다각형법

<표 7-5> 티센다각형법

소구역 번호	다각형면적 A_i (km^2)	우량 P_i (mm)	P_iA_i
①	20	9	180
②	115	15	1,725
③	102	28	2,856
④	134	18	2,412
⑤	93	22	2,046
⑥	98	31	3,038
⑦	97	39	3,783
⑧	12	30	360
⑨	80	38	3,040
⑩	65	41	2,665
⑪	5	21	105
⑫	104	29	3,016
⑬	96	30	2,880
⑭	72	18	1,296
⑮	21	31	651
계	1,114		28,007

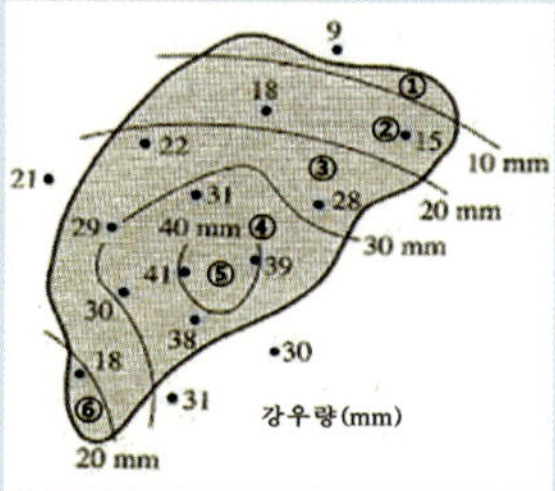

(3) 등우선법

<표 7-6> 등우선법

소구역 번호	등우선간면적 A_i (km^2)	등우선간평균우량 $\overline{P_i}$ (mm)	$\overline{P_i}A_i$
①	34	10*	340
②	291	15	4,365
③	397	25	9,925
④	305	35	10,675
⑤	66	45	2,970
⑥	21	20*	420
계	1,114		28,695

풀이

1) 산술평균법 : $\overline{P}=\frac{1}{N}\sum_{i=1}^{N}P_i=(15+18+22+28+31+39+29+41+30+38+18)/11$
$= 28.09(mm)$

2) 티센다각형법 : $\overline{P}=\sum_{i=1}^{N}P_i\frac{A_i}{A}=\frac{28,007}{1,114}=25.14(mm)$

3) 등우선법 : $\overline{P}=\frac{\sum_{i=1}^{N}A_i\overline{P_i}}{A}=\frac{28,695}{1,114}=25.76(mm)$

3.3. 강우-유출관계

임의의 유역에서의 일정한 시간동안의 강우와 그에 따른 하천으로의 유출과의 관계를 의미하는 것으로 강우량과 유출량의 상관관계를 파악하기 용이하게 하기 위해 강수량을 mm단위로 나타내고 유출량은 전체 유역면적에 대한 일정한 깊이(mm, 유출고)로 표현하여 비교 분석한다. 수문분석 및 설계, 비점오염원관리를 위하여 때로는 강수와 유출관계의 해석이 필요하며, 이는 강수자료로부터 외삽 또는 내삽을 통해 미계측유역의 유출자료를 추정할 수가 있다.

토지개발사업으로 인한 불투수성 포장지역의 증가는 소유역의 수문학적 형태를 바꾸어 강우유출율 및 양, 홍수, 소하천의 침식, 침전물의 이동과 퇴적을 증가시키고, 이러한 강우유출은 수질오염물질양의 증가에 기여한다. 따라서 강우유출, 토양침식과 비점오염원에 의한 오염은 개발지역으로부터 유출되는 강우에 대한 관리를 통하여 최소화 될 수 있다.

유역의 비점오염물질은 강우와 함께 수계로 유출되므로, 비점오염원관리를 위해서는 강우유출수 관리가 중요하다.

계절 또는 연강수량과 유출의 관계는 개별 호우사상들에 대한 강우－유출관계로부터 도출된 결과들을 더해서 얻어질 수도 있으나 이는 개별 호우사상들 사이의 기간 동안에 발생하는 지하수 유출의 영향 등이 있어 오차가 존재하고, 짧은 지속기간의 호우사상 등에 의한 유출량을 더하는 것도 무리가 있다. 따라서 계절 또는 연강수량과 유출과의 관계는 보통 기상학적 또는 유역 특성값들을 독립변수로 하여 유출과의 관계를 맺는다. 즉, 한 두 개의 독립변수와 유출과의 관계를 선형회귀식을 통해 설정하기도 하고 또는 강수를 독립변수로 하여 종속변수인 유출과 단순 선형관계를 맺어 이용하기도 한다.

• 유황곡선(flow-duration curve)

유황곡선은 유황분석(특정한 하천지점 또는 유역 출구에서의 유출량 자료계열을 크기순으로 나열한 후 특정 초과일수 또는 비율을 갖는 유량을 찾아내는 과정)을 통하여 하천의 일평균유량을 1년에 걸쳐서 크기순으로 나열해서 얻은 곡선을 말하며, 이 곡선에서 95일(26.0 %), 185일(50.7 %), 275일(75.3 %), 355일(97.3 %)의 각 일수에 대응하는 유량이 각각 풍수량, 평수량, 저수량, 갈수량에 해당한다. 유황곡선에 의해서 어떤 수량이 연간 며칠 정도 이용 가능한가를 알 수 있기 때문에 이수 상 중요하며, 유황곡선은 하천마다 그 형상이 다른데 그것은 강수량, 유역면적, 지형, 지질, 식생 등에 차이가 있기 때문이다.

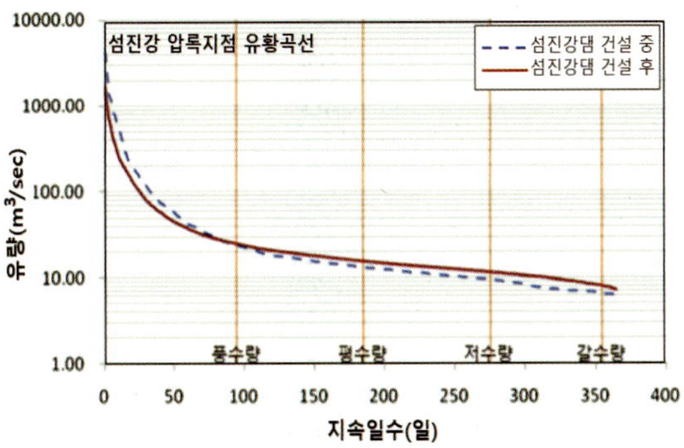

<그림 7-23> 유황곡선(섬진강 압록)

<표 7-7> 유황분석을 위한 기준유량

기준유량	의 미
풍수량	연간 95일 이상 유지되는 유량
평수량	연간 185일 이상 유지되는 유량
저수량	연간 275일 이상 유지되는 유량
갈수량	연간 355일 이상 유지되는 유량

3.4. 손실

지표유출에 기여하지 못하는 증발산, 차단, 지면저류, 침투 등을 강수의 손실이라고 정의한다. 증발(evaporation)과 증발산(evapotranspiration)은 수문순환에서 매우 중요하고 복잡한 상태변화를 가지며, 증발산은 증발과 증산을 합한 것이다. 침투는 지하수의 유일한 원천이며, 증발과 더불어 가장 큰 손실에 해당된다.

증발과 침투가 유출에 기여하지 못하는 주요 손실이지만 차단과 지면저류 또한 유출의 손실에 포함 된다. 차단은 호우의 초기에 떨어지는 강수가 식물이나 기타 지붕 등에 저류되어 유출이 이뤄지지 않는 것을 말하며, 지면저류는 표면류(overland flow)가 시작되기 전에 움푹 들어간 지면에 물이 채워져 유출이 이뤄지지 않는 것을 말한다. 따라서 차단과 지면저류는 호우 초기에 발생하므로 초기손실(initial abstractions 또는 initial losses)이라고 한다.

3.5. 첨두홍수량

치수목적으로 이루어지는 대부분의 수자원 분석 및 설계에서는 수문곡선 전체를 해석하기 보다는 최대로 흐를 때의 유출량을 필요로 할 경우가 많다. 비행장의 활주로, 도시지역의 우수관거, 암거, 대규모 주차장 등을 설계할 경우 비가 내리는 전 과정의 수문곡선보다는 최대로 많이 흐를 때의 유량을 구해 이를 원활히 소통시킬 수 있는 규모로 수리구조물을 설계할 필요가 있다. 이와 같이 첨두홍수량을 산정하는 방법 중 대표적인 것이 합리식(rational method)이다.

수리구조물 설계를 위해 수문설계 요소인 설계홍수위(design flood level), 설계홍수량(design flood) 등을 산정하여야 하는데, 특히 홍수소통을 위한 도시우수관거, 대규모 주차장, 비행장 등과 같은 소유역의 배수시스템 구조물 설계를 위해서는 시간에 따라 홍수유출량의 변화를 나타내는 홍수수문곡선을 도출하기 보다는 설계기준에 따라 산정한 최대 설계홍수량, 즉, 첨두홍수량만을 필요로 한다. 홍수소통을 위한 수리구조물은 설계기준에 맞게 산정한 첨두홍수량을 소통할 수 있는 크기로 설계를 하는 것이다. 이러한 첨두홍수량 산정을 위한 방법으로 가장 널리 이용하고 있는 방법이 합리식(rational method)이다.

가. 합리식(rational formula)

합리식은 Mulvaney(1850)에 의해 제안된 식으로 홍수량을 산출하는 대표적인 공식으로서 최대강우강도를 이용하여 홍수량을 산정하는 방법이다.

이 방법은 어떤 유역에 강우강도 I를 가지고 비가 내릴 때, 유역 출구에서 가장 먼 곳에 떨어진 강우가 주 하도(main channel)를 따라 유역 출구까지 흘러오는데 걸리는 시간인 도달시간 t_c에 있어서 첨두유출량 또는 첨두홍수량이 발생한다는 것이다. 즉, 유역에 떨어진 모든 강우가 유역출구로 흘러나와 첨두홍수량이 발생하는 시간이 t_c가 된다.

완전 불투수층 유역에서는 도달시간 t_c후에 유역출구에서의 단위 면적당 유출률(runoff rate)이 강우강도와 같아지게 되며 평형상태에 도달하게 된다. 이 때는 강우강도 I에 유역면적 A를 곱하면 첨두홍수량 Q_p를 산정할 수 있다. 그러나 자연유역은 완전

불투수층이 아니므로 침투 등에 의한 손실이 발생한다. 따라서 IA에 유출감소계수 또는 유출계수(runoff coefficient) C를 곱하여 다음 식 과 같이 첨두홍수량을 구한다.

$$Q_p = CIA$$

여기서 Q_p는 ft^3/sec(cfs, cubic feet per second)의 단위를 가지고, I는 inch/hr, A는 acres의 단위를 가진다. 이를 Q_p는 m^3/sec(cms, cubic meter per second), I는 mm/hr, A는 km^2의 단위로 환산하면 다음 식과 같이 쓸 수 있다.

$$Q_p = 0.2778\,CIA$$

지표면의 특성이 다른 도시 유역이 m개의 소유역으로 구성되어 있다면 합리식은 다음식과 같이 쓸 수 있다.

$$Q_p = 0.2778 \times I\sum_{j=1}^{m} C_j A_j$$

• 합리식의 매개변수

합리식에 유역면적(A), 강우강도(I), 유출계수(C)의 매개변수가 있는데 이 중에서 유역면적은 구적기나 지리정보시스템(geographical information system, GIS)을 이용하여 구할 수 있고, 강우강도는 IDF곡선 또는 강우강도식에 의하여 구할 수 있다. 여기서 강우의 지속기간 t_d는 도달시간 t_c로 가정하고, 어떤 재현기간의 강우강도 I 를 합리식에 대입해 구한 첨두홍수량 Q_p의 재현기간은 강우강도의 재현기간과 동일하다고 가정한다. 여기서 I 는 재현기간과 지속기간의 함수로 정의된다.

유출계수의 선정은 수자원 전문가의 경험과 판단이 중요하며, 이는 유역의 불투수층의 정도, 경사, 토양수분, 지면저류의 정도 등을 고려하고 현장답사와 사진 등을 이용하여 선정할 수 있다. 즉, 유출계수는 토지이용과 지표면상태에 따라 달라지며, 재현기간이 큰 호우일수록 유출계수도 커지는데 이는 침투와 지면저류 등의 손실이 상대적으로 감소하기 때문이다. 다음 <표 7-8>은 미국토목학회(ASCE, 1969)에서 제안한 도시유역의 유출계수 값으로 재현기간 2~10년에 대한 값이다.

<표 7-8> 도시유역의 유출계수

토지이용상태		유출계수
상업지역	도심지역	0.70~0.95
	근린지역	0.50~0.70
주거지역	단독주택	0.30~0.50
	독립주택단지	0.40~0.60
	연립주택단지	0.60~0.75
	교외지역	0.25~0.40
	아파트	0.50~0.70
산업	산재지역	0.50~0.80
	밀집지역	0.60~0.90
공원·모역		0.10~0.25
운동장		0.20~0.35
철도지역		0.20~0.35
미개발지역		0.10~0.30

지표면상			유출계수
포장지역	아스팔트		0.70~0.95
	콘트리트		0.70~0.95
	벽돌		0.70~0.85
차도, 보도			0.75~0.85
지붕			0.75~0.95
잔디	사질토 (sandy soil)	평탄(2 % 이하)	0.05~0.10
		보통(2~7 %)	0.10~0.15
		급경사(7 % 이상)	0.15~0.20
	중토 (heavy soil)	평탄(2 % 이하)	0.13~0.17
		보통(2~7 %)	0.18~0.22
		급경사(7 % 이상)	0.25~0.35

재현기간 10년 이상에 대한 유출계수는 더 커지게 되는데 이를 반영하기 위하여 다음 <표 7-9>와 같은 빈도보정계수를 사용하기도 하며, 빈도보정계수를 반영한 합리식은 다음과 같다.

$$Q_p = 0.2778\, f\, CIA$$

<표 7-9> 빈도보정계수

재현기간	2~10년	25년	50년	100년
빈도보정계수(f)	1.0	1.1	1.2	1.25

schwab 등(1971)에 의한 자연유역에 대한 유출계수는 다음 <표 7-10>과 같다.

<표 7-10> 자연유역의 유출계수

유역상태		토양구조별 유출계수		
		성인 사양토 (open sandy loam)	점토 및 양토 (clay and loam)	조밀한 점토 (tight clay)
산지 (woodland)	0~ 5 % 경사	0.10	0.30	0.40
	5~10 % 경사	0.25	0.35	0.50
	10~30 % 경사	0.30	0.50	0.60
초지 (pasture)	0~ 5 % 경사	0.10	0.30	0.40
	5~10 % 경사	0.16	0.36	0.55
	10~30 % 경사	0.22	0.42	0.60
경작지 (cultivated land)	0~ 5 % 경사	0.30	0.50	0.60
	5~10 % 경사	0.40	0.60	0.70
	10~30 % 경사	0.52	0.72	0.82

• 도달시간 산정

도달시간은 강우가 유역에 내려 유역의 가장 먼 곳(최원점)에서 주 하도를 따라 유역 출구까지 도달하는 시간을 의미하며, 도달시간은 강우가 유역 출구에서 가장 먼 곳에 내려 주 하도가 시작되는 점까지 도달하는데 걸리는 시간, 즉 유입시간(inlet time, t_i)과 주 하도 시작점에서 유역 출구까지 흐르는데 걸리는 시간, 즉 유하시간(flow time, t_f)의 합으로 나타낼 수 있다.

유역이 클 경우에는 상대적으로 유하시간이 길고, 유입시간이 짧으므로 유입시간을 무시할 수 있으나 소규모의 유역에서는 유입시간과 유하시간의 차이가 상대적으로 작기 때문에 모두를 고려하여 분석을 해야 하며, 도달시간은 강우지속시간으로 설정하여 강우강도 I의 크기를 결정하는 중요한 요소가 된다. 도달시간을 식으로 표현하면 다음 식과 같다.

$$t_c = t_i + t_f$$

• 합리식의 적용 절차

합리식에 의하여 첨두홍수량을 결정하는 적용 절차는 다음과 같다.

① 수리구조물의 종류에 따라 재현기간을 결정한다.

② 유역면적 또는 소유역의 면적들을 결정한다.

③ 소유역의 면적을 가중치로 하여 유역의 유출계수를 산정한다.
④ 유역의 유입시간과 유하시간을 산정하여 도달시간을 계산한다.
⑤ 도달시간과 동일한 시간을 강우지속기간으로 설정한다.
⑥ 지속기간과 재현기간을 함수로 하는 강우강도식을 이용하여 강우강도를 결정한다.
⑦ 합리식에 유출계수(C), 강우강도(I), 유역면적(A)을 적용하여 첨두홍수량을 결정한다.

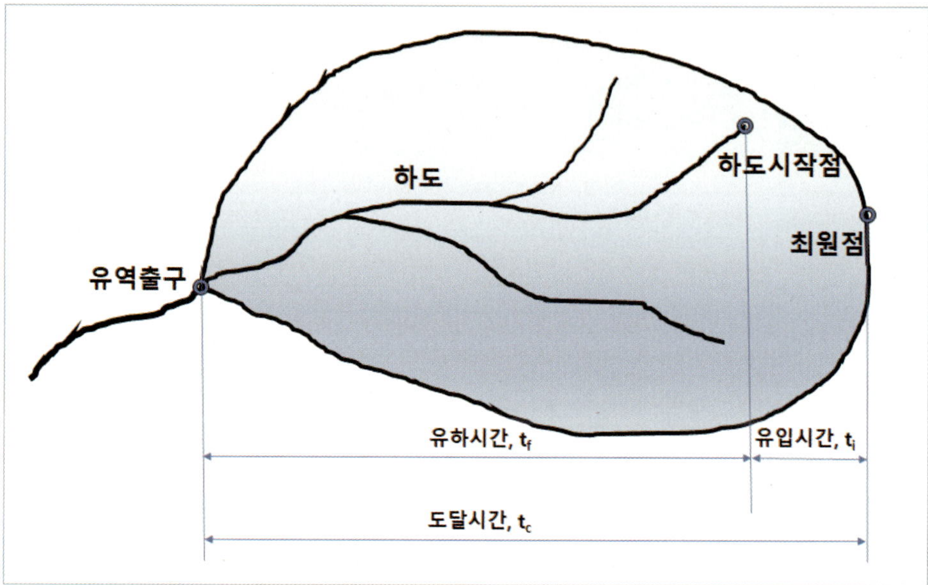

<그림 7-24> 유입시간, 유하시간과 도달시간관계

• 합리식의 적용 절차

합리식에 의하여 첨두홍수량을 결정하는 적용 절차는 다음과 같다.

① 수리구조물의 종류에 따라 재현기간을 결정한다.
② 유역면적 또는 소유역의 면적들을 결정한다.
③ 소유역의 면적을 가중치로 하여 유역의 유출계수를 산정한다.
④ 유역의 유입시간과 유하시간을 산정하여 도달시간을 계산한다.
⑤ 도달시간과 동일한 시간을 강우지속기간으로 설정한다.
⑥ 지속기간과 재현기간을 함수로 하는 강우강도식을 이용하여 강우강도를 결정한다.
⑦ 합리식에 유출계수(C), 강우강도(I), 유역면적(A)을 적용하여 첨두홍수량을 결정한다.

예 제

■ **첨두유출량산정**

아래 그림과 같은 유역에서 재현기간 5년에 해당하는 호우에 대해 출구②에서의 첨두유출량을 결정하시오. 단, 유역의 유출계수는 0.63, 유입시간은 7분(min)이며, 하천 ①~②의 유하시간은 23분(min), 유역면적은 1.2 km^2이다. 이 지역의 강우강도 관계식은 $I=\frac{2300\,T^{0.137}}{(t_d+37)}$이라 하며, T는 재현기간, t_d는 강우지속기간이다.

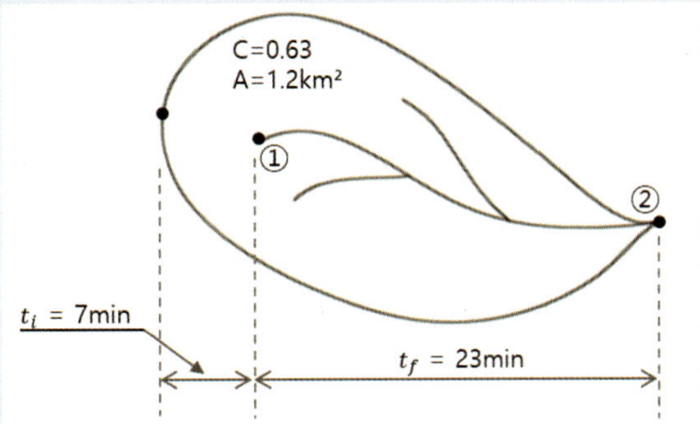

■ **풀이**

• 도달시간 $t_c = t_i + t_f$을 계산하면

문제의 조건에서 유입시간이 7 min이고, 하천 ①~②의 유하시간은 23 min이므로 도달시간(t_c) = 7 + 23 = 30 min

여기서, 도달시간(t_c)=강우지속시간(t_d)이므로

강우지속시간도 $t_d = 30$ min으로 놓을 수 있다.

따라서, $T = 5$년에 대한 강우강도(I)는 다음과 같다.

$$I=\frac{2300\,T^{0.137}}{(t_d+37)}=\frac{2300\times(5)^{0.137}}{(30+37)}=42.797\,mm/hr$$

• 합리식을 적용하여 첨두유출량을 계산하면

$$Q_p = 0.2778\,CIA = 0.2778\times0.63\times42.797\times1.2 = 8.988\,m^3/\text{sec}$$

나. 하천과 하천유지용수

하천의 기능은 크게 치수기능, 이수기능 및 하천환경기능의 세 가지 기능으로 나누어 볼 수가 있으며, 하천관리를 통해 하천의 세 가지 주요 기능을 증진시키고 보존하기 위해서는 하천유지유량 및 하천관리유량이 필요하다. 하천유지유량은 자연 갈수량을 최소한으로 정하고, 자연적 기능에 해당하는 항목별 필요유량을 조합하여 구간 또는 지점별로 설정한 최대치 유량을 갈수량과 비교하여 큰 값으로 한다. 필요유량은 하천법에서 정한 하천 동·식물의 생태환경보전, 하천경관보전, 하천수질 보전 및 청결한 유수의 유지, 주운 및 수상활동 유지, 염수침입방지, 하구 막힘 방지, 하천시설물 보호, 지하수위 유지 그리고 어업 등을 만족시킬 수 있는 최소한의 유량을 의미한다.

하천관리유량은 하천유지유량과 상류에서 하류방향의 물수지 분석에 의해 각종 취수 및 용수를 만족하는 이수유량과의 합을 의미한다.

제3편

환경오염문제와 해결기술

제8장 수질오염 지표 및 수질관리

입자, 고형물질, 수온, 냄새, 전기전도도, 밀도 등 물의 물리적 특성을 통한 수질오염과의 연관성을 제시하였고, 용존산소(DO), pH, 알칼리도, 경도 등 물의 화학적 특성과 오염인자의 상관관계 및 수질오염지표로서의 생화학적 산소요구량(BOD), 화학적 산소요구량(COD) 등 유기물질 지표를 통해 그 특성을 살펴보았으며, 생물독성분야도 포함시켜 설명하였다.

주요 내용

1. **물리화학적 성분**
   pH, 수온, 용존산소, 전기전도도, 경도, 알칼리도, 산도, 밀도, 색도 및 탁도, 질소, 인, 황, 독성 화합물과 중금속, 냄새
2. **고형물질과 유기물질**
   고형물질, 생화학적 산소요구량, 화학적 산소요구량, 총 유기탄소, 이론적 산소요구량, BOD, COD, TOC의 상호관계, 유기물질(organic matter)함유량과 고형물질과의 관계
3. **생물독성평가**
   생물독성실험, 독성용어와 독성단위, 독성시험방법
4. **오염원과 부하량**
   오염원, 오염부하량 원단위, 발생부하량과 배출부하량, 유달율과 배출율, 인구당량
5. **하천의 수질관리**
   하천의 자정작용, 하천에 있어서의 BOD감소 및 부하량,
   산소 수하곡선(oxygen sag curve)식, 하천의 재폭기
6. **호소의 수질오염**
   호소의 종류, 호소의 성질, 호소의 부영양화(eutrophication), 호수 및
   저수지의 Model
7. **수질오염 총량관리 제도**

1. 물리화학적 성분

1.1. pH

물은 H^+와 OH^-로 전리되며 다음 식으로 나타낼 수 있다.

$$H_2O \leftrightarrow H^+ + OH^-$$

$$\frac{[H^+][OH^-]}{[H_2O]} = K$$

$$[H^+][OH^-] = K_w \quad (K_w = 1 \times 10^{-14})$$

용액 내의 수소 이온농도(H^+ mol/L) 역수의 상용대수 값을 그 용액의 pH라 정의한다.

$$pH = \log\frac{1}{[H^+]}$$

자연수는 도시 하수나 각종 폐수의 유입에 의한 오염정도에 따라 pH가 변한다. 따라서 pH의 측정은 물의 오염 정도를 측정할 때 꼭 필요한 항목일 뿐만 아니라 자연수와 하수 수질의 주요 지표가 된다. 대부분 생물의 생존에 적절한 pH 범위는 아주 좁기 때문에, pH가 적절한 범위 내에 없는 하수는 생물학적으로 처리하기 어렵다. 또한 수중에서 일어나는 화학변화 역시 pH에 좌우되는데, 응집, 침전, 중화, 산화 환원 반응 등에서 pH는 아주 중요한 운전인자이다.

1.2. 수온

수온(temperature)은 수생생물의 번식속도, 화학반응 및 반응속도, 물의 이용 등에 영향을 준다. 수온이 높아지면 생화학 반응 속도는 증가하지만, 지표수 중 포화산소의 양은 감소한다. 이 때문에 더운 여름에는 수중 용존산소의 심각한 고갈현상이 나타나기도 한다.

박테리아가 활동하는 최적 수온은 약 25～30℃이다. 호기성 산화와 소화는 50℃이상 상승하면 정지되고, 혐기성상태에서 15℃이하가 되면 메탄 생산 박테리아의 활동이 중단된다. 또 5℃이하가 되면 질화 박테리아의 신진대사가 중단되어 탈질반응이 멈추게 되며, 2℃이하까지 내려가면 질화 박테리아 및 박테리아의 신진대사 기능이 완전히 정지한다.

1.3. 용존산소

생명체는 여러 가지 형태의 산소에 의존하여 신진대사를 진행한다. 대기 중의 모든 기체는 물속에 용해되어 있는데, 용존산소(dissolved oxygen, DO)란 물속에 일부 용해되어 있는 산소를 의미하고 수중의 미생물의 호흡을 비롯하여 모든 수중 호기성 생물에게 반드시 필요한 지표이다. 기체상의 산소는 물과 화학적 반응을 하지 않기 때문에 용존산소는 공기의 용해도와 공기의 대기 중 분압, 온도 및 물의 성분(예: 염분, 부유 고형물 등)에 따라 달라진다. 일정 온도에서 기체의 포화도는 Henry의 법칙에 따른다. 20 ℃에서 용존산소 포화도는 9.17 ppm, 30 ℃에서 7.63 ppm, 0 ℃에서 14.62 ppm정도이다. 온도가 높을수록, 기압이 낮을수록 염분 또는 불순물질의 농도가 높을수록, 용존산소 포화도는 감소한다.

<그림 8-1>은 1기압에서 대기와 평형 상태의 증류수에서 산소와 질소에 대한 용해도 곡선을 보여준다.

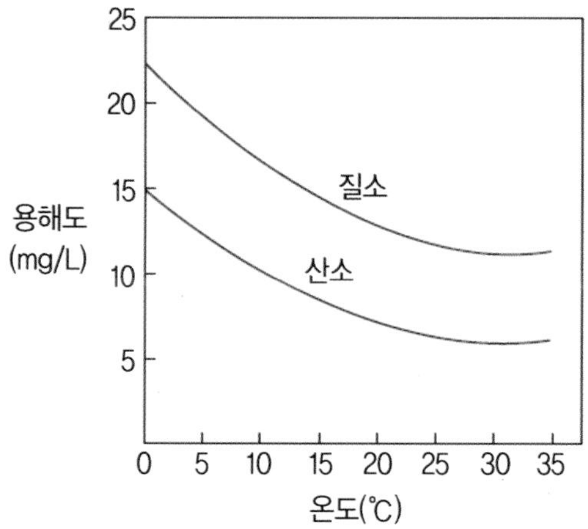

<그림 8-1> 산소와 질소로 포화된 상태의 수중의 기체의 용해도

용존산소는 유기물질의 생물학적 분해와 밀접한 관계가 있으며, 생화학적 산소 요구량의 증가로 급속하게 감소될 때가 있다. 용존산소의 유무는 호기성 또는 혐기성 미생물의 점종을 결정할 수 있다. 호기성, 혐기성 두 미생물은 자연계에 공존하며, 일반적으로 용존산소 존재 하에서 호기성 미생물이 우점종이다.

수중의 미생물에 의한 생화학 반응은 온도 상승에 따라 빨라지고 산소요구량도 이와 함께 증가하기 때문에 산소 포화량이 적은 여름철에는 용존산소의 부족으로 무산소 수괴(水塊)가 발생할 수 있다. 또한 용존산소와 하천의 자정능력은 직접적인 연관성이 있으므로 오탁물질이 하천에 유입되기 전에 제거하는 것이 중요하다.

하천 상류에서는 거의 포화에 가까운 용존산소가 함유되고 있으나 하수나 공장 폐수 등의 오염, 유기 부패성 물질 및 기타 환원물질에 의해 생화학적 산소요구량(BOD)이나 화학적 산소요구량(COD)이 증대하고 용존산소는 소비된다. 또 어패류나 하천의 자정작용에 관계하는 호기성 미생물 등은 용존산소를 호흡하고 있으므로 용존산소가 감소되면 어패류는 사멸하게 된다. 용존산소가 2 ppm 이상이면 악취의 발생은 없으며 4 ppm 이상이면 청정이 유지된다. 보통 물고기의 생존에 필요한 용존산소 농도는 4 ppm이상이다. 포화 용존산소량에 대한 물속의 용존산소량의 백분율을 산소포화도라 한다. 하천의 수질관리를 위해서는 물고기와 기타 수서생물에 필요한 산소를 유지시켜야 한다.

용존산소의 측정은 생화학적 산소요구량 시험의 기초이며 하수와 산업폐수의 오염정도를 평가하는데 사용된다.

1.4. 전기전도도

전기전도도(electrical conductivity, EC)는 용액이 전기를 전도하는 능력으로 함유 이온 및 염의 농도를 종합적으로 나타내는 지표이다. 실제 현장에서 측정된 EC값은 용존성 고형물질의 농도를 나타내며, 물의 염도측정 역시 전기전도도 측정을 통해 이루어진다. 사용되는 단위는 μmho/cm로서 이는 일반적인 저항을 나타내는 단위 MΩ/cm의 역수이다.

전기 전도도에 의한 총 용존 고형물질(total dissolved solids, TDS)의 농도를 구하는 식은 다음과 같다.

$$TDS(mg/L) = EC(\mu \mho/cm) \times (0.55 \sim 0.7)$$

하천수가 합류되는 지점과 하구부에서 전기 전도도를 측정하면 물의 복잡한 움직임을 파악하고 해석할 수 있다. 또한 수질변화가 심한 지역의 감시, 호소수의 연직분 분포 파악, 원수나 폐수의 용해성 광물 및 염의 농도 파악에 이용된다.

1.5. 경도

물의 **경도(hardness)**는 침투된 우수가 토양과 암석층을 통과할 때 염기성 물질인 석회암 등을 용해시키면서 탄산염, 황산염, 규산염 등을 포함하여 생성된다. 경도는 **탄산경도**와 **비탄산경도**로 구분하며, 알칼리도에 해당하는 경도는 탄산경도, 나머지 금속 양이온(Ca^{2+}, Mg^{2+})의 경도는 비탄산경도라고 한다. 여기에는 칼슘과 마그네슘이외에 철, 망간, 스트론튬, 알루미늄도 포함된다.

경도는 일시경도(temporary hardness)와 영구경도(permanent hardness)로 구분하며, 이 두 가지를 합한 것을 총경도(total hardness)라고 한다.

Ca^{2+}과 Mg^{2+} 등이 알칼리도를 이루는 탄산염(CO_3^{2-}), 중탄산염(HCO_3^-) 등과 결합한 형태로 있을 때는 탄산경도(carbonate hardness)라 하며, 끓임에 의해 침전이 형성되어

연수화(softening)되는 것을 일시경도라고도 한다.

$$Ca^{2+} + 2HCO_3^- \xrightarrow{heat} CaCO_3 \downarrow + CO_2 + H_2O$$

Ca^{2+}, Mg^{2+} 등이 비탄산 이온인 SO_4^{2-}, Cl^-, NO_3^-, SiO_3^-와 화합물을 이루고 있을 때 나타나는 경도를 비탄산경도(non-carbonate hardness)라 하며, 이들은 끓임에 의해서 제거되지 않으므로 영구경도(permanent hardness)라고도 한다.

경도의 범위는 실제 0 에서부터 수백 또는 수천 ppm을 나타내기도 하며, 경도의 정도에 따라 연수, 약한 경수, 경수 그리고 고경수로 구분한다. 연수는 경도가 50 mg/L $CaCO_3$이하, 약한 경수는 50∼150 mg/L $CaCO_3$ 환산, 경수는 150∼300 mg/L $CaCO_3$ 환산, 300 mg/L $CaCO_3$ 환산 이상이면 강한 경수로 구분한다.

예 제

■ **경도 계산**

하천수의 수질분석을 한 결과, Na^+ 10 mg/L, SO_4^{2-} 15 mg/L, Cl^- 30 mg/L, Ca^{2+} 30 mg/L, Mg^{2+} 24 mg/L, Sr^{2+} 12.3 mg/L이었다. 이 하천수의 경도를 구하시오. (Na=23, S=32, O=16, Cl=35.5, Ca=40, Mg=24, Sr=87.6)

■ **풀이**

경도유발물질: Ca^{2+}, Mg^{2+}, Sr^{2+}

$$Hardness = \sum C(mg/L) \times \frac{50}{E_q}$$

Ca^{2+}, Mg^{2+}, Sr^{2+}의 당량은 각각 Ca^{2+}=20, Mg^{2+} =12, Sr^{2+} =43.8

$$Hardness = 30(mg/L) \times \frac{50}{20} + 24(mg/L) \times \frac{50}{12} + 12.3(mg/L) \times \frac{50}{43.8}$$
$$= 189.0\,mg/L(as\ CaCO_3)$$

1.6. 알칼리도

알칼리도(alkalinity)란 수산화물(OH^-), 탄산염(CO_3^{2-}), 중탄산염(HCO_3^-)의 성분이 수중에 존재하여 산을 중화시키는 완충능력을 말하며, 수중에 존재하는 수소이온을 중화하기 위해 반응할 수 있는 물속의 이온 총량이다. 알칼리도는 상응하는 탄산칼슘

$(CaCO_3)$값으로 환산해서 1 L중의 mg량, 즉 ppm으로 나타낸다.

수산화물로 된 알칼리도를 수산기 알칼리도(hydroxide alkalinity), 탄산염에 인한 알칼리도를 탄산 알칼리도(cabonate alkalinity), 중탄산염으로부터의 알칼리도를 중탄산 알칼리도(bicarbonate alkalinity)라고 한다.

알칼리도에는 P-알칼리도와 M-알칼리도가 있다. 측정방법은 측정하고자 하는 물에 산(보통 H_2SO_4 또는 HCl)을 주입하여 pH 8.3(지시약 phenolphthalein)까지 낮춘다. 이 때 주입된 산의 양을 이에 대응하는 $CaCO_3$로 환산한 값을 P-알칼리도(phenolphthalein alkalinity)라 한다.

계속해서 pH 4.5(지시약 methyl orange)까지 낮추었을 때, 주입된 산의 양을 $CaCO_3$ ppm으로, 환산한 값은 M-알칼리도(methyl orange alkalinity) 또는 T-알칼리도(total alkalinity)라 한다.

자연수 중의 알칼리도는 주로 석회암이나 공장폐수 등 오염에 의한다. 이들 대부분이 중탄산염(HCO_3^-)의 형태을 취하고 있어 탄산염이나 수산화물의 형태는 거의 나타나지 않는다. 그 이유는 수중에 CO_2가 있어 탄산염(CO_3^{2-})이나 수산화물(OH^-)을 중탄산염(HCO_3^-)으로 변화시키기 때문이다.

알칼리도 분석 자료는 약품응집과 침전, 연수화, 침식억제 등 수처리 분야에 다양하게 적용된다. 황산알루미늄(alum)과 같은 응집제를 투입할 경우 알칼리도가 작으면 좋은 floc이 형성되지 않는다. 그 이유는 황산알루미늄이 가수분해해서 수산화알루미늄으로 될 때 알칼리도를 필요로 하기 때문이다. 만일 알칼리도가 부족하다면 중탄산나트륨(Na_2CO_3)이나 소석회$(Ca(OH)_2)$와 같은 알칼리제를 투입해서 알칼리도를 보충해야 한다.

반대로 알칼리도가 낮으면 응집조건의 적정영역을 벗어나며 비효율적이 된다. 또한 철에 대한 부식성이 강해서 칼슘(Ca)이나 마그네슘(Mg)의 피막을 입혀 녹이 스는 것을 방지해야 하기 때문에 알칼리도를 적당히 높여야 한다.

1.7. 산도

산도(acidity)는 수중에 존재하는 산(예: 탄산, 황산, 염산, 질산 및 유기산)을 중화시키는데 필요한 알칼리를 탄산칼슘$(CaCO_3)$ 농도로 환산한 값을 의미한다. pH가 8.5 이하인 모든 물은 산도를 함유하고 있다.

산도를 결정짓는데 있어서 중요한 요소는 이산화탄소이다. CO_2는 모든 자연수에 포함되어 있으며 수중 CO_2 부분압이 대기 중의 CO_2의 부분압 보다 낮을 때 대기로부터 흡수되어 지표수로 유입된다. 또 유기물질의 생물학적 산화를 통해서 생산되기도 한다. pH와 산도의 형태는 다음과 같다.

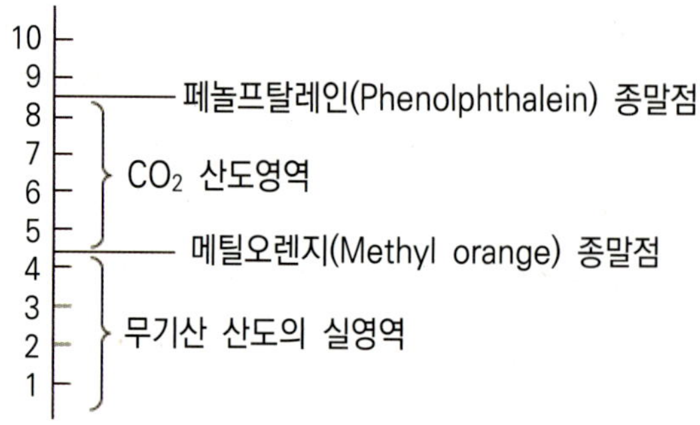

<그림 8-2> pH와 산도의 형태

예 제

■ 알칼리도와 경도

하천수의 수질분석을 한 결과는 다음과 같다. 1) 총경도, 2) 알칼리도, 3) 비탄산경도를 각 구하시오.

(Na=23, S=32, O=16, Cl=35.5, Ca=40, Mg=24)

Na^{+}=9.2 mg/L, SO_4^{2-}=134.4 mg/L, Cl^{-}=7.1 mg/L, Ca^{2+}=72 mg/L, Mg^{2+}=48.56 mg/L, HCO_3^{-}=305 mg/L

■ 풀이

1) 수질성분 중 경도유발물질: Ca^{2+}, Mg^{2+}

$$Hardness = \sum C_H(mg/L) \times \frac{50}{E_q}$$

Ca^{2+}, Mg^{2+} , Sr^{2+}의 당량은 각각 Ca^{2+}=20, Mg^{2+} =12, Sr^{2+} =43.8

$$Hardness = 72(mg/L) \times \frac{50}{20} + 48.56(mg/L) \times \frac{50}{12}$$
$$= 379.80\, mg/L(as\ CaCO_3)$$

2) 수질성분 중 알칼리도 유발물질: HCO_3^{-}

$$Alk = \sum C_A(mg/L) \times \frac{50}{E_q} \qquad Alk = 305(mg/L) \times \frac{50}{61/1} = 250\, mg/L(as\ CaCO_3)$$

3) 총알칼리도 < 총경도이므로 탄산경도 = 총알칼리도

비탄산경도 = 총경도− 총알칼리도 = 379.80 − 250.0 = 129.8 mg/L(as $CaCO_3$)

무기산도(mineral acidity)는 주로 산업폐수에서 나타난다. 폐광, 적재 광석더미 등으로부터의 배수 중에 유황, 황화물 또는 황철석에 의해 산도가 높아질 수 있기 때문에 배출에 앞서 처리되어야 한다.

$$2S + 3O_2 + 2H_2O \xrightarrow{bacteria} 2H_2SO_4$$

$$FeS_2 + 3\frac{1}{2}O_2 + H_2O \xrightarrow{bacteria} FeSO_4 + H_2SO_4$$

일반적으로 산성수는 부식성이 있으며, 대부분의 물에 있어서 부식인자는 CO_2 또는 무기산도이며 이는 석회나 석회소다회 방법을 이용한 연수화(softening) 과정으로 제거할 수 있다.

1.8. 밀도, 색도 및 탁도

가. 밀도(density)

밀도는 침전지 및 기타 각종 처리과정 중 밀도류 형성의 가능성을 파악하는데 이용된다. 물의 밀도는 4 ℃에서 최대값을 나타내고 그 보다 높거나 낮게 되면 밀도는 적어진다. 이로 인해서 호소 및 저수지에서는 계절의 변화에 따라서 물의 정체나 순환이 발생할 수 있다.

나. 색도(color)

순수한 물은 무색이며 자연수의 경우 이물질에 의해 색깔을 가질 수 있다. 신선한 하수는 보통 밝은 갈색을 띄는 회색이지만, 하수관거 내 이동시간이 길어짐에 따라 혐기성 상태로 되면 검은 회색으로 변했다가 마침내는 검은색으로 변한다(금속성 산화물의 형성에 기인). 자연수의 색도는 자연에 존재하는 식물성, 동물성, 금속성 등 여러 가지 물질에 의해 유발된다. 색도를 측정할 때는 시각적으로 눈에 보이는 색상에 관계없이 단순 색도차 또는 단일 색도차를 계산해야 하는데 아담스-니컬슨(Adams-Nickerson)의 색도 공식을 사용한다. 아담스-니컬슨 색도 공식은 육안으로 두 개의 서로 다른 색상을 가진 물이 무색으로부터 같은 정도로 색도가 있다면 이 둘의 색도값은 같다는 것이다. 분석 방법은 색도 표준 원액을 희석하여 파장별 시료 용액의 투과율(%)로서 측정한다.

다. 탁도(turbidity)

탁도는 물의 탁한 정도를 나타내는 것으로 콜로이드와 잔류 부유물질을 나타내는 또 하나의 지표이다. 예전에는 백도토(SiO_2) 1 mg이 증류수 1 L에 용해되어 있을 때의 탁도를 1도 또는 1 ppm으로 하였다.

현재의 탁도 단위는 NTU(nephelometric turbidity unit)를 사용하는데 이는 텅스텐 필라멘트 램프를 2,200, 2,700 K의 온도로 상승시킨 후 방출되는 빛이 시료를 투과하며 산란되는 빛을 90도의 각도에서 측정하는 방법이다.

탁도의 측정은 수중의 콜로이드 물질이 빛을 산란하거나 흡수하여 빛의 투과를 방해하는 정도를 측정하는데 동일한 조건하에서 시료와 시료 상호간에 산란되는 빛의 강도를 비교해서 결정한다.

탁도의 결정은 큰 침전이 발생하는 수질에서 침전물을 빠르게 침전시킬 경우 탁도값이 낮게 측정되고 수질속의 거품과 같은 물질은 빛을 산란시켜 높은 탁도를 유발한다. 유색 수질의 경우 색이 빛을 흡수하는 경향이 있기 때문에 잠재적으로 낮은 탁도값을 보여준다.

자연수에서의 탁도 유발물질은 빛의 흡수 정도에 따라 갈색 또는 기타의 색으로 나타나게 되고 하상에 침전을 일으키게 되면 하천의 식물 및 동물에 악영향을 미치게 된다.

탁도가 높은 물을 처리할 때 여과물질이 과다한 경우 여과 지속시간을 단축시키고 세정비용이 높아진다. 따라서 먼저 전처리로 화학적 응집을 유도한 후 탁도 물질을 제거한 다음 수처리를 실시한다.

1.9. 질소

가. 질소의 형태

총 질소는 유기질소(TKN)와 무기질소(암모니아, 질산염, 아질산염)로 구성된다. 하수에 포함된 총 질소 가운데 대부분은 유기질소와 암모니아성 질소로서, 이들을 합하여 킬달(kjeldahl)질소라고 한다. 총 질소를 정량화하기 위해서는 과황산칼륨을 사용하여 모든 질소를 질산화하여 측정하며, 순수한 질산성 질소만을 측정하기 위해서는 산화가 완료된 시료를 여과한 후 흡광도를 측정하여 구한다.

- 유기질소 : NH_3-N으로 되기 직전의 분해되기 쉬운 상태의 질소 화합물로서 알칼리성 과망간산칼륨($KMnO_4$)를 사용하여 산화할 때 NH_3-N으로 분해되는 질소 화합물을 말한다.
- 암모니아성 질소(ammonia nitrogen) : 암모늄염을 질소량으로 나타낸 것으로 암모니아(NH_3), 암모늄이온, 암모늄염(NH_4^+), NH_3-N 등으로 나타낸다. 암모니아성 질소는 질소질 유기물 분해시 제1차로 생성되는 질소이다. 또 NO_2^-나 NO_3^-도 생물학적, 화학적으로 환원하여 암모니아성 질소를 형성할 수도 있다.

• 아질산성 질소(nitrite nitrogen) : 아질산염을 질소량으로 나타낸 것으로서 단지 아질산, 아질산이온(NO_2^-), 아질산염, NO_2-N 등으로 표시된다. NH_3가 산화하여 생기며 NO_3-N이 환원하여 생기는 경우도 있다. NO_2-N은 신속하고 용이하게 NO_3-N으로 전환한다.

• 질산성 질소(nitrate nitrogen) : 질산염(초산염)을 그 질소량으로 나타낸 것으로서 질산(초산), 초산이온(NO_3^-), 초산염, NO_3-N 등으로 표시된다. 질소의 가장 안정된 형태로서 더 이상 산화가 진행되지 않으므로 질소물질 분해의 최종생성물이다.

나. 질산화와 탈질화

하수 중의 질소는 주로 단백질 및 요소 형태로서 결합되어 있으며 박테리아에 의해 분해되어 암모니아성 질소, 아질산염 및 질산염으로 산화한다. 이것은 다음 두 개의 과정으로 나타낼 수 있다.

$$2NH_3 \ + \ 3O_2 \xrightarrow[Nitrosococcus]{Nitrosomonas} 2NO_2^- \ + \ 2H^+ \ + \ 2H_2O$$

$$2NO_2^- \ + \ O_2 \ + \ 2H^+ \xrightarrow[Nitrocystis]{Nitrobacter} 2NO_3^- \ + \ 2\mathrm{H}^+$$

즉, NH_3-N은 호기성 조건에서 Nitrosomonas 작용에 의해 NO_2-N으로 되고, 다시 Nitrobacter에 의해서 NO_3-N으로 변화된다. Nitrosomonas는 Nitrobacter 보다 환경조건에 매우 민감하며 일단 NO_2^-가 생성되면 쉽게 NO_3^-로 산화된다. 따라서 NO_2^- 생성반응보다 NO_3-N의 생성이 비교적 쉽다.

이와 같은 NO_2^-와 NO_3^-는 용존산소가 없거나 제한된 상태인 무산소 상태에 노출시키면 *Pseudomonas* 와 같은 무산소 미생물에 의하여 질산염의 환원작용이 일어나게 되며, 비교적 용이하게 N_2로 변환되어 대기 중으로 유출되는데 이 과정을 탈질화(denitrification)이라 한다.

$$NO_3^- \ \rightarrow \ NO_2^- \ \rightarrow \ NO \rightarrow \ N_2O \rightarrow \ N_2$$

1.10. 인

인(phosphorus)은 질소와 마찬가지로 조류와 같은 플랑크톤이나 생물의 성장에 필수적인 요소이다. 인을 다량 함유한 하수가 수체에 유입되면 녹조현상과 같은 algae bloom이 발생할 수 있기 때문에 유입수의 인을 제한할 필요가 있으며 이것은 하수처리에서 중요한 관심 항목이다.

일반적으로 인에 의한 부영양화의 한계치는 0.02~0.03 mg-P/L 정도이다. 보통 생성되는 생활하수의 경우, 인 농도는 한계치 농도의 약 500배 정도로 나타나는데 하수처리장의 활성슬러지법에 의한 인 제거율은 20~30 % 정도이다.

인은 형태에 따라 정인(orthophosphate), 축합인(polyphosphate), metaphosphates 등의 무기 형태와 유기성 인산염 등으로 구분하는데 유기 형태의 인이 전체 인의 약 70 % 정도를 차지하고 있다. 일부 유기인은 미생물에 의해 축합인 형태로 분해되면 축합인은 H_3PO_4, $H_2PO_4^-$, HPO_4^{2-}, PO_4^{3-}의 정인으로 가수분해 된다.

정인은 생물의 신진대사에 이용되며, 폴리 인산염은 2개 이상의 인 및 산소원자, 혹은 경우에 따라서 수소원자가 같이 결합된 복잡한 분자로서. 수용액 중에서 가수 분해되어 인산염형태로 변한다. 측정방법은 산화제를 이용하여 인산염을 정인산염의 형태로 바꾼 다음 흡광도를 측정하여 분석한다.

1.11. 황

황(sulfur)은 단백질 합성에 필요하며, 단백질이 분해되면 다시 방출된다.

$$\text{유기물} + SO_4^{2-} \rightarrow S^{2-} + H_2O + CO_2$$
$$S^{2-} + 2H^+ \rightarrow H_2S$$

황화수소는 하수관거 내에서 생물학적으로 산화되어 황산이 되며 이는 하수관거를 부식시키는 원인이 된다. 물속에 존재하는 황산이온은 천연 적광석 등에서 생성되기도 하나 오염물질인 유기황 화합물이 산화되거나 황산이 오염되어 생성되기도 한다. 사람에게 특별한 질병은 유발하지 않으며 이온 크로마토그래피(ion chromatography)로 정성 및 정량 분석이 가능하다.

1.12. 독성 화합물과 중금속

수중환경에 독성을 일으키는 물질과 중금속류는 여러 가지가 있으며 이러한 오염물질은 다양한 배출경로를 통해 수역까지 운반된다.

무기독성화합물(toxic inorganic compounds)과 중금속(heavy metals)에는 인체에 필수적인 미량원소와 급·만성질환을 발생시키는 물질이 함께 존재한다. 생체에 필수적인 미량원소는 Ca, Na, Fe, Cu, Mo. Mg, K, V, Zn 등이 있는데, 이러한 양이온은 어느 농도이상이 되면 독성을 띄게 된다. 이러한 중금속에 의한 오염은 산업화로 인한 직접적인 생태계 피해와 동·식물을 통한 인간 체내에서의 중금속 축적으로 인한 피해가 나타난다.

Ni, Mn, Pb, Cr, Cd, Zn, Cu, Fe, Hg 등의 중금속은 물의 중요한 구성 성분이고 생물의 성장에 꼭 필요한 금속이기도 하다. 부족하면 생물의 성장에 제한을 받지만 한계농도 이상이 되면 독성을 나타낸다. 미량원소인 구리(Cu)가 부족하면 윌슨씨병과 같은 대사이상이 발생하며, 아연(Zn)이 부족하면 소인증이 발생하고, 몰리브덴이 부족하면 치아의 부식 및 식도암의 위험에 노출되며, 철분(Fe)의 부족은 빈혈을 야기한다.

유기수은 상태로 흡수된 수은(Hg)은 미생물의 이동과 생물농축에 의한 수은중독으로 인한 미나마타병을 유발시킨다. 미나마타병으로 인해 손발의 마비, 언어 중추 장애 및 시약 협착 등이 나타나고 수백 명의 사상자가 발생했다.

또한 일본 도야먀현에서 발생한 이따이 이따이병은 카드뮴(Cd) 중독에 의해 유발되었으며 골다공증, 전신 통증 등이 수반된다, 망간(Mn)은 파킨슨씨 증후군과 유사한 증상을 나타내며, 비소(As)는 피부염과 발암을 유발시킨다.

유기 독성화합물(toxic organic compounds)은 유기인과 같은 농약성분, 클로로페놀(chlorophenol)등 페놀화합물, 정수처리공정에서 발생하는 트리할로메탄(trihalomethane, THMs), 할로겐화 다환방향족 탄화수소인 폴리염화바이페닐(polychlorinated biphenyl, PCB), 다이옥신(dioxin), 그리고 유기염소 계열의 살충제인 디클로로디페닐트리클로로에탄(dichloro-diphenyl-trichloroethane, DDT) 등이 있다.

1.13. 냄새

냄새는 하수에 유입된 유기물질의 생물학적 혐기성 분해로 인해 발생된 황화수소(H_2S)나 암모니아와 같은 기체로부터 유발된다. 하수중의 냄새 물질은 황산염을 황화물로 환원시키는 혐기성 미생물에 의해서 생성되는 황화수소 및 황 화합 물질과 암모니아와 같은 질소화합물로 구분할 수 있다. 특히 산업폐수는 휘발성유기 화합물(volatile organic compounds, VOCs) 성분을 포함하고 있어 악취문제를 유발시킬 수 있는데 미처리된 하수 중 냄새 유발물질의 종류와 화학식 및 그 특징을 <표 8-1>에 제시하였다.

<표 8-1> 미처리 하수내에서 냄새를 유발하는 화합물의 종류

냄새 유발물질	화 학 식	특 징
아민류(Amines)	CH_3NH_2	생선냄새
암모니아	NH_3	암모니아냄새
디아민류(Diamines)	$NH_2(CH_2)_4NH_2$, $NH_2(CH_2)_5NH$,	부패된 고기 냄새
황화수소	H_2S	썩은 달걀 냄새
머캅탄류(Mercaptans)	CH_3SH, $CH_3(CH_2)SH$	부패된 채소 냄새
유기황화물	$(CH_3)2S$, $(C_6H_5)_2S$	썩은 채소 냄새
스카톨(Skatole)	C_9H_9N	배설물 냄새

물의 냄새는 측정자의 후각을 이용하여 측정한다. 냄새 측정자는 너무 후각이 민감하거나 혹은 둔감하면 안 된다. 또 감기나 냄새에 대한 알러지 반응이 있어도 안 된다. 냄새를 정확하게 측정하기 위하여 5명 이상이 측정하는 것을 원칙으로 한다. 또한 온도 변화로 인해 냄새가 발생할 수 있으므로 항온을 유지해야하며, 시료에 대한 선입견을 없애기 위해 어둡게 처리된 플라스크를 이용하여 측정한다. 무취 정제수를 이용하여 비교 시료를 준비하고 200, 50, 12, 2.8 mL의 시료에 무취 정제수를 200 mL까지 첨가하여 희석 비율이 다른 시료를 준비한다. 결과는 냄새역치(threshold odor number, TON)를 계산한다. 냄새역치는 시료의 부피(A)와 무취 정제수의 부피(B)의 합을 시료의 부피(A)로 나누어 준 값을 의미한다.

2. 고형물질과 유기물질

2.1. 고형물질

가. 입자의 크기

입자의 크기에 따라서 여과성 고형물질인 원자, 분자, 콜로이드 등과 비여과성 고형물질인 현탁성 또는 비여과성 현탁입자로 구분할 수 있다. 고형물질 입자의 크기에 따른 성질을 <그림 8-3>에 나타내었다.

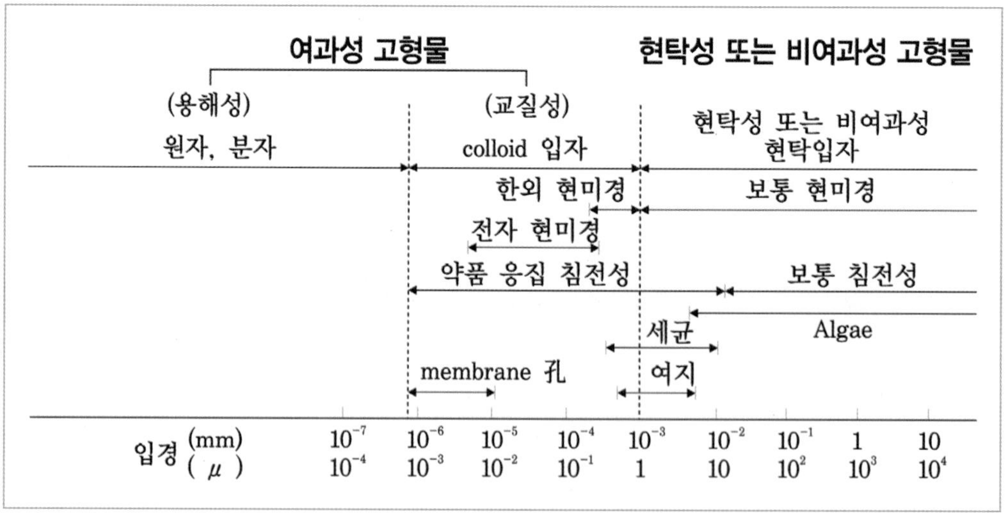

<그림 8-3> 고형물질 입자의 크기에 따른 변화

나. 고형물질의 분류

고형물질의 함량과 구성성분은 수질의 침전성 여부와 탁도 등을 나타내며 침전지의 소요여부와 크기를 결정짓는 중요한 인자이다.

고형물질은 총 고형물질(total solids, TS), 여과 여부에 따라서 총 부유(현탁)고형물질(total suspended solids, TSS), 총 용존 고형물질(total dissolved solids, TDS) 세 가지로 나눌 수 있다.

총 부유고형물질은 입자의 크기가 0.1 μm이상인 부유 상태의 고형물질을 말하고 용존상태의 총 용존물질은 0.001 μm이하의 크기를 가진 물속에 용존 상태로 존재하는 물질을 말한다. 입자의 크기가 1 nm～1 μm사이의 물질은 육안으로 식별이 불가능한 초미립자가 분산 또는 부유하는 상태의 **콜로이드(Colloid)**입자이다.

총 고형물질(TS)은 총 증발 잔류물이라고도 하는데 총 부유고형물과(TSS)와 총 용존 고형물(TDS)를 합한 것이며, 시료를 여과하지 않고 105℃로 건조한 후의 잔류물이다.

총부유 고형물질(TSS)의 경우 여과지로 여과한 후에 105℃에서 1시간 건조 후 잔류하는 물질의 양을 나타내며, **총용존 고형물질(TDS)**은 여과지를 통과한 여과액을 증발 접시에 담아 105℃에서 1시간 건조 후 잔류하는 물질의 양을 의미한다.

고형물질을 550℃로 가열하게 되면 유기물은 태워져 휘발한다. 휘발 여부에 따라 **휘발성 부유 고형물질(volatile suspended solids, VSS)**과 휘발되지 않고 남는 **강열 잔류 부유고형물질(fixed suspended solids, FSS)**로 나뉘게 된다. VSS는 TSS를 증발 접시에 담아 550℃에서 15분간 태웠을 때 휘발한 물질을 의미하고, FSS는 TSS를 증발 접시에 담아 550℃에서 15분간 태웠을 때 잔류하는 물질의 양을 의미한다.

휘발성 물질과 부유 물질의 차이는 총 용존 고형물질(total dissolved solids, TDS)로 구분할 수 있다. 총용존 고형물질은 다시 휘발성(volatile dissolved solids, VDS)과 잔류성(fixed dissolved solids, FDS)로 나눈다. 따라서 고형물질의 경우에는 다음과 같은 상호관계가 성립하며, 하수 내에 포함되어 있는 고형물들의 상호관계는 다음과 같다.

TS	=	VS	+	FS
‖		‖		‖
TSS	=	VSS	+	FSS
+		+		+
TDS	=	VDS	+	FDS

<그림 8-4> 고형물질의 상호관계

2.2. 생화학적 산소요구량

생화학적 산소요구량(biochemical oxygen demand, BOD)은 폐수나 유기물의 함유 정도를 나타낼 때 가장 많이 사용하는 지표로서, 유기물이 세균 또는 미생물에 의하여 호기성(好氣性) 상태에서 분해 및 안정화 되는데 소비되는 산소량을 의미한다. 보통 ppm 단위로 표시하며, 생화학적 산소요구량(ppm)이 높으면 유기물의 오염도가 높다는 것을 의미한다.

물속에 존재하는 유기물의 종류는 대단히 많기 때문에 각 유기물의 농도를 일일이 구하는 것은 대단히 어렵다. 그래서 물에 함유된 각각의 유기물질 종류를 일일이 분석하지 않고, 호기성 미생물이 합성 또는 산화되는데 필요한 산소 요구량을 측정하여 이를 통해 전체 폐수내의 유기물질 양을 간접적으로 측정한다.

BOD 실험은 실험 생물들이 최적의 상태를 유지하도록 환경 조건을 만들어주는 것이 매우 중요하다. BOD 실험에서 나타나는 산화반응은 생물 활동의 결과이므로 반응 속도는 생물 균체의 수와 반응 온도에 의존하게 된다. 따라서 BOD 실험을 할 때에는 온도가 미치는 영향을 최소화하기 위하여 통상적으로 20℃를 유지하는 하는 상태에서 이루어진다.

이와 같은 BOD 실험 조건의 근거는 일반적으로 생물화학적 산화는 완만히 일어나며 특히 20℃에서 5일 동안에 70～80 %의 분해가 이루어지게 되고, 20일 정도가 되면 95～99 %까지 분해가 된다.

20℃에서 5일간 시료(sample) 배양 후 소모된 산소량 측정 값을 5일 BOD 또는 BOD_5 라고 하고, 20일 동안의 배양기간을 거친 BOD 값을 UBOD 또는 BOD_{20} (BOD_u)라고 구분하지만 일반적으로는 BOD로 통칭하여 사용한다. 따라서 시간에 따른 BOD반응의 진행은 <그림 8-5>와 같이 2단계로 구분된다.

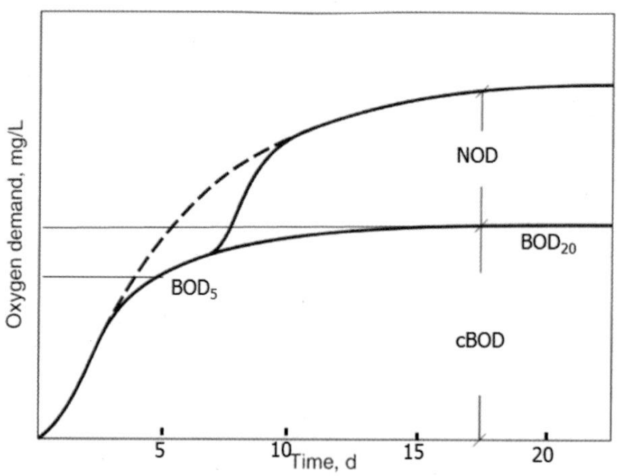

<그림 8-5> BOD 개념도

제1단계에서는 8~10일까지 산화 유기물질 변화곡선과 비슷하게 나타나며 이때에는 주로 탄소화합물의 산화가 진행된다. 이때를 탄소성 BOD(carboneous BOD, cBOD)라 한다. 8~10일 후 탄소화합물에 의한 생화학적 산소요구량 이외에 질소화합물의 산화 즉, 질산화(nitrification)가 이루어지는데, 이를 질소성 BOD(nitrogenousBOD, nBOD) 또는 NOD (nitrogenous oxygen demand)라고 한다.

BOD_5 시험에서 BOD 병 내에 질산화를 일으키는 미생물이 존재하면 탄소화합물에 의한 BOD보다 높게 나타난다. 이러한 분해과정은 온도에 따라 분해속도가 다르게 나타난다.

생화학적 산소요구량은 용해성 BOD(soluble BOD: sBOD)와 비용해성 BOD(particulate BOD, pBOD)로 구분하며 다음 식으로 표현할 수 있다.

$$BOD = sBOD + pBOD$$

2.3. 화학적 산소요구량

화학적 산소요구량(chemical oxygen demand, COD)은 BOD와 아울러 폐수의 유기물 함유 정도를 나타내는 중요한 지표(indicator)이다. COD는 유기물질을 화학적으로 산화시킬 때 얼마만큼의 산소가 화학적으로 소모되는가를 측정함으로서 구할 수 있다. COD는 BOD와 함께 폐수의 유기물에 대한 함유도를 측정한 중요한 척도이다. COD 시험에 사용되는 산화제는 과망간산칼륨($KMnO_4$)과 중크롬산칼륨($K_2Cr_2O_7$)이다. 이중 과망간산칼륨은 유기물의 약 60 % 정도를 분해하고, 중크롬산칼륨은 유기물의 약 80 % 이상을 분해하여 COD로 나타낸다.

COD의 측정값에는 아질산염(NO_2^-), 제일철염(Fe^{2+}), 유화물(S^{2-}) 등의 무기물, 환원성 물질에 의한 값이 포함된다. 반면, 고분자형태의 안정한 유기물질은 산화가 어렵기 때문에 측정값에 포함되지 않는 경우가 발생하여 분석 자료에 오류가 발생할 수도 있다.

분석 대상 폐수의 COD가 BOD보다 큰 경우, 해당 폐수가 생물학적으로 분해 불가능한 물질을 다량 함유하거나 미생물에 독성을 끼치는 물질을 다량 함유한다는 것을 의미한다, 만약 BOD가 COD보다 큰 경우에는 BOD시험 중에 질산화가 발생하였거나 혹은 COD 시험에 방해되는 물질이 시료(폐수)내에 있음을 뜻한다.

COD는 용해성 COD(soluble COD, sCOD)와 비용해성(입자성) COD(particulate COD, pCOD)로 구분하며, 생물 분해 가능성에 따라서 생물분해 가능 COD (biodegradable COD, bdCOD)와 생물 분해 불가능 COD (non–biodegradable COD, nbdCOD)로 구분한다. 생물 분해 가능 COD(bdCOD)는 BOD_u(BOD_{20})로 나타낸다.

이와 같은 COD 사이에는 다음과 같은 상호 관계식이 성립하며 여러 가지 수질 시료의 COD 측정 및 정량에 대한 이론적 근거를 제시한다.

$$COD = sCOD + pCOD$$

$$COD = bdCOD + nbdCOD$$

$$bdCOD = BOD_u = kBOD_5$$

$$pCOD = bdpCOD + nbdpCOD$$

$$nbdpCOD = pCOD - bdpBOD = pCOD - pBOD_u$$

2.4. 총 유기탄소

총 유기탄소(total organic carbon, TOC)는 일정한 양의 시료를 고온로에 주입하여 해당 유기물을 촉매 하에서 이산화탄소로 산화시키고, 발생된 이산화탄소를 적외선 분석기를 사용하여 정량적으로 측정한다. 유기물 함량이 미량인 경우에도 측정할 수 있으며, 주로 하수의 오염 특성을 측정하는데 이용된다.

TOC 분석은 5~10분이면 측정이 완료되기 때문에 다른 BOD나 COD분석방법에 비해 선호된다. 유기 오염물의 다양성과 난분해성 물질을 측정할 수 있고, 저농도에 대한 재현성이 좋은 장점이 있다. 또한 TOC 분석 자료는 BOD와 COD자료와 관련하여 (예: COD/TOC 비율) 해석할 수도 있다.

2.5. 이론적 산소요구량

하수에 포함된 유기물질의 화학 분자식을 파악하여 화학 평형식에 의한 이론적 산소요구량(theoretical oxygen demand, ThOD)을 계산할 수 있다. 이론적 산소 요구량은 어떤 화합물을 완전히 산화하는데 요구되는 양론적인 산소량으로 화학적으로 완전하게 분해된다는 가정 하에 계산할 수 있다.

$$C_6H_{12}O_6 + 6O_2 \rightarrow 6CO_2 + 6H_2O$$

일례를 들자면, 포도당이 탄산가스와 물로 산화되는데 포도당 1 mol당 산소 192 g 또는 포도당 1 mg당 산소 1.065 mg이 필요하다. 따라서 농도가 300 mg/L인 포도당 용액에 대한 이론적 산소요구량은 320 mg/L이다. 이때 실험치에 의한 BODu의 농도는 250~285 mg/L의 값이 측정되는데 이것은 포도당이 이산화탄소와 물로 모두 전환되지 못하고 일부는 부식질(humus)로 전환되었다는 것을 의미한다.

2.6. BOD, COD, TOC의 상호관계

일반적으로 BOD 측정은 5일이 걸리는데 비해 COD 측정은 3시간 이내에 측정할 수 있다. 이러한 장점으로 BOD대신에 COD를 측정한 후 상관성으로부터 BOD를 추정한다. TOC 측정 역시 측정이 대단히 빠르게 완료되기 때문에 편리하다. COD 및 TOC는 분석시간이 짧은 장점으로 인해 앞으로도 많이 활용될 것으로 보인다.

이러한 유기물 함량 측정 방법과 분석 자료간의 상호관계는 하수의 성질과 발생원에 따라 각각 다르다. 전형적인 미처리 생활하수의 BOD5/COD비의 값은 0.4∼0.8정도, BOD_5/TOC 비의 값은 1.0∼1.6정도이다.

일반적으로 생활하수의 COD가 BOD보다 높은 이유는 미생물이 분해하지 못하는 난분해성 물질이 화학적으로는 산화될 수 있기 때문이다.

2.7. 유기물질(organic matter)함유량과 고형물질과의 관계

BOD 및 COD 시험에서 시료를 여과시켜 여과지를 통과한 BOD와 COD를 용해성(Soluble)이라 한다. 원래의 시료로부터 얻은 BOD와 COD값에서 용해성 BOD와 COD를 빼면 바로 휘발성 부유입자에 대한 BOD와 COD인데 이것을 불용성(insoluble) 또는 입자성(particulate)이라고 하며, pBOD와 pCOD로 표시한다. 용해성 BOD와 COD는 sBOD 및 sCOD라고 표시하고 다음 관계식으로 나타낼 수 있다.

$$BOD = pBOD + sBOD$$

$$COD = pCOD + sCOD$$

또한 최종 BOD를 UBOD, 5일 BOD를 BOD_5, COD내 생물학적 분해가능한 (Biodegradable) COD를 bdCOD, 분해 불가능한(Non-biodegradable) COD를 nbdCOD라고 표시하며 다음 관계식으로 나타낼 수 있다.

$$COD = bdCOD + nbdCOD$$

$$bdCOD = UBOD = K \times IBOD_5$$

$$nbdpCOD = pCOD - pUBOD$$

또 같은 개념으로 다음과 같이 나타내기도 한다.

$$pCOD = bdpCOD + nbdpCOD$$

$$bdpCOD = pUBOD = K \times pBOD_5$$

$$nbdpCOD = pCOD - pUBOD$$

위 식에서 K는 상수로서 BOD_5 = 0.67 × BOD_U, BOD_U = 1.5 × BOD_5의 의미이다. 여기서 pCOD는 VSS와 동일한 유기물질을 상이한 단위로 표시하고 있다. 즉, VSS는 물질 그 자체의 양이며, pCOD는 VSS를 산화시키는데 필요한 산소량이다.

따라서 pCOD/1.42 = VSS관계가 성립된다.

예 제

■ 유기물질과 고형물질의 관계

어떤 생활하수를 분석한 결과 다음과 같다. 총 COD = 430 mg/L, sCOD = 180 mg/L, BOD_5 = 240 mg/L, $sBOD_5$ = 110 mg/L, TSS = 190 mg/L, VSS = 160 mg/L, K=1.5=UBOD/BOD_5)

위 자료를 참조하여 다음 항목을 계산하시오.

1) pCOD 2) $pBOD_5$ 3) FSS 4) UBOD 5) sUBOD 6) nbdpCOD 7) nbdCOD 8) nbdSS

■ 풀이

1. pCOD = COD − SCOD = 430 − 180 = 250 mg/L
2. $pBOD_5$ = BOD_5 − $SBOD_5$ = 240 − 110 = 130 mg/L
3. FSS = TSS − VSS = 190 − 160 = 30 mg/L
4. UBOD = K × BOD_5 = 1.5 × 240 = 360 mg/L
5. sUBOD = K × $SBOD_5$ = 1.5 × 110 = 165 mg/L
6. nbdpCOD = pCOD − pUBOD
   pUBOD = 1.5 × $pBOD_5$ = 1.5 × 130 = 195 mg/L
   ∴ nbdpCOD = 250 − 195 = 55 mg/l
7. nbdCOD = COD − UBOD = 430-360 = 70 mg/L
8. nbdSS = FSS + nbdVSS
   nbdVSS = VSS × nbdpCOD/pCOD = 160 × 55 / 250 = 35.2 mg/L
   ∴ NBDSS = 30 + 35.2 = 65.2 mg/L

3. 생물독성평가

3.1. 생물독성실험

독성평가의 주요목적은 하수나 폐수가 지표수로 유출되어 주변의 환경 및 사람의 건강과 수생태계에 나쁜 영향을 미칠 경우, 관찰되는 현상을 일으키는 독성 성분을 밝혀내는 것이다. 유출수에 함유된 독성물질 각각을 대상으로 하는 독성평가는 경제성이 낮을 뿐만 아니라 사용하기에도 여러가지 제약이 뒤따르고 어려움이 많다. 따라서 실제현장에서는 수생미생물을 이용하여 유출수 자체(whole-effluent)를 대상으로 직접적이고 효과적인 유출수 독성시험(whole-effluent toxicity testing)을 실시하고 있다. 유출수 독성실험은 여러 개의 수족관에 유출수의 농도를 다르게 조절한 후 선택된 검정 생물을 투입하여 검정 생물의 생존여부와 반응을 살펴보며 시험결과를 해석한다.

3.2. 독성용어와 독성단위

가. 급성독성(acute toxicity)

노출 후 심각한 반응이 단기간(48～96시간 내에 관측)에 나타나는 독성을 말한다. 대개는 반수(50 %)치사량 또는 농도로 평가한다.

나. 만성독성(chronic toxicity)

생물에 대한 독성이 단기간 동안에 나타나지 않고, 치사 이하의 반응(수명의 1/10 또는 그 이상)이 장기간에 걸쳐나는 것을 말한다.

다. 유효농도(effective concentration, EC)

일정시간에 일정한 효과를 나타내는 성분의 량 또는 농도를 말한다.(96hr EC_{50})

라. 중간 허용 한계(median tolerance limit, MTL)

일정기간 동안 50 %의 생물이 살아남는 성분의 농도를 나타내는데, 중간 치사농도(LC_{50})와 중간 효과농도(EC_{50})란 용어로 대체되어 오고 있다. 산업장이나 가정 또는 농촌 등에서 농도가 낮은 독성물질이 유출되었을 때 이들의 성분별 분리나 측정이 어렵다. 그래서 물고기를 시험용으로 사용하여 생존상태를 측정함으로써 분석하는 방법이다.

마. LC_{50}

Lethal Concentration for 50 %의 약자로 시험용 물고기나 임상용 동물에게 경구 투여 시 일정시간 후 50 % 치사농도를 말하며, 한편으로는 TLm과 같은 의미이다.

바. LD_{50}

Lethal Dose for 50 %의 약자로서 시험용 물고기나 임상용 동물에게 독성물질을 경구 투여 시 일정시간 후 50 % 치사량을 말한다.

사. LOEC

최소 유효관측농도를 말한다. 측정값이 대조군과 통계적으로 다른 최소의 성분 농도이다.

아. NOEC

비관측효과농도이다. 측정된 효과가 대조군과 같은 성분의 최대 농도를 말한다.

자. MATC

최대허용 독성농도이다. 생산성이나 다른 용도에 중대한 해를 끼치지 않으며 수역에 존재 할 수 있는 성분의 농도를 말한다.

3.3. 독성시험방법

독성시험은 기간, 시험용액 첨가방법, 시험형태 그리고 목적에 따라서 다음과 같이 분류 할 수 있다.

- 기간 : 단기, 중기, 장기
- 시험 용액 첨가방법 : 정치, 재순환, 재생, 연속흐름
- 시험 형태 : in vitro(시험관 또는 배양접시), in vivo(생물을 사용한 독성시험)
- 목적 : 법규 만족, 혼합지역결정 등

<표 8-2> 담수와 해양수종을 이용한 단기만성 독성시험방법과 생물종

종/일반 이름	시험 기간	시험 종료 지점
담수종		
Cladoceran	약 7일	생존 번식
Ceriodaphnia dubia	(3번 번식을 60 %까지)	
Fathead minnow	7일	애벌레 성장, 생존
Pimephales promelas	9일	배아 애벌레 생존, 부화, 사망

종/일반 이름	시험 기간	시험 종료 지점
담수조류	4일	성장
Selenastrum capricomutum		
바다/연안종		
Sea urchin	1.5시간	수정
Arbacia punctulata		
Red macroalgae	7～9일	Cystocarp 생산(수정)
Champia parvula		
Mysid	7일	성장, 생존, 번식
Mysidopsis bahia		
Sheepshead minnow	7일	애벌레 성장, 생존
Caprinodon variegatus	7~9일	배아 애벌레 생존, 부화, 사망
Inland silverside	7일	애벌레 성장, 생존
Menidia beryijina		

일반적인 생태독성 시험방법의 절차는 국립환경과학원의 생태독성 시험방법 및 운영지침에 제시되어 있다. 분석 방법의 자세한 내용은 Standard Methods(2012)에 잘 요약되어 있다.(생태독성 시험방법 및 운영지침, 국립환경과학원, 2015)

가. 생물 독성평가 시험 생물 선택의 기준 및 평가

생물독성평가 시험생물의 기본적인 조건은 다음과 같다.

- 먹이사슬의 단계를 대표하여야 한다.
- 시험생물에 대한 민감성이 있어야 한다.
- 기존의 독성 측정에 대한 결과가 많아야 한다.
- 실험실에서 사육 및 유지가 가능하여야 한다.
- 여러 세대를 통하여 인위적으로 번식, 사육되면서 독성물질에 대한 반응이 비교적 고르게 나타날 수 있도록 가능한 한 균일한 품질로 조절될 수 있어야한다.
- 독성을 파악하고자 하는 대상물질에 노출된 경력이 없어야 한다.

생물 종에 따라 화학물질에 대한 민감성의 차이가 크다. 따라서 가장 민감한 반응을 보이는 생물 종을 시험한 결과를 주로 채택하여 사용하고 있으며, 대부분의 국가에서 먹이사슬의 중간단계에 위치한 무척추동물인 물벼룩 *Daphnia magna* 을 공시 종으로 주로 사용하고 있다.

담수에서의 생물 독성평가는 주로 박테리아, 조류, 물벼룩 그리고 어류가 사용되며, 해수에서는 *Skeletonema costatum, Dunaliella tertiolecta,* 넙치, 송사리, 요각류, 단각류, 갯지렁이, 윤충류, 알테미아 등이 사용되고 있다.

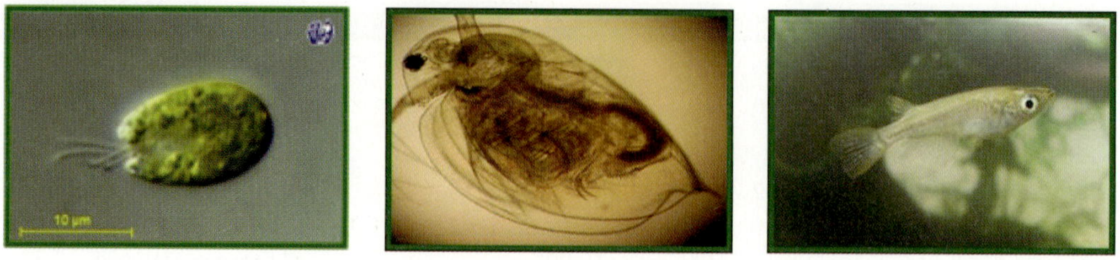

<그림 8-6> 생태독성평가에 이용되는 해조류(*Tetraselmis suecica*), 물벼룩(*Daphnia magna*), 일본산 송사리(*Oryzias latipes*)

<그림 8-7> 송사리 독성 시험장치

나. 시험방법 및 절차

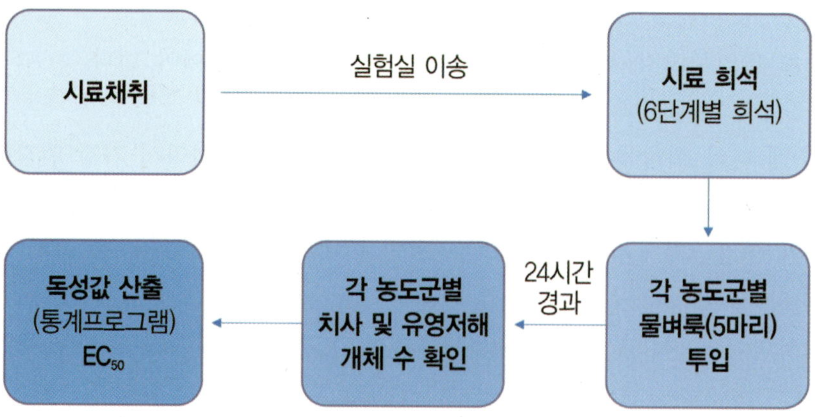

<그림 8-8> 독성분석 흐름도

1) 시료원수를 100 %, 50 %, 25 %, 12.5 %, 6.25 %로 단계적으로 희석하고, 각 농도군 당 4개의 반복구를 둔다. 시험용액의 양은 50ml로 한다.(단, 시료의 온도는 20 ± 2 ℃로 맞춘다)

2) 여러 주의사항을 참조하여 각 농도군 및 반복구별로 시험용 물벼룩을 5 마리씩 투입하고 온도 20 ± 2 ℃, 명암주기는 16:8로 하여 24시간 노출시킨다.

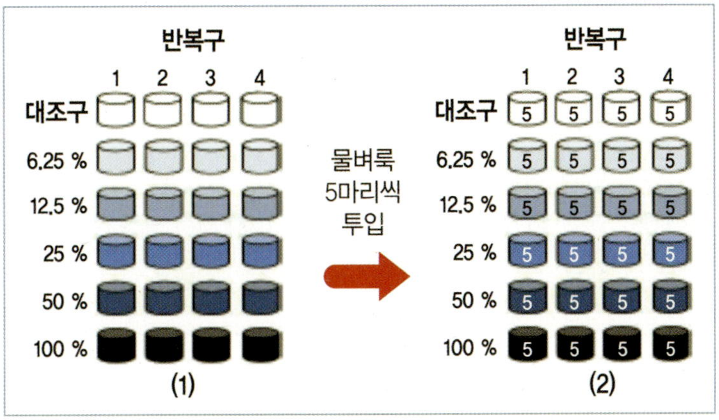

<그림 8-9> 시료의 희석 및 반복구

3) 24시간 후 각 농도군 당 물벼룩의 치사 및 유영 저해 개체수를 확인한다. <그림 8-10>에서 각 농도군 당 물벼룩의 치사 및 유영저해 개체수는 100 %에서 20마리, 50 %에서 17마리, 25 %에서 10마리, 12.5 %에서 5마리, 6.25 %에서 2마리, 대조군에서 0마리가 된다.(대조군에서 10%이상 치사한 경우는 재시험실시)

4) 각 농도군 당 물벼룩의 치사 및 유영 저해 개체수를 바탕으로 Probit, TSK (trimmed spearman karber) 등의 통계 프로그램이나 산출식을 이용하여 EC_{50}값을 산출한다.

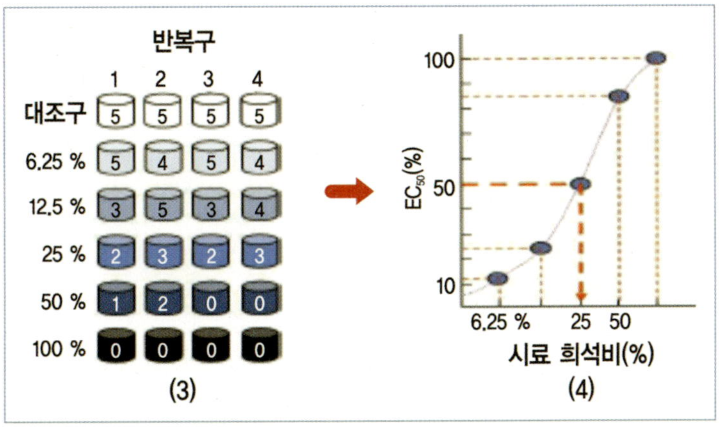

<그림 8-10> 독성시험 결과

다. 생물 독성 값의 산정

EPA에서 제시하는 probit 통계처리법을 이용하여 EC_{50}값을 산출할 수 있는데 값이 작을수록 독성도가 커지며 다음과 같은 식에 의하여 독성단위(toxic unit, TU)를 산출할 수 있다.

반수영향농도(EC_{50})를 구할 수 없는 경우, 100 % 시료에서 0∼10%에 영향에 대해서는 TU를 0으로 하고, 10∼49 %에 영향에 대해서는 0.02 × (영향 받은 퍼센트)로 TU를 계산할 수 있다(환경부, 2008).

$$TU = \frac{100}{EC_{50}}$$

위 식에서 EC_{50}은 25로 결정되며 따라서 독성값, $TU = \frac{100}{25} = 4$로 산정된다.

4. 오염원과 부하량

4.1. 오염원

일반적으로 수질오염원은 **점오염원(point source)**과 **비점오염원(nonpoint source)**으로 구분한다. **점오염원**이라 함은 인구에 의한 생활하수, 가축사육으로 인하여 발생하는 축산폐수, 공장 등 산업시설에 의한 산업폐수 등과 같이 일정한 관로를 통하여 배출되는 오염원을 말한다.

비점오염원이라 함은 농경지, 산림 등 넓은 면적을 가진 오염원으로부터 일정한 관로를 통하여 유입되지 않고 지하로 침투하거나 지표수로 유출되어 호소, 하천, 해역 등으로 유입되는 오염원을 말하며, 비점오염원에서의 오염물질 부하량은 강우 강도와 강우 지속시간 등의 영향을 받는다.

이러한 점오염원 및 비점오염원에서 발생된 오염물질은 각각의 오염원에서 처리된 상태 또는 미처리된 상태로 호소 및 하천 유역으로 배출된다. 유역에 배출된 오염물질 중의 일부는 저유되거나 흐르는 과정에서 자연 정화되고 그 나머지가 호소수 및 하천수에 유입된다. 이와 같은 경우 각 오염원에서 발생된 부하를 **발생 부하량**, 오염원에서 유역으로 배출되는 부하를 **배출 부하량**이라 한다.

4.2. 오염부하량 원단위

오염부하량 원단위는 하수도의 설계, 하천 수질오염의 예측, 오염 부하량 등의 산정에서 중요한 인자로서 단위 시간당 단위오염 인자(인구 수, 가축 수, 토지면적)가 발생 또는 배출하는 오염 물질량(g 또는 kg, m^3)을 말하며, 「오염물질량(g 또는 kg, m^3)/일·단위오염인자」로 나타낸다.

오염부하량 원단위는 동일한 오염원이라도 유역의 생활양식, 축산형태, 경작방법, 지리적특성 및 기상특성 등에 따라 큰 차이가 있으므로 정확한 현지조사를 통하여 원단위를 산정할 필요가 있는데 이런 경우 많은 시간과 인력이 요구된다.

국내에서 일반적으로 적용될 수 있는 기존에 조사된 원단위는 <표 8-3>에 나타낸 바와 같다.

<표 8-3> 발생 오염부하량 원단위

구분	종 류	발생부하량		
		BOD	T-N	T-P
인 구 (g/인/일)	시가	50.7	10.6	1.24
	비시가	48.6	13.0	1.45
가축 (g/두/일)	젖소	556.0	161.8	56.7
	한우	528.0	116.8	36.1
	돼지	109.0	27.7	12.2
	가금	5.2	1.1	0.4
토지 (kg/m^2/일)	전	1.59	9.44	0.24
	답	2.30	6.56	0.61
	임야	0.93	2.20	0.14
	대지	85.90	13.69	2.10
	기타	0.960	0.759	0.027
양식장 (g/m^2/일)	가두리	76.68	14.96	4.15
	지수식	7.34	1.42	0.39
	유수식(송어)	15.31	2.99	0.83
	유수식(대하)	3.18	0.62	0.17

각 오염물질에 대한 오염부하량을 산정하기 위해서는 먼저 오염물질별로 발생부하량 원단위와 배출부하량 원단위로 구분한다.

인구에 대한 원단위는 시가화지역과 비시가화지역으로 나누어 적용할 수 있는데 시가화 지역은 동 이상의 도시지역을 말하고 비시가화 지역은 읍 단위 이하의 지역을 의미한다. 인구에 의한 원단위는 조사기관마다 약간씩 차이가 있기 때문에 본고에서는 최근에 가장 많이 적용한 원단위를 선정하여 나타내었다.

가축에 의한 원단위 역시 최근에 가장 많이 사용한 원단위를 선정하여 나타내었으며 한우, 젖소, 돼지, 가금 등으로 구분하였다.

토지사용에 대한 원단위는 논, 밭, 임야, 대지, 기타지역으로 구분하며 토지사용에 대한 용도별 원단위는 대체로 일치하고 있다.

사람의 일상생활에 기인하여 발생된 생활오수는 일반적으로 분뇨정화조, 오수 정화시설, 하수 및 분뇨 종말처리시설 등을 거쳐 공공수역으로 배출된다. 또한 수세식 화장실이 아닌 수거식 화장실을 통해 배출되는 분뇨는 대부분이 농경지를 통해서 자연으로 환원되기 때문에 비점오염원의 부하량에 포함된다.

가축에 의해 발생된 오염물질은 주로 가축분뇨와 잔류사료 등에 의한 것인데 이가운데에서 분은 수거되어 퇴비 등으로 이용하고, 뇨는 축사 세척수와 함께 배출되어 처리장이나 공공수역에 유입된다.

소와 돼지에 의해 발생되는 축산폐수는 사육규모에 따라 법적으로 규제대상과 비규제 대상으로 구분하고 있다. 규제대상 축사는 일정규모 이상의 축산 폐수처리시설을 설치하여 폐수를 처리해야 하기 때문에 비규제 대상 축사보다는 마리당 오염물질 배출량이 훨씬 적다.

그러나 우리나라의 경우, 축산농가 대부분이 가구당 사육 두수가 많지 않아 거의 대부분이 비규제 대상 가축사육 형태라고 볼 수 있다. 또한 규제대상 축사에서 배출되는 경우에도 대부분 축산 폐수처리시설이 효율적으로 운영되고 있지 않기 때문에 비규제 대상 가축과 동일한 배출원단위를 적용한다.

또한 농경지, 임야, 대지 등의 비점오염원으로부터 발생되는 오염물질은 정화시설을 거치지 않고 직접 수계에 유입되므로 발생원단위와 배출원단위를 동일하게 적용할 수 있다.

추천할 수 있는 오염부하량(발생량, 배출량) 원단위는 아래에 나타내었다.

시가지 인구에 대한 배출량 원단위는 BOD 50.7 g/인·일, T-N 10.6 g/인·일, T-P 1.24 g/인·일, 가축에 대한 배출량 원단위는 한우의 경우 BOD 528.0 g/두·일, T-N 116.8 g/두·일, T-P 36.1 g/두·일이며 돼지의 경우 BOD 109.0 g/두·일, T-N 27.7 g/두·일, T-P 12.2 g/두·일을 사용한다.

4.3. 발생부하량과 배출부하량

발생부하량이란 발생원단위로부터 계산한 부하량을 의미한다 예를 들면 1인 1일 발생원단위가 60 g BOD/일·인이고 10,000명 인구를 가진 도시에서 BOD 발생부하량을 구하면, 60 g BOD/일·인 × 10,000명 = 600 kg BOD/일로 계산할 수 있다.

배출부하량은 발생원에서 하수구로 배출되는 부하량으로서, 실제 하천 및 하수구에서의 유량과 농도를 측정하여 부하량을 산정할 수 있으며, 측정이 어려울 경우 발생 부하량에 배출계수를 곱하여 산정한다.

$$BOD\ 부하량(kg/d) = BOD\ 농도(mg/L) \times 유량(m^3/d)$$

예를 들면, 하수구의 유량이 0.1 m^3/sec이고, 하수구의 BOD농도 100 mg/L이면, 0.1 m^3/sec×100 mg/L = 864 kg BOD/일로 산정할 수 있다.

예 제

■ **부하량의 질량수지**

BOD가 20 mg/L인 하수처리장 방류수가 5,000 m^3/일이 배출되고 있다. 배출 수역인 하천의 BOD는 2.0 mg/L이며, 유량은 1.0 CMS(m^3/s)이다. 배출된 하수가 완전혼합된다고 가정하면, 혼합된 하천수의 BOD는 얼마인가?

풀이

$QC = Q_1C_1 + Q_2C_2$의 질량수지를 이용

$$C = \frac{1}{Q}(Q_1C_1 + Q_2C_2)$$
$$= \frac{86{,}400 \times 2.0 + 5{,}000 \times 20}{86{,}400 + 5{,}000} = 2.98\,mg/L$$

4.4. 유달율과 배출율

하천의 어느 목표지점에서 측정된 오염물질의 총량(유달 부하량)과 발생원에서 오염물질의 총량(발생부하량)과의 비를 유달율이라 하며, 배출구인 하수구까지 부하량(배출부하량)과 총 발생부하량과의 비를 배출율이라 한다.

<그림 8-11>에 제시된 바와 같이 하천에 대하여 발생원1지점에 오염부하량이 $L_1(t)$가 발생하고 있고, 하수구 등을 통하여 2지점에 배출하였을 때, 배출율을 C_r이라하면, 계산식 $C_r = \frac{L_2(t)}{L_1(t)}$로 나타낼 수 있다.

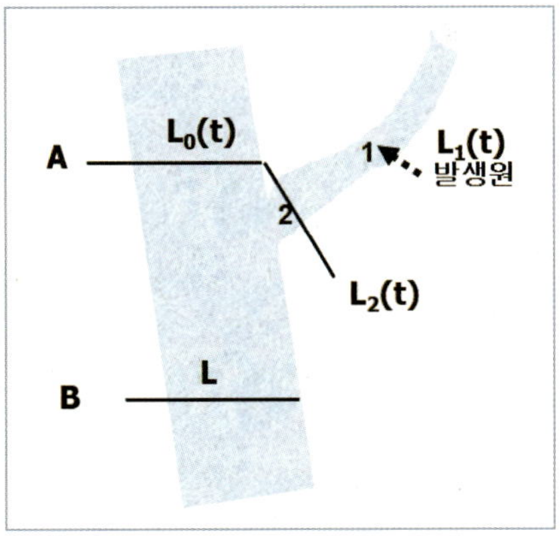

<그림 8-11> 하천의 오염부하량

하천 상류로부터 오염부하량이 $L_0(t)$이면, $L_2(t)$와 합류되어 유하하고 최종목적지에 부하량이 $L(t)$가 되었다고 가정하면 다음과 같은 식으로 나타낼 수 있다.

$$L(t) = (L_2(t) + L_0(t))\alpha(t)$$

여기서 α(t)는 하천자정에 의한 감쇄잔존율이다. 전체적인 유달율을 R이라하면,

$$R = \frac{\int L(t)}{\int L_1(t)dt}$$

이를 다시 정리하면 다음과 같다.

$$R = \frac{\int L(t)}{\int L_1(t)dt} = \frac{\int (L_2(t) + L_0(t))dt}{\int L_1(t)dt}$$

$$= C_r \frac{\int L_1(t)\alpha(t)dt}{\int L_1(t)dt} + \frac{\int L_0(t)\alpha(t)dt}{\int L_1(t)dt}$$

$$= C_r\alpha(t) + \frac{\int L_0(t)\alpha(t)dt}{\int L_1(t)dt}$$

여기서 상류로부터 오염부하가 거의 없다고 가정한다면 다음과 같이 나타낼 수 있다.

$$R = C_r\alpha(t)$$

하천에 도달하는 오염부하 $L_2(t)$는 배출 부하량으로서 하수가 하천에 유입되는 지점에서 실측하여 구한다. 도시의 규모가 커서 배출 부하량을 실측하기 어려운 경우 배출율(Cr)을 추정하여 배출 부하량을 추산한다.

유달율 R을 산정하기 위해서는 앞의 식의 감쇄율 α, 배출율 C_r도 구해야 된다. L_0, L_2, 와 L을 실측하여 다음과 같은 식으로 나타낼 수 있다.

$$\alpha = \frac{L}{L_0 + L_2}$$

예 제

■ **배출율과 유달율**

거주인구가 20,000명의 주택단지가 있다. 생활하수와 분뇨는 합쳐서 처리되고 처리장치의 효율은 85 %이다. 처리장치를 거친 하수는 하수도를 통하여 하천에 유입되는데, 하수도의 유량은 평균 3,600 m^3/일, BOD는 10 mg/L로 조사되었다. 하천의 상류부 A단면의 유량은 864,000 m^3/d, BOD는 1.0 mg/L, 목적지점인 B단면에서의 유량은 864,360 m^3/d, BOD 1.1 mg/L로 측정되었다.

1) 이 경우 배출율은 얼마인가? (단, 1인당 오염원단위 50 g/인·일, 인구를 제외한 오염원은 없는 것으로 가정)
2) B점에 대한 유달율 R은 얼마인가?

■ **풀이**

1) 발생부하량 :

$$L_1 = 20{,}000\text{인} \times 50\,g/d \cdot \text{인} \times 0.15(\text{처리효율} = 85\%) = 150{,}000\,g/d$$

배출부하량 : $L_2 = 10\,g/m^3 \times 3{,}600\,m^3/d = 36{,}000\,g/d$

배출율 : $C_r = 36{,}000/150{,}000 = 0.24$

2) 유달부하량

$$L(t) = (L_2(t) + L_0(t)) \times \alpha(t)$$

$$\alpha = \frac{L}{L_0 + L_2} = \frac{867{,}600\,m^3/d \times 1.0\,g/m^3}{864{,}000\,m^3/d \times 1\,g/m^3 + 10\,g/m^3 \times 3{,}600\,g/m^3} = 0.964$$

$$\text{유달율}\ R = C_r{}^{\circ}\,\alpha + \frac{L_0}{L_1} = 0.24 \times 0.964 + \frac{1.0\,g/m^3 \times 864{,}000\,m^3/d}{150{,}000g/d}$$

$$= 0.231 + 0.576 = 0.807$$

4.5. 인구당량

오염부하량은 생활하수의 원단위(성인이 1일에 배출하는 오탁부하량)로 몇 사람분에 해당하는가를 환산하여 나타낸 수치를 말하며 다음 식으로 나타낼 수 있다.

$$\text{인구당량} = \frac{\text{하수의}\ BOD \times \text{유량}}{\text{가정하수 1인 1일}\ BOD}$$

Imhoff에 의하면 인구 1인이 1일에 오염시키는 오염량은 다음과 같다.

- 1인 1일당 오염량 : 54 g BOD_5
- 침전후의 오염량 : 35 g BOD_5
- 불용해성물질 : 31 g BOD_5(침전가능 : 19 g, 침전불능 : 12 g)
- 용해성물질 : 23 g BOD_5

이를 소위 인구당량이라고 하는데 근래에는 생활정도의 향상에 따라 오염량을 70 g BOD_5, 침전후의 오염량을 50 g BOD_5로 높여 인구당량으로 사용하고 있다.

보통 가정하수의 1인 1일 BOD 배출량은 50 g 정도인데 설계를 할 때에는 이보다 약간 더 높은 54 g정도로 산정한다.

예 제

■ **인구당량**

공장배수의 BOD가 300 ppm, 배수량이 2600 m^3/day인 공장폐수의 인구당량수는 얼마인가? (단, 1인 1일당 BOD는 50 g이다)

■ **풀이**

$$\text{인구당량} = \frac{300\ g/m^3 \times 2{,}600\ m^3/d}{50\ g/\text{인} \cdot d} = 15{,}600\ \text{인}$$

5. 하천의 수질관리

하천의 수질은 유역의 지질 및 토양의 성질, 유량 및 하수량 등에 크게 영향을 받게 된다. 최근에는 산업폐수, 축산폐수 및 농약과 비료의 과도한 사용에 의한 관개용수의 오염이 진행되고 있으며 강수시의 도시 유출수와 같은 비점오염원에 의해서 하천의 자정능력을 초과하여 생태계에 중요한 위치를 차지하고 있는 수자원으로서 기능을 상실해가고 있는 형편이다.

따라서 하천의 자정작용과 용존산소 시스템, 희석확산 작용을 설명하고, 이를 통해 하천에서의 수질변화와 육상오염원의 유입에 따른 오염기작을 살펴보고자 한다.

5.1. 하천의 자정작용

하천이나 호소가 하수, 공장폐수 등에 오염되어도 상당기간 동안 자연 상태로 방치하여두면 자연의 치유력, 즉 물리적, 화학적, 생물학적인 작용이 일어나 원래의 깨끗한 상태로 된다. 이러한 현상을 자정작용(self-purification)이라 한다. 하천의 자정작용 인자는 pH, 온도, 일광, DO, 수심, 유속 등이 있다. 자정작용은 자연의 치유력이며 근본적으로는 다음과 같은 물리적, 화학적, 생물학적인 3가지 작용이 서로 밀접하게 관련하여 장시간, 장거리 또는 넓은 공간에 있어서 이루어진다.

- 물리적 작용 : 오염물질이 희석, 확산, 혼합, 침전, 여과, 흡착 등으로 농도가 감소
- 화학적 작용 : 오염물질이 산화, 환원, 중화, 응집 등에 의해 농도가 감소
- 생물학적 작용 : 주로 호기성 미생물에 의한 유기물질 분해(산화)작용

• 물리적 작용

희석, 확산, 혼합, 침전, 흡착, 여과 등으로 수중 오염물질의 농도가 감소하거나 포기에 의해서 공기 중의 산소가 용해(혹은 미생물이 가해져서)하여 유기물의 분해가 촉진되는 과정이다. 특히 지하수에서는 지층의 정화작용에 의하여 오염물질이 정화되며 이 과정에서는 여과 또는 생물적 작용이 관여되고 있다.

• 화학적 작용

순수한 공기 중에서 흡수된 산소에 의한 산화 또는 오염물질의 분해에 의하여 생기는 탄산가스가 물의 pH를 높여 수산화물의 생성이 촉진되어 자연적으로 응집이 진행되는 것 등을 포함한 과정이다. 하지만 이러한 화학적 작용은 생물화학적 산화환원의 양 작용에 비해 자정작용이 차지하는 부분이 작다.

• 생물학적 자정작용

자정작용의 가장 큰 비중을 차지하며 진행을 좌우하는 것은 생물상에 영향을 끼치는 외적 환경조건으로 온도, pH, DO, 햇빛 등이다.

수중생물은 호흡작용에 필요한 산소를 수중의 DO에 의지하고 있으므로 자연적 도는 인공적으로 산소를 보충하지 않으면 DO가 감소하고 DO를 소비하는 호기성 미생물은 사멸하고 혐기성 미생물(유기물이라든가, NO_3^-, NO_2^-, SO_4^{2-}같은 물질에 함유된 화합상태의 산소를 끌어내어 이것을 소비하는 미생물)이 대신 활동을 전개하게 된다.
호기성 분해는 그 과정이 별로 유해하지 않지만 혐기성 분해는 호기성 분해에 비하여 분해하는 시간이 길고 더구나 유해한 것이 많다. 수중의 DO는 대기 중의 산소가 재포

기되어 다시 회복과정을 거치게 되는데 이러한 상태가 계속 순환되면 물은 오염되기 이전의 상태에 가까워지며 결국 자정작용이 완료된 것으로 간주할 수 있는 상태가 된다.

자정작용의 진행속도는 실제 중요한 문제로 DO의 시간적 변화나 BOD 또는 COD의 시간적 제거율을 조사하여 추정한다.

• 자정단계

하천에 오염물질이 유입되면서 일련의 변화 과정을 거치게 된다. 호수나 저수지처럼 정체된 지역에서는 그 변화과정을 쉽게 관찰하기는 쉽지가 않지만, 하천에서는 오염원 배출지점으로부터 떨어진 거리나 시간을 알 수 있으므로 수질의 변화과정을 쉽게 관찰할 수 있다.

• 분해지대

분해지대에서는 오염된 물의 화학적 및 물리적 질이 저하된다. 따라서 오염에 의한 고등생물은 오염에 강한 미생물에 의해 교체된다. 이 지대는 오염물질이 운반되는 하수관의 방출지점과 가까운 하류에 위치하며, 여름철 온도에서 용존산소의 포화농도의 45%에 해당되는 지점이다.

• 활발한 분해지대

활발한 분해지대에서는 용존산소가 거의 없는 상태에 도달하게 된다. 회색 내지는 흑색으로 나타나고, 화장실에서 나는 냄새나 H_2S에 의한 썩은 계란냄새가 나게 되며, 흑색 및 점성질의 슬러지 침전물이 생기고 기체방울이 수면으로 떠오른다. 혐기성 세균이 번식해서 호기성 세균을 교체시켜 시간당 생화학적 산소요구량이 재폭기량 보다 적어질 때 까지 번식한다. 이 지대의 상류단에서는 균류(fungi)의 수가 감소하므로 혐기성 상태로 변하게 된다.

• 회복지대

이 지대에서는 분해지대에서 일어나는 현상과는 반대되는 현상이 일어나며 장거리에 걸쳐서 일어난다. 이러한 회복지대에서는 물이 점차 깨끗해지며, 점성질의 슬러지 침전물이 구슬모양으로 변하고 기체방울의 발생이 중단된다. 용존산소의 농도가 포화될 정도로 증가하고 가스의 농도는 감소하며 아질산염이나 질산염의 농도가 증가한다.

• 정수지대

정수지대는 마치 오염되지 않은 자연수처럼 보이며, 보기에도 깨끗할 뿐만 아니라 용존산소의 양도 많아서 자연적으로 오염된 물속에서 살 수 있는 식물이나 동물이 번식한다. 이 지대에서는 다른 미생물과 마찬가지로 호기성 세균이 나타나며, 낚시를 할 수 있을 정도로 많은 종류의 물고기가 다시 번식하기 시작한다.

5.2. 하천에 있어서의 BOD감소 및 부하량

가. BOD감소 반응식(E. B phelps의 1차 반응식)

Phelps는 제 1단계의 탈산소 반응을 1차 반응으로 전제하고 다음 식(탈산소반응식)을 제시하였다.

$$\frac{dL}{dt} = -kL$$

위 식에서 t = 0, L = La의 조건을 주어 적분하면

$$\ln\frac{L}{L_a} = -kt$$

$$\frac{L}{L_a} = e^{-kt}$$

$$L = L_a e^{-kt}$$

$L = L_t$로 표시하면

$$L_t = L_a e^{-kt}$$

위 식을 상용대수로 표시하면

$$L_t = L_a 10^{k_1 t}$$

여기서, L_t : t일 후의 잔존 BOD

L_a : 최초의 전 BOD(BOD_U)

k_1 : 탈산소 속도계수

t : day

나. 탈산소 속도계수의 측정

도시하수와 하천수의 BOD 실험에 의한 탈산소 속도계수 k_1은 0.05~0.2 1/d의 값을 가진다. BOD실험에 의한 탈산소 속도계수는 생물학적 산화에 의한 것이기 때문에 실

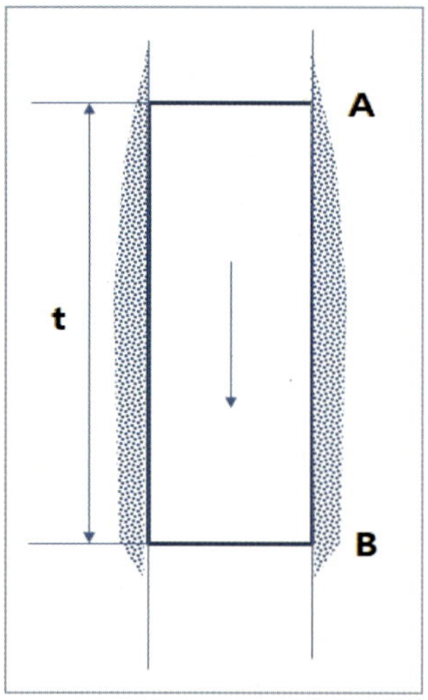

<그림 8-12> 하천의 탈산소속도 계수 측정지점

제 하천에서와 같은 조건에서는 기타의 여러 작용들도 아울러 고려해야 한다. 기타 요인에 의한 제거속도를 k_3라 하고 모든 상황을 고려한 탈산소 속도계수를 K_r로 나타내면 다음과 같다.

$$K_r = K_1 + K_3$$

<그림 8-12>에서 제시된 하천에서 A지점과 t시간 후 B지점에서 채수하여 BOD를 측정했을 때, BOD 감소가 앞서 유도된 1차식에 따른다고 한다면 다음과 같이 나타낼 수 있다.

$$L_A = L_B e(-K_r \cdot t)$$
$$\ln L_B - \ln L_A = -K_r \cdot t$$
$$K_r = \frac{1}{t} ln(\frac{L_A}{L_B})$$

예 제

▪ 탈산소속도계수

하천에서 탈산소속도계수를 구하고자한다. 평균유속이 0.17 m/s이고 AB간의 거리가 400 m이다.

1) A지점에서 시료채취 후 몇시간 후 B지점에서 채취하여야 하는가?
2) A지점의 BOD가 6 mg/L, t시간 후 B지점의 BOD가 5 mg/L이었다면 총괄 탈산소속도계수 Kr은 얼마인가?

풀이

1) $t = 400\,m/0.16\,m/s \times 3600\,s/hr = 0.7\,hr$

2) $K_r = \frac{1}{t} ln(\frac{L_A}{L_B}) = \frac{1}{0.7\,hr} ln(\frac{6}{5}) = 0.26(1/hr) = 6.24\,d^{-1}$

상용대수로 환산하면

$k_r = \frac{6.24}{2.3026} = 2.71\,d^{-1}$

5.3. 산소 수하곡선(oxygen sag curve)식

하천에 BOD와 같은 유기물질이 유입되고 분해됨에 따라 용존산소(dissolved oxygen, DO)는 소모되고, 하류로 유하함에 따라 DO요구량 즉, 산소부족량은 증가하게 된다. 일정시간이 경과하면 분해 가능한 유기 물질량은 감소하고 DO요구량이 적어지는 반면 재폭기에 의한 산소공급량은 상대적으로 늘어나게 된다. 이에 따라 수중의 DO농도가 복구되어 원래 상태의 DO농도로 회복하게 된다.

탈산소와 재포기(reaeration)작용에 따라 DO부족량의 단면도를 보면 스푼 모양(spoon shaped)을 이루며, 이 곡선을 DO부족곡선(dissolved oxygen sag curve)라 부른다. 산소부족량(oxygen deficit)이란 주어진 수온에서 포화 산소량과 실제 용존 산소량간의 차이를 말한다.

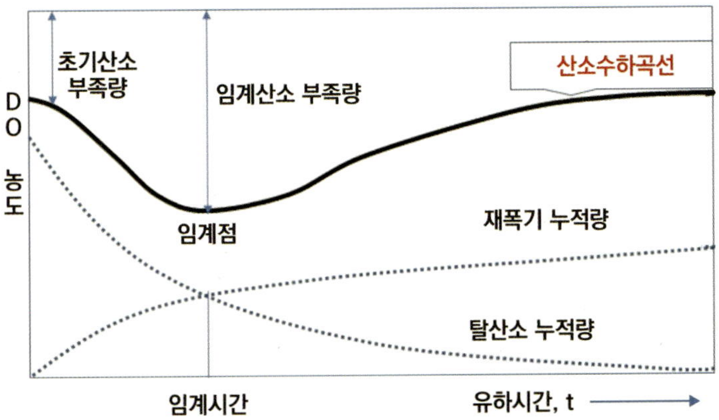

<그림 8-13> 산소수하곡선

일정시간 후의 산소부족량 D_t을 수식으로 나타내면 다음과 같다.

$$D_t = \frac{K_1}{K_2 - K_1} \cdot L_0 (10^{-K_1 t} - 10^{-K_2 t}) + D_0 10^{-K_2 t}$$

여기서, D_0 : 초기(t=0일 때) DO부족량(inicial deficit)

L_0 : 방류지점하천수의 UBOD, mg/L

K_1 : 탈산소계수, 1/d

K_2 : 재폭기계수, 1/d

수온, 상류에서의 DO량 및 BOD(D_0 및 L_0), 하천의 탈산소계수(K_1), 그리고 하천의 재포기 계수(K_2)를 알면, 위 식에 대입하여 하천에 오염물이 유입시 t일 후의 용존산소

DO부족량과 하천의 용존산소 농도를 추출할 수 있다. 수온, 상류에서의 DO량 및 BOD(D_0 및 L_0)는 측정이 가능하며, K_1값은 하류에 따라 여러 지점의 BOD를 측정하여 $L_t = L_0 \cdot 10^{-K_1 \times t}$식에 의해 구할 수 있다. K_1과 K_2의 값은 온도에 따라서 변하고 온도보정은 다음 식에 의하여 추출할 수 있다.

$$K_{1(T)} = K_{1(20)} \times 1.047^{(T-20)}$$

$$K_{2(T)} = K_{2(20)} \times 1.018^{(T-20)}$$

여기서 T는 ℃로 표시한 수온이다.

산소 수하곡선(oxygen sag curve)에서 DO가 가장 낮은 점인 임계점이 바로 수질이 가장 악화되는 지점이다. 이러한 임계점은 BOD 부하량의 영향이 어느 지점에 가장 크게 나타나는지를 예측할 수 있으므로 임계점의 위치와 임계시간을 파악하는 것이 중요하다.

$$t_0 = \frac{1}{K_2 - K_1} log\left[\frac{K_2}{K_1}\left\{1 - \frac{D_0(K_2 - K_1)}{L_0 K_1}\right\}\right]$$

임계부족량 Dc는 t_c로부터 구할 수 있고 t_c를 자정계수 $f = \frac{K_2}{K_1}$라는 상수를 사용해서 임계시간 t_c는와 임계부족량 Dc는 다음과 같이 계산할 수 있다.

$$t_c = \frac{1}{K_1(f-1)} log\left[f\left\{1 - (f-1)\frac{D_0}{L_0}\right\}\right]$$

$$D_c = \frac{L_0}{f} \cdot 10^{-K_1 t_c}$$

위 식에서 t_c의 단위는 day, D_c의 단위는 mg/L이다.

5.4. 하천의 재폭기

공기와 접하는 수면을 통하여 공기 중의 산소가 수중으로 용해되는 현상인 재폭기는 용존산소의 포화부족량, 하천의 형태와 유수의 상태 그리고 수온 등에 따라 그 양이 달라진다. 재폭기계수 K_2는 여러 실험연구를 통해 얻어진 식으로부터 추정하여 구할 수 있다.

O′Connor와 Dobbins(1958)는 film이론과 난류이론을 조합하여 20℃의 수온조건하에

서 수심의 조건별로 다음과 같은 식을 제안하였다.

$$K_2 = \frac{241,300 \times D_L^{1/2} \times S^{1/2} \times 10^4}{H^{5/4}} ; H \leq 1.5m$$

$$K_2 = \frac{86,000 \times (D_L V)^{1/2} \times 10^4}{H^{3/2}} ; H > 1.5m$$

여기서 D_L은 분자확산계수로 2.037×10^{-9} m/sec의 값을 가지며, S는 수면경사, H는 평균수심(m)이다.

Krenkel과 Thackson(1969)은 유속 V가 0.03~1.52 m/sec 이고, 수심 H가 0.12~3.35 m인 단위에서 K_2의 값을 추정하는 다음 식을 제시하였다.

여기서 g는 중력가속도 (m/sec^2)이다.

$$K_2 = 24.87\left[1 + \left(\frac{V}{\sqrt{gH^{1/2}}}\right)\right]\sqrt{\frac{gs}{H}}$$

또한 Churchill(1962), Isaacs는 하천의 수리학적 변수인 유속 V(m/sec)와 평균경심 R(m)등을 관계시켜 다음과 같이 식을 제시하였다.

- Churchill식: $K_2 = 26.71\,V^{0.969}R^{-1.673}$
- Isaacs 식 : $K_2 = 11.8\,VH^{-1.5}$
- Owens 식 : $K_2 = 87.9\,V^{0.67}H^{-1.85}$

각 유속이 다른 수역에서 K_2 값은 다소 차이가 있으나, 시카고 위생지구의 기술자문 위원회에서 추정한 값들을 소개하면 <표 8-4>와 같다.

<표 8-4> 재폭기 계수

각종 수역	K_2'의 값, 20℃(base e)
작은 연못	0.10 - 0.23
느린 유수로 및 큰 호수	0.23 - 0.35
저유속의 하천	0.35 - 0.46
보통 유속의 큰 하천	0.46 - 0.69
급류 하천	0.69 - 1.15
폭포	> 1.15

특히 $f = K_2/K_1$를 자정계수라 하며, 수온과 수심, 유속구배 및 난류 특성에 따라 변한다. 온도가 낮을수록 K_1과 K_2 값이 감소하므로 f값은 커진다. 수심이 얕을수록 K_2이 증가하므로, 자정계수 f값은 커지며, 유속, 구배 및 난류가 클수록 f값은 커진다. 유속과 수역의 상태에 따른 f 값은 <표 8-5>와 같다.

<표 8-5> 수역상태에 따른 자정계수

구 분	20 ℃에서 f값
조그만한 연못	0.5 - 1.0
완만한 하천 큰 호수, 저수지	1.0 - 2.0
유속이 낮은 큰 하천	1.5 - 2.0
유속이 보통인 큰 하천	2.0 - 3.0
급류나 급한 하천	3.0 - 5.0
급류나 낙차가 있는 하천	5.0 이상

예 제

■ **산소부족량과 용존산소**

유량이 5.0 m^3/sec, BOD_5가 4 mg/L이고 DO는 포화농도를 유지하는 이 하천에 BOD_5가 20 mg/L, 유량이 1.2 m^3/sec, DO가 0인 하수가 유입되고 있다. 다음을 풀이하시오. (단, 하천의 수온은 20℃이고 20℃에서 DO포화도는 9.2 mg/L, 혼합수 K_1=0.1/day, K_2=0.2/day, 혼합 시 온도도 20℃로 본다)

1) 3일후 DO부족량은 몇 mg/L인가?
2) 임계시간 tc를 구하시오.
3) 또 임계부족량 Dc는 몇 mg/L인가?

■ 풀이

1) 용존산소 부족곡선식에서 L_0는 최종 BOD(UBOD)이므로 BOD_5를 UBOD로 환산한다.
우선 혼합시의 BOD_5를 구하면

$$\frac{20 \times 1.2 + 5.0 \times 4}{1.2 + 5.0} \fallingdotseq 7.10 mg/L$$

다시 최종 UBOD로 환산하면

$y = L_0(1-10^{-K_1 t})$ 에서

$7.10 = L_0(1-10^{-0.1\times 5})$

$L_0 = 10.38 \ \text{mg/L}$

또 혼합시 $DO = \dfrac{0\times 1.2 + 9.2\times 5.0}{1.2+5.0} = 7.42 \ \text{mg/L}$

$D_t = \dfrac{K_1 L_0}{K_2 - K_1}(10^{-K_1 t} - 10^{-K_2 t}) + D_0 \cdot \ 10^{-K_2 t}$ 에서

$D_3 = \dfrac{0.1\times 10.38}{0.2-0.1}(10^{-0.1\times 3} - 10^{-0.2\times 3}) + (9.2-7.42)\times 10^{-0.2\times 3}$

$= 3.072 \text{mg/L}$

2) $t_c = \dfrac{1}{K_2 - K_1} log\left[\dfrac{K_2}{K_1}\left\{1 - \dfrac{D_0(K_2-K_1)}{L_0 K_1}\right\}\right]$ 에서

$t_c = \dfrac{1}{0.2-0.1} log\left[\dfrac{0.2}{0.1}\left\{1 - \dfrac{(9.2-7.42)\times(0.2-0.1)}{10.38\times 0.1}\right\}\right]$

$= 2.19 \ day$

3) $D_{2.19} = \dfrac{0.1\times 10.38}{0.2-0.1}(10^{-0.1\times 2.19} - 10^{-0.2\times 2.19})\times 10^{-0.2\times 2.19}$

$= 3.13 \ mg/L$

6. 호소의 수질오염

호소는 주변이 육지로 둘러싸여 있고 바다와 떨어져 있는 정체된 수역을 말한다. 호소의 는 인공적인 호수와 저수지를 조성함으로서 수자원의 확보, 용수 공급. 수력발전 그리고 홍수조절의 기능 등의 역할을 담당한다.

6.1. 호소의 종류

호소는 형성과정에 따라 자연호(natural lakes)와 인공호(impoundments)로 구분한다. 자연호는 언지호, 해적호, 화구호, 칼데라호, 단층호 등이 있으며, 인공호에는 작은 규모의 농업용 저수지와 홍수조절, 발전, 상수의 공급위해 만들어진 다목적댐이 있다.

호소의 규모와 특성에 따라 호소, 늪, 연못, 소택지, 습원으로 구분할 수 있으며, 그 특성은 다음과 같다.

• 호소(lake) : 주변 수생생물이 내부로 침입할 수 없을 정도의 깊이를 갖는 호. 수심이 5 m이상
• 늪(swamp) : 수생식물이 호의바닥에서 자랄 수 있을 정도의 수심을 갖는 호. 수심이 5 m이하
• 연못(pond) : 늪과 같은 수심을 가지나 수생생물이 자라지 못함
• 소택지(marsh) : 수심 1 m이하의 얕은 호로서 식물체가 무성한 곳
• 습원(moor) : 수체라고 할 수 없을 정도로 습지식물로 뒤덮인 곳

호소의 수심은 7m를 기준으로 깊은 호소와 얕은 호소로 구분한다.

호소는 영양상태에 따라서 조화형과 비조화형으로 나눌 수 있다.

• 조화형(harmonic lake) : 부영양형 호수, 빈영양형 호수
• 비조화형(disharmonic lake) : 부식 영양형, 알칼리 영양형, 산영양형

6.2. 호소의 성질

호소에서의 계절적 또는 지역적으로 특이한 대규모의 물 유동을 호류라 하는데, 호소에서 오염 물질의 이동과 확산에 중요한 역할을 한다. 호류의 원인에는 바람, 수온과 염분에 의한 밀도 차, 호소에 유입되는 하천수, 유출호수 등의 다양한 요인이 있다. 호수나 큰 저수지에서는 계절에 따라 온도성층과 순환류가 생기며, 이것은 호소의 부영양화와 수질에 큰 영향을 미친다.

가. 호소의 모양과 크기

• 모양

인공 저수지는 대부분 하천에 댐을 건설함으로써 형성된다. 이에 따라 강의 계곡에 담수를 하기 때문에 계곡의 형태에 따라 길게 뻗어 있거나 나무 가지 모양을 하는 경향이 많다. 반대로 자연호는 자연적으로 형성되기 때문에 주로 둥근 모양을 가지며 인공저수지에 비해 상대적으로 길이가 짧다. 물론 자연호도 나뭇가지 모양이나 길게 뻗은 호수가 없는 것은 아니지만 일반적으로 살펴보았을 때 둥근 모양의 호소가 대부분이다.

• 크기

크기와 관련하여 수질에 큰 영향을 미치는 두 가지 요소는 체류 시간과 수심이다. 일

반적으로 호소들은 짧은 체류 시간(τ_w<lyr)계와 긴 체류시간(τ_w>lyr)계로 분류되는데 때로는 수심에 따라 얕은 호소(H<7m)나 깊은 호소(H>7 m)로 구분되기도 한다.

수심이 깊은 호소들은 연중 일정기간 동안 온도에 의한 성층현상이 발생하기 때문에 수심에 따른 분류는 호소의 수질관리에 있어서 매우 중요한 의미를 지닌다.

나. 호소의 화학적 성질

호소에 오염물질이 유입되었을 때 침전성 고형물질은 침전하고 비침전성 물질은 상부의 순환층에서 확산된다.

특히 여름철에는 상층부 순환층은 용존 산소 농도가 크기 때문에 호기성 조건이 형성되고, 하층인 정체층에는 혐기성 환경이 형성되는 성층현상이 발생한다. 이에 따라 호수에 유입된 오염물은 상부에서는 호기성 분해가 일어나고 하부에 퇴적한 유기물은 혐기성 분해를 일어나 CO_2, NH_3, CH_4, H_2S 등의 가스가 발생하며 상승하게 된다.

한편 봄, 가을의 순환기에는 호수나 저수지 밑에 퇴적된 유기물과 고농도의 가스가 호소 전체에 확산되어 수질이 전체적으로 심하게 오염된다.

호수에 성층현상이 발생하여 수직혼합이 저지되면, 호수의 화학적 성질에도 큰 수직차가 생긴다. 예컨대 표층은 pH 가 높고, DO가 과포화되고, CO_2 나 영양염류(질소, 인 등) 등은 적다. 반면 저층수에서는 pH가 낮고, DO는 적으나, 영양염류나 CO_2 등이 많은 현상이 발생한다. DO, pH, 질소, 인 등과 관련된 일반적인 호수의 특성은 다음과 같다.

• 용존산소(DO)

수심이 깊은 호소는 하계와 동계에 성층현상을 일으키며, 호소수중 DO는 하계 정체기에는 다음과 같은 상태가 된다.

- 표　　층 : DO는 포화치에 가깝다.
- 수온약층 : 유기물에 의한 오염이 많을 때는 DO는 비교적 적어진다.
- 심 층 수 : 유기물이 적은 경우에는 상당한 DO가 있으나, 유기침전물이 많을 때는 DO가 적거나 0이 되어 혐기상태가 형성된다.

가을이나 봄의 순환기에 있어서는 호소내의 물은 공기에 접촉하고 수중 DO가 포화치보다 낮을 때는 대기 중의 산소가 수중에 용해된다.

• 수소 이온 농도(pH)

천연 호소의 pH는 보통 6~8이지만 화산지대의 호소는 산성이다. 또 하천수가 유입하거나 호소바닥에 퇴적하는 경우는 산성일 때가 많다. 반대로 석탄암 지대의 호수는 중탄산염의 함량이 많고 이에 따라 호소는 중성 또는 약알칼리성으로 나타난다.

뿐만 아니라 식물 플랑크톤 번성에 의하여 물이 알칼리성이 되기도 하고, 수중 동·식물의 호흡이나 유기물분해로 인한 CO_2 배출로 인해 물이 산성화되는 경우도 종종 나타난다.

• 질소와 인

호소의 생물량의 증가는 질소와 인에 의한다. 일반적으로 맑은 물의 암모니아성 질소는 보통 0.1 ppm 이하이고, 질산성 질소는 0.3 ppm이하이다. 유기물에 의한 오염이 심한 호소수에서는 질소 함량이 크게 증가한다.

인산은 주로 뼈, 핵인 등을 구성하는 생물체의 필수 물질로서 자연계에서는 미량으로 존재하고 주로 인산염의 형태로 나타난다.

호소수에는 인의 농도가 낮게 나타나므로 제한인자로 사용될 수 있다. 호소에서 인은 주로 수용성의 무기인산(PO_4-P)과 생물사체 등의 부유물질 상태의 유기인으로서 존재한다. 호수의 인산 농도는 인근 토양의 인 함량, 호소바닥의 인 함량, 폐수, 가정하수 등의 영향을 받는다. 뿐만 아니라 호소의 성층상태, 식물 플랑크톤의 발생 상태 등에 따라 변화한다. 호소에서 가용성 인산의 농도는 보통 0.01～0.03 ppm이다.

다. 호수의 성층현상

호소나 저수지의 성층화는 수심에 따른 온도변화로 인해 발생되는 물의 밀도차에 의해 생긴다. 수직방향의 물 운동이 없다면 저수지나 호소는 수온약층(thermocline)을 중심으로 상부의 표층(epilimnion)과 하부의 심층(hypolimnion)으로 구분된다. 수면 가까운 곳에 위치한 표층(epilimnion)층에서는 공기 중의 산소가 재폭기되는 곳이기 때문에 용존산소 농도가 높아 호기성 상태가 된다.

반면 수온약층(thermocline) 하부의 심층에서는 용존산소가 부족하거나 완전히 없어지게 되어 결국 혐기성 상태가 된다. 이렇게 되면 저수지 바닥에 침전된 유기물은 혐기성 미생물에 의해 분해되기 때문에 수질이 크게 악화된다.

이러한 현상은 물의 수직운동이 없는 겨울이나 여름에 주로 일어나며 겨울보다 여름의 정체가 더 뚜렷하다. 이와 같이 저수지의 물이 수심에 따라 여러 층으로 분리되는 현상을 **성층현상(stratification)**이라고 하며 이 결과 생기는 표층, 수온약층, 그리고 심층들을 열밀도층(thermal-density layers) 또는 열층(thermal layers)이라고 한다.

깊은 저수지에 있어서 표층과 수온약층은 각각 7m정도의 수심을 차지하며 그 하부는 심층이 된다.

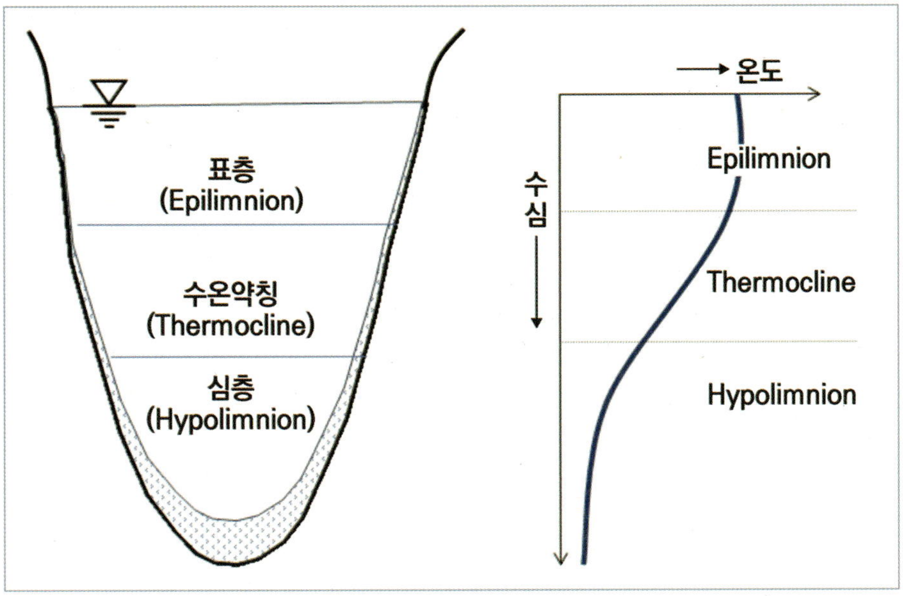

<그림 8-14> 성층현상

• 전도현상

봄과 가을에는 저수지의 **전도현상(turnover)**이 활발히 진행되어 성층(열밀도층)의 구분이 분명하지 않게 되며 상하층간 혼합이 활발하게 이루어진다. 반면, 겨울에는 대기 중의 온도가 낮아 수면이 얼게 되면 표면부근은 0 ℃보다 낮아져도, 얼음 밑의 물은 0 ℃로부터 깊은 곳의 물은 4 ℃정도에서 높은 밀도를 유지하게 된다. 이러한 상태에서는 물이 평형상태에 있고 수직적인 혼합이 없기 때문에 정체현상이 나타나게 된다.

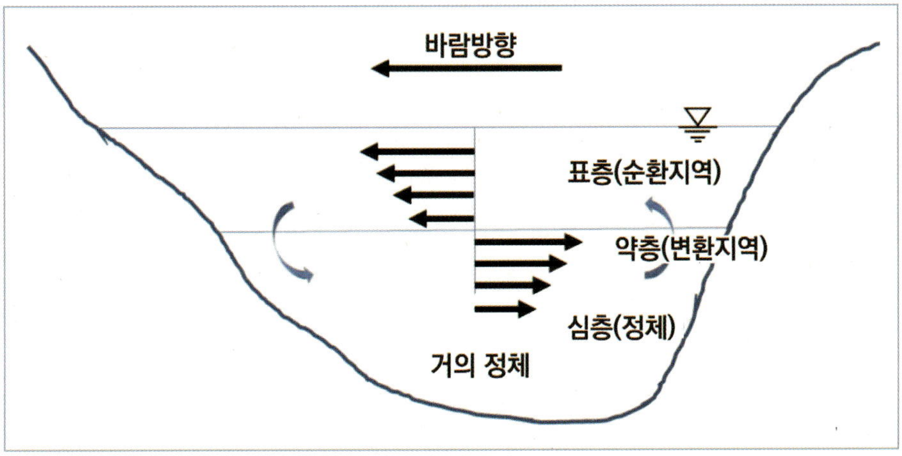

<그림 8-15> 전도현상

봄이 되어 얼음이 녹게 되면 표면부근의 수온이 높아지기 시작하여 4 ℃ 가까이 되면 물의 밀도가 최대에 근접하므로 무거워져서 밑으로 이동하게 되고 하층의 물은 상부로 이동하게 된다.

봄에서 여름이 되면 물은 점차 따뜻해져서 밀도가 가벼운 물이 밀도가 큰 물위에 놓이게 되며 정체된다. 가을이 되어 수면의 수온이 내려가면 수직적인 정체현상은 파괴되고 물은 다시 수직적인 혼합을 이루게 된다.

특히 겨울과 여름에는 수직운동이 없기 때문에 정체현상이 발생하여 수심에 따라 온도와 DO농도, 물질의 농도차이가 크지만, 봄, 가을에는 전도현상이 발생하여 수심에 따른 농도차이가 거의 없다.

물의 전도현상에 의해 혐기성 상태에 있는 심층의 물이 상부로 이동되면 호소 또는 저수지 물의 부영양화 현상이 가속된다. 만약 이러한 저수지 물을 상수원으로 이용할 경우 전도현상으로 오염된 하층수가 상층으로 올라온 것이 취수되기 때문에 물의 이용면에서 불리한 결과를 초래하며 위생면에서도 이에 대한 주의가 요망된다..

또한 오염물이 계속 저수지로 유입되어 저수지의 자정능력을 초과하게 되면 수질은 더욱 악화되며 이러한 현상은 성층현상에 의해서 더 가속화 된다. 뿐만 아니라 장기간에 걸친 저수 결과 유기성 오염물이 모두 분해·제거 된다 하더라도 수중 미생물의 번식에 영양소가 되는 무기물은 그대로 축적되어 있을 수 있기 때문이다.

6.3. 호소의 부영양화(eutrophication)

부영양화(eutrophication)는 질소(N)와 인(P)과 같은 각종 영양염류가 과다 유입되어 미생물 활동에 의한 생산과 소비, 그리고 분해의 균형이 무너지고 물의 이용가치가 저하되는 현상이다. 더 나아가서는 습원, 극상으로서의 삼림 등 비가역적으로 천이해가는 자연의 현상이다.

가. 부영양화 기작

호소에 생활하수 등에 포함된 질소(N)나 인(P)과 같은 영양염류가 다량 유입되고 물속에 다량 존재하는 탄산염과 햇빛을 받게 되면 플랑크톤이 크게 번성하게 된다. 이로 인해 COD 값이 크게 증가하게 되면 플랑크톤이 죽고 침전하여 저층의 용존산소 부족을 초래한다. 그 결과 혐기성분해가 일어나 다량의 영양염류가 용출되어 호소내로 공급되면 다시 플랑크톤이 번성하게 되는 악순환이 되풀이 된다.

나. 부영양화에 미치는 호소의 환경요인들

호소의 영양 상태는 자연적인 환경요인과 인위적인 환경요인에 의해서 유발되는 이

화학적, 생물학적 반응들의 결과로 결정된다. 부영양화의 측면에서 자연적 환경요인이란 본래 각 호소유역의 배경을 형성하는 것으로, 인간 활동이 없을 경우의 환경요인을 가리키며, 기상, 수문, 지형, 지질 또는 생육생물 등을 들 수 있다. 한편 호소로의 인간의 활동과 관련 있는 인위적 요인으로서는 각종 이수사업, 호소에서의 취수, 호소 내에서의 수산 활동, 관광, 레크리에이션, 사회활동의 결과로서 발생하는 하수의 방류 등이 있다.

- 자연적 요인들
  - 기상조건 : 기온, 수온, 일조량, 바람, 습도
  - 수문조건 : 강우, 강설, 증발산
  - 지세, 지형상태 : 지진, 경사도, 토사유출, 화학조성, 식생
  - 수리조건 : 표류수, 지하수침투

- 인위적 요인들
  - 사회활동 : 호수 수변환경 정비, 도시환경 정비, 도시화, 토지이용 형태의 변경, 오염부하발생, 유달율, 수자원보전과 개발, 이수.
  - 경제활동 : 농업, 공업, 수도, 수산, 발전, 레크리에이션, 관광

다. 부영양화의 구분

부영양화란 일반적으로 수계 생태계에서 질소, 인 때로는 실리콘, 칼륨, 칼슘, 철이나 망간 같은 식물 영양의 증가 즉 1차 생산력의 증가를 일으키는 물리·화학적인 영향이나 효과를 말한다. 호소, 강 및 하구 등의 영양상태를 중영양(mesotrophic)과 빈영양(oligotrophic)으로 구분할 수 있다.

- 부영양호의 평가 및 평가기준

호소의 영양상태 평가는 영양염류의 공급도와 이에 수반되어 식물의 유기물 생산을 주원인으로 일어나는 호소 내 여러 변화들을 모두 포함한다. 그러나 호소 내에서 일어나는 변화는 호소가 위치하고 있는 장소에 따라 다르며, 계절적으로도 변동이 심하기 때문에 호소의 영양 상태를 판정하는데 여러 가지 어려움이 있다. 대략 다음과 같은 일반적인 기준에 의하여 부영양화 정도를 구분하며 각 기관별로 빈영양, 중영양, 부영양에 대한 판정기준을 <표 8-6>과 같이 조사하여 제시하고 있다.

- **물리적 성질** : 물색은 녹색이나 갈색인지 여부, 그리고 투명도 5 m 이하
- **수 질** : pH는 중성에서 약알카리성을 나타낸다.(여름철에는 표층이 강알칼리성으로 되는 경우도 있다). 용존산소 농도는 표수층에서는 포화 또는 과포화를

나타내며, 심수층에서는 현저히 감소한다. 플랑크톤 및 그의 사체에 의한 현탁 물질이 많으며 영양염류가 다량존재하고 있다. (N > 0.2 ppm, P > 0.02 ppm)

- **생물상** : 200 mgC/m²/day 이상으로 생산력이 높다. 클로로필 a는 5~140 mg/m³, 20~140 mg/m²로 나타나며, 식물성 플랑크톤은 매우 풍부하다. 담수의 경우 여름에 남조류에 의한 수화가 발생한다. 동물플랑크톤은 윤형동물류가 증가하며, 저서 생물은 종류수가 감소하고 산소부족에 내성이 강한 종류가 우점종이 된다.
- **저 질** : 유기물이 많고 부식저질이 존재한다.

<표 8-6> 부영양화 판정기준

지표 \ 영양단계	빈영양	중영양	부영양	Reference
T-P (mg/m^3)	5~10	10~30	30~100	Vollenweider 1967
	<10	10~20	>20	US EPA 1976
	<12	12~24	>24	Carlson 1977
	<10	10~35	35~100	OECD
	<15	15~25	25~100	Forsberg &Ryding1980
T-N (mg/m^3)	<400	400~600	600~1500	Forsberg &Ryding1980
I-N (mg/m^3)	200~400	300~650	500~1500	Vollenweider 1967
클로로필 a (mg/m^3)	<4	4~10	>10	US EPA 1974
	<3	3~7	7~40	Forsberg &Ryding1980
투명도 (m)	>3.7	2.0~3.7	<2.0	US EPA 1974
	>4.0	2.0~4.0	<2.0	Carlson 1977
	>4.0	2.5~4.0	<2.5	Forsberg & Ryding1980

라. 부영양화에 의한 영향

호소에 부영양화가 발생하면 수질 및 수중생태계가 변화되고 정수처리 공정의 효율성이 저하되며, 농업과 수산업에도 다음과 같은 다양한 영향이 나타나게 된다.

- 수질에 미치는 영향 : 수중의 현탁 물질량의 증가, 악취를 방출하는 유기물의 생성, 수중에서 생성되거나 외부에서 유입된 유기물질의 부식물질로 인한 생성투명도의 저하, 식물성 플랑크톤에 의한 물의 착색, pH의 상승, 저질 표면 부근 및 심수층의 용존산소 농도의 저하, 인, 철, 망간의 용출

- 수중생태계의 변화 : 남조류나 규조류의 수화발생, 식물성 플랑크톤의 개체 수 증

가, 산소 결핍으로 인한 어류의 생육장애 등 수중 생태계의 변화, 대형 수생식물의 번성

- 정수처리 공정의 효율 저하 : 원수의 유기물량의 증가로 인한 과다한 염소 처리로 인한 트리할로메탄의 생성, 킬레이트 물질의 증가로 인한 응집 처리의 저해, 조류로 인한 완속 및 급속 여과지 혹은 스크린의 폐쇄, 소독 과정에서의 장해

- 농림·수산업에 미치는 영향 : 조류의 호흡과 분해에 의한 용존 산소의 부족, 유독물질의 방출에 따른 어류 폐사, 부영양화된 호소수나 하천수를 관개용수로 이용할 경우 고농도 질소에 의한 경작 장해

마. 부영양화 방지대책

• 영양물질 유입의 억제

하수처리장의 증설 및 고도처리 등으로 유역으로부터의 미처리 하수와 분뇨가 직접 호소나 하천으로 들어가지 않도록 하여 영양염류의 유입을 차단한다. 질소나 인등의 영양 염류가 효과적으로 제거되지 않은 하수처리장의 방류수는 수류 전환하여 하류로 유로를 변경시켜 방류한다. 또한 상수원 주변의 축산, 공장 위락시설 등 오염물질 배출업소에서의 미처리 오염물의 배출을 철저히 감소하여 상수원 수체로의 유기물 및 영양염류의 유입을 방지시킨다.

• 호소 내에서의 처리 방안

호소 내 처리 방안으로는 먼저 호소 내 또는 유입지천에 철 또는 알루미늄 염을 첨가하여 영양 염류를 불활성화함으로써 수체 내 인의 농도를 감소시키는 방법이 있다.

또한 영양염류의 농도가 낮은 물을 호소로 끌어 들여 교환율을 높이고 체류시간을 짧게 하여 생물체가 호소 내에서 생성되고, 축적되는 것을 막는 방법을 사용하기도 한다.

수온 약층 아래에 있는 심층부에 산소 또는 공기를 불어넣어 성층현상을 파괴하거나 수심이 깊은 호소에서 영양염류 농도가 높은 심층수를 방류하는 방법도 적용할 수 있는데, 심층수는 영양염류의 농도가 높으므로 이 물을 방출하면 영양염류의 체류시간을 짧게 하는 효과가 있다.

저질토를 합성수지 등으로 도포하여 저질토에서 나오는 물질을 차단하거나 저질토를 완전히 준설하여 제거하는 방법도 고려할 수 있다. 저질토는 많은 영양염류를 함유하고 있기 때문에 저질토를 합성수지 등으로 도포하거나 준설하여 저질토에서 나오는 물질을 차단하는 것이다.

소규모 호소와 같은 경우, 차광막을 설치하여 조류 증식에 필요한 광을 차단하는 방

법도 추천된다. 조류가 증식하기 위해서는 영양염류 이외에 광합성을 위한 광이 절대적으로 필요하기 때문에 차광막을 설치하여 빛을 차단함으로 해서 조류의 증식을 억제할 수 있는 방법이다.

수체로 부터의 수초 및 부착조류의 제거하여 내적인 오염부하를 줄이는 방법으로서 수초와 부착조류를 걷어내는 방법이 있다. 이는 효과가 즉시 나타날 수 있으나 생물체가 다시 자라나기 때문에 반복 작업이 필요하다는 단점이 있다.

수초와 조류를 없애기 위한 제초제 살포, 조류의 제거를 위한 살조제인 황산동 살포 등 화학물질을 수체에 직접 뿌리는 방법도 있다.

6.4. 호수 및 저수지의 Model

호소는 강이나 바다와 같이 물의 유동이 적기 때문에 물질 농도의 분포는 호소의 순환, 정체와 밀접한 관계가 있고 바람이나 유입하천의 상황에 따라 영향을 받는다. 호소에서의 물질 확산은 계절적인 요인이나 일시적인 조건의 변화에 따라 달라지므로 실제적으로 물질 확산을 예측하고 계산할 경우에는 조건을 단순화 시킬 필요가 있다.

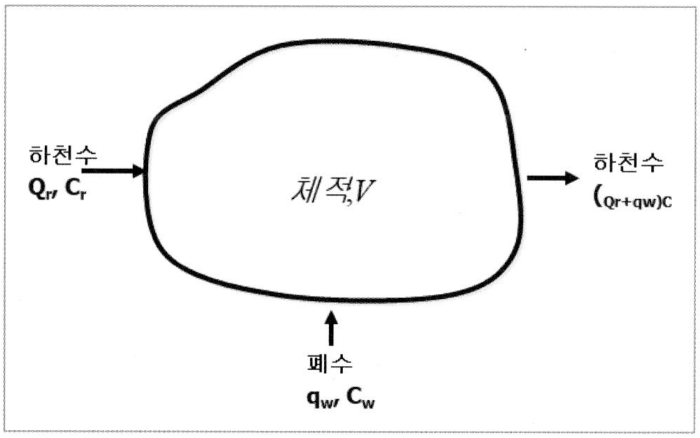

<그림 8-16> 작은 호수 및 저수지에서의 완전혼합 모델의 모식도

특히 작고 얕은 호소나 순환기의 호소의 경우에는 혼합이 현저하게 발생하게 되므로 <그림 8-16>과 같은 완전혼합 상태로 가정할 수 있다.

유량이 일정하고 1차 반응이 있는 호수의 완전혼합 반응 model에서의 물질 수지식을 세우기 위해 질량수지식을 적용하면

질량의 변화 = 유입 – 유출 – 감소

$$V \cdot \frac{dc}{dt} = (Q_r C_r + q_w C_w) - (Q_r + q_w)C - VK'c$$

여기서, V : 호수의 체적

dC : 호수에서의 오염물질의 농도변화

Q_r : 호수로의 하천수 유입량
C_r : 하천수의 오염물질 농도
q_w : 호수로의 폐수 유입량
C_w : 폐수중의 오염물질농도
K' : 1차반응속도 상수

여기에서,

$W = Q_r C_r + q_w C_w$로 하고, $Q = Q_r + q_w$, 체류시간 $t_0 = \frac{V}{Q}$로 나타내어 식에 대입하면

$$\frac{dC}{dt} + C\left(\frac{1}{t_0} + K'\right) = \frac{W}{V}$$

위 식은 비정상상태에서 선형미분방정식을 해석하는 형태이며, $\beta = 1/t_0 + K'$로 놓고 정리하면

$$\frac{dC}{dt} + \beta C = \frac{W}{V}$$

$$\frac{dy}{dt} + P(t)y = Q(t)$$

여러 가지 방법에 의해 윗 식을 풀 수 있지만, $e^{\int P\beta dt}$와 같은 적분인자를 사용하여 풀이하는 것이 가장 일반적이다. 윗 식의 해결을 위한 적절한 적분인자는 아래와 같다.

$$e^{\int \beta P dt} = e^{\int \beta dt} = e^{\beta t}$$

식(2)의 양쪽에 적분인자 $e^{\beta t}$를 곱하면,

$$e^{\beta t}(C' + \beta C) = \frac{W}{V} e^{\beta t}$$

위의 방적식의 좌변의 미분형태는 아래와 같으므로,

$$(e^{\beta t} C)' = e^{\beta t} C' + \beta C e^{\beta t}$$

식 은 아래식과 같이 된다.

$$(e^{\beta t} C)' = \frac{W}{V} e^{\beta t}$$

다음과 같이 적분형으로 나타내어 미분기호를 없애면,

$$e^{\beta t} \cdot C = \frac{W}{V}\int e^{\beta t} \cdot dt$$

적분하면 다음과 같다.

$$e^{\beta t} C = \frac{W}{V\beta} e^{\beta t} + K$$

여기서 K는 적분상이다. 양변을 $e^{\beta t}$로 나누면

$$C = \frac{W}{V\beta} + Ke^{-\beta t}$$

t = 0이고 C = C_o이면,

$$K = C_o - \frac{QC_o}{V\beta}$$

K를 대입하여 정리하면 다음과 같다. 이 식은 비정상상태의 해이다.

$$C = \frac{QC_o}{V\beta} + (1 - e^{-\beta t}) + C_o e^{-\beta t}$$

t = ∞이면, 평형에 달하므로, 평형농도 C_e는 다음과 같이 된다.

$$C_e = \frac{QC_o}{V\beta} = \frac{C_o}{1 + k(V/Q)}$$

여기서, $\beta = 1/t_0 + K'$

C_0 = 호수에서 $t = 0$일 경우의 오염물질 농도

예 제

■ **평형농도의 계산**

초기농도가 0인 작은 호소에 농도 10.0 mg/L, 유량 0.15 CMS(m^3/s)의 살충제가 유입되고 있다. 평형농도에 도달하는 시간을 구하시오 호수의 평균길이 90 m, 평균 폭은 45 m, 평균깊이는 3 m이다. 바람에 의한 흐름은 호수를 완전 혼합한다. (단, 살충제는 반응계수 K = 1.0 d^{-1}로 가정한다)

■ 풀이

1) 호수 용적의 산정 $V = 90 \times 45 \times 3 = 12,150\,m^3$

2) 체류시간의 결정 $t_o = \frac{V}{Q} = \frac{12,150\,m^3}{(0.15\,m^3/s)(86,400\,s/d)} = 0.94\,d$

3) 평형 농도의 결정

폐수 유입이 이 호수에의 총유입이라 가정하고,

$$W = q_w C_w = (0.15\,m^3/s)(86,400\,s/d)(10\,g/m^3 = 129,600\,g/d$$

$$\beta = \frac{1}{t_o} + K' = \frac{1}{0.94\,d} + 1.0\,d^{-1} = 2.06\,d^{-1}$$

$$C_e = \frac{W}{\beta V} = \frac{129,600\,g/d}{(2.06/d)(12,150\,m^3)} = 5.2\,g/m^3 = 5.2\,mg/L$$

7. 수질오염 총량관리제도

오염물질의 배출규제는 환경기준을 달성하기 위한 수단이므로 어떤 수역의 환경용량과 목표수질 등을 고려하여 오염물질 배출량의 총량을 규제하는 것이 합리적인 선택방안이다. 환경용량이 큰 수역은 많은 양의 오염물질의 유입이 되어도 어렵지 않게 목표수질을 달성할 수 있는 반면, 환경용량이 작은 수역은 소량만 유입되어도 목표수질 달성이 어렵게 된다.

수질오염 총량관리 제도는 수계 구간별 환경용량에 따른 **목표 수질**을 정하고, 목표 수질을 달성하기 위한 허용부하량과 할당부하량을 산정하여 허용부하량 이내로 관리하는 제도이다.

수질오염 총량관리 제도는 배출시설의 농도를 규제하는 기존의 방식과는 달리 수계에 유입되는 오염물질의 배출총량을 관리함으로써 수계에 유입되는 오염물질을 관리하는 효과가

<그림 8-17> 목표수질의 설정

높다. 뿐만 아니라 규모에 따른 실배출량을 관리함으로써 오염자간의 형평성을 확보할 수 있으며 유역관리를 보다 효율적으로 향상시킬 수 있는 방안으로 대두되고 있다.

특히 이 제도는 개발과 환경을 동시에 고려한 방안이라고 할 수 있다. 개발사업이 먼저 진행되고 나서 환경이 악화되어 문제가 발생되면 그때서야 그에 대한 개선방안을 마련하기에 급급했던 지금까지의 방식과는 달리 지역개발계획 등을 수립할 때 오염물질의 삭감계획도 동시에 수립하기 때문에 환경을 고려한 실효성 있는 사업 계획이라고 할 수 있다. 해당유역에서 배출되는 오염물질을 많이 삭감할수록 해당지역은 개발부하량을 많이 할당받게 된다.

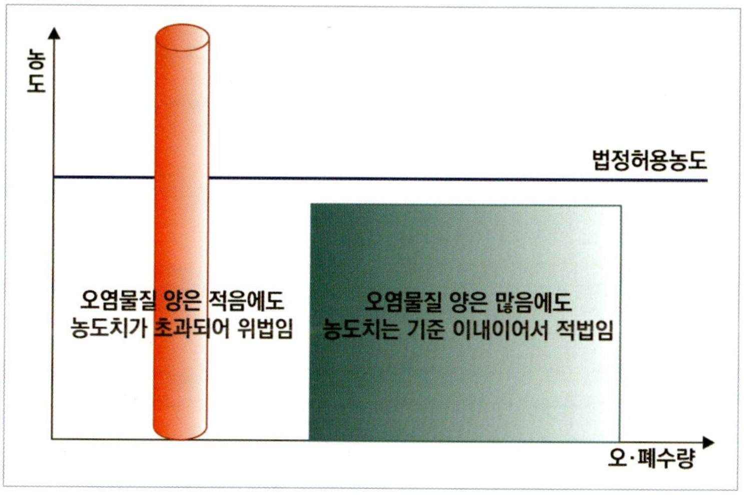

<그림 8-18> 총량제와 농도규제의 비교

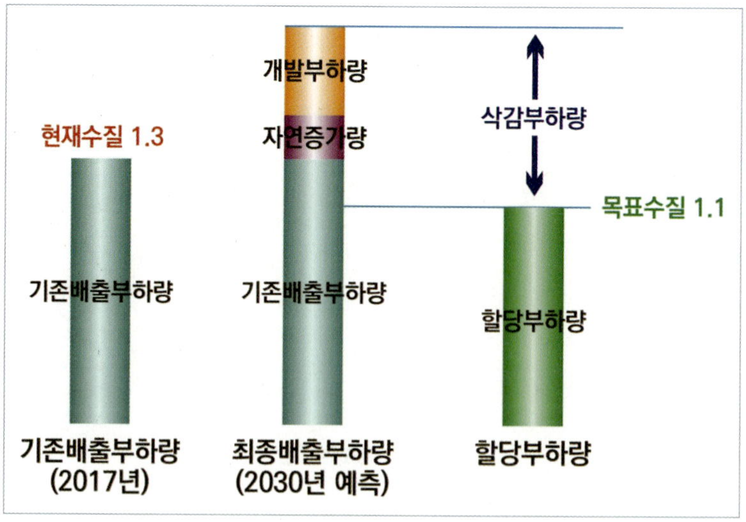

<그림 8-19> 목표수질과 부하량의 할당

제9장 상하수도와 하수처리의 개요

물의 안전한 공급과 수인성 전염병을 예방하기 위한 두 가지 필수적인 제어 시스템은 첫째, 물을 수원지로부터 가정까지 공급하는 상수도 시설의 정비 및 정수 처리장의 적절한 운영을 통해 안전한 음용수를 공급하는 시스템, 둘째, 사용하고 버려지는 하수의 집수와 이송에 관계되는 하수도 시설의 정비와 하수처리장을 적절하게 운영하는 시스템으로서 이에 대한 전반적인 도시의 상하수도와 하수처리 형태를 살펴본다.

주요 내용

1. **상하수도**
   상수도, 하수도(sewage system)
2. **하수처리**
   하수처리의 개요, 물리적 단위조작, 화학적 단위공정, 생물학적 처리공정
3. **물의 재이용**
   재이용수의 용도, 재이용수 처리공정, 재이용의 문제점

1. 상하수도

1.1. 상수도

상수도(water supply)의 기본 목표는 깨끗하고 안전한 물을 적정하게 공급하여 공중위생과 생활환경 개선에 기여하는 것이다. 이러한 목표를 달성하기 위하여 상수도는 수원 및 취수, 도수 및 송수, 정수, 그리고 배수 및 급수시설로 구성되어 있고 수원지에서 도시 급수시설까지 공급되는 체계는 <그림 9-1>, <그림 9-2>에 제시된 바와 같다.

가. 저수시설과 수원시설

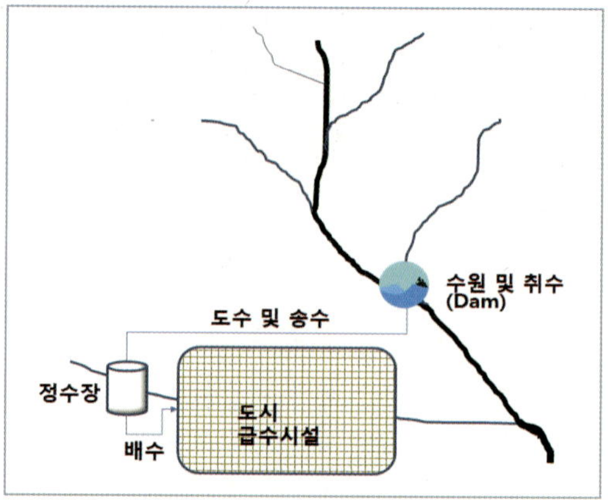

<그림 9-1> 상수도 공급체계

상수도의 수원은 강수(우수, 강설), 지표수(하천수, 호소수, 저수지), 지하수 (천정, 심정), 해수(담수화 필요) 등이다. 양질의 수원을 개발하고 확보하기 위해서는 물의 순화과정을 양적, 시기적으로 조사연구한 자료가 필요하며, 취수지점에서 양질의 물을 얻고 좋은 수원을 확보하기 위해서는 집수공사를 행하여야 한다. 또한 수원의 안정성 확보를 위해서 수원을 다계통화, 복수화 등이 이루어져야 한다. 이는 비상시 수원이 서로 연계될 수 있고 갈수시나 사고시에는 위험이 분산되며, 시설의 확장이나 개량할 경우 대응이 용이하기 때문이다.

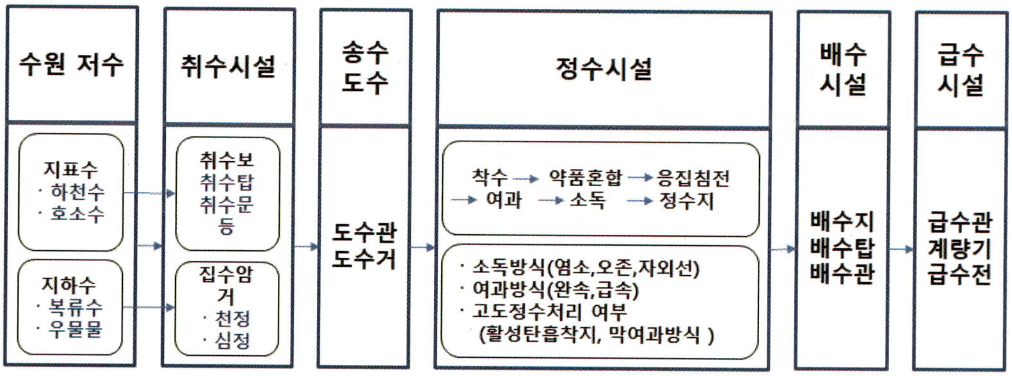

<그림 9-2> 상수도의 일반적인 계통도(상수도 시설기준)

나. 취수시설

지표수는 취수관, 취수탑, 취수문에 의한 방법으로, 복류수는 집수암거에 의한 방법으로, 지하수는 천정과 심정에 의한 방법으로 각각 취수를 한다.

계획 취수량은 계획 1일 최대급수량에 약 10 %정도의 여유를 두고 결정하는데, 복수의 취수시설이 확보될 경우에는 근접한 다른 상수도시설과 연계시켜 원수 연결시설을 설치하는 것이 바람직하다.

다. 송수 및 도수시설

송수 및 도수로는 지형에 따라서 물을 흘러 보내는 자연유하식과 가압펌프를 이용하여 물을 압송하는 가압펌프식이 있다. 자연유하식은 중력에 의하여 높은 곳에서 낮은 곳으로 유하시키는 방식으로서 개수로와 관수로가 이용되며 가압펌프식은 관수로가 주로 이용된다.

라. 정수시설

정수장은 상수도의 기본적인 시설이다. 정수과정에 의해 제거되는 물질은 원수의 성질과 제거공정에 따라 부유성 물질과 용해성 물질로 구분된다. 부유성 물질은 콜로이드성 물질, 토사, 세균과 미생물, 유기불순물 등이며, 용해성 물질은 철, 망간, Ca, Mg, CO_2와 공장폐수나 농약 등으로 오염된 용해성 불순물질이다.

일반적으로 부유성 물질은 스크리닝, 침사, 침전, 모래여과를 통해 제거하고, 침전에서 응집약품의 사용여부에 따라 응집침전 및 급속여과, 보통침전 및 완속 여과로 구분한다. 용해성물질은 모래여과법만으로는 제거하기 어렵기 때문에, 용해물질을 불용성 상태로 변화시켜 제거시킨다. 경수의 연수화, 철 및 망간의 제거가 대표적인 방법이다.

용해성물질 중에는 이취미, ABS와 같은 화학물질, THMs과 같이 염소소독공정에서 발생하는 소독부산물이 있는데, 이러한 물질들은 활성탄 흡착법을 이용한다. 상수도에서는 세균에 대한 안전성을 고려하여 염소소독, 오존소독, 자외선소독과 같은 방법으로 소독처리한다.

마. 배수시설

급배수를 위하여 높은 지대에 **배수지**를 설치하여 저류한 후 자연유하식으로 급수관을 통하여 유하시켜 수요시설과 수요자에게 상수를 공급한다. 도시에 높은 지대가 없을 경우, 배수지 대신 배수탑을 설치하거나 펌프가압방식을 택한다.

1.2. 하수도(sewage system)

상수도를 통하여 공급된 물은 여러 가지 용수로 이용된 후 도시하수로 배출된다. 이러한 생활하수 중에는 유기물이 많이 포함되어 있어 미생물에 의해 분해되는 과정에서 용존산소를 소모시키고 부패되기 쉽다. 또한 수인성 병원균들이 공공수역을 오염시킬 수 있는 가능성도 높다.

따라서 이런 하수들을 미관 및 위생적 측면에서 관거를 통하여 신속하게 배제하고 있는데, 이 시설을 하수관거라 한다. 일반적으로 하수관거에는 생활하수(또는 가정오수) 외에도 공장폐수, 우수, 지하수 등이 유입된다.

하수와 우수는 하수관거에 의하여 차집되어 하수처리장이나 처분되는 장소까지 운반된다. 도시의 하수와 우수를 배제하는 방식에는 하수와 우수를 동일 관거 시스템에서 배제하는 합류식(combined sewer system)과 하수관거와 우수관거를 각각 분리하여 배제시키는 분류식(separated sewer system)이 있다.

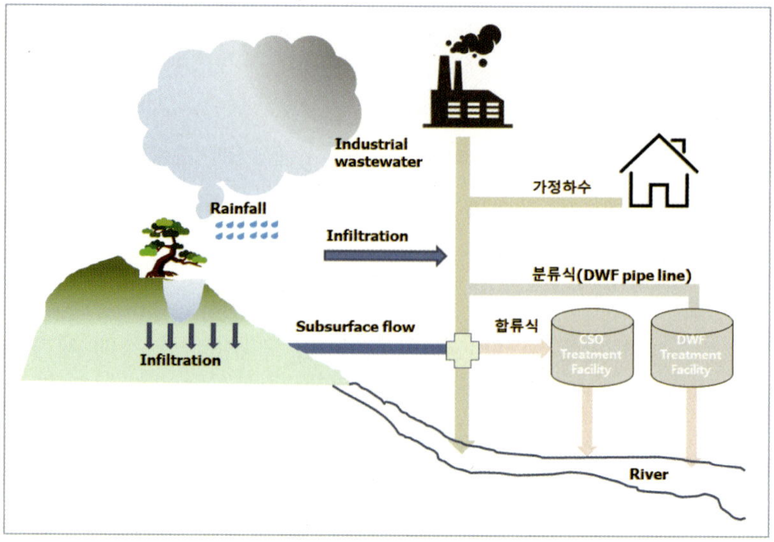

<그림 9-3> 하수관거시스템

하수는 하천이나 바다와 같은 공공수역으로 배출하게 된다. 그런데 이러한 공공수역은 수원으로 이용되기 때문에 배출에 앞서 하수처리장에서 주변 공공수역을 오염시키지 않는 적정 수준까지 하수를 처리하여야 한다.

하수관거와 하수배제를 위한 펌프장 및 하수처리장을 합쳐서 하수도 또는 하수도시설이라고 한다.

2. 하수처리

2.1. 하수처리의 개요

가. 하수처리 방법의 분류

일반적인 하수처리장은 전처리(pretreatment), 1차처리(primary treatment), 2차 처리(secondary treatment), 3차 처리(tertiary treatment), 고도처리(advanced treatment), 그리고 슬러지 처리 및 처분시설로 구성된다.

• 처리계통별 분류

전처리에서는 펌프나 밸브와 같은 후속 처리시설에 문제가 되는 천, 막대기, 모래, 자갈, 기름성분 등의 물질을 사전에 처리한다.

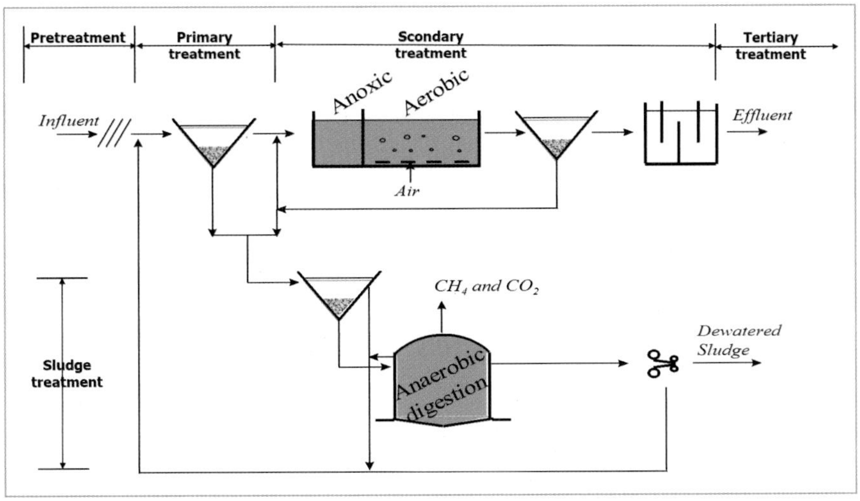

<그림 9-4> 일반적인 하수처리공정도

1차 처리는 하수에 포함된 부유 고형물질을 제거하는 공정이다. 이 과정에서 유입하수에 있는 부유 고형물의 약 60 %정도가 제거된다.

2차 처리는 생분해가 가능한 용해성의 유기물질을 제거하는 공정이다. 최근에는 영양염류 제거와 소독공정도 2차 처리에 포함하고 있다. 2차 처리에서는 용해 및 콜로이드성 유기물을 바이오매스인 미생물 세포로 전환시켜 침강 분리한 후, 이를 반송시켜서 반응조 내의 미생물 농도를 일정하게 유지시키는데 이용하고 그 나머지는 잉여슬러지로 제거한다.

3차 처리는 여과재, 천, 미세 스크린 등을 이용하여 2차 처리 후 남아 있는 부유물질과 용해성 물질을 제거하기 위한 추가 처리공정이다. 질소 및 인 화합물 등을 제거하며, 물의 재이용을 위하여 2차 처리 후 용해성 또는 부유성 물질을 제거하기 위한 공정이다.

슬러지 처리처분 시설은 슬러지 양을 줄일 수 있는 감량화 시설(농축, 탈수, 건조)과 소화를 시켜 안정화시킬 수 있는 안정화 시설(혐기성소화조)로 구성된다.

• 처리공정별 분류

하수처리에 이용되고 있는 공정을 물리적 공정, 화학적 공정, 생물학적 공정으로 구분할 수 있으며, 하수처리장은 여러 단위 공정의 조합으로 구성된다.

물리적 단위공정으로는 스크린, 혼합, 침전, 부상, 여과, 흡착 및 기체 전달 등을 들 수 있다.

화학적 단위공정은 물리적 단위공정과 연계하여 질소, 인 제거와 2차 처리를 목적으로 개발되어 왔다. 하수처리에 이용되는 화학적 단위공정은 화학적 응집침전, 화학적 흡착, 살균, 그리고 산화와 고도산화 공정 등이 있다.

생물학적 단위공정은 용해성 또는 콜로이드성 유기물을 생물체로 변화시키고, 이 생물체를 다시 액체로부터 분리시키는 2차 처리가 바로 생물학적 공정이다. 이러한 생물학적 공정은 가장 좋은 환경조건에서 미생물과 유기물이 잘 접촉되도록 설계해야 한다.

2차 처리에서 분리된 생물체(biosolids)를 슬러지라 하는데 이는 농축된 폐기물로서 슬러지 처리처분시설에서 적절하게 처리된다.

나. 하수처리의 역사와 미래

1900년대 초반에는 침전성 및 부유성 고형물질과 유기물질의 제거가 주된 관심사였고, 1960년대 이후부터는 질소와 인과 같은 영양염류의 제거에 초점이 맞추어져 발전해왔다.

특히 기후변화가 지구촌의 이슈가 되면서 슬러지와 같은 유기성 폐기물을 자원으로 인식됨에 따라 2000년을 전후하면서부터 하수처리수의 재사용에 대한 관련 기술이 보급되었다. 이에 따라 저탄소형 에너지 절약형 및 지구온난화 대응 하수처리 기술로 진화되고 있으며, 인공지능 기술과 결합된 처리장 운영기술과 그와 관련 기술들도 빠른 속도로 진화하고 있다.

2.2. 물리적 단위조작

물리적 힘이나 물리적 수단을 사용하여 하수 처리에 적용하는 공정을 물리적 단위조작(physical unit operation)이라고 한다. 물리적 단위 조작은 스크린(screen), 유량 조정(flow equalization), 침사(grit chamber), 혼합(mixing), 침전(settlement), 부상 분리(floatation) 등이다.

<표 9-1> 수처리에 사용되는 물리적 단위 조작의 종류와 적용 예

단위 조작	적 용	장 치
스크린	막대기·천 조각 등 조목 고형물, 미세 고형물 제거	바랙, 미세 스크린, 초미세 스크린
유량 조정	불균등한 유량과 BOD, SS의 질량 부하 균등화	유량 조정조
혼합과 교반	하수와 화학 약품의 혼합과 고형 물질의 부유 상태 유지	급속 혼합기, 완속교반기
침사	모래 입자, 조목 고형물 제거	침사지, 와류 분리기
침전	침전성 고형물 제거	1차 침전지, 2차 침전지, 농축조
여과	부유고형물의 제거	심층여과 표면여과
막여과	부유성, 콜로이드성 및 용존상태의 무기유기물의 제거	막시스템
부상	슬러지 농축, 물과 비슷한 비중을 가진 입자들과 미세하게 나누어진 고형물의 제거	용존 공기 부상(DAF)
산소 전달 및 포기	생물학적 공정에 산소 전달	산기식, 기계식, 계단식 포기장치

가. 스크린

스크린은 하수 처리장에서 제일 먼저 나오는 전처리 시설로서, 유입수의 협잡물을 제거함으로써 후속의 펌프장치 등을 보호하며 후속 처리공정을 원활하게 하는 장치이다.

스크린의 구성 요소는 바(bar), 봉(rod), 철사, 그레이팅(grating), 철망, 다공성판(perforated plate) 등이다.

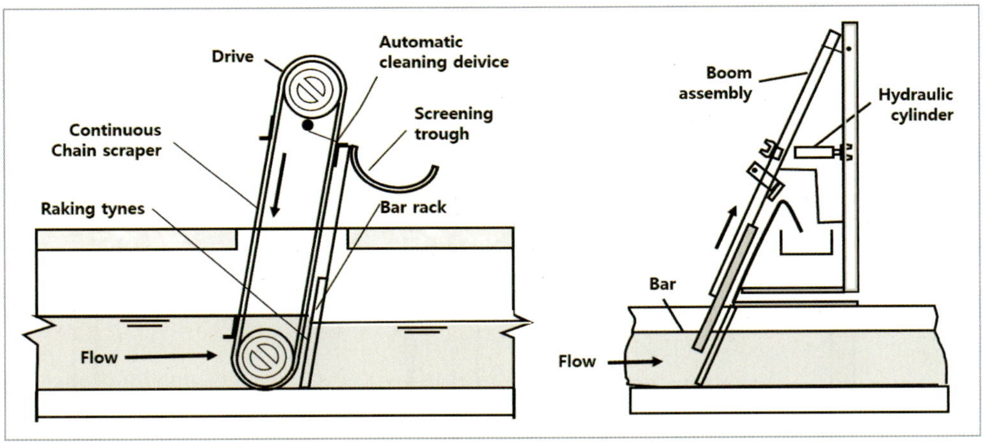

<그림 9-5> 스크린

일반적으로 하수처리공정에서 사용되는 스크린은 조목 스크린(coarse screen)과 미세 스크린(fine screen)이다. 봉으로 구성된 스크린은 바랙(bar rack) 또는 조목 스크린이라고 부르며 큰 협잡물들을 제거하는데 사용된다. 미세스크린은 다공성판, 쐐기철망(wedge wire), 작은 틈의 철망사(wire cloth) 등으로 구성된 장치로서 작은 크기의 협잡물을 제거하는데 사용된다. 하수처리에서 미세 스크린은 (1) 예비 처리 (2) 1차 침전지 대용 (3) 합류식 하수관거내 월류수 처리에 폭넓게 이용되고 있다.

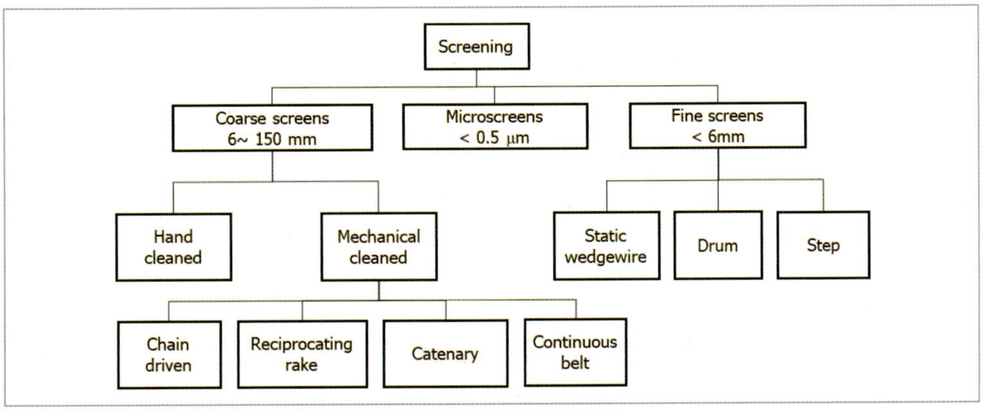

<그림 9-6> 스크린의 종류

나. 침사지(grit chamber)

침사지는 모래와 토사를 제거하여 펌프의 기계적인 마모방지와 관로의 막힘을 방지하기 위한 장치이다. 스크린과 마찬가지로 하수처리장의 중요한 전처리 장치이다. 침사방식에 따라서 중력식, 폭기식, 원형 침사지, 기계식(선회류식, 와류식) 등으로 구분한다. 침사지의 구조는 정방형 또는 장방형 침사지나 포기식 침사지로 분류된다.

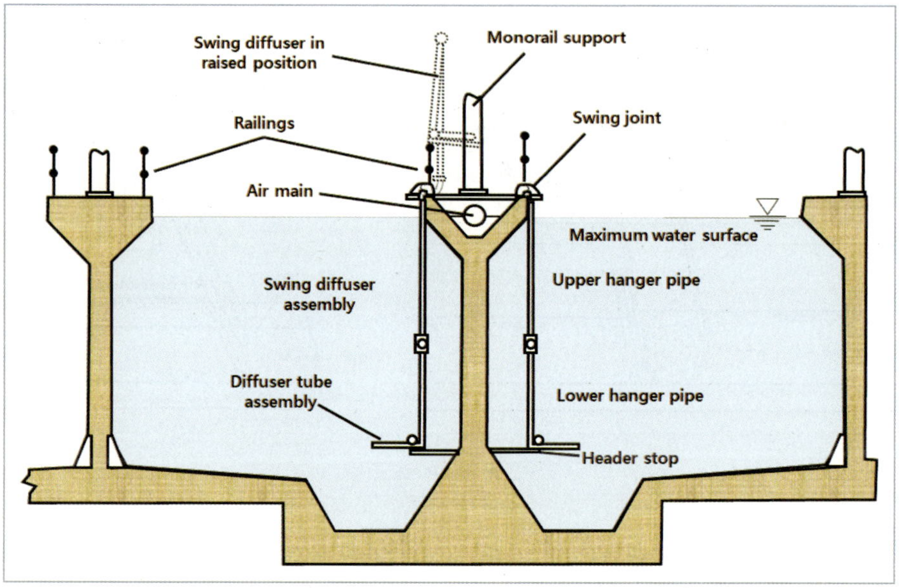

<그림 9-7> 포기식 침사지

다. 유량 조정조(equalization tank)

유량 조정이란 유입 하수의 수량과 수질의 변동을 감소하기 위해 일정한 유량을 하수처리장에 공급하는 것을 말한다. 유량 조정은 건기시 유량 조정, 강우시 분류식 하수관거의 유량 조정, 합류식 관거의 유량 조정 등이 있으며 후속 시설이 유입 수량의 변화에 영향을 많이 받는 경우에도 사용한다.

하수처리장의 유량 조정조는 일간 유량 변화를 균등화시키고 부유고형물질의 부하를 일정하게 유지하게 함으로써 이차 침전지 유출수의 수질 향상과 농축 효과를 증대시킨다.

라. 혼합과 교반(mixing & flocculation)

혼합은 하수처리공정 중 혼화성 액체를 혼합하는 공정으로서 응집 침전, 폭기조, 소독, 혐기성 소화 등 여러 부분에서 사용되는 공정이다. 하수처리에서 혼합공정은 급속혼합(rapid mixing)방식과 완속교반(flocculation) 방식으로 나눌 수 있다. 급속혼합은 한 물질을 다른 물질과 섞을 때 많이 사용되며, 완속교반은 응집 침전조에서 플록을 형성시키기 위해 사용된다.

• 급속혼합

급속혼합공정은 한 물체를 다른 물체와 완전히 섞기 위해 사용하는 방법이다. 하수에 명반이나 철염을 주입하여 인을 제거하거나, 탈수성을 높이기 위한 슬러지의 개량 및 염소 소독할 경우 사용하며 임펠러나 프로펠러 등을 이용하여 실시한다.

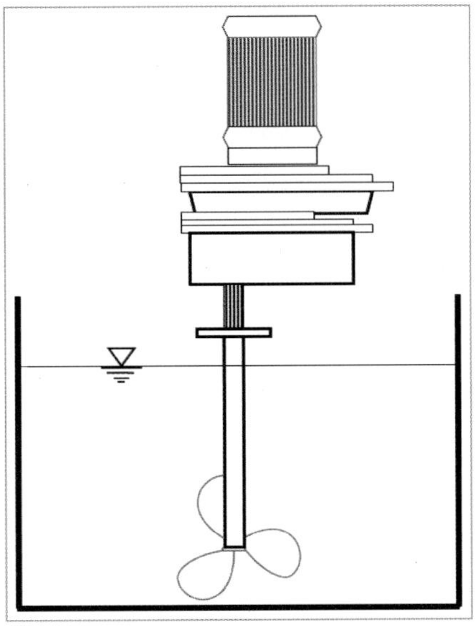

<그림 9-8> 급속혼합기

• 완속 혼합

완속 혼합은 균등조, 응집조, 폭기조 등과 같이 반응조 내에서 혼합이 이루어지는 것으로서 (1) 기계적 혼합기 (2) 공기주입 (3) 정적 교반기 (4) pumping 등과 같은 방법이 사용된다. 하수 처리에서의 응집은 미세한 입자 또는 화학적으로 안정된 입자가 플럭을 형성하는 공정으로서 완속교반 공정의 하나이다. 제거대상 입자들이 서로 충돌하고 부착하여 큰 플럭을 형성하며, 형성된 플럭들은 중력 침전이나 여과를 통해 제거된다.

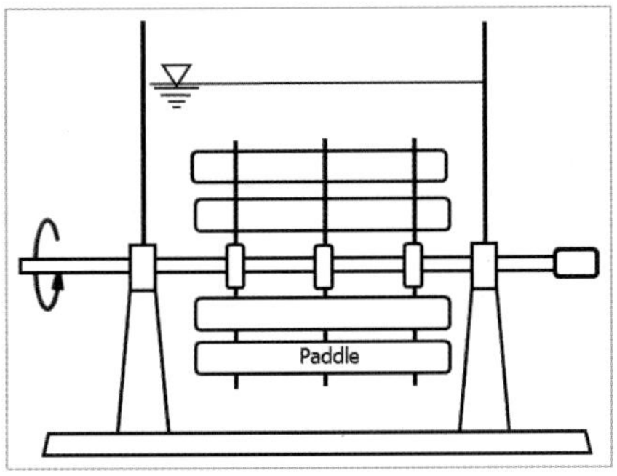

<그림 9-9> 완속혼합기

마. 침전(sedimentation)

침전이란 물보다 무거운 부유입자를 중력에 의해 물로부터 침강 분리하는 방법이며 하수처리에서 널리 사용된다.

<표 9-2> 하수 처리에 관련된 침전 현상의 종류

침전 현상의 종류	설명	제거대상
독립입자침전 (제1형 침전)	고형물의 농도가 낮은 부유액 중에서의 입자의 침전 다른 입자들과 독립적으로 침전	그릴과 모래입자
응집침전 (제2형 침전)	입자들끼리 결합하고 응집침전 입자들 결합에 입자들 질량증가 및 침전	일차침전지에서 부유고형물 화학적응집조의 화학적 플록
간섭 또는 계면침전 (제3형 침전)	주변입자들의 침전을 방해 중간 정도농도 부유액에서 침전 상부에 고액 경계면 형성	2차 침전지 미생물 플록
압밀침전 (제4형 침전)	농도가 커서 입자들끼리 구조물을 형성 압밀에 의해 고농도의 슬러지에서 일어나는 침전	슬러지 농축시설

하수처리장에서 그릿(grit) 제거, 1차 침전지에서 부유성 고형물질(SS)의 제거, 활성슬러지 침전지에서 미생물 플록의 제거, 화학적 응집 침전공정에서 화학적 플록의 제거, 기타 운반 및 처리하기 용이한 슬러지의 생산 등의 목적으로 침전이 이용된다.

침전은 농도와 입자간의 작용력에 따라서 독립입자침전, 응집침전, 간섭침전(계면침전) 그리고, 압밀침전 등 4가지 종류의 침전으로 구분한다.

• 침전지 종류 및 특징

침전지는 제거 대상 물질에 따라 침사지, 1차 침전지(primary clarifier), 2차 침전지(secondary clarifier), 또는 농축조로 구분한다. 대부분의 처리장에서 기계적으로 침전물을 제거하는 표준 형태의 직사각형(구형), 원형 및 장방형 침전지를 사용한다. 침전지의 형태는 장치의 규모, 지방 자치단체의 조례 및 법규, 현장 조건, 그리고 설계자의 경험과 판단에 따라 달라진다.

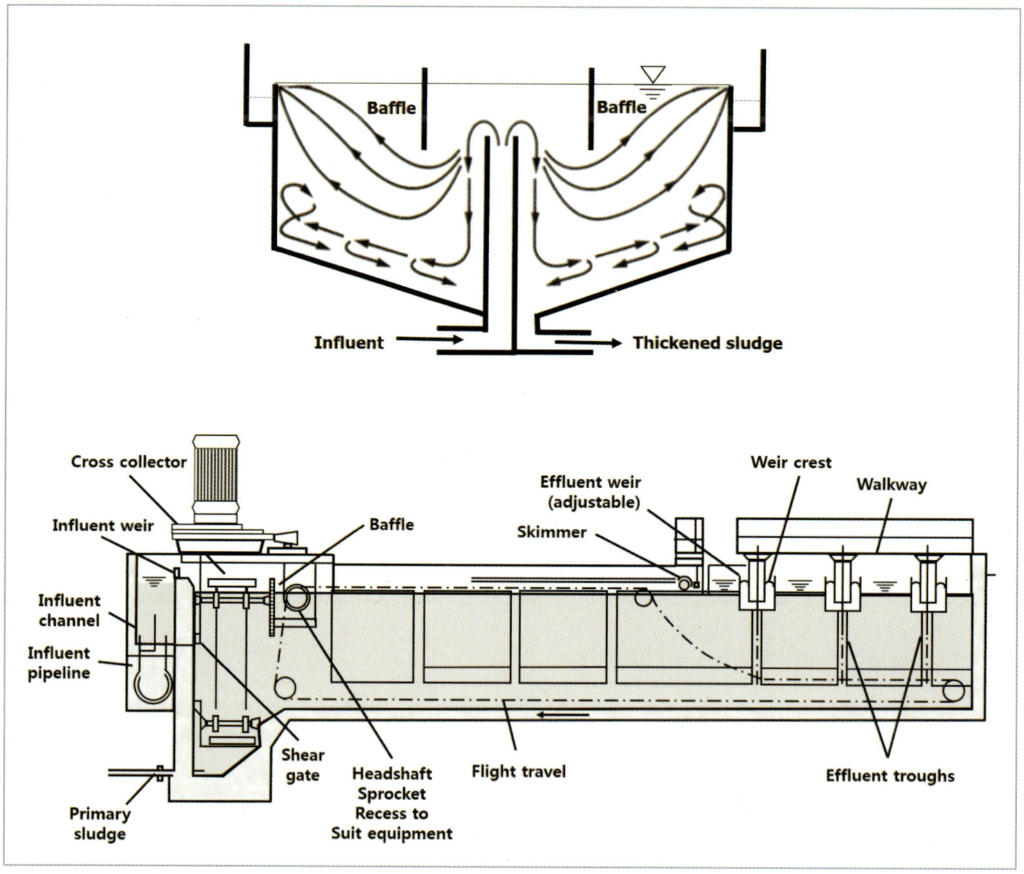

<그림 9-10> 원형침전지와 장방형침전지

바. 부상분리(flotation)

부상분리는 액체 상태로부터 물보다 가벼운 유지류, 미생물 슬러지, 부유 고형물 등에 미세한 기포를 부착시켜 부력을 갖게 함으로써 고체 또는 액체 입자를 수면 위로 떠오르게 하여 제거하는 공정이다. 하수처리에서 부상분리는 주로 부유물질을 제거하고 슬러지를 농축시키기 위해 사용된다.

• 부상분리 공정의 종류

현재 하수처리장에서 적용되는 부상분리는 부상 촉진제로서 공기를 사용하는 것에 국한되어 있다. 공정의 종류는 용존 공기 부상분리법, 공기 부상분리법, 진공 부상분리법으로 나눌 수 있다.

• 용존공기 부상분리법(DAF)

먼저 5~7기압 하에서 공기를 하수 중에 용존시킨 후 압력을 대기압까지 다시 감소시킨다. 소규모 시설에서는 펌프로 전체 유량을 275~350 kPa까지 압력을 높여주고 펌프의 흡입 측에 압축 공기를 공급한다. 압력을 받고 있는 탱크 안에 5~7분 체류하는 동안에 공기가 녹아 들어가게 된다. 압력을 받고 있는 하수는 감압 밸브를 통하여 부상분리조로 들어가며 공기가 미세한 방울로 빠져나오게 된다.

대규모 시설에서는 DAF 유출수의 일부분(15~20 %)만이 다시 순환되는데 이를 가압하여 공기에 의해 부분적으로 포화된다. 순환된 유량은 부상분리조로 들어가기 직전에 가압되지 않은 원수와 혼합되며, 그 결과 공기가 용액으로부터 빠져나와 탱크의 입구에서 입자상 물질과 접촉하게 된다. 이렇게 압력을 사용하는 방법은 주로 공장 하수의 처리나 슬러지의 농축에 많이 이용되고 있다.

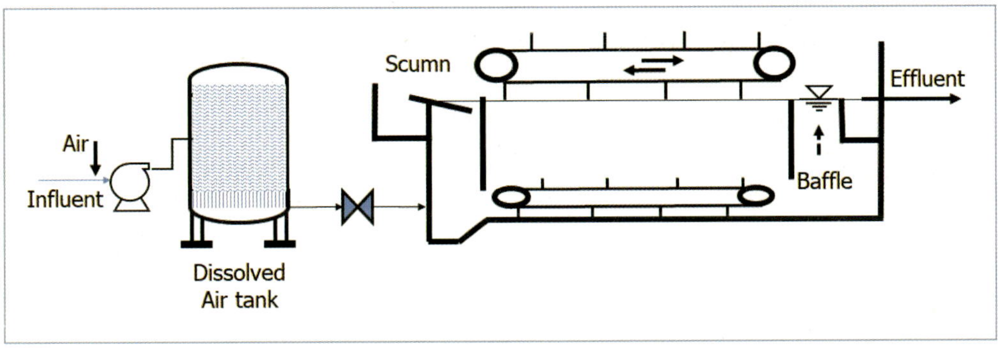

<그림 9-11> 용존공기 부상분리법

• 공기 부상분리법

회전하는 임펠러나 산기기를 통하여 액체 상태 속으로 공기를 직접 주입함으로써 공기 방울을 형성하게 한다. 그러나 잠시 동안 폭기시키는 것만으로는 고형물을 효율적으로 부상 분리하기 어렵다.

• 진공 부상분리법

직접 포기조 내에 공기를 주입하거나, 하수펌프의 유입측으로 공기가 들어가도록 하여 하수에 용존 공기를 형성시킨 후 진공 탱크에서 약간의 진공을 걸어 용존 공기가 용액으로 부터 빠져나와 미세한 방울로 변화하게 하는 방법이다. 공기 방울과 거기에 붙은 입자가 표면으로 떠올라 스컴층을 만들게 되고, 이 층은 스키밍 시설에 의해 제거된다.

2.3. 화학적 단위공정

하수를 화학적 반응을 이용하거나 화학반응을 통해서 처리하는 공정을 화학적 단위공정이라고 한다. 화학적 단위공정은 물리적 단위조작이나 생물학적 단위공정과는 다르게 오염물질을 제거하기 위하여 화학 물질을 투입하며, 이 때문에 슬러지량의 증가, 에너지의 소모가 크며 운영 및 운전비용이 많이 드는 단점이 있다. 하지만 최근에 하수처리수의 재이용에 대한 관심이 높아지고 고도 처리에 대한 수요가 증가함에 따라 생물학적 처리와 물리·화학적처리가 조합된 방법으로 처리기술이 빠르게 발전하고 있다.

하수처리에 적용될 수 있는 화학적 처리 공정에는 화학적 응집 침전, 화학적 인 제거, 소독, 산화 및 고도 산화, 화학적 흡착, 이온교환 등이 있다.

<표 9-3> 하수처리에 사용되는 화학적 단위공정의 종류

공 정	적 용
화학적 응집침전	응결시 뭉침을 유도하기 위한 입자의 화학적 불안정화
	1차 침전지에서 총 부유물질과 BOD제거의 향상, 인의 제거, 중금속 제거, 물리·화학적 처리
화학적 산화	BOD,그리스 등의 제거 암모니아의 제거, 미생물 파괴, 난분해성 유기화합물의 제거 하수관, 펌프장 및 처리장의 냄새 제어
고도산화공정	난분해성 유기화합물의 제거
화학적 중화	pH의 제어
흡착	총 유기탄소(TOC), COD, VOCs, 용존 유기할로겐
소독	염소, 염소화합물, 오존, 냄새 제어
스케일제어	하수관의 H_2S에의 부식 제어, 탄산칼슘과 관련된 화합물에 의한 스케일 제어
이온교환	암모니아, 중금속, 총 용존 고형물질의 제어, 유기화합물의 제거

가. 화학적 응집침전

• 응결과 응집(coagulation & flocculation)

화학적 응집 침전은 화학 응집제를 투입하여 용존 및 콜로이드물질의 안정화상태를 변화시켜 침전에 의해 제거될 수 있도록 화학약품을 첨가하여 제거하는 공정을 말하며 응결과 응집작용에 의하여 이루어진다.

일반적으로 부유물질 및 콜로이드 입자의 표면 전하는 음전하를 나타내므로, 전하를 중화시키기 위해서 양전하 물질, 예를 들면 [Al^{3+}] 등의 물질을 투입하면 하전중화(통상 ±0.5 mV)를 일으켜 반발력이 없어지고, Van der Waals 인력에 의해 소규모의 플록이 형성 된다. 이 과정을 응결(coagulation)이라하며 응집 침전제인 전해질을 주입하여 급속 혼합하는 과정에서 발생된다.

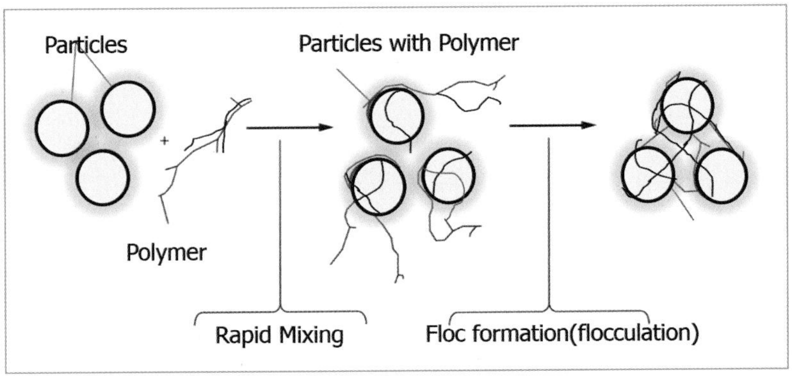

<그림 9-12> 응결과 가교작용에 의한 응집

응결작용에 의해서 형성된 미세한 플록은 입자의 크기 및 침강속도가 상당히 증가하지만 실제적으로 침전지에서 이용되기에는 입경이 작은 상태이다. 때문에 가교작용(bridge action)에 의해서 커다란 플록을 형성시켜 침강속도를 빠르게 하는데, 이 과정을 응집(flocculation)이라고 한다. 이러한 응집작용은 완속 혼합의 과정을 거쳐 이루어진다.

• 약품교반 실험(jar test)

가장 효과적이고 경제적인 응집처리를 위해서는, 적당한 응집제와 응집 보조제의 선정, 최적 주입량을 결정, 최적의 pH 조건의 파악이 선행되어야 한다. 하수 내에는 경도, 용존물질, 이온 등이 혼합되어 있어 서로 간에 복합적으로 작용하기 때문에 필요한 응집제의 양을 화학양론만으로는 구하기 어렵다. 따라서 Jar test를 실시하여 응집 상태가 좋고 침강 속도가 큰 상태가 되는 적정 처리조건을 찾아내야 한다.

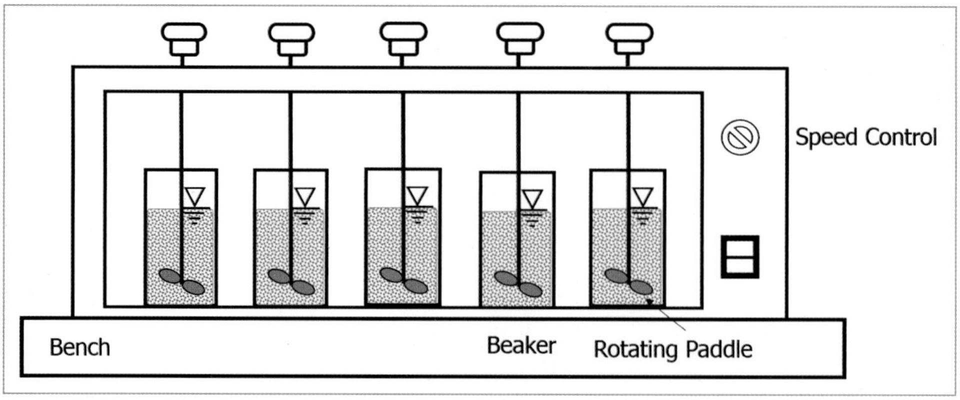

<그림 9-13> Jar Test 장치

- 응집제의 종류와 반응

응집제는 콜로이드 입자사이의 안정성을 파괴함으로서 플럭을 형성하기 위하여 첨가하는 화학약품이다. 전형적인 응집제와 응결제에는 천연 합성 유기성 폴리머, alum이나 황산 제2철과 같은 금속염, PAC(poly aluminium chloride)와 PICI(poly iron chloride) 같은 가수 분해된 금속염 등이 포함된 무기응집제로 나눈다. 특히 유기성 폴리머는 입상 여재 여과와 소화 슬러지의 탈수능 개선에 많이 사용된다. 무기응집제는 명반, 염화알루미늄, 염화철, 황산철, 그리고 알루민산나트륨 등을 들 수 있다.

유기 고분자 응집제(polymer)는 천연적으로 응집제 성분을 가가지고 있는 것과 인공적으로 합성된 것으로 구분할 수 있다. 현재는 합성된 고분자 응집제가 많이 사용되며, 음이온성, 양이온성, 비이온성 세 가지로 분류한다.

알루미늄 폴리머, PCBA(basic polymerization chloride)는 상품화된 폴리머이다. 알루미늄 폴리머는 콜로이드의 중화능력이 크고, 응집과 가교작용이 효과적으로 발생한다. PCBA는 알루미늄염 폴리머와 비교했을 때 응결효과가 빠르고, 유기물질을 효과적으로 제거시키며, 슬러지 발생량이 적다.

폴리아미드계는 건강상 위해성 논란이 있으므로 정수처리 과정에서는 잘 사용되지 않는다. 유기 고분자 응집제는 중화작용과 가교작용이 동시에 발생하여 황산알루미늄만으로 처리하기 어려운 하수처리에 적용이 가능하다. 첨가한 응집제의 석출이 일어나지 않으며, pH가 변화하지 않고, 슬러지 발생량도 적다. 폴리머를 적용하면 탈수성이 개선되고, 과정중 이온의 증가가 없으며, 공존염류, pH, 온도에 의한 영향이 적다.

응집보조제는 그 자체 성분만으로는 응집능력을 발휘하지 못하지만, 응집제와 함께 사용될 경우에 응집력을 촉진시키는 특징이 있다. 주입된 응집제는 pH조정, 알칼리도의 조절, 가교작용의 증대, 플록형성의 촉진 등에 효과적으로 기여한다.

나. 화학적 인 제거

하수로부터 인을 제거하는 공정은 생물학적 방법(BPR)과 화학적 방법(CPR), 두 가지로 구분할 수 있다. 생물학적(biological phosphorus removal, BPR)으로 미생물에 흡수시켜 제거하거나, 화학 응집제를 첨가하여 응결과 응집 과정을 거쳐 (chemical phosphorus removal, CPR) 인을 제거하는 방법이다.

화학적 인 제거(CPR)방법은 약품비용과 슬러지가 많이 생산된다는 단점 때문에 선호하지 않았으나, 최근에 방류수의 인의 농도가 0.05~0.1 mg/L 까지 그 기준이 엄격하게 관리됨에 따라 생물학적 인 제거(BPR)방법과 병용해서 사용하는 추세이다.

인산염은 다가의 금속이온의 염을 이용하여 불용성의 인산염을 형성함으로써 화학적인 침전제거가 가능하다. 가장 많이 보편적으로 이용되는 다가의 금속이온들로는 칼슘(Ca(Ⅱ)), 알루미늄(Al(Ⅲ)), 철(Fe(Ⅲ)) 등이 있다.
칼슘, 알루미늄, 그리고 철에 의한 인의 침전에 관련된 기본 반응식은 다음과 같다.

$$10Ca^{2+} + 6PO_4^{3-} + 2OH^- \Leftrightarrow Ca_{10}(PO_4)_6(OH)_2$$

하이드록실아파타이트

$$AL^{3+} + H_nPO_4^{3-n} \Leftrightarrow AlPO_4 + nH^+$$

$$Fe^{+3} + H_nPO_4^{3-n} \Leftrightarrow FePO_4 + nH^+$$

칼슘은 일반적으로 소석회 형태로 물에 투입되는데, 석회가 물에 용해되면 중탄산수소 알칼리도와 반응하여 탄산칼슘($CaCO_3$)을 만들어 침전물을 형성한다. pH값이 10 이상인 상태에서 과잉의 칼슘이온이 투입되면 칼슘이온이 인과 반응하여 하이드록실 아파타이트 $Ca_{10}(PO_4)_6(OH)_2$가 형성되어 침전된다.

다. 소독(disinfection)

수인성 전염병균을 선택적으로 제거하는 화학적 단위공정을 소독이라고 하며, 모든 미생물을 박멸하는 멸균(sterilization)과는 그 의미를 구분하여 사용하고 있다. 수인성 전염병균에는 박테리아(bacteria), 바이러스(virus), 원생동물(protozoa), 기생충(parasite) 등이 있다.

• 소독제의 종류와 소독 메카니즘

염소(chlorination)소독, 오존(ozone)소독 등이 화학적 소독방법으로 사용되고 있으며, 최근에는 자외선(ultra violet)에 의한 소독방법도 많이 활용되는 추세이다.

소독제에 의한 소독작용은 미생물 세포벽의 손상에 의한 소독, 세포벽의 투과성 변화, 원형질의 콜로이드 성질 변화, 세포의 효소(enzyme)활성도 억제 등 4가지 기제가 하나 또는 복합적으로 작용하여 수행된다.

<표 9-4> 염소, 오존, UV, 저온살균을 사용한 소독 메카니즘 Metcalf & Eddy(2014)

염소	세포벽을 직접 산화하여 세포구성을 세포 밖으로 유출시킴 세포벽 투수성 변형 세포원형질의 변형 효소활동 억지 세포의 DNA와 RNA 손상
오존	세포벽을 직접 산화하여 세포구성물을 세포 밖으로 유출시킴 오존분해의 라디칼 부산울과 반응 핵산 구성요소의 손상(퓨린과 피리미딘) 중합반응으로 이어지는 탄소-질소 결합의 파괴
UV	미생물 세포 내의 RNA와 DNA(이중결합 형성)의 광화학적 손상 미생물의 핵산은 240~280nm의 파장 범위에서 빛 에너지를 가장 많이 흡수 RNA와 DNA는 복제 유전 정보를 운반하기 때문에 이들의 손상은 세포 불활성화에 효과적임
저온 살균	세포 내의 효소 구조를 입체 변형하여 작동 못하게 함 세포벽을 만드는 단백질과 지방산은 일에 의해 손상되고 세포의 내용물이 화 세포 내 액체는 세포벽을 확대하거나 파열시켜 세포의 내용물이 방출됨

• 염소에 의한 소독

화학적 소독제 중에서 세계적으로 가장 많이 사용되는 방법은 염소 소독이다. 하수처리장에서 가장 보편적으로 사용되는 염소 화합물은 염소가스(Cl_2), 차아염소산칼슘($Ca(OCl)_2$), 차아염소산나트륨(NaOCl), 이산화염소(ClO_2) 등이 있다.

차아염소산칼슘과 차아염소산나트륨은 간단성과 안전성이 더 요구되는 package 플랜트처럼 매우 작은 처리장에서 많이 사용되며, 이산화염소는 일반적 염소와 다른 성질(암모니아는 반응하지 않음)을 가지고 있어서 많은 처리시설에서 사용되고 있다.

• 염소의 수중에서의 반응

가스 상태의 염소가 물에 들어가면 가수분해 혹은 이온화 반응이 일어난다. 염소의 가수분해반응은 다음과 같이 나타낼 수 있다.

$$Cl_2 + H_2O \leftrightarrow HOCl + H^+ + Cl^-$$

이 반응의 안정도 상수(stability constant)는

$$K = \frac{[HOCL][H^+][Cl^-]}{[Cl_2]} \simeq 4.5 \times 10^{-4} \ at \ 25℃$$

이온화 반응은 다음과 같이 나타낼 수 있다.

$$HOCl \Leftrightarrow H^+ + OCl^-$$

이 반응의 이온화 상수는,

$$K_i = \frac{[H^+][OCl^-]}{[HOCl]} = 2.9 \times 10^{-8} \quad at\ 25℃$$

물속에 존재하는 HOCl과 OCl^-의 양을 유리염소(free chlorine)라 한다. HOCl의 소독 효율은 OCl^-의 소독 효율보다 40~80배 더 강하기 때문에 이 두 성분이 서로 어떻게 분포되었는가를 파악하는 것은 매우 중요하다.

• 암모니아와의 반응

미처리 상태의 하수는 암모니아와 여러 가지 결합 유기물 형태의 질소를 가지고 있다. 대부분의 처리장에서 나오는 유출수는 많은 양의 질소를 포함하고 있는데, 암모니아의 형태나 질산염의 형태로 대부분 존재한다.

차아염소산은 매우 활발한 산화제이므로 하수 중의 암모니아와 금방 결합하여 다음과 같은 연속반응에 의해서 세 가지 형태의 클로라민을 형성한다.

$$NH_3 + HOCl \rightarrow NH_2Cl(monochloramine) + H_2O$$
$$NH_2Cl + HOCl \rightarrow NHCl_2(dichloramine) + H_2O$$
$$NHCl_2 + HOCl \rightarrow NCl_3(trichloramine) + H_2O$$

• 분기점 반응(breakpoint reaction)

하수의 소독을 목적으로 유리 잔류염소 농도 또는 결합 잔류염소 농도를 일정하게 유지하는 과정은 매우 복잡하다. 앞에서 언급한 바와 같이 유리염소는 암모니아와 반응할 뿐만 아니라 그 자체가 강력한 산화제로서 산화되면서 변화하는 특성을 가지기 때문이다. 염소를 암모니아가 들어있는 하수에 첨가 할 때 일어나는 단계적 현상은 <그림 9-14>와 같다.

염소가 첨가되면 Fe^{2+}, Mn^{2+}, H_2S, 유기물 등과 같이 쉽게 산화되는 물질들은 염소와 반응하여 대부분의 염소를 염소 이온으로 환원시킨다(그림 9-14의 A점).

염소는 암모니아와 계속 반응하여 점 A와 B사이에서 클로라민을 형성한다. 염소 대 암모니아의 몰 비율이 1보다 작을 때는 모노클로라민과 디클로라민이 형성되며, 이 두 물질의 생성량은 pH와 온도의 영향을 받게 된다.

B점과 분기점 사이에 있는 클로라민들 중의 일부는 NCl_3로 변환되고, 나머지 클로라

민들은 산화질소(N_2O)나 질소(N_2)로 산화되며, 염소는 염소 이온으로 환원된다. 이 때 염소를 계속 주입하면, 대부분의 클로라민들은 분기점에서 산화된다. 이론적으로는 분기점에서의 염소 대 암모니아성 질소의 무게 비는 7.6 : 1이 된다.

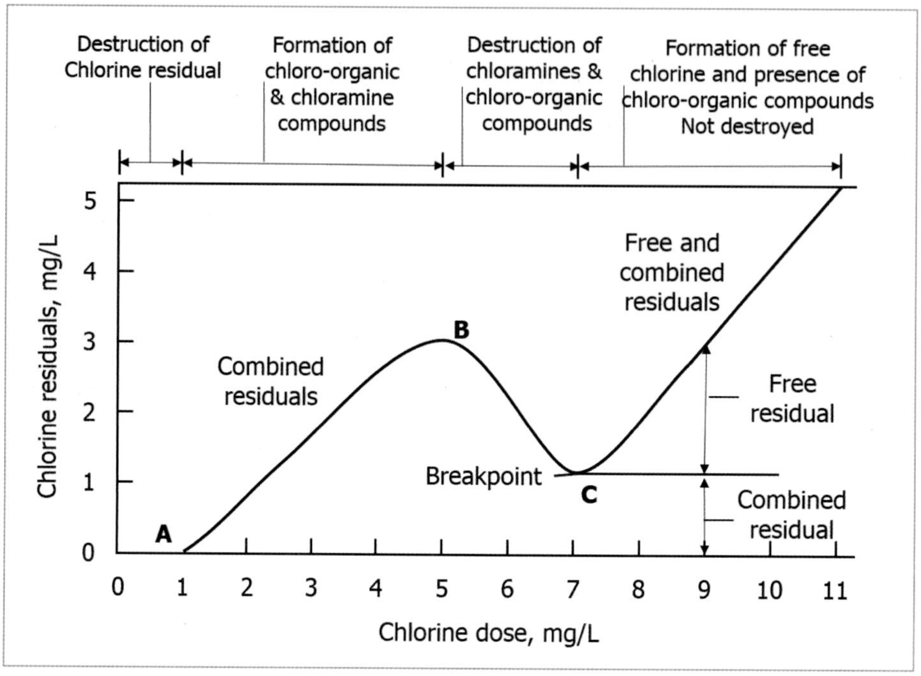

<그림 9-14> 염소의 분기점반응

분기점을 지나서도 염소를 계속 주입하면 그림에서 보는 바와 같이 반응하지 않은 HOCl형태의 유리 잔류 염소가 비례적으로 증가할 것이다. 유리 잔류 염소를 얻을 때까지 염소를 충분히 주입하는 주된 이유는 유리 잔류 염소가 있을 때 비로소 소독작용이 확실하게 보장되기 때문이다.

• 소독 부산물(DBPs)

염소나 오존과 같은 산화제를 이용하여 소독 처리를 하게 되면 바람직하지 않은 소독 부산물이 형성된다. 그 중 가장 흔하게 나타나는 것이 트리할로메탄(THMs)이며 그 외에도 할로아세틱산, 알데하이드 계통 등의 부산물이 발생한다. 여기서 생성되는 대부분의 소독 부산물은 발암물질로 알려져 있다.

• 오존(O_3)에 의한 소독

오존은 1900년대 프랑스에서 상수도를 소독하기 위하여 처음으로 사용된 이후 서부

유럽 여러 나라로 전파되었다. 현재 1,000개에 가까운 오존 소독 시설이 존재하며(대개 가 유럽에 있음) 거의 전부가 정수처리에 이용되고 있다. 이들 시설에서 오존을 사용하는 이유는 대개 맛, 냄새, 색도 제거 때문이다.

오존은 처음에는 정수처리의 소독용으로 사용되었지만 최근에는 오존 제조 및 용해 기술이 발달하여 하수처리부문에까지 활용되고 있다. 하수처리에서 고도 산화처리법, 활성탄 대신 오존을 사용한 냄새 제거뿐만 아니라 고도 정수처리시 용해성 유기물의 제거에도 사용된다.

오존은 강력한 산화제로서 박테리아의 세포막을 파괴시키고 효과적으로 바이러스를 죽일 수 있으며 염소보다도 소독 효과가 우수하다. 또한 오존처리는 염소의 반응과는 다르게 DBPs와 같은 부산물을 적게 만들고 유입수의 암모니아 이온이나 pH에도 영향을 받지 않는다. 이와 같은 이유로 인하여 오존처리는 염소 처리나 차아염소산 처리 등의 탈염소를 필요로 하는 공정에 대한 강력한 대안으로 제시되고 있다.

• 자외선에 의한 소독

자외선 광원에서 나온 광선이 상수의 소독에 사용되기 시작한 것은 1900년대부터이다. 새로운 자외선 램프, ballast 등 보조장치의 개발과 함께 기술이 급속히 발전되어 소독에 사용되었다. 처음에는 주로 고순도의 상수공급에 사용되었는데 자외선을 적절히 사용하면 다른 독성 물질을 생성하지 않으면서도 박테리아나 바이러스에 대해 살균 효과가 있다는 것이 점차 알려졌고, 하수의 소독에 자외선을 사용하면서 그 효과가 입증되었다.

자외선이 발생하는 전자기 스펙트럼의 구역은 100～400 nm으로, 소독에 관계가 있는 파장은 220～320 nm로서 단파 영역이다. UV 빛을 생산하는 램프는 저압-저강도, 저압 고강도, 중압-고강도 시스템으로 나누어지는데, 일반적으로 소독용 자외선 에너지 발생 장치로서 많이 사용되고 있는 것은 저압·저강도 수은 램프이다.

UV 소독하수의 자외선 소독 시스템은 개방형(개수로형)과 폐쇄형(관수로형)으로 구분된다. 장치의 주요 구성 요소는 램프, 석영관, 지지대, 전압유지 ballast, 그리고 전원이다.

자외선에 의한 소독공정의 성능은 하수의 화학적 성상, 입자들의 존재, 미생물의 특성, 자외선 소독 시스템의 물리적 특성 및 그 외에도 많은 인자들과 관계가 있다. 자외선은 화학적이라기보다는 물리적인 소독방법이다. 파장이 254 nm 정도의 조사선은 미생물의 벽을 뚫고 들어가 DNA와 RNA 등과 같은 세포물질에 흡수되어 DNA의 복재기능을 없애고 세포를 죽인다. 박테리아를 소독하기 위해서는 박테리아에까지 자외선이 침투할 수 있도록 탁도를 낮게 유지해야 한다. 따라서 부유 고형물질의 농도가 높은 하수에서는 탁도에 의한 방해작용에 의해서 자외선에 의한 소독이 적합하지 않다.

라. 화학적 산화와 고도산화(advanced oxidation processes, AOP)

화학적 산화처리법은 물속에 유해한 유기물을 완전 산화시켜 무해물로 변화시키거나, 수용성 금속이온을 산화시켜 불용성 물질로 변화시킨 후 제거하는 공정을 말한다. 하수처리에서 일반적인 산화는 오존, 과산화수소, 과망간산, 염소 그리고 산소와 같은 산화제를 사용하여 제거 대상 물질의 화학적 구성을 변화시킨다. 하수처리에서는 악취 제거, 황화수소 제어, 색도 제거, 철, 망간 제거, 소독의 공정에 화학적 산화를 적용하고 있다.

산화제의 종류에 따라 산화되는 정도, 즉 산화율에는 차이가 있는데, pH의 조건이나 산화되는 물질의 특성에 따라 각각 다르게 나타나며, 다음과 같은 순서로 나타낼 수 있다.

$$HO\bullet > O_3 > H_2O_2 > HOCl > ClO_2 > MnO_4^- > O_2 > OCl^-$$

고도 산화공정은 OH- 라디칼을 중간 생성물로 생성하여, 수중의 내분비계 오염물질 등 미량 유기물질을 산화 처리하는 방법으로, 오존에 pH를 조절하거나 과산화수소, UV 에너지 등을 첨가하여 산화력을 증대시켜서 처리하는 공정이다.

고도 산화공정은 오존, 염소, 이산화염소보다 강한 산화력이 있어서 고분자 난분해성인 유기성 오염물질을 용이하게 산화처리 할 수 있다. 고도 산화공정은 난분해성 유기화합물의 산화, 농약 등의 미량 성분 분해, 페놀류, BTEX의 VOCs의 분해, 철, 망간, 시안의 제거 등에 적용하고 있다.

고도 산화공정을 거친 생물학적 난분해성 물질은 생물학적 분해 가능물질로 전환된 후 생물학적 처리공정으로 보내어져 후속 처리된다. 개별 산화제를 조합하여 고도 산화공정을 구성하는데, UV/O_3, H_2O_2/UV, H_2O_2/O_3, $O_3/H_2O_2/UV$, 그리고 펜톤 산화법으로 구분할 수 있다.

마. 흡착(adsorption)

흡착이란 용액 안에 있는 용해 물질을 적당한 경계면 위에 모이도록 하는 공정이다. 경계면은 액체와 기체 사이, 액체와 고체사이, 액체와 또 다른 액체 사이에 생긴다.

예전에는 흡착 공정이 많이 이용되지 않았으나 처리된 하수 유출수 수질 개선 및 재이용에 대한 관심이 점점 높아짐에 따라 하수 처리수의 활성탄 흡착에 대한 연구 및 활용방안이 다양하게 논의되고 급격히 발전하고 있다.

흡착 처리는 일반적인 생물학적 처리를 거친 물을 3차 처리하는 것을 말한다. 이때 활성탄은 잔류 용해성 유기물질의 일부를 제거하는데 쓰이는데 활성탄을 물과 접촉시키는 방법에 따라 물속에 존재하는 입자상 물질도 함께 제거되기도 한다.

흡착은 흡착력에 따라 물리적 흡착(physical adsorption)과 화학적 흡착(chemical adsorption)으로 분류할 수 있다. 반데르발스 인력에 의한 결합을 물리적 흡착, 강한 이온결합이나 공유결합을 화학적 흡착이라고 한다. 실제적으로 물리적 흡착과 화학적 흡착을 구분하기가 쉽지 않으며 수착(sorption)이라는 용어를 활성탄에 유기물이 부착할 때 사용하고 있다.

흡착제의 종류에는 활성탄, 합성 유기 고분자 중합체 및 실리카겔 등이 있다. 합성유기 고분자 중합체 및 실리카겔 흡착제는 가격이 비싸기 때문에 하수의 흡착용으로는 사용되지 않으며 활성탄이 주로 사용된다. 활성탄은 각각 용량과 크기에 따라 분류되어 직경 0.074 mm이하의 분말 활성탄(powdered activated carbon, PAC), 직경 0.1 mm(140번체)이상의 입상 활성탄(granular activated carbon, GAC)으로 구분한다.

바. 이온교환(ion exchange)

이온교환은 물속에 존재하는 이온과 이온교환수지상의 이온 간에 교환이 이루어지는 화학반응이다. 용액 중의 이온은 이온교환수지에 선택적으로 흡착되며, 이온교환수지는 전기적으로 평형을 유지해야하므로 교환된 이온은 이온교환수지로부터 용액 중으로 방출된다.

하수처리 과정에서는 액상으로부터 음양의 전체 이온을 제거하기 위해 음이온 교환수지와 양이온 교환수지 두 가지를 모두 사용한다. 먼저 양이온 교환수지에 하수를 통과시켜 양이온을 수소이온으로 교환하고 이것을 음이온 교환수지에 통과시켜 음이온을 수산화이온으로 교환한다. 이렇게 하면 액상으로 해리된 수소이온과 수산화이온은 서로 반응하여 물이 된다. 교환능력이 소진된 양이온 수지는 황산액이나 염산액을 통과시켜서 재생하고, 음이온 수지는 수산화나트륨액을 통과시켜서 재생한다.

제올라이트와 같은 천연물질은 상수의 연수화와 암모늄의 제거에 사용된다. 제올라이트이 외의 대부분 이온교환수지는 합성 인공 교환물질로서 수지나 페놀계 고분자물질이다. 합성 이온교환수지는 강산 양이온, 약산 양이온, 강염기 음이온, 약염기 음이온 그리고 중금속 선택성 킬레이트 수지 등 5개의 형태가 있다.

2.4. 생물학적 처리공정

생물학적 처리공정이란 하수에 존재하는 유기물 가운데 생물분해 가능한(biodegradable) 유기물질을 미생물을 이용하여 안정화시켜 제거시키는 방법이다. 자연계에 존재하는 생물분해 가능한 물질은 유기물로서 부유, 용해성 또는 콜로이드 상태로 존재한다. 이렇게 생물분해가 가능한 유기물을 CO_2나 H_2O, 혹은 가스(gas)화 등으로 변화시키고 침전 가능한 미생물체로 변화시켜 처리하는 것이다.

이러한 생물학적 처리법은 하수의 2차 처리, 슬러지 처리, 고농도의 유기물을 함유하는 하수의 처리에 이용된다.

가. 생물학적 처리공정의 종류

하수처리에 사용되는 생물학적 처리공정은 크게 부유성장과 부착성장 (또는 생물막) 공정으로 나눌 수 있다. 부유성장과 부착성장 처리공정에 대한 대표적인 공정과 그 밖의 혼합처리 공정은 <표 9-5>와 같다. 생물학적 하수처리에 사용되는 처리 방법은 산소 유·무에 따라서 호기성, 무산소, 혐기성, 임의성 처리방법으로 구분할 수 있다.

<표 9-5> 하수처리에 이용되는 생물학적 처리공정

종 류			기 능
호기성	부유성장	활성슬러지	BOD제거
		부유성장 질산화	질산화
		포기라군	BOD제거
		호기성 소화	안정화 및 BOD제거
	부착성장	살수여상법	BOD제거 및 질산화
		회전원판법	BOD제거 및 질산화
		초벌여상	BOD제거
		충진상반응기	BOD제거 및 질산화
무산소	부유성장	부유성장 탈질화	탈질화
	부착성장	부착성장 탈질화	탈질화
혐기성	부유성장	혐기성소화	안정화 및 BOD제거
		혐기성접촉	안정화 및 BOD제거
		혐기성 상향류 슬러지상	탄소성 제거
	부착성장	혐기성 여과상	안정화 및 BOD제거(탈질)
		Expanded Bed	안정화 및 BOD제거(탈질)

나. 호기성 처리공정

호기성 처리법의 종류는 활성슬러지법, 살수여과상, 회전원판법, 호기성 소화법, 산화지법 등이며, 무산소공정은 탈질화에 주로 이용되는 공정으로서 부유성장 탈질화 및 부착성장 탈질화로 나눌 수 있다.

다. 활성슬러지법

도시 하수처리에 사용되는 가장 대표적인 부유성장 공정은 활성슬러지 공정이다. 활성슬러지 공정은 1차 처리된 하수를 다시 2차 처리하기 위하여, 혹은 하수를 호기성으로 완전 처리하기 위하여 사용한다.

공정(process)은 폭기조, 침전조, 슬러지 반송설비로 구성된다. 하수는 최초 침전지에서 부유 고형물질(SS)이 제거된 후, 폭기조에서 용해성 유기물질이 미생물에 의하여 섭취 분해되고 성장한다. 이 미생물은 2차 침전지에서 응결 침전되어 활성슬러지(activated sludge)가 되어 폭기조로 일부 반송되고, 일부는 잉여(폐)슬러지가 된다. 또 2차 침전지의 깨끗한 상등액으로 처리장의 유출수가 된다.

폭기조 내의 미생물 농도는 혼합액 부유 고형물질(MLSS) 또는 혼합액 휘발성 부유 고형물질(MLVSS)로 나타난다.

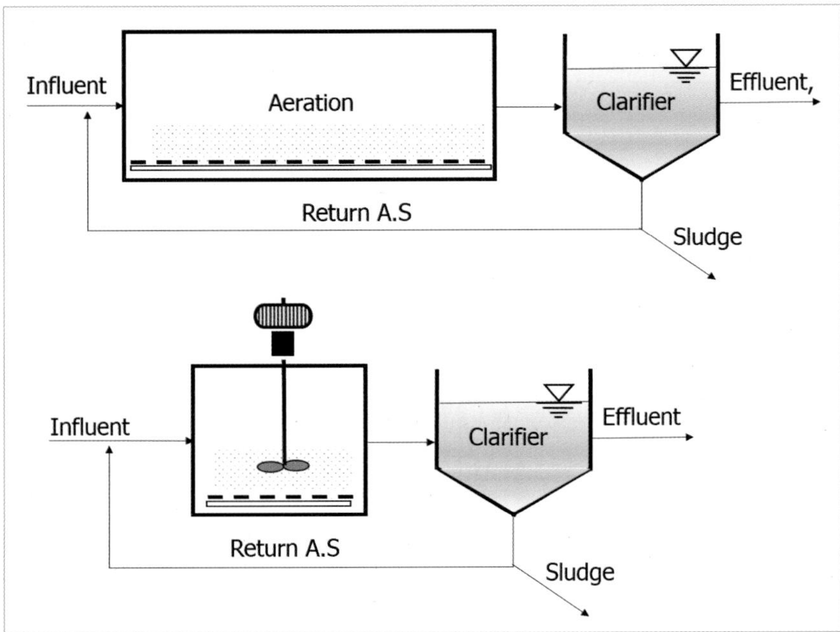

<그림 9-15> 활성슬러지법

폭기조 내 혼합과 산소의 전달을 위해서 산기관(diffuser)이나 폭기장치(aerator)와 같은 기계장치(설비)가 사용된다. 이것에 의해 공기 중의 산소가 용해상태로 변해 활성슬러지에 섭취된다. 잉여슬러지는 별도로 농축, 소화, 탈수, 소각 등의 방법에 의하여 처리된 후 최종 처분된다.

라. 살수여상 및 회전원판법

전 세계적으로 가장 일반적으로 많이 사용되는 부착성장처리공정은 살수여상(trickling filter, TF)이며, 우리나라에서는 회전원판법(rotating biological contactor, RBC)이 많이 사용된다.

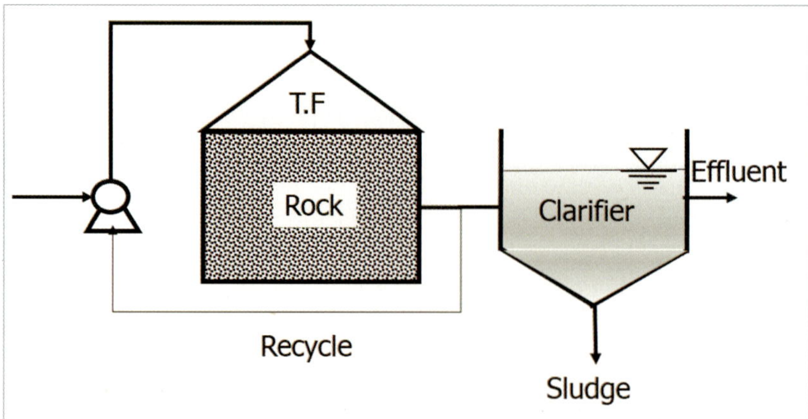

<그림 9-16> 살수여상(쇄석)

회전원판법(RBC)은 하수 면보다 약간 높게 설치된 수평 회전축에 <그림 9-17>과 같이 여러 개의 원반(Disc)을 수직으로 고정시켜서 회전시키는 장치를 설치한다. 이를 회전생물 반응체(RBR)라 하는데 각 원반표면에 미생물막이 형성되어 조 내의 용해성 유기물질을 섭취 분해하여 제거하는 방법이다.

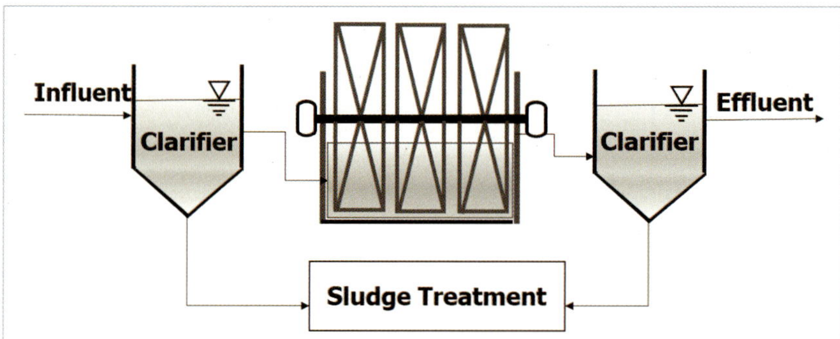

<그림 9-17> 회전원판법

마. 혐기성 공정

만일 하수나 슬러지의 유기물 농도가 너무 높게 되면 폭기에 의해 산소를 충분히 공급할 수 없게 되어 결국 혐기성 공정을 사용해야 한다. 혐기성 공정은 혐기성 소화, 혐기성 접촉공정, 혐기성 여과상, 혐기성 유동상, 상향류 혐기성 슬러지 블랭킷(UASB), 혐기성 산화지 등으로 구분된다.

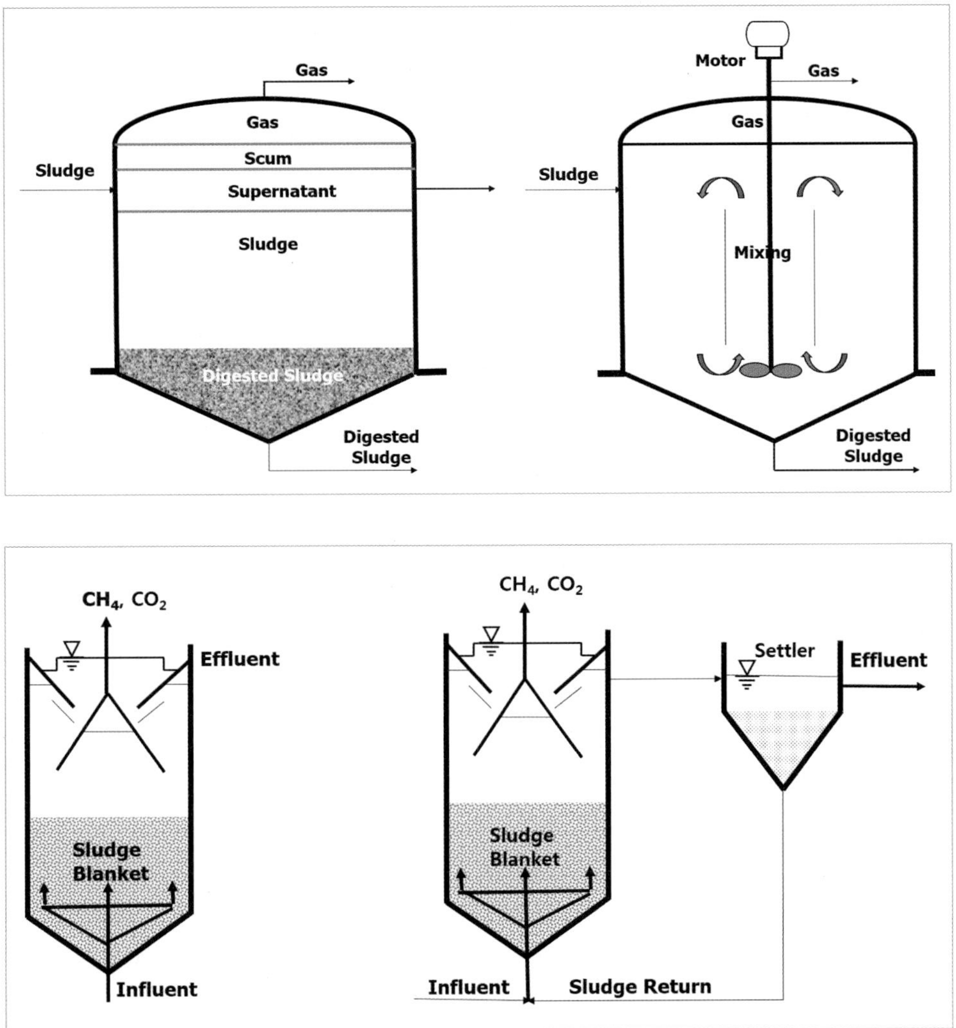

<그림 9-18> 혐기성소화와 UASB

3. 물의 재이용

3.1. 재이용수의 용도

수자원을 효율적으로 이용하고 물의 낭비를 최소화 하며, 재사용을 통해 배출하수량을 감소시켜 오염부하의 총량삭감을 지향하기 위한 하수 재이용의 필요성이 최근 들어 활발하게 논의되고 있다.

하수처리 유출수를 재이용하여 음용수 수준까지 처리하려고 하면 비용이 너무 많이 들어 경제적인 측면에서 실효성이 낮고, 인체와 직접 접촉되지 않은 화장실 용수, 살수용수, 조경 용수, 공업 용수, 그리고 농업 용수 등으로 국한하여 이용하는 것이 훨씬 더 현실적인 방안이다.

우리나라 하수도 시설 기준(2011)에는 처리수의 재이용을 그 용도에 따라서 다음과 같이 크게 두 가지로 분류하고 있다.

가. 하수처리 시설 운전용

기계 용수 등 하수처리 시설을 운전하는데 필요한 재이용

- 처리장 내 세척용수, 침사지 기계설비 등의 세척수, 포기조의 소포수(거품제거)
- 소독시설, 탈취시설의 급수, 펌프, 송풍기의 냉각수, 약품설비의 급수
- 슬러지 탈수 및 소각세척용수
- 청소용수, 화장실 용수
- 조경용수

나. 다목적 이용

조경 용수 등 하수처리 시설 외에 다목적으로 필요한 재이용

- 도시 재이용수 : 주거지역 건물외부청소, 도로세척 및 살수, 화장실세척, 건물내부 비음용, 인체비접촉 세척용수
- 조경용수 : 도시가로수 등의 관개용수, 골프장, 체육시설의 잔디 관개용수
- 친수용수 : 수변 친수공간에 수량공급, 수변지역 수량 확보, 보충 공급되는 물
- 하천유지용수 : 하천의 유지수량을 공급, 저수지, 소류지 등의 저류량 확대
- 농업용수 : 비식용작물의 관개, 인체 비유해성검증 후 식용농작물 관개 보충용
- 습지용수 : 고립된 소규모 습지에 대한 수원, 대규모습지에 주된 수원으로 사용
- 지하수 충전 : 지하수 함양을 통한 지하수위 상승목적, 지하수자원의 보충
- 공업용수 : 냉각용수, 보일러용수, 공장내부 공정수 및 일반용수, 기타 산업체 및 공장의 용도

3.2. 재이용수 처리공정

재이용을 위하여 적용할 수 있는 처리방법은 처리 대상 항목에 따라 분류된다. 재이용을 위한 기본적인 처리공정은 생물처리+응집침전+여과(막처리)+활성탄 흡착+오존+염소소독인데, 목표수질을 달성하기 위해서는 각각의 처리공정을 적절하게 조합하여 사용한다.

하수처리수의 재이용을 위한 기본적인 공정은 생물처리+응집침전+여과+소독이 조합된 공정이다. 또는 생물처리+침전+막처리+소독 공정이 추천될 수 있으며, 생물처리+응집침전+여과+활성탄흡착+소독공정도 많이 사용될 수 있는 조합이다.

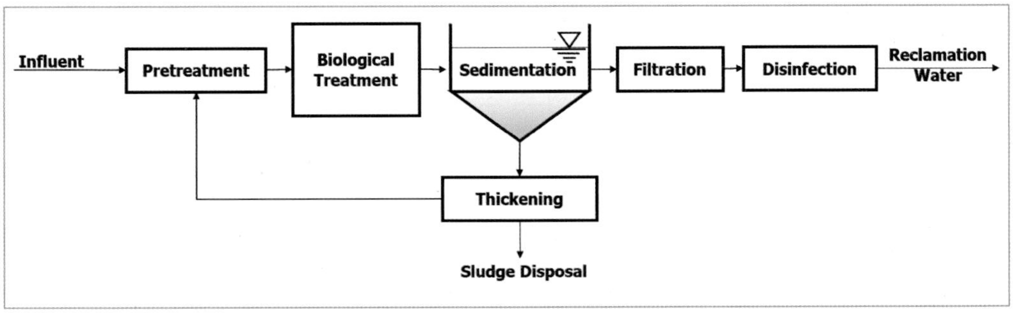

<그림 9-19> 생물처리+여과+소독을 기본공정으로 하는 재생처리공정

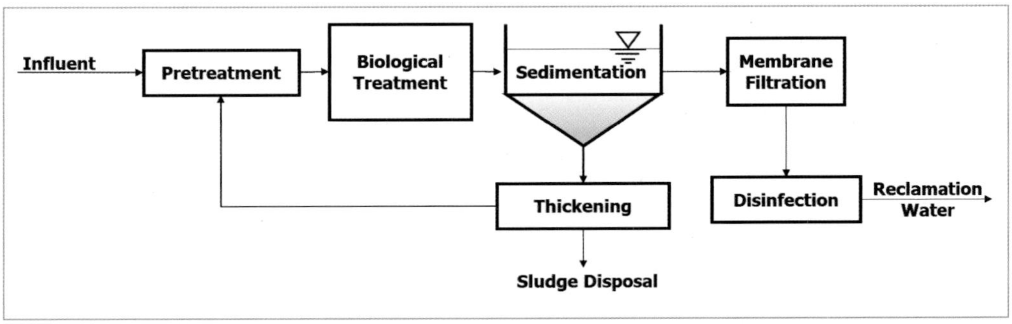

<그림 9-20> 생물처리+막처리+소독을 기본공정으로 하는 재생처리공정

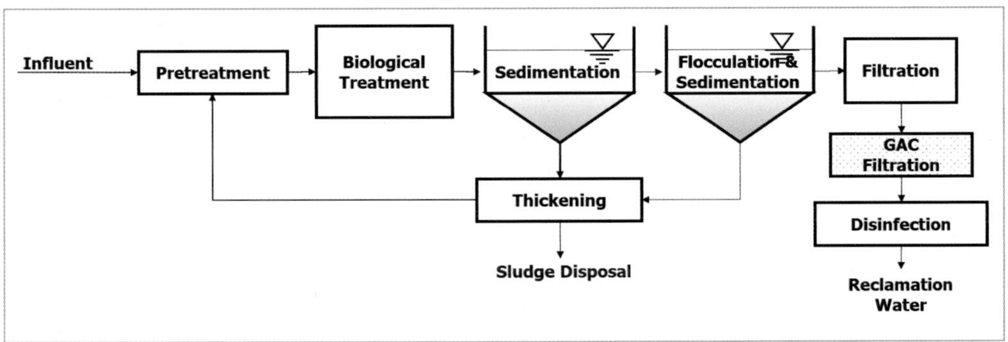

<그림 9-21> 생물처리+응집침전+여과+흡착+소독을 기본공정으로 하는 재생처리공정

3.3. 재이용의 문제점

부적절한 처리를 한 재이용수는 지표수 및 지하수를 오염시킬 수 있고, 병원성 미생물의 전파로 인한 보건상의 문제가 발생될 가능성이 있으며, 미량의 유기화합물로 인해 토양 오염 등 다양한 문제가 제기될 수 있다. <표 9-6>에서는 부적절하게 처리한 재이용수에서 발생할 수 있는 병원성미생물의 전파, 질산염의 문제, 지하수의 오염, 스케일과 부식 등 여러 가지 문제점을 열거하고 있다.

<표 9-6> 재이용수의 용도별 문제점

용 도	문 제 점
관개용 (곡물재배, 종묘용)	지표수 및 지하수 오염가능성, 토양 및 재배작물의 악영향 병원성 미생물 문제
사업장 재이용 (냉각수, 보일러용수)	스케일, 부식 및 각종 미생물의 성장가능성, 냉각수에서 서식할 수 있는 병원성미생물의 전파가능성
지하수 재충전 (지하수보충용, 침하조절용)	처리수내 유기화합물로 인한 영향, 처리수내 TDS, 질산염 및 병원성미생물 영향
비음용수 (소화용, 냉방용, 화장실용)	에어로졸에 의한 병원성 미생물전파 가능성 스케일, 부식 및 각종 미생물의 성장가능성

제10장 생물학적 하수처리와 질소·인 제거

유기물을 CO_2나 H_2O, 혹은 가스(gas)화 등으로 처리하여 침전 가능한 미생물체로 변화시킨 후 이를 제거하는 생물학적 하수처리법으로서 활성슬러지법, 살수여과상, 호기성 및 혐기성 소화, 산화지법, 회전원판법, 부패조 등에 대해 알아보았고, 아울러 생물학적 질소·인 제거 기술로서 질산화와 탈질산화과정을 거쳐 질소물질을 제거하는 방법과 혐기와 호기과정을 거쳐 인을 제거하는 방법에 대해 설명하였다.

주요 내용

1. **활성슬러지법**

   활성슬러지법의 운전인자, 산소전달과 폭기 시스템, 폭기조와 폭기 시스템, 활성슬러지법의 변법, 활성슬러지법의 적정 운전과 운영상 문제

2. **살수여상법(Trickling filter, TF)**

   개요, 살수여상의 구조, 살수여상공정의 분류, 살수여상의 운전인자

3. **회전 원판법(Rotating biological contactor, RBC)**

   개요, 회전원판법의 구성, 회전원판법의 배열, 회전원판법의 특징, 운전인자

4. **혐기성처리**

   혐기성 반응의 개요, 혐기성 처리법

5. **생물학적 질소·인 제거기술**

   생물학적 질소 제거, 생물학적인 제거(BPR)기술

1. 활성슬러지법

1910년 Black과 Phelps는 하수의 고액 분리와 포기에 대해 실험실적 연구를 수행하였다. 1914년 Arden과 Lockett은 이를 더욱 체계화시켜 하수구에서 발생하고 있는 부유성

장 미생물에 의한 유기물질의 분해과정과 침전현상으로부터 활성슬러지법(activated sludge)을 개발하였다. 이러한 활성슬러지법은 미국과 영국 등의 도시 하수처리에 적용되었고, 독일과 네덜란드 등의 유럽지역에서도 활성슬러지법을 이용한 하수처리장의 건설이 급속도로 확산되었다. 현재 전 세계의 거의 모든 하수처리장에서 가장 많이 채택하고 있는 공법이 활성슬러지법이다.

활성슬러지는 생물 고형물(biosolids)이라고도 한다. 하수에 산소를 포함한 공기를 주입하여 교반시키면 미생물이 하수 중의 유기물을 섭취하여 세포를 증식하고 응집 가능한 플록을 형성한다. 이것을 이차 침전지에서 중력침전에 의해 고액 분리한 후, 상등수는 처리수로서 방류되고. 침전된 활성슬러지의 일부는 반응조에 반송된다. 반응조의 활성 슬러지는 하수와 혼합되어 다시 하수처리에 이용되고 나머지 슬러지는 잉여슬러지로서 인발된 후, 농축, 소화, 탈수, 소각 등의 방법에 의하여 처리된다.

1.1. 활성슬러지법의 운전인자

활성슬러지법의 성능과 처리효율에 영향을 미치는 기본적인 운전인자는 수리학적 체류시간(hydraulic retention time, HRT), 고형물 체류시간(solid retention time, SRT), BOD 용적부하율, 미생물에 대한 먹이의 비율(F/M비), 기질 비이용율 등이다.

가. 수리학적 체류시간(hydraulic retention time, HRT)

HRT는 하수가 반응조에 체류하는 시간이며, 설계표준은 대략 6~8시간이다. 유입 하수량과 반응조 체적과의 관계로부터 HRT 식을 다음과 같이 구할 수 있다.

$$HRT(\theta) = \frac{V}{Q}$$

나. 고형물질 체류시간(solids retention time, SRT)

고형물질 체류시간(SRT)이란 반응조, 2차 침전지, 반송슬러지 등에서의 미생물이 전체 시스템 내에 체류하는 시간으로서 실제 적용할 때에는 반응조 내에 체류하는 시간만을 의미한다. SRT값과 유출수의 수질은 직접적으로 관계가 있으며, 하수처리에 있어 적절한 SRT 값의 선정은 유기물의 제거효율 및 질산화 반응정도에 영향을 미친다.

$$SRT(\theta_c) = \frac{VX}{(Q - Q_w)X_e + Q_w X_R} = 1/(-Y\frac{r_{su}}{X} - k_d)$$

여기서, θ_c : SRT(일)

V : 반응조의 용량(㎥)

X : 반응조 혼합액의 평균부유물(MLSS)의 농도(mg/l)

X_R : 잉여슬러지의 평균 SS 농도(mg/l)

X_e : 처리수중의 평균 SS 농도(mg/l)

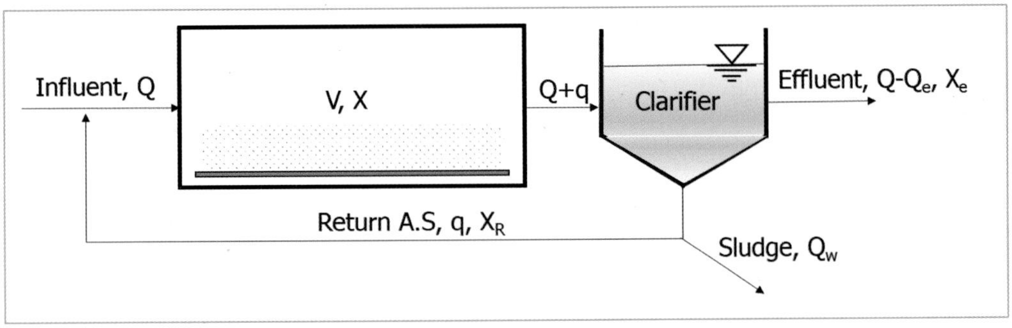

<그림 10-1> 활성슬러지법

다. MLSS(mixed liquor suspended solids)와 MLVSS(mixed liquor volatile suspended solids)

활성슬러지법에서 폭기조내 미생물 농도는 중요한 운전변수이다. 활성슬러지와 하수가 혼합된 상태를 혼합액(mixed liquor)이라고 하며 이 혼합액중의 부유 고형물질을 MLSS라고 한다. 혼합액 부유 고형물질(MLSS)을 미생물 세포로 나타낸 것을 MLVSS라고 하는데 설계표준은 1,500～3,000 mg/L이다.

라. 유기물 부하

하수 중의 유기물은 산화 분해되어 처리되는데 처리정도는 SRT, HRT, 유기물의 부하와 상관관계가 깊다. 유기물 부하는 BOD 용적부하와 F/M비로 표현하며 BOD 용적부하는 매일 폭기조의 단위 용적에 대해 공급되는 BOD 부하량이다.

$$L_{org} = \frac{QS_o}{V}, \; kg\,BOD/m^3{\cdot}d$$

F/M비는 단위질량의 미생물량이 받는 BOD 부하량이며, 다음 식으로 나타낼 수 있다.

$$F/M = \frac{QS_0}{VX}, \; kgBOD/kg\,VSS{\cdot}d$$

마. 기질의 비이용율(specific substrate utilization rate, U)

비기질 이용률(U)은 다음과 같이 계산할 수 있다.

$$U = \frac{r_{su}}{X} = \frac{Q(S_o - S)}{VX} = \frac{(S_o - S)}{\tau X}$$

BOD 혹은 rbCOD의 공정제거효율은 $E,\% = \frac{S_o - S}{S_o} \times 100$으로 나타낼 수 있고,

$F/M \times E = \frac{QS_o}{VX}\frac{S_o - S}{S_o} \times 100 = \frac{Q(S_o - S)}{VX} = U$이다. $U = \frac{r_{su}}{X}$이므로,

U는 다음과 같다.

$$U = \frac{kS}{K_s + S}$$

위 식과 $\frac{1}{SRT(\theta_c)} = Y\frac{kS}{K_s + S} - k_d$를 결합하면 $\frac{1}{SRT(\theta_c)} = YU - k_d = \mu$로 쓸 수 있으며,

비성장율은 (세포생산계수, Y) × (기질비이용율, U) − (내생호흡율, kd)로서 $U = \frac{(F/M)E}{100}$을 $\frac{1}{SRT(\theta_c)} = YU - k_d$에 대입하면 SRT는 F/M비와 관련되어 다음식과 같이 나타낼 수 있다.

$$\frac{1}{SRT(\theta_c)} = Y(F/M)\frac{E}{100} - k_d$$

바. 슬러지 반송율과 SVI

활성슬러지를 안정적이고 효율적으로 관리하기 위해서는 폭기조 내 미생물 즉, MLVSS의 적절한 유지가 필요하다. 폭기조 내부에 유입되는 유기물질과 이를 섭취 분해 제거하는 미생물 간에는 서로 균형이 유지되어야 한다. 폭기조의 MLVSS 농도를 일정하게 유지하게 위해서는 침전된 슬러지의 일부를 반송시켜서 다시 폭기조에 보급하여 조절한다.

슬러지의 반송율을 구하기 위하여 유입수의 SS(Xi)를 고려한 전체적인 슬러지 물질수지식을 세우면 $X(Q+q) = X_R \cdot q + Q \cdot X_i$이다.

이를 양변을 Q로 나누고 반송율 $r = \frac{q}{Q}$를 적용하면

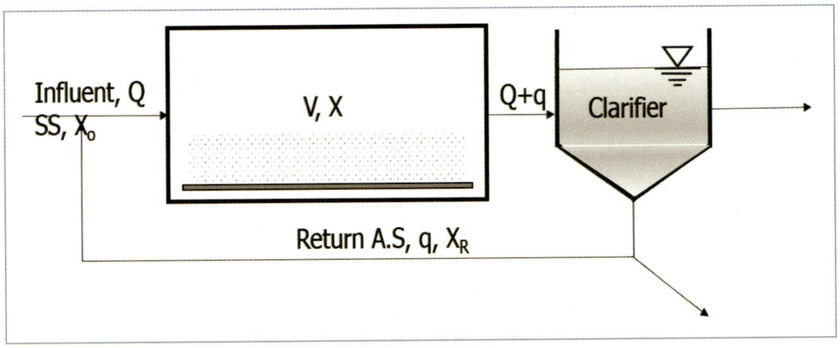

<그림 10-2> 활성슬러지의 반송슬러지 제어를 위한 부유물질 물질수지도

$$X(1+r) = X_R \cdot r + X_i$$

$$r = \frac{X - X_i}{X_R - X}$$

일반적으로 $X_R = \frac{1}{SVI}10^6(mg/L)$가 적용되므로,

$$r = \frac{X - X_i}{\frac{10^6}{SVI} - X}$$

로 정리할 수 있다.

예 제

■ **F/M비**

폭기조 용적이 600 m^3, 폐수유입량이 2,100 m^3/d, 유입수의 BOD농도가 250 mg/L, MLSS농도가 2,500 mg/L일 때 HRT(hr)와 F/M비(1/d)를 구하시오.

풀이

1) $HRT = \frac{V}{Q} = \frac{600\,m^3}{2,100\,m^3/d} = 0.286\,d = 6.9\,hr$

2) $F/M비\,(BOD슬러지부하) = \frac{Q \cdot BOD}{V \cdot MLSS}$

$$F/M비 = \frac{Q \cdot BOD}{V \cdot MLSS} = \frac{2,000\ m^3/d \times 250\ mg/L}{600\ m^3 \times 2,500\ mg/L} = 0.33\frac{1}{d}$$

예 제

■ **BOD 용적부하**

BOD가 200 mg/L, F/M 비가 0.4 kg/kg·d인 폐수 10,000 m^3/d를 활성슬러지법으로 처리하고자 한다. 폭기조의 MLSS농도가 2,000 mg/L이면, BOD 용적 부하(kg BOD/m^3·d)는 얼마인가?

풀이

$$F/M\text{비}(BOD\text{슬러지부하}) = \frac{Q \cdot BOD}{V \cdot MLSS}$$

$$V = \frac{Q \cdot BOD}{F/M \cdot MLSS} = \frac{200\,mg/L \times 10{,}000\,m^3/d}{0.4/d \times 2{,}000\,mg/L} = 2{,}500\,m^3$$

$$BOD\text{용적부하} = \frac{Q \cdot BOD}{V} = \frac{200\,mg/L \times 10{,}000\,m^3/d}{2{,}500\,m^3} = 0.8\,kg/m^3 \cdot d$$

예 제

■ **SRT 산정**

어느 식료품 공장의 폐수 배출량이 1,000 m^3/day이고, BOD와 SS농도가 각각 200 mg/L, 200 mg/L이다. 이 폐수를 활성슬러지법으로 처리하고자 할 때 처리장 운영조건이 F/M비 0.25 kg BOD/kg MLSS·d, 폭기시간 8시간, 최종침전지 sludge의 농도10,000 mg/L, sludge 폐기량 유량의 2 % 그리고 BOD와 SS 제거율이 90 %라면 고형물 체류시간(SRT)은 얼마인가?

풀이

$$SRT = \frac{V \cdot X}{X_r Q_w + (Q - Q_w) X_e}$$

$$V = Q \cdot t = 1{,}000\,m^3/d \times \frac{8}{24}\,d = 333.3\,m^3$$

$$F/M = \frac{BOD \cdot Q}{V \cdot X}$$

$$X = MLSS = \frac{BOD \cdot Q}{V \cdot F/M} = \frac{200\,mg/L \times 1{,}000\,m^3/d}{333.3\,m^3 \times 0.25/d} = 2{,}400\,mg/L$$

$$X_r = 10{,}000\,mg/L$$

$$Q_w = 1{,}000\,m^3/d \times 0.02 = 20\,m^3/d$$

$$X_e = 200(1 - 0.9) = 20\,mg/L$$

$$SRT = \frac{V \cdot X}{X_r Q_w + (Q - Q_w) X_e} = \frac{333.3\,m^3 \times 2{,}400\,mg/L}{10{,}000\,mg/L \times 20\,m^3/d + (1{,}000 - 20)\,m^3/d \times 20\,mg/L} = 3.6\,d$$

예 제

■ **SVI와 반송비**

유입수의 SS가 300 mg/L인 폐수를 활성슬러지법으로 처리하고자 한다. 폭기조내의 MLSS 농도를 2,500 mg/L로 일정하게 유지하면,

1) SVI는 얼마인가?

2) 침전조에서 폭기조로 반송하는 슬러지의 반송비는?

(단, 반송슬러지의 농도는 8,000 mg/L이며, 폭기조내의 슬러지 생성, 방류수중의 SS는 계산에 넣지 않는 것으로 한다.)

풀이

1) $$SVI=\frac{SV(mL/L)\cdot 1{,}000}{MLSS\ mg/L}=\frac{300\times 1{,}000}{2{,}500\ mg/L}=120\ mL/g$$

2) $$r=\frac{X-X_i}{X_R-X}=\frac{2{,}500-300}{8{,}000-2{,}500}=0.4$$

1.2. 산소전달과 폭기 시스템

가. 산소전달(oxygen transfer)

산소전달이란 기체 상태의 산소가 액체 상태로 전달되는 공정이다. 폭기(aeration)에 의하여 공급되는 공기 중의 산소는 물에 녹아서 생물체에 전달된다. 활성슬러지법의 효율과 안정성은 용존산소가 전달되는 정도에 따라 달라진다.

따라서 폭기조에 산소가 전달되는 속도를 파악하는 것은 폭기 공정의 설계에 매우 중요한 요소이다.

• 깨끗한 물의 산소 전달계수 결정

공기 중의 산소가 물에 전달되는 속도는 총괄 산소전달계수로 나타낼 수 있다. 온도, 물의 화학적 성질에 따라 산소전달계수가 달라진다. 따라서 일정한 조건과 부피에서 실험한 결과를 표준 산소전달계수로서 사용하며, 만일 온도조건이나 염분 등의 조건이 달라질 경우에는 보정인자를 도입하여 사용해야한다.

깨끗한 물, 즉 수돗물과 보정이 필요한 하수에서의 산소전달계수를 결정하기 위한 실험 방법은 다음과 같다. 아황산나트륨($Na_2S_2O_3$)과 촉매제로 염화코발트($CoCl_2$)를 사용하여 일

정 부피의 물에서 용존산소를 없앤 후 포화농도에 도달할 때까지 폭기한다. 물속의 용존산소를 없애는데 필요한 아황산나트륨 농도는 다음의 화학 평형식으로부터 구할 수 있다.

$$O_2 \ + \ 2Na_2SO_3 \rightarrow 2Na_2SO_4$$

$$\begin{array}{ll} 32 & 2 \times 126 \\ 9.2 & x \end{array}$$

총괄산소전달계수는 폭기과정 중 폭기상태를 가장 잘 파악할 수 있는 지점에서 용존산소(DO)를 측정하여 시간에 따른 용존산소(DO)농도를 대수지에 기입하여 그 기울기(K_{La})를 구하는 것이다.

일정온도의 포화 용존산소 농도를 Cs, 폭기조 안의 용존산소 농도를 Ct라고 하면 폭기장치에서 폭기 탱크안의 액체로의 산소 전달 속도는 $\frac{dC}{dt} = K_{La}(C_s - C)$로 표현할 수 있다. 이 식을 적분하면 다음과 같다.

$$\int_{C_0}^{C_t} \frac{dC}{C_s - C} = \int_0^t K_{La} dt$$

$$-\ln \frac{C_s - C_t}{C_s - C_0} = K_{La} t$$

$$\frac{C_s - C_t}{C_s - C_0} = \exp(K_{La} t)$$

이것을 폭기시간 t를 횡축, $\ln \frac{C_s - C_t}{C_s - C_o}$를 종축 좌표로 취하여 그림으로 나타내면 <그림 10-3>과 같다. 여기서 K_{La}는 그래프의 기울기이다.

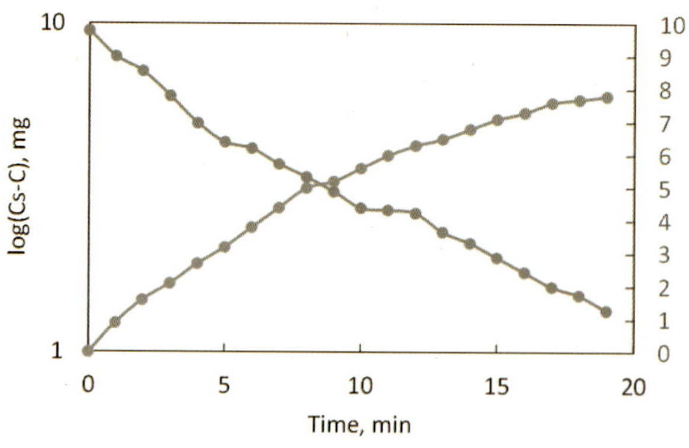

<그림 10-3> 시간에 따른 용존산소농도와 산소전달속도계수의 산정

• 하수의 성상(K_{La}값)에 따른 산소전달보정

폭기 장치의 효율은 K_{La}값과 밀접한 관계가 있다. 폭기 장치를 선택할 때 효율성은 중요하게 고려되어야 할 요소이므로 실제 시스템에 적용할 경우에는 보정계수 α를 사용한다. 폭기 장치의 효율은 폭기 장치 형태, 탱크의 형상, 교반의 정도 및 하수의 성상에 따라 달라지며 보정계수 0.3에서 1.2의 값을 갖는다.

$$\alpha = \frac{K_{La(wastewater)}}{K_{La(water)}}$$

• 하수의 특성(C_s, 산소포화농도)에 따른 산소전달보정

물속에 존재하는 염분과 계면활성제 등의 농도에 의해 산소의 용해도가 달라지므로 β라는 보정계수를 이용하여 산소전달계수를 보정한다. 일반적으로 β값은 0.7~0.98범위이며, 하수에서 통상적으로 사용하는 값은 0.95이다.

$$\beta = \frac{C_{s(wastewater)}}{C_{s(water)}}$$

$$K_{La} = \frac{r_M}{C_s - C}$$

• 산소전달 보정계수의 적용

현장 운전조건에서 실제 산소전달 속도계수(ATOR, kg O_2/hr)를 구하기 위해서는 20℃ 깨끗한 물에서 용존산소가 없는 상태로 실험한 표준 산소전달 속도(STOR, kg O_2/hr)를 기준으로 하여 교반 강도, 염분, 온도, 고도, 확산 깊이 등을 모두 고려하여 계산해야 한다. 계산식은 다음과 같다.

$$AOTR = SOTR\left(\frac{\beta C_{s,T,H} - C_L}{C_{s,20}}\right)1.024^{(T-20)}\alpha \cdot F$$

여기서, $AOTR$: 현장 산소전달속도, kg O_2/h

$SOTR$: 표준 산소전달속도, kg O_2/h

$C_{s,T,H}$: 온도 ℃, 고도 H인 폭기조에서 깨끗한 물의 산소포화농도

C : 운전 산소농도

F : 오염계수, 외부 또는 내부 공기산기관의 오염. 0.65~0.9

1.3. 폭기조와 폭기 시스템

활성슬러지법에 적용되는 폭기시스템은 방법과 반응조의 형태에 따라 구분한다. 폐수처리에 사용되는 폭기 시스템은 중력식, 분무식, 산기식, 기계식으로 나눌 수 있다. 활성슬러지의 경우 산기식(확산공기 시스템)과 기계식 폭기시스템이 많이 사용되고 있다.

가. 폭기장치

• 산기식 폭기장치

산기식 폭기법은 하수 안에 잠겨있는 산기장치 즉 산기관(diffusers), 송풍기(blowers) 그리고 송기관(air piping)으로 구성된다.

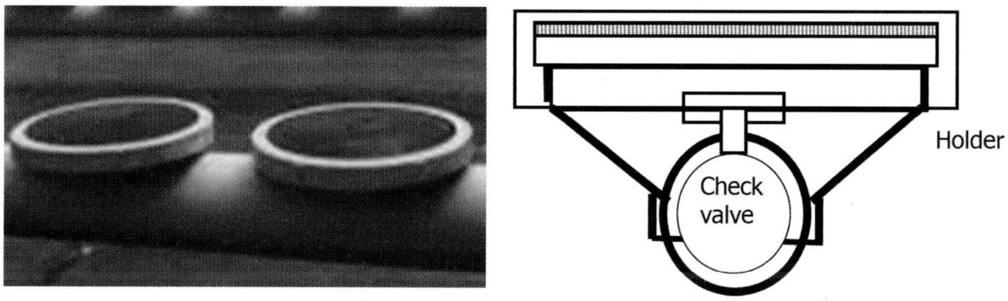

<그림 10-4> 산기식 폭기장치(Disk)

• 기계식 폭기장치(mechanical aerator)

기계식 폭기장치는 설계 및 운전특성에 따라 수직축 폭기장치와 수평축 폭기장치로 구분하고, 각각의 시스템은 표면 폭기장치와 수중 폭기장치로 구성되어 있다.

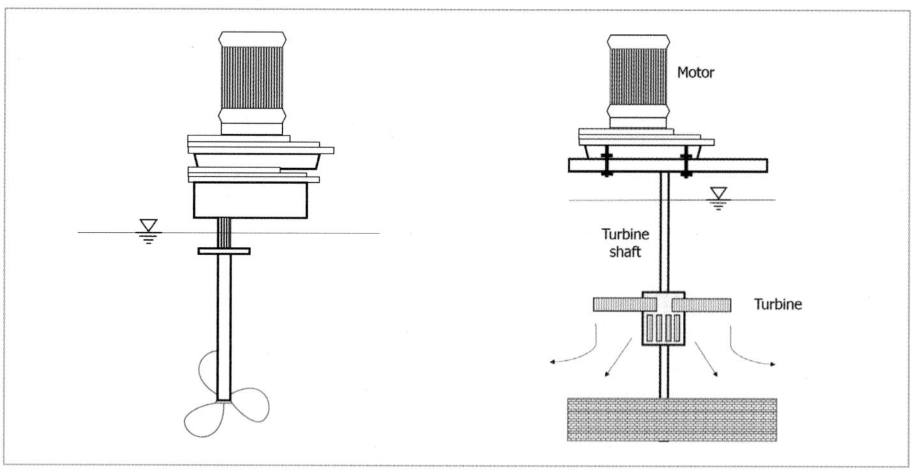

<그림 10-5> 기계식 폭기장치

1.4. 활성슬러지법의 변법

초기에는 압출류(plug flow reactor, PFR) 형태의 재래식 활성슬러지법이 주로 사용되었다. 공정 과정에서 나타나는 부하변동과 하수의 다양한 성상에 따른 벌킹과 같은 문제점을 해결하기 위해 공정의 개선과 수정에 대한 다양한 연구결과가 다음과 같이 지속적으로 제안되고 있다.

- 표준 활성슬러지법(conventional activated sludge(A/S))
- 완전혼합 활성슬러지법(complete mixing activated sludge)
- 점감폭기법(tapered aeration)
- 단계주입법(step aeration)
- 장기폭기법(extended aeration)
- 수정폭기법(modified aeration)
- 접촉안정법(contact stabilization)
- 크라우스 공정(kraus process)
- 순산소 활성슬러지법(pure oxygen A/S)
- 산화구법(oxidation ditch)
- 심층폭기(deep shaft)반응조

1.5. 활성슬러지법의 적정 운전과 운영상 문제

활성슬러지 공정과정에서 가장 흔히 나타나는 문제점으로는 슬러지 벌킹, 슬러지 부상(Sludge rising), 플록 해체, 거품 발생, Pin floc의 형성, 부패현상 등이 있다.

이러한 문제점의 발생을 최소화하기 위한 정상운전의 관리조건은 적정의 영양소 비율, 즉 폭기조 유입수의 BOD : N : P = 100 : 5 : 1의 유지, 용존산소를 0.5～2.0 mg/L 범위에서 운전하는 것이다. 또한 적정 운전 온도는 보통 20～30℃, pH(수소이온농도)는 중성인 pH 6～8, 적정 F/M비(food/microorganism)는 0.1～0.3 d^{-1}의 범위, MLSS(혼합액상 부유고형물 : mixed liquid suspended solid)농도는 1,500～2,500 mg/L를 유지해야 한다.

활성슬러지 처리장에서 발생하는 벌킹, 슬러지 부상, Floc해체, 거품발생, 핀플록의 발생과 같은 문제점과 특징 및 원인, 그리고 제어방법은 <표 10-1>과 같다.

<표 10-1> 활성슬러지법 운영상의 문제점, 원인 및 제어방법

문제점	원 인	제어방법
슬러지 벌킹	- 유기물이 과부하일 때 - 폐수가 부패된 때 - 원수의 수질이 급격이 변화되거나 저해 물질 흡입 - 영양원 N, P 불균형 - DO부족, MLSS 농도 높을 때 - 계절적 수온변화 및 운전미숙	- 초기 반송슬러지에 염소, 오존, 과산화수소 등 살균제 투입 - DO를 증가시키고 MLSS를 높여 F/M비(0.3이하) 낮게 운전 - 슬러지 중량 개량제(규조토, 석회석, 응집제 등)를 주입, SVI를 200이하로 유지 - 선택조(Selector)의 설치
슬러지부상 (Sludge rising)	- 미생물이 과도히 탈질산화되어 생성된 N_2 가스가 슬러지를 부상 - SVI 높고 잉여 슬러지 량 적을 때 - 침전지 슬러지 체류시간이 길때	- 폭기조 통기량을 줄임 - 반송 슬러지 량을 증가, 침전지 청소 - 탈질산화 방지를 위한 침전지 체류시간 감소
Floc 해체	- Floc이 침전지에서 미세하게 분산 상등수로 유출 - 독성물질 유입 - 질소, 인 등의 영양물질 부족 - 용존산소 부족 - 과부하 및 과도한 난류	- 폭기조 내 통기량 감소시킴 - 과소 BOD 부하 시 유입량을 증가시키고 식종(Seeding)
거품발생	- SRT가 너무 짧을 경우(백색 거품)와 너무 길 때(갈색거품) - 경성세제유입(회백색거품)	- SRT를 증가 또는 감소 - MLSS 농도를 증가 또는 감소 - 폭기조 표면에 살수
Pin Floc 형성	- SRT가 너무 길 경우 세포의 과산화로 Floc 형성능력 저하	- SRT를 감소
부패현상	- 슬러지가 흑색으로 변색 - 황(S) 세균(Begiatoa) 등이 출현 H_2S가 5 ppm 이상 발생	- 유입폐수에 황화물 혼입억제 - 폭기량 증대, pH 4이하에서 H_2S가스 방출 - DO농도 2~3 mg/L정도 때 처리수 유입

2. 살수여상법(trickling filter, TF)

2.1. 개요

살수여상법은 도시 하수처리에 일반적으로 사용되고 있는 방법이다. 살수여상은 1차 침전지의 유출수를 미생물로 된 점막(생물막)으로 덮인 쇄석이나 플라스틱과 같은 매체 위에 살수하여 매체에 부착된 미생물 점막과 하수의 유기물을 접촉시킨다. 여기에서 성장된 생물막이 탈리되면 이를 침전시켜 처리하는 방법이다.

여기서 생물막층(slime layer)은 주로 세균류(bacteria), 원생동물(protozoa), 곰팡이(fungi), 조류(algae) 등으로 구성된다. 환경이 양호한 경우에는 슬러지, 벌레, 파리의 유충 및 Rotifer 등 고등생물이 존재하기도 하며, 깊은 여상 바닥 부근에는 탈질화 박테리아가

서식하여 탈질화가 일어나는 경우도 있다.

여상 내 공간이 막히거나 유기물 부하량이 큰 경우에는 혐기성 상태가 되어 냄새를 발생하는 경우가 있다. 이는 여재사이를 통과하는 공기의 방향과 속도가 외기온도와 여상 내부 온도와의 차이 즉, 기온과 수온차이에 따라서 다르기 때문이다.

<그림 10-6> 재래식 살수여상과 고속살수여상

생물막 표층에서는 산화작용에 의해 물질대사의 최종산물인 CO_2가 발생하고, 무기물질이 방출된다. 과잉 증식된 미생물 세포, 즉 점막의 일부가 유하하는 폐수의 전단력에 의해 여제로부터 탈리되어 최종 침전지에서 고액 분리된다. 따라서 유기물질의 제거율은 여상의 상부 층에서 가장 높으며, 하부 층으로 내려갈수록 용해성 유기물질의 양이 감소하고 제거율이 낮아진다.

살수여상의 장단점은 <표 10-2>와 같다.

<표 10-2> 살수여상의 장단점

장 점	단 점
폐수의 수질이나 수량변동에 덜 민감	여상 폐쇄(Ponding)
건설비가 적고 유지비가 저렴	냄새 발생의 문제
온도 영향 적음	생물막의 탈락현상으로 처리효과가 악화
활성슬러지법에서와 같은 bulking이 발생하지 않음	여름철에 파리 발생 문제
폭기에 동력이 필요없음	겨울철에 동결문제
슬러지발생이 적음	처리효율이 낮고 수두손실이 큼

2.2. 살수여상의 구조

가. 여상의 크기 및 여재

여상의 크기는 두께 1~2 m 정도, 직경 3~7.6 m 정도로 제작한다. 여재의 재료는 안산암, 화강암 등의 쇄석, 슬래그, 자갈, 플라스틱 등이며, 여재의 크기는 표준 살수여상의 경우 20~25 mm, 고속 살수여상의 경우 50~60 mm정도를 사용한다.

<표 10-3> 살수여상의 메디아의 종류와 규격

메디아	규격 (mm)	단위중량 (kg/m^3)	비표면적 (m^2/m^3)	공극률 (%)
쇄석	25~75	1,440	60	46
슬래그	50~75	1,080	65	49
Bulk형 플라스틱	40 × 80	65	100-200	93-96
Module형 플라스틱	600 × 500 × 1,000	35-60	80-200	94-97

Metcalf & Eddy, Inc.(1979)

나. 여상의 환기

여상의 환기는 통기용 단면을 확보하기 위하여 자연환기 방식을 주로 택한다. 상부 배수구 단면적의 1/2은 통기용 단면적으로 구성하고 여름철 침전현상에 특히 유의하여야 한다.

다. 전처리 및 후처리

하수를 그대로 여상에 주입하면 여재를 폐색시키거나 노즐이 막힐 염려가 있으므로 침전처리를 하여 SS를 제거하는 것이 바람직하다. 여상의 유출수는 침전 제거 후 방류한다.

라. 기타

살수장치와 침전지 그리고 여상바닥을 설치한다. 살수장치는 회전속도 1회전에 10분 정도(1/10 rpm), 살수관의 직경은 50 mm, 소요수두 0.5~1.5 m, 살수기와 여상의 거리는 15~22 cm, 노즐의 간격은 50~100 cm(가장자리로 갈수록 조밀하게 하여 단위 면적당 살수 유량이 동일하도록 설계해야 함)로 한다.

살수여상의 2차 침전지는 슬러지의 반송이 없으며 침전지의 상등수는 재순환시켜 유입수와 혼합시켜 살수시킨다. 여상의 하부는 집수와 여상의 지지를 위해 100~150 mm 크기의 집수용 블록을 설치한다.

2.3. 살수여상공정의 분류

살수여상은 수리학적 부하율과 유기물 기질 부하율에 따라 각각 설계되어야 하고, 쇄석여상은 저율, 중간율, 고율로 분류하는데 특히 플라스틱 여재는 고율 살수여상을 설계할 때 주로 사용된다.

2.4. 살수여상의 운전인자

가. 살수부하

살수부하는 살수여상의 단위 면적당 일일 살수량(살수강도), 즉 수리학적 부하를 의미하며 여상에 가해지는 1일 살수량을 여상의 면적으로 나누어 구할 수 있다.

$$L_A = \frac{Q}{A}$$

재순환이 있는 경우에는

$$L_A = \frac{(1+R)Q}{A}$$

여기서, L_A : 수면적부하(살수부하), $m^3/m^2.d$

Q : 1일 살수량(유입유량), m^3/d

A : 여상 단면적, m^2

R : 재순환율, Q^o/Q

나. BOD 부하

BOD 부하란 여상에 가해지는 일일 유기물질의 부하(kg BOD/d)를 나타내며, 용적부하(kg $BOD/m^3 \cdot d$)와 면적부하(kg $BOD/m^2 \cdot d$)로 구분한다. 용적부하는 단위체적의 여재에 1일 부하된 BOD 부하량으로, 살수된 하수의 BOD농도(C)와 살수량(Q)의 곱을 여상의 깊이(H)와 면적(A)의 곱으로 나눈 값을 말한다. 또한 면적부하는 일일 유기물질의 부하량(QC)을 살수여상의 면적(A)으로 나눈 값이다.

$$VL_H = \frac{C \cdot Q}{A \cdot H}$$

$$AL_H = \frac{C \cdot Q}{A}$$

여기서, VL_H : BOD 용적부하, kg $BOD/m^3 \cdot d$

AL_H : BOD 면적부하, kg $BOD/m^2 \cdot d$

예 제

■ **살수여상의 수면적부하, BOD용적부하**

BOD 150 mg/L이고 처리수량이 10,000 m^3/d인 생활하수를 수면적부하 2.5 $m^3/m^2 \cdot d$의 살수여상으로 처리하여 BOD 20 mg/L로 배출하고자 한다. 1) 필요한 여상의 면적, 2) 깊이가 1.8 m 이면 BOD 부피 부하량은 얼마인가?

풀이

1) 수면적 부하 $L_A = \frac{Q}{A} = \frac{10,000\,m^3/d}{A} = 2.5\,m^3/m^2 \cdot d$ 에서

$A = 4,000\,m^2$

2) BOD용적부하, $VL_D = \frac{C \times Q}{A \times D} = \frac{150\,g/m^3 \times 10,000\,m^3/1,000(kg/g)}{4,000\,m^2 \times 1.8\,m}$

$= 0.21\,kg/m^3 \cdot d$

3. 회전원판법(rotating biological contactor, RBC)

3.1. 개요

회전 원판법은 회전원판접촉법, 회전생물접촉법 또는 회전생물 원판법으로 부르며 <그림 10-7>과 같이 1차 침전지, 회전생물 접촉조, 최종 침전지 세 단계로 구성된다. 실제 현장에서는 하수 등 저농도 하수처리에 단독으로 이용하거나 다른 생물학적 방법과 병용해서 설계 운용되고 있다.

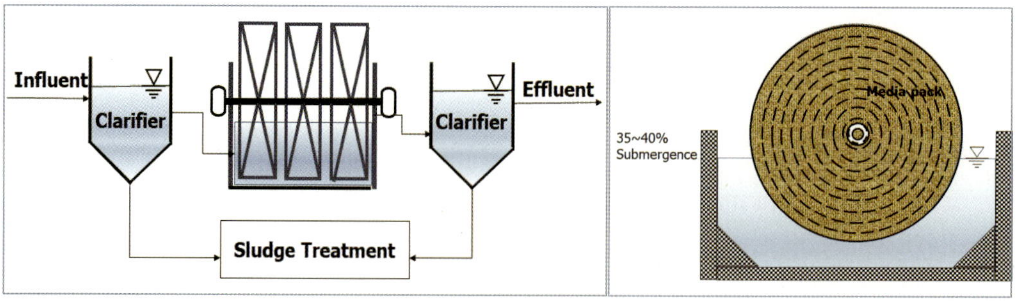

<그림 10-7> 회전원판법의 구조

회전생물 접촉조 내에는 폐수 면보다 약간 높게 설치된 수평 회전축에 여러 개의 원판(disc)이 수직으로 고정되어 있다. 각 원판 표면에는 생물막이 형성되어 접촉조 내의 용해성 유기물질을 섭취하여 분해시킨다.

원판 표면적의 40 %정도를 반응조의 물속에 잠기도록 설치하고 원판을 1∼2 rpm의 속도로 회전시키게 되면, 원판에 부착된 미생물이 반응조의 액상에서 공기상으로 연속적으로 교대하여 기질과 산소에 노출된다. 이때 원판에 형성되는 생물막의 두께는 대략 1∼3 mm 정도이다.

미생물에 의하여 침투 흡착된 유기물질 중에서 산화·증식된 미생물이나 점막의 일부는 이러한 회전운동에 의해서 떨어지기 때문에 원판 표면의 미생물군은 항상 일정하게 유지된다. 탈리된 미생물은 원판의 회전 작용에 의하여 부유 · 현탁 상태로 반응조에 머문 후 2차 침전지로 유출된다.

3.2. 회전원판법의 구성

회전원판법은 회전체, 구동장치, 접촉조, 덮개 등으로 구성된다. 회전체는 수평회전축에 여러 개의 회전원판이 고정된 것이다.

회전원판의 재질은 polyethylene 또는 polystyrene, 직경은 대체로 2.5∼3.6 m, 두께 1∼2 cm 정도이다. 모양은 평판, 파판, 강판의 세 가지이며, 원판 사이의 간격은 폐수의 기질농도가 높을수록 넓게 하는데 대체로 15∼30 mm이다.

회전체의 구동장치는 전동기(Motor), 감속기, 전력 체인, 스프로킷으로 구성되고, 회전체의 회전속도는 산소 공급 능력, 교반강도, 생물막의 탈리도, 동력비에 따라서 달라지지만 일반적으로 1∼2 rpm(원주위속도 0.3 m/sec 정도) 전후이다.

<그림 10-8> 회전원판의 형상 및 미생물막의 부착

다단계의 접촉조에서는 각각의 반응조 사이를 칸막이(baffle)하여 월류 장치, orifice, 하부 월류구 등과 같은 방법을 통해 순차적으로 다음 반응조로 넘어가도록 한다. 유속

에 비하여 원판 회전속도가 크기 때문에 폐수와 탈리된 미생물은 적절히 잘 혼합되어 침전이 발생하지 않아 부유 상태가 유지된다. 접촉조는 유입하수가 미생물과 접촉하는 반응조로서, 일반적으로 측방향이 반원형이다. 회전원판과 조의 바닥사이에는 10~40 cm정도 여유가 있어야하며 원판의 침적율은 약 40 %정도이다.

3.3. 회전원판법의 배열

일반적인 회전원판법의 배열은 제시된 <그림 10-9>와 같다. 소규모 시설은 물의 흐름과 구동축이 동일하게 배열되어 두 계열의 반응조가 설치된다. 그러나 대규모 처리장의 경우에는 물의 흐름과 수직방향으로 구동축이 설치된 반응조를 연속으로 배열한다. 부하량이 많은 첫 번째 반응조에는 유기물질 부하량을 감소시키기 위하여 하수를 단계적으로 주입할 수 있다.

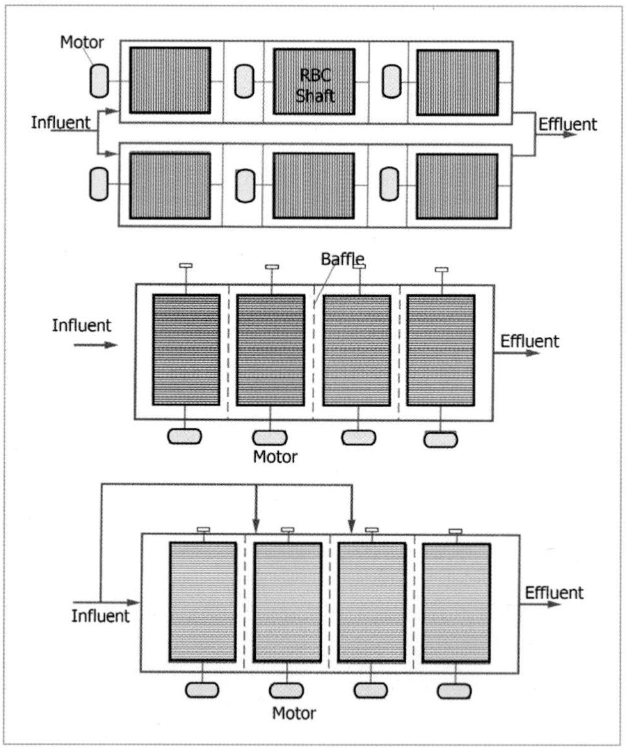

<그림 10-9> 회전원판법의 배열

3.4. 회전원판법의 특징

회전원판법의 장점은 다음과 같다.

- 별도의 포기장치가 필요 없고, 운전유지비가 적게 든다.
- 다단식을 취하므로 BOD 부하변동에 강하고 유해물질에 대한 내성이 있으며 운전이 쉽다.
- 슬러지 발생량이 적으며 슬러지 반송이 필요 없다.
- 질산화작용이 잘 일어난다.
- pH 변화에 잘 적응하며 휴지기간에 대한 대응력이 있다.

회전원판법의 단점은 다음과 같다.

- 정화기구가 복잡하여 미생물량을 임의로 조절할 수 없다.
- 미세한 고형물이 유출되기 쉽고 처리수의 투시도가 좋지 않다.
- 회전원판의 60 %가 공기에 노출되어 기온의 영향을 크게 받으므로 저온 시 대책이 필요하며, 덮개시설이 필수적이다.
- 운전이 원활하지 못할 경우, 혐기성 상태로 인해 악취가 발생할 수 있다.
- 회전축의 파열과 같은 구조적 취약성이 있다.
- 폐수의 성상에 따라 처리 효율에 영향이 크다.
- 대규모 처리시설과 관련한 회전원판법에 대한 자료가 부족하며, Scale up Effects에 관한 척도효과가 작다.

3.5. 운전인자

회전원판법의 운전인자는 원판 침적율, 수리학적 부하, BOD 면적부하 등이 있다.

가. 수리학적 부하

원판의 접촉면적당 단위시간에 주어지는 수량부하로서 대체로 0.1～0.4 $m^3/m^2 \cdot d$의 범위에서 운전한다.

$$Hydrological\,Load = \frac{Flowrate\,(Q)}{Effective\,Contact\,Area\,(A_s)},\ \ m^3/m^2 \cdot d$$

나. 유효용적

원판의 유효 접촉면적과 접촉조의 실용적을 총 유효 원판면적으로 나눈 값인 비용적(일반적으로 5 L/m^2)을 곱한 값을 말한다.

다. BOD면적부하

원판의 접촉면적당 단위시간에 주어지는 BOD부하를 말한다. 일반적으로 5～12g

BOD/m^2·d의 범위에서 운전한다.

$$BOD\,Area\,Load = \frac{Flowrate\,(Q) \times BOD_i}{Effective\;Contact\;Area\,(A_s)},\; g\,BOD/m^2 \cdot d$$

라. 원판침적율

원판의 침적율은 수중에 잠긴 원판 면적을 원판의 전체 면적으로 나눈 것으로서 일반적으로 35～45 % 정도이다.

$$원판침적율 = \frac{Contact\,Area\;\;Water\,(A_w,\,m^2)}{Area\,(A,\,m^2)}$$

예 제

■ **회전원판법의 운전인자산정**

계획하수량 5,000 m^3/d, 회전원판 유입수의 BOD 150 mg/L, BOD 면적부하 5 g BOD/m^2.d, 액량면적비(액체가 차지하는 용적/원판의 유효면적) 5 L/m^2인 회전원판시설의 (1)원판의 소요면적(m^2), (2)원판 단위면적당 수리학적 부하율(L/m^2·d), (3)수리학적 체류시간(h), (4)반응탱크의 유효용적(m^3)을 구하시오.

풀이

1) $BOD면적부하 = \frac{유입유량(Q) \times BOD_i}{유효접촉면적(A_s)},\, g\,BOD/m^2 \cdot\, d$로부터

$$유효접촉면적(A_s) = \frac{유입유량(Q) \times BOD_i}{BOD면적부하,\, g\,BOD/m^2 \cdot\, d} = \frac{5{,}000\,m^3/d \times 150\,g/m^3}{5\,g\,BOD/m^2 \cdot\, d}$$

$$= 150{,}000\,m^2$$

2) $수리학적부하 = \frac{유입유량(Q)}{유효접촉면적(A_s)},\, m^3/m^2 \cdot\, d$로부터

$$수리학적부하 = \frac{5{,}000\,m^3/d}{150{,}000\,m^2} \times 1{,}000\,L/m^3 = 33.3\,L/m^2 \cdot\, d$$

3) $$수리학적체류시간 = \frac{V}{Q} = \frac{수리학적부하(L/m^2) \times 유효면적(m^2)}{5{,}000\,m^3/d}$$

$$= \frac{5\,L/m^2 \times 150{,}000\,m^2}{5{,}000\,m^3/d} = \frac{750\,m^3}{5{,}000\,m^3/d} = 0.15\,d = 3.6\,hr$$

4) 유효용적, $V = 수리학적부하(L/m^2) \times 유효면적(m^2) = 750\,m^3$

4. 혐기성처리

4.1. 혐기성 반응의 개요

잉여 슬러지나 분뇨 등 유기물질의 농도가 매우 높은 고농도 유기성 하수는 산소전달의 한계 때문에 혐기성 반응에 의하여 처리된다. 혐기성 반응은 반응시간이 길고 유기물질 제거율이 낮다. 반면에 고농도의 유기물질 처리가 가능하며, 슬러지가 적게 배출되고, 산소공급이 불필요하므로 에너지가 적게 소요되며 메탄(CH_4)과 같은 유용한 가스를 얻을 수 있다는 장점이 있다.

가. 혐기성 반응단계

혐기성 발효과정은 가수분해(hydrolysis), 산 형성발효, 메탄 형성 3단계로 진행된다.

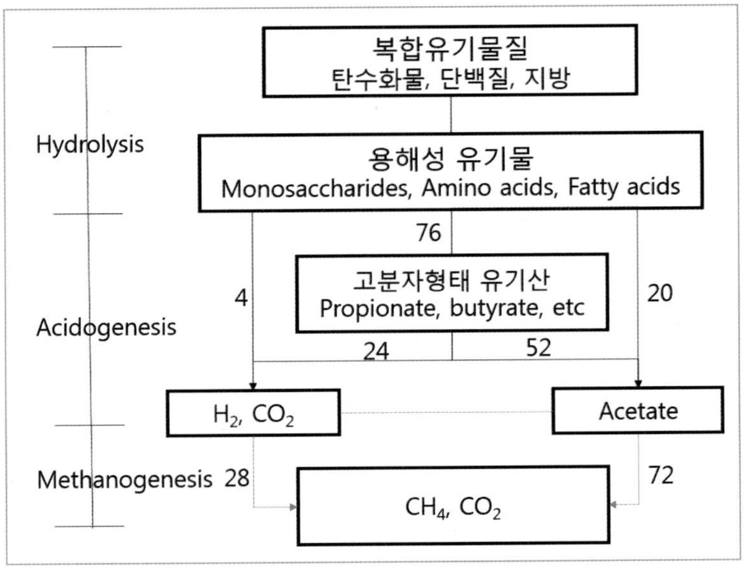

<그림 10-10> 혐기성 반응단계

- 가수분해(hydrolysis)

가수분해란 입자성 유기물질이 용해성 유기물질로 전환되는 과정을 말한다. 다시 말하면, 고분자 형태의 유기물질(탄수화물, 단백질, 지방 등의 복합 유기물질)을 산 형성 발효과정의 미생물(acidogenic bacteria)이 기질로 사용할 수 있는 크기와 형태로 변환시키는 과정이다. 가수분해 속도는 비교적 느리게 진행되는데, pH, 세포 체류 시간, 기질의 농도, 미생물의 활성도, 온도 등에 따라 달라진다.

• 산 형성 발효(acidogenesis)

복합 유기물질이 가수분해과정을 거치면서 유기산과 당으로 발효되며, propionate, butyrate, succinate, lactate와 같은 휘발성 유기산으로 변하게 된다. 분해가 계속 진행되면 최종적으로 Acetate와 이산화탄소(CO_2) 그리고 수소(H_2)가 형성된다. 발생된 수소는 유기산을 생성하고 소모하는데 중요한 역할을 하는 것으로 알려져 있다.

• 메탄생성(methanogenesis)

메탄은 산 형성 발효과정을 거친 acetate가 메탄 생성균에 의해서 메탄(CH_4)과 이산화탄소(CO_2)로 전환되어 생성된다. 이것은 수소 이용 세균에 의한 전자 공여체로 이산화탄소를 이용하고 전자 수용체를 수소로 하여 메탄으로 전환된다. 메탄형성 기여율은 acetate 72 %, 수소 이용 세균 28 %이다.

나. 혐기성 반응의 영향 인자

• 온도의 영향

혐기성 반응에서 반응조의 온도는 메탄 박테리아에 직접적인 영향을 준다. 메탄 박테리아의 최적 온도는 중온에서 35∼40℃, 고온에서 55∼60℃ 정도이며, 온도가 저하되면 메탄박테리아의 활동도 저하되어 메탄 발생이 감소한다. 혐기성균은 급격한 온도 변화에 민감하기 때문에 공정을 운전할 때 생물 반응조의 운전 온도 변화 폭은 1℃ 이하로 조정해야 한다.

• pH의 영향

산 형성 발효과정에서 생성된 유기산은 메탄 생성균에 의한 메탄화 과정을 통해 분해된다. 수소 이용 세균에 의한 탈수소화 과정이 원활하게 진행되지 못하면 반응조내 수소 이온 농도의 평형이 파괴되고 유기산과 CO_2가 축적된다.

• 휘발성 유기산(volatile acids, VA)과 알칼리도

유기물질의 심한 부하변동은 산 형성 발효와 메탄 생성단계의 균형을 파괴하여 휘발성 유기산(VA)의 농도와 수소의 농도를 증가시켜 pH를 감소시킨다. 즉, 메탄 생성균은 pH가 낮거나 혹은 pH가 높으면 반응이 느려지고 메탄 생성율도 작아진다. 유기산의 농도 2,000 mg/L 이상, pH 6 이하가 되면 메탄 생성율이 급격히 줄어드는데, pH 8 이상이 되어도 이와 똑같은 현상이 일어난다.

• 세포 생산과 메탄가스 발생량

세포 생산량은 유입하수 유기물질의 농도, 유기물질의 특성, 세포 체류시간(SRT) 등

과 밀접한 관계가 있다. 혐기성 반응에서는 세포 체류시간이 길고 상당한 정도의 내호흡이 진행되므로 관측된 실제 생산량은 0.05 mg VSS/mg COD 정도로 비교적 적다. 세포 체류시간은 고형물질 체류시간(SRT)으로 나타내는데, 이는 혐기성 처리공정의 설계 및 운전변수로서 매우 중요한 요인이다.

혐기성처리에서 생산되는 미생물량, 즉 슬러지 생산량은 유입하수와 유출수의 BOD 농도차, 유량 및 실세포 생산계수 등을 사용하여 구할 수 있다.

$$P_X = Y_{obs}Q(S_o - S) = \frac{YQ(S_o - S)}{1 + k_d\theta}$$

여기서, P_X : 슬러지(미생물)생산량, kg VSS/day
Y_{obs} : 실세포 생산계수, g VSS/g BOD
Y : 세포 생산계수, g VSS/g BOD
Q : 유량, m3/d
k_d : 내생호흡계수, d^{-1}
θ : 수리학적 체류시간, d
S_o : 유입 하수의 BOD, mg/L
S : 유출수의 BOD, mg/L

혐기성반응에서 1 kg의 COD나 BOD_u가 제거될 때 약 0.35 m^3의 메탄가스가 생산된다. 여기에는 미생물 생산과 성장에 사용된 COD가 포함되어 있지 않다. 실제적인 메탄 생산량은 아래 식을 통해 구할 수 있다.

$$G = 0.35(L_r - 1.42P_X)$$

여기서, G : 메탄가스 생산량, m^3/d
L_r : BODu 제거량, $Q(S_o - S)$, kg/day

예 제

■ **메탄생성량**

1 kg의 용해성 COD가 혐기성 처리공정에서 제거되었다. 제거과정 중 혐기성 미생물 0.15 kg이 생산되었다면 메탄 생성량은 얼마인가?

■ **풀이**

$$G = 0.35(L_r - 1.42P_X) = 0.35m^3 CH_4/kg\,COD\left[1kg\,COD - \frac{1.42kg\,COD}{1kg\,VSS} \times 0.15kg\,VSS\right]$$
$$= 0.3\,m^3 CH_4$$

4.2. 혐기성 처리법

혐기성 처리법에는 혐기성 부유 성장법, 혐기성 슬러지상법, 혐기성 부착 성장법, 혐기성 라군 및 혐기성 막분리법 등이 있다.

혐기성부유성장법은 혐기성소화법(anaerobic digestion, AD), 혐기성접촉공정(anaerobic contact process, ACP), 혐기성 연속 회분식 공정(anaerobic sequencing batch reactor, ASBR)으로 구분한다.

혐기성 슬러지상공정은 상향류 혐기성 슬러지상공정(upflow anaerobic sludge blanket, UASB), 혐기성 정류판 반응조, 혐기성 이동슬러지상공정으로 구분한다.

혐기성 부착성장공정은 상향류 고정상성장공정, 혐기성 팽창상공정, 혐기성 유동상공정, 하향류 부착성장공정으로 구분한다.

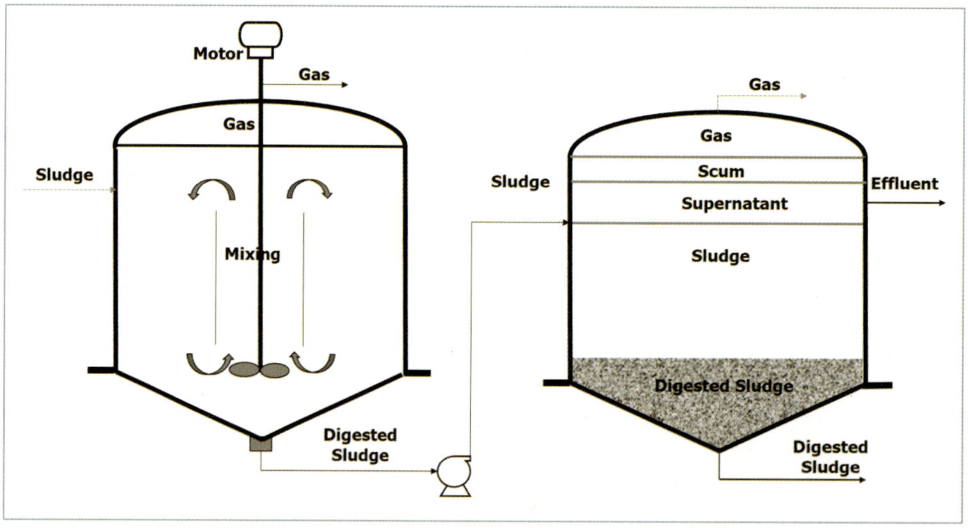

<그림 10-11> 혐기성 소화조

혐기성처리공법을 구분하면 <표 10-4>와 같다.

<표 10-4> 혐기성 처리공정의 구분

구 분	공 정
혐기성 부유성장	혐기성소화(Anaerobic Digestion, AD) 혐기성 접촉공정(ACP) 혐기성 연속회분식(ASBR)
혐기성 슬러지상	상향류 혐기성슬러지상(UASB) 혐기성 정류판공정 혐기성이동슬러지상
혐기성 부착성장	상향류 고정상 부착성장공정 혐기성 팽창상공정 혐기성 유동상공정 하향류 부착성장공정
기타 공정	혐기성 라군 혐기성 막분리 처리공정

5. 생물학적 질소·인 제거기술

5.1. 생물학적 질소 제거

가. 하수 질소의 분포 형태

우리나라 하수의 총 질소 농도(T-N)는 일반적으로 12～25 mg/L정도로 추정되고 있다. 하수관거에 유입되는 질소는 유기질소와 무기질소로 구분되며, 유기 질소는 단백질 형태의 TKN으로, 무기 질소는 NH_3-N, NO_3-N, NO_2-N으로 구성된다. 하수도의 질소는 주로 요소와 단백질 형태로 결합되어 있는데 하수관거를 흐르는 과정에서 가수분해가 이루어져 처리장에 도달할 때는 대부분이 NH_3-N의 형태로 존재하게 된다.

나. 생물학적 질소 제거의 기본 원리

생물학적 질소 제거 공정이란 유입 하수 내의 유기질소와 암모니아(NH_3-N)가 아질산성 질소(NO_2-N)와 질산성 질소(NO_3-N)로 산화되는 질산화과정과 무산소(anoxic) 상태에서 환원되는 탈질산화과정을 통해 질소를 제거하는 과정을 말한다.

생물학적 질소의 제거는 암모니아 스트립핑, 파과점 염소 주입과 같은 물리화학적 처리보다 유지 관리가 더 용이하고 경제성이 높으며, 안정적인 처리 방법으로 알려져 있다. 우리나라의 경우 거의 모든 지역의 하수처리장에서 사용되고 있다.

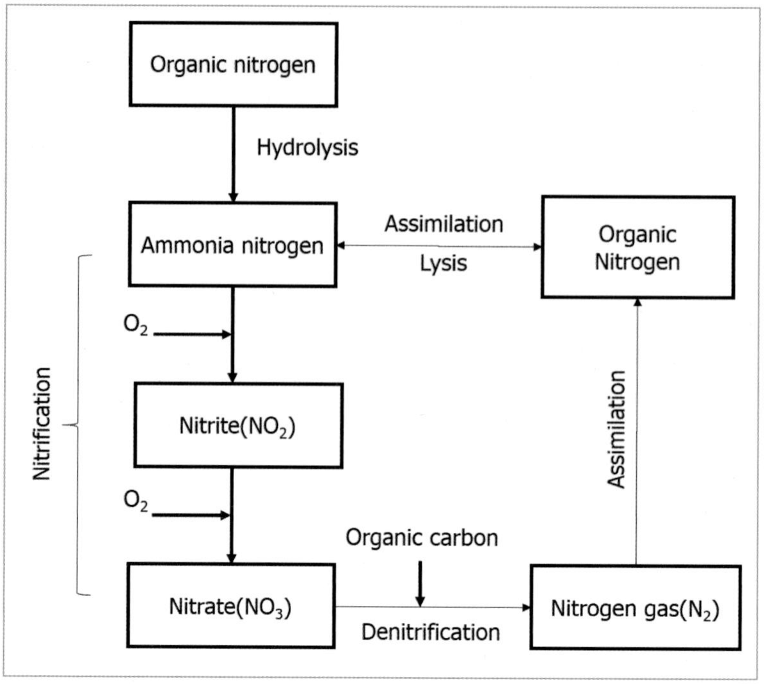

<그림 10-12> 질소물질의 변화

• 질산화

질산화란 독립영양(autotrophic)의 생물학적 과정으로서 미생물 성장에 필요한 에너지를 암모니아와 같은 질소화합물의 산화로부터 얻는 과정을 말한다.

NH_3-N의 질산화는 *Nitrosomonas*와 *Nitrobacter,* 2종류의 미생물이 관여하는 2단계 과정으로 구성된다. 1단계에서는 암모니움이 아질산염(nitrite)로 변환되고, 2단계에서는 아질산염이 질산염(nitrate)로 변환된다. 이러한 변환 과정을 다음과 같이 나타낼 수 있다.

$$NH_4 + \frac{3}{2}O_2 \xrightarrow{Nitrosomonas} NO_2 + 2H + H_2O$$

$$NO_2 + \frac{1}{2}O_2 \xrightarrow{Nitorbacter} NO_3$$

• 탈질산화

환원에 의한 질산염의 제거, 즉 NO, N_2O, 그리고 N_2가스로 환원시키는 것을 탈질산화(denitrification) 혹은 탈질이라고 한다. 호흡과정의 전자 전달체계에서 유기성 혹은 무기성 전자 공여체의 산화에 의해 질산염과 아질산염이 전자수용체로 사용되는 과정에서 주로 발생한다.

관련된 종속 영양계의 세균군은 *Pseudomonas, Micrococcus, Achromobactor, Bacillus* 등으로 무산소 세균이다. 여기서의 무산소 세균이란 유리된 자유 산소(O_2)나 타 원소와 결합된 질소(NO_3^-)를 최종적인 전자수용체로 이용하는 세균을 의미한다.

다. 생물학적 질소 제거 공정

생물학적 질소를 제거하기 위해 무산소(anoxic)조와 호기반응(oxic)조의 조합으로 공정이 이루어진다. 탈질 무산소조의 설치 위치에 따라 전탈질공정과 후탈질공정, SBR공정, 간헐폭기법, 산화구(oxidation ditch, OD)법 등으로 구분된다.

전탈질법은 탈질조가 공정의 앞단에 위치하는 공법인데, MLE, 단계 무산소/호기법, 4단계 바덴포법 등이 있다.

• 전탈질공법

MLE공법은 순환식 질산화·탈질공법으로 부르며 <그림 10-13>과 같이 무산소 반응조, 호기 반응조의 순서로 배열되어 있다. 호기반응조에서는 유기물의 산화와 질산화를 발생시키고, 유입수 및 유출수 순환수와 반송 슬러지를 무산소 반응조에 유입시켜, 호기 반응조에서 재순환된 유출수 중 포함된 질산화 물질의 탈질을 유도하여 처리하는 방식이다.

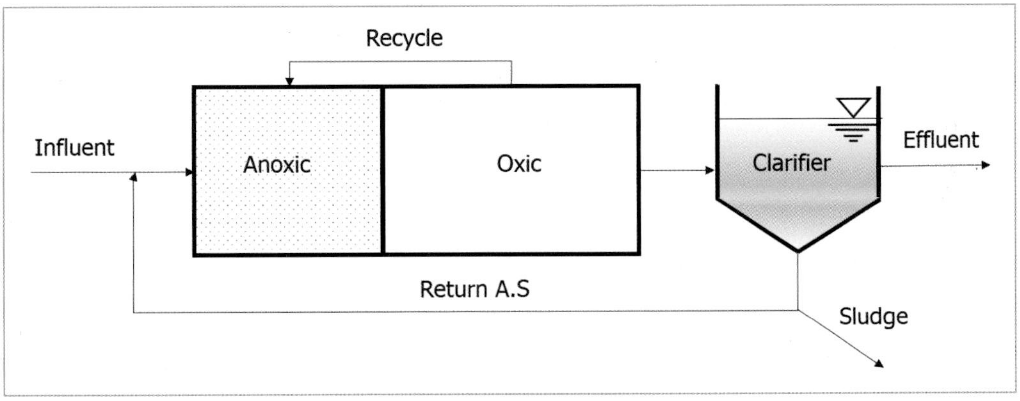

<그림 10-13> MLE공법

단계 무산소/호기법은 벌킹 문제, 질소 제거 등의 문제를 지니고 있는 표준 활성슬러지법을 개량한 것이다. 유입 하수를 분리하여 2군데 이상에서 유입시키고 생물 반응조를 무산소, 호기, 무산소, 호기(재포기) 반응조의 순서로 배치하여 질산화 및 내부순환이 없는 내생 탈질 반응이 동시에 일어나게 하는 방법이다.

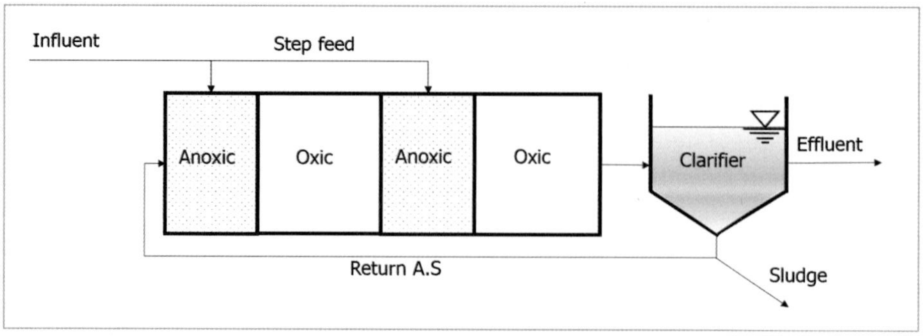

<그림 10-14> 단계 무산소/호기법

4단계 bardenpho공법은 <그림 10-15>와 같이 2개의 무산소조와 2개의 호기 반응조로 구성되어 있다. 무산소 반응조 및 호기 반응조를 2단 직렬로 조합시켜 유입수를 전단의 무산소 반응조에 투입하여 높은 MLSS 농도와 긴 SRT를 가능하게 하는 공법이다.

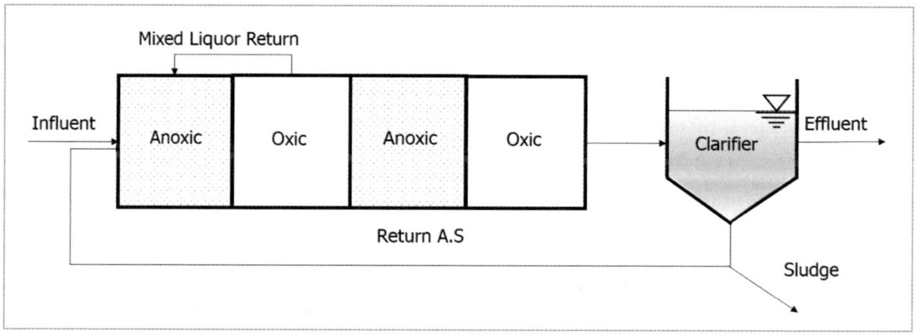

<그림 10-15> 4단계 bardenpho공법

- 후탈질공법

후탈질공법은 탈질조가 공정의 후단에 위치하는데 whuhrmann 공법이 대표적이다. whuhrmann 공법은 질산화 내생 탈질법이라고도 부르며, <그림 10-16>에 제시된 바와 같이 호기 반응조(질산화), 무산소(탈질)공정을 차례로 배치한다. 생물학적 질소 제거공정의 개발과정 중 가장 초기 단계에 해당되는 공정이다.

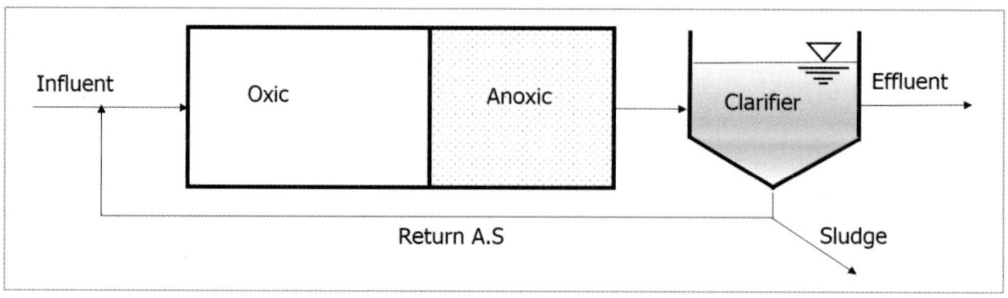

<그림 10-16> whuhrmann 공법

연속 회분식 활성슬러지법(SBR)의 공정은 <그림 10-17>에 나타낸 바와 같다. 먼저 유입시기(Fill)에 유입수내에 포함된 유기물질을 무산소과정(탈질공정)에 주입하여 탈질 반응을 유도한다. 다음 단계로 폭기반응(react)에서 전체적으로 SRT를 길게 유지하고 F/M비를 낮게 설정하여 질산화 반응을 유도한다. 마지막 단계에서는 침전(settled)및 배출(decant)시킨 다음 유입 사이클로 넘어간다. 연속회분식 활성슬러지법(SBR)은 하나의 반응조에서 유기물질 제거와 동시에 질소를 동시에 제거할 수 있으며, 5 mg/L이하의 NO_3-N농도로 배출이 가능하다.

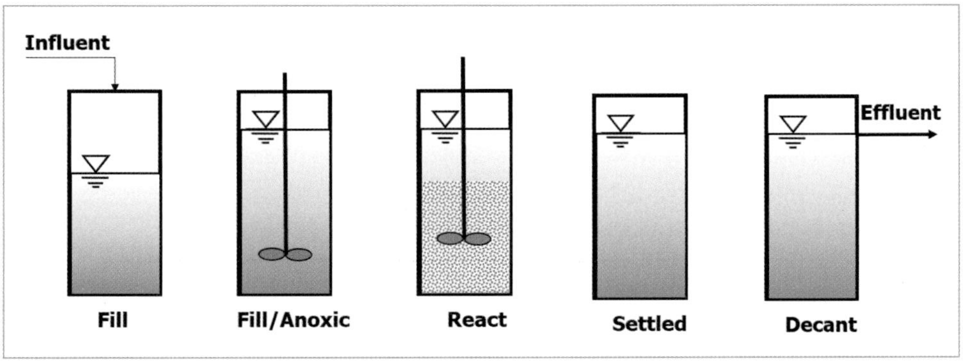

<그림 10-17> 연속회분식법에 의한 질소제거

5.2. 생물학적 인 제거(BPR)기술

가. 생물학적 인제거의 기본원리

하수를 활성슬러지법에 의해 처리하게 되면 활성슬러지를 혐기성 조건과 호기성 조건에 교대로 노출시킴으로써 훨씬 더 많은 인이 유입 기질로부터 제거될 수 있다. 탄소계 유기물질은 혐기/호기의 모든 조건하에서 제거되며, 일반적인 활성슬러지보다 인 함량이 높은 활성슬러지가 생성된다. 생물학적 인 제거와 관계된 미생물은 인 축적 미생물(phosphorus accumulation organism, PAO)로서 *Acinetobactor* 라는 세균속이다.

• 혐기영역

혐기상태와 호기상태를 거치는 동안 미생물에 섭취된 인산염은 세포내에 폴리 인산염으로 축적된다. 혐기상태에서는 혼합액 중 아세테이트와 같은 유기물질이 세포내에 섭취되면 세포 중에 축적된 폴리인산이 가수분해 되어 정인산으로서 혐기조에 방출된다. 아세테이트와 같은 유기물질 농도가 높을수록 인의 방출량이 많아진다.

아세테이트는 용해성 생물분해 가능한 rbCOD의 발효에 의해서 생성된다. 콜로이드 또는 입자성 유기물질이 분해되어 아세테이트를 형성하기도 하지만 그 양이 작다. 혐기 상태에서 섭취된 유기물은 글리코겐과 PHB(poly hydroxy butyrate)의 저장물을 생산하며 세포내에 저장된다.

• 호기영역

호기상태의 PAO 세포 내에 저장된 기질은 산화 분해되어 감소된다. 저장된 PHB는 산화과정과 탄소 원으로부터 에너지를 공급받아 새로운 세포를 성장시키는 대사 작용이 일어난다. 이 때 PAO는 발생하는 에너지를 이용하여 혐기상태에서 방출된 정인산염을 섭취하고 폴리인산으로 재합성된다. 혐기영역과 호기영역을 거치면서 PAO내에 인이 축적되면, 축적된 인이 다량 함유된 슬러지를 반응조로부터 배출시켜 제거함으로서 하수 내의 인을 처리된다. 따라서 혐기 및 호기영역에서 일어나는 인 제거 메커니즘은 <그림 10-18>과 같다.

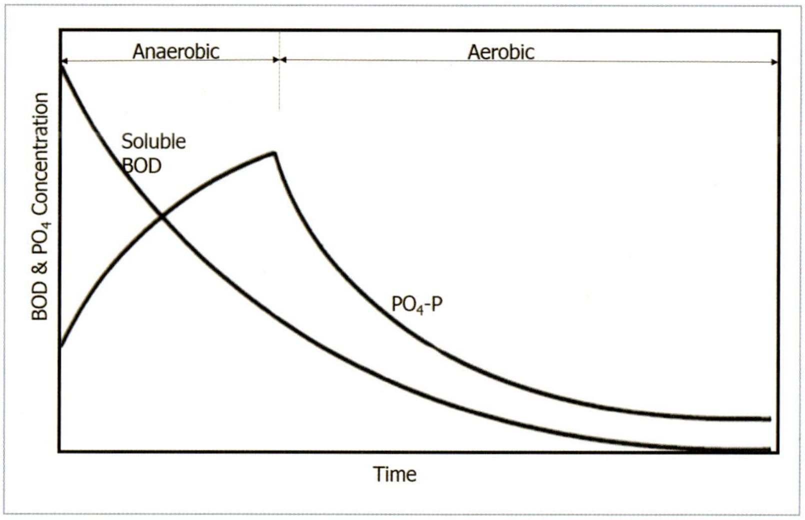

<그림 10-18> 인 제거 기본원리

나. 인 제거공정

지금까지 여러 종류의 생물학적 인 제거방법이 다양하게 개발·보급되어 왔는데, 그 대부분은 기존의 활성슬러지공정을 개선하여 2차 처리 단계에서 인을 제거하도록 변형시킨 방법들이다. 인 제거공정에는 mainstream 공정과 sidestream 공정이 있다. 먼저 mainstream공정은 기존의 활성슬러지 공정상에 인 제거 기능을 보강한 A/O, A2/O, UCT, VIP 및 5단계 bardenpho 방법 등이 있다. sidestream 공정은 기본적으로 혐기/호기 반응을 이용하여 혐기조에서 슬러지의 인을 방출시킨 후 상등수(인세정수)를 화학적으로 응집 처리하여 제거하는 phostrip와 같은 공법이 있다. 이들 공법 중 A2/O, modified bardenpho(5단계 bardenpho), UCT, VIP 및 PID등은 인과 질소의 동시 제거가 가능한 방법이다.

혐기/호기(AO)법은 하수유입과 반송 슬러지의 유입이 첫 단계의 혐기조로 함께 유입되는 생물학적 탈인공정의 대표적인 예이다.

혐기/호기법은 처리수의 BOD 및 SS농도를 표준 활성슬러지법과 동등하게 처리할 수 있으며, 총인 제거율이 80 %이상이 가능한 공법이다. 즉, 유입수의 총인 농도가 5.0 mg/L인 하수를 처리하게 되면, 1.0 mg/L 이하로 방류하는 것이 가능하다.

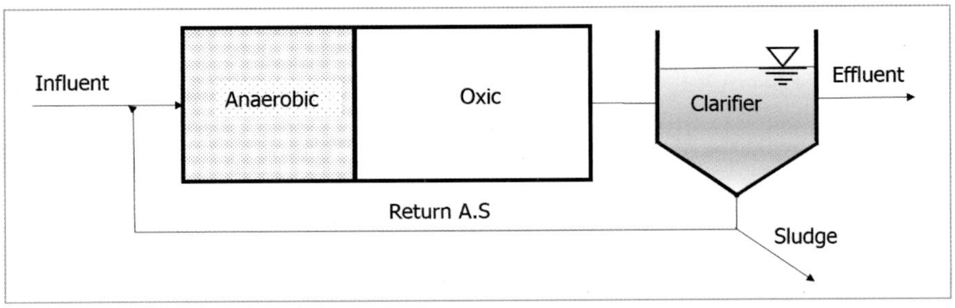

<그림 10-19> 혐기호기(A/O)법

phoStrip법의 공정은 <그림 10-20>과 같다. 반송 슬러지의 전부 또는 일부를 혐기조에 보내어 인을 방출시키고, 방출된 인은 수세방식으로 월류시키게 된다. 이렇게 바닥으로부터 인출된 탈인된 슬러지는 폭기조로 반송시키고, 상등수는 석회 응집조로 보내서 응결시킨 후 고액분리시켜 제거하는 방법이다.

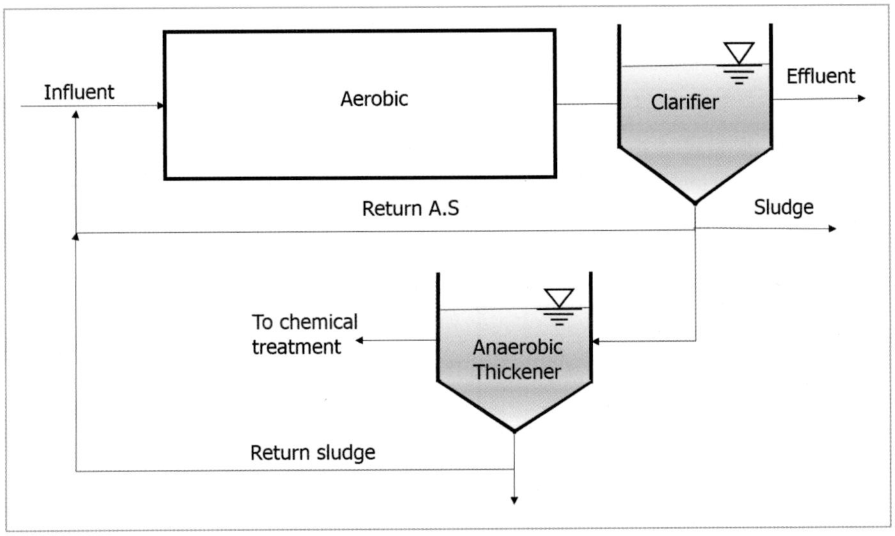

<그림 10-20> phostrip법

phoStrip법은 기존의 활성슬러지법을 비교적 쉽게 개량한 것이다. 이 공법은 유입수의 유기물 부하에 영향을 비교적 적을 뿐만 아니라 인을 과잉으로 함유하여 잉여 슬러지로 배출하는 AO법에 비해 슬러지의 처리가 훨씬 용이하다. 특히 혐기조에 보내는 슬러지량을 조절할 수 있기 때문에 넓은 범위의 유입 인에 대해 대처가 가능하며, 인 제거 능력은 BOD/P비에 영향을 받지 않는다. 석회주입량은 알루미늄이나 금속염과 달리 알칼리도에 의하여 결정된다.

다. 생물학적 질소·인 동시 제거공정

최근 탄소계 유기물질(BOD)과 질소 성분, 인 성분을 일련의 생물학적 공정으로 처리하는 처리장들이 많이 설치되고 있다. 유입하수의 유기물질을 이용하여 질소, 인을 동시에 제거하는 처리 공정은 A2O, 5단계 바덴포, UCT, VIP, SBR, 수정 phoStrip 등이 있으며, 국내에서도 DNR, De&P, Bio-Sac, B3, HBR 등이 실용화되어 현장에서 운영되고 있다.

이 공법은 호기조(폭기조)에서 유기물질을 제거하고 질산화 과정을 거친 후, 무산소조(탈질조)로 내부 반송시킨다. 이때 유입하수의 rbCOD를 탄소원으로 이용하여 탈질을 유도한다. 호기조에서 유기물질을 섭취하여 생산된 슬러지는 전단의 혐기조로 반송하여 유입수중의 유기물질과 함께 혐기성 상태를 거친다. 이와 같이 혐기영역과 호기영역을 거치면서 PAO내에 인을 축적하게 한 후, 인을 다량 함유한 슬러지를 반응조로부터 배출시켜 제거하는 공법이다.

A2O(혐기·무산소·호기법)법은 생물학적 질소 제거공정과 인 제거공정을 연결시킨 공법으로서 활성슬러지 미생물에 의한 인 과잉 섭취현상 및 질산화, 탈질반응을 이용한 방법이다.

A2O법에서 인 제거공정은 AO(혐기호기)법으로 혐기조, 무산소(탈질)조, 호기(질산화)반응조의 순서로 배치한다. 유입수와 반송 슬러지를 혐기조에 유입시켜 인을 용출시키고, 호기조 혼합액을 무산소 반응조에 순환시켜 탈질을 유도하며, 호기조에서는 유기물질의 산화 및 질산화 PAO세포 내에 인을 축적시킨다.

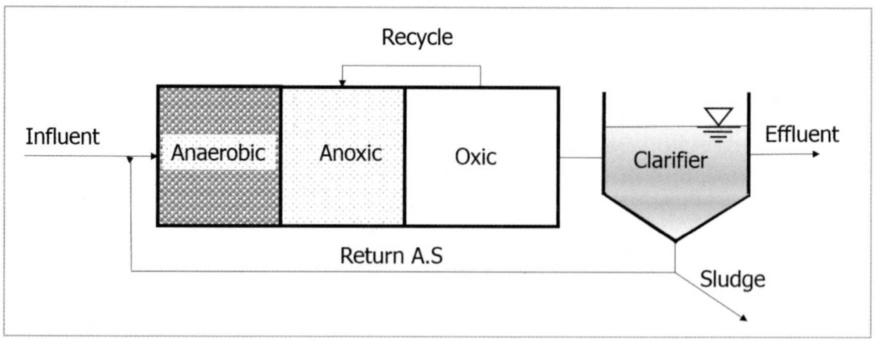

<그림 10-21> A2O법

질소와 인을 동시 제거를 위한 5단계 bardenpho법은 종래의 질소 제거공정에 사용된 4단계 bardenpho 공정 맨 앞단에 혐기조를 추가 설치하여 5단계로 운영하는 보완된 공법이다. 추가된 혐기조에서는 유입수와 함께 반송슬러지가 유입되어 혐기·발효반응이 일어나며 PAO에서 인을 방출시킨다.

5단계 bardenpho법은 탄소·질소·인을 제거하기 위하여 1단계는 혐기·무산소·호기 지역으로 구성된 A2O법과 동일한 시스템을 가지며, 2단계에는 무산소조와 호기조를 추가로 설치하였다. 1단계 무산소조에서는 유입수 중 rbCOD를 전자공여체로 사용하여 1단계 포기조로부터 내부 반송된 질산성 질소를 탈질시킨다. 1단계 호기조에서는 유기물질의 산화와 질산화가 일어나며 PAO가 과잉의 인을 섭취하게 된다.

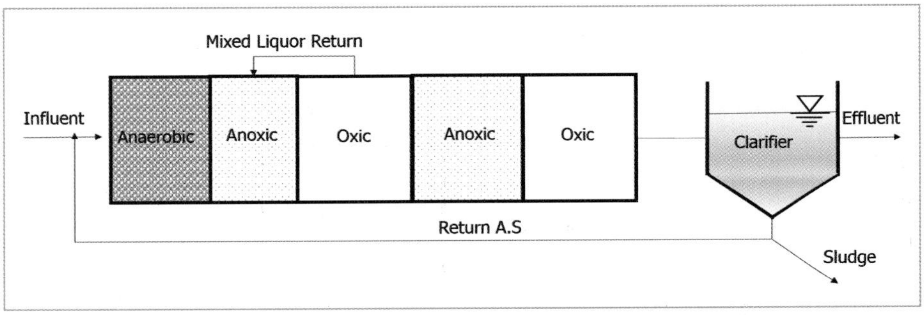

<그림 10-22> 5단계 bardenpho법

표준 UCT(university of cape town)법은 A2O법과 유사하지만 혐기성조로 유입되는 질산성 질소의 방해 작용을 최소화하기 위해서 개발된 공정이다. 반송 슬러지는 혐기조가 아닌 무산소조로 반송되며, 내부 반송은 호기조에서 무산소조로, 무산소조에서 혐기조로 순환하여 혐기조에 질산성 질소가 유입되는 것을 차단시킨다. 이는 반송 슬러지 내 질산성 질소가 인의 방출에 나쁜 영향을 주는 것을 방지함으로써 인 방출을 개선하고, 호기조에서 인의 흡수를 최대로 증가시키기 위해 개발된 공법이다.

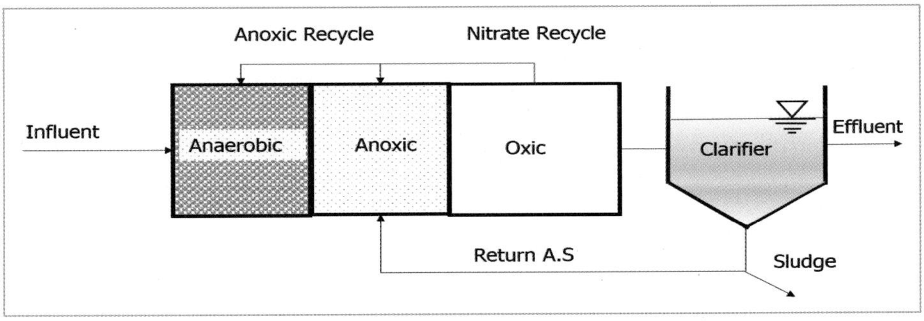

<그림 10-23> 표준 UCT(university of cape town)법

수정 UCT법은 표준 UCT법의 무산소조를 2개(전단 무산소조, 후단 무산소조)로 나누고, 반송 슬러지를 내부 질산성 질소를 함유한 반송수와 구별하여 전단 무산소조로 유입시킨다. 후단 무산조에서는 공정 내 생성된 질산성 질소를 제거하기 위하여 호기조로부터 내부 질산성 질소 반송수를 유입시킨다.

VIP(virginia initiative plant)법은 A2O, UCT 공정과 반송 시스템을 사용하는 방법만 다를 뿐 전체적으로는 유시한 공법이다. 지역으로 구분된 반응조는 2개 이상의 완전 혼합조로 구성되어 있다. 반송 슬러지는 호기조에서 질산화된 내부 순환수와 함께 무산소조로 유입되며, 무산조의 미생물은 혐기조로 내부순환 된다. 이러한 VIP공정은 인 제거 효율을 극대화시키기 위하여 짧은 SRT의 고속 시스템으로 설계되고 운영되고 있는데 혐기조 및 무산소조의 SRT는 1.5～3일이며, HRT는 60～90분 정도이다.

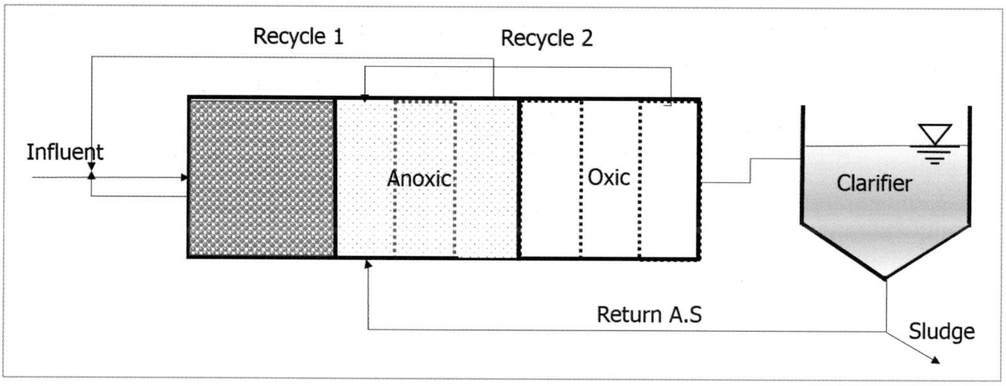

<그림 10-24> VIP(virginia initiative plant)법

생물학적 질소·인 제거를 위한 SBR공법은 각 조건의 시간 배분에 따라 유기물과 SS의 제거에서부터 질소와 인의 제거까지 모드별로 다양하게 운용할 수 있다. <그림 10-25>는 BOD와 질소·인을 동시에 제거하기 위한 SBR의 운전모드를 나타내고 있다.

BOD와 질소·인을 동시에 제거하기 위해서는 혐기, 호기, 무산소 조건이 연속적으로 반복되어야 한다. 1단계 폭기 이전의 혐기조건에서는 유기물질의 발효와 인의 방출이 일어나며, 2단계 호기조건에서는 질산화와 유기물질의 산화가 일어나게 된다. 동시에 PAO안에 인의 과잉 축적이 일어나게 되는데 다음 단계인 무산소 조건에서는 질산화물이 탈질 제거 된다. 이러한 운용모드에 무산소 조건, 호기 조건 상태를 번갈아 제공하여 인의 섭취 및 질소가스의 방출을 더욱 효율적으로 유도할 수 있도록 운전모드를 변화시킬 수도 있다. 이러한 과정을 통해 인 과잉 섭취 슬러지는 침전모드에서 잉여 슬러지로 배출된다.

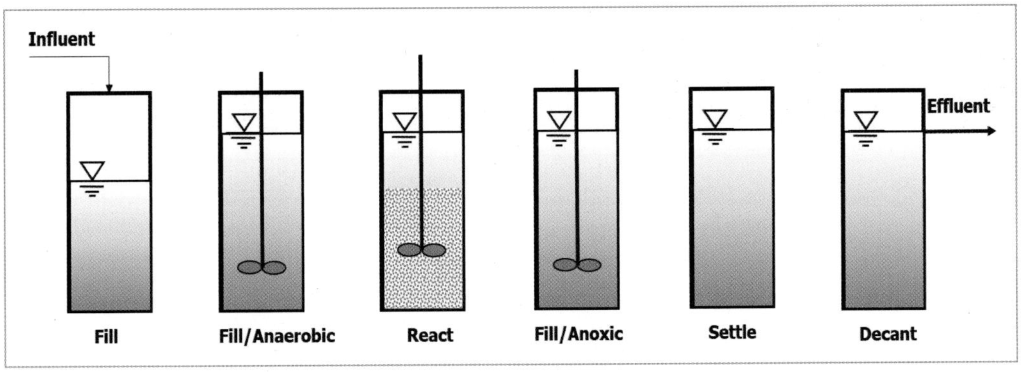

<그림 10-25> 생물학적 질소·인 동시 제거를 위한 SBR 운전모드

수정 phoStrip공정(질소·인 동시제거)은 기존의 phoStrip공정을 개조하여 탈인조 앞에 탈질조를 설치하여 탈인조에서 질산성 질소의 영향을 최소화하도록 한 공법으로서 탈인 능력을 한층 더 향상시킨 공법으로 <그림 10-26>과 같다.

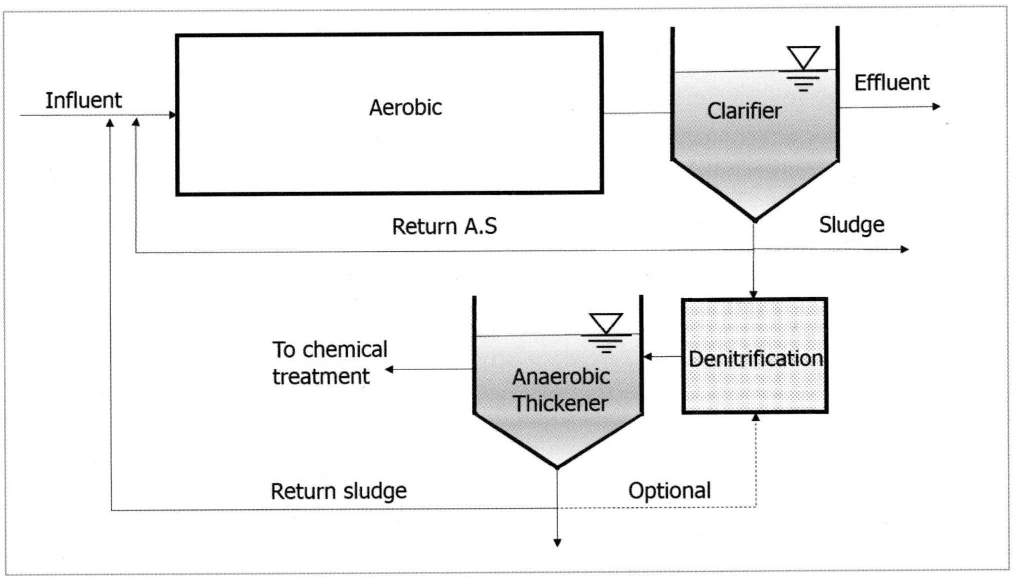

<그림 10-26> 수정 phoStrip공정(질소·인 동시제거)

제11장 대기오염 및 미세먼지

대기오염 물질의 발생원, 입자상 및 가스상 대기오염 물질의 종류, 대기오염이 지구 환경과 인간에 미치는 영향, 대기오염 물질별 특성에 대하여 설명하였고, 대기 안정성과 대기오염 물질의 분산에 영향을 미치는 미기상학, 역전층과 대기오염 물질의 확산형태, 대기환경기준과 대기오염 물질별 제거방법에 대해 살펴보았으며, 최근 이슈가 되고 있는 미세먼지의 원인 및 성분과 건강에 대한 영향, 미세먼지의 발생원 및 관리대책에 대한 방안을 제시하였다.

주요 내용

1. 대기오염의 개요

대기오염의 정의, 대기오염의 역사와 주요 대기오염사건, 대기오염 물질의 근원, 대기 오염물질의 종류, 측정단위와 단위환산

2. 대기오염이 지구 환경과 인간에 미치는 영향

기후에 대한 영향, 오존층에 대한 영향, 산성비의 영향, 인간에 대한 영향, 식물에 대한 영향, 대기 오염물질의 상승 작용에 의한 영향, 대기오염 물질별 특성

3. 대기 환경기준과 배출 허용기준

4. 대기오염과 미기상학

대기의 고도별 구성 및 특성, 체감율과 대기 안정성, 기온역전, 체감율과 연기의 형태

5. 대기오염 제어와 방지 기술

오염물질 배출제어, 방지기술의 분류

6. 미세먼지

미세먼지 개념, 미세먼지 발생원, 미세먼지 영향, 미세먼지 대응방안

1. 대기오염의 개요

1.1. 대기오염의 정의

대기오염 물질(air pollutant)은 자연적 또는 인공적으로 발생한 물질이 인간생활에 원치 않은 영향을 미칠 정도로 대기 중에 존재하는 물질로 정의할 수 있다. 세계보건기구(WHO)는 '대기 중에 인위적으로 배출된 오염물질이 한 가지 또는 그 이상으로 존재하여 공중보건 상 위해를 끼치고 인간이나 동물, 식물의 활동에 해를 주어 생활과 재산을 향유할 정당한 권리를 방해받는 상태'로 정의한다.

<표 11-1> 정상적인 건조공기의 구성

항목	농도, ppm
질소	780,900
산소	209,400
아르곤	9,300
이산화탄소	315
네온	18
헬륨	5.2
메탄	1.0-1.2
크립톤	1.0
질소산화물	0.5
수소	0.5
크세논	0.08
이산화질소	0.02
오존	0.1-0.04

우리나라 대기환경보전법에서는 "대기오염으로 인한 국민건강 및 환경상의 위해를 예방하고 대기환경을 적정하게 관리 보전함으로써 모든 국민이 건강하고 쾌적한 환경에서 생활할 수 있게 함을 목적으로 한다"라고 그 목표를 분명하게 제시하고 있다. 청정한 공기란 정상적인 건조공기의 성분으로 구성된 대기를 말하며 <표 11-1>에 제시된 바와 같다.

1.2. 대기오염의 역사와 주요 대기오염사건

대기오염을 최초로 규제한 것은 1273년 영국 에드워드 1세가 석탄 사용을 금지한 법을 통과 시킨 런던에서 시작되었다. 1300년에는 리차드 3세가 석탄 사용량을 감소시키기 위해서 석탄에 무거운 세금을 부과하기도 하였다. 1911년 런던에서는 석탄연료의 사용으로 인한 대규모의 대기 오염사고가 발생하여 약 1,150명의 주민들이 사망하였으며, 연기(smoke)와 런던지역의 공기 중에 형성된 안개(fog)를 혼합한 것을 지칭하여 "스모그(smog)"라는 말이 이때부터 등장하게 되었다.

대표적인 대기오염 사고 중의 하나로 벨기에 뮤즈지방의 오염사고를 들 수 있다. 뮤즈지방은 계곡으로 형성된 지형과 계곡 안에 코크스 제조공장, 제강 공장, 아연 제련공장, 황산 제조공장, 비료 공장 등 대규모의 공업지대가 건설되어 있었다. 1930년 12월 초겨울, 고기압 하에서 지면온도가 급격하게 하락하자 기온역전현상이 나타나게 된다. 대기 중에 역전층이 형성되어 공업지대의 굴뚝에서 발생된 각종 오염물질이 확산되지 못하고 오랫동안 정체되자 지역주민들 중 호흡기 질환 등 수천 명의 환자가 발생하였고 그 중 63명이 사망하는 사태가 발생하였다.

미국 펜실베니아주 남쪽에 인구 13,000명 정도의 작은 소도시 도노라에서도 이와 유사한 오염사고가 발생하였다. 도노라 지역 인근에는 아연 제련소와 제철소가 있었는데 시의 주택지는 공장의 굴뚝 높이 정도에 위치하고 있었다. 1984년 10월 도노라시는 고기압권에 들어 대기 중에 역전층이 형성되어 대기 정체현상과 안개가 발생하여 순식간에 대기질이 악화되었다. 전주민의 43 %가 호흡기 질환 등의 피해를 입었으며 만성적인 심장 또는 호흡기질환을 가지고 있는 사람에게 특히 피해가 심했는데 이때 사망자 수는 18명으로 집계되었다.

영국의 런던은 대표적인 스모그 오염사고가 일어난 곳으로 대기 오염청정법이 최초로 제정되었다. 당시 런던은 산업혁명의 중심지로서 인구가 밀집되고 테임즈강 유역에는 많은 발전소, 제철소 등의 공장들이 가동되고 있었다. 1952년 12월 런던 상공이 고기압에 정체되고 안개가 자욱한 상태에서 기온역전현상이 일어났다. 여기에 난방용 석탄과 화력발전소로부터 발생하는 매연과 아황산가스가 정제되지 않은 채 대기 중으로 배출되어 소위 스모그가 발생하였다. 1주일간 지속된 스모그 때문에 1만 2,000여명의 호흡기 질환 환자가 발생하였고, 사건 발생 후 호흡장애, 질식 등으로 4,000여명의 시민이 사망하는 대형 오염사고가 일어났다. 이 사건을 계기로 영국은 대기오염 청정법을 제정하였으며, 지정지역에서 난방연료를 천연가스로 대체하는 법을 만들었다.

미국도 예외는 아니다. 일례로 LA는 미국서부 해안 분지 도시로서 연중 태평양 고기압권에 들어있어 공기 역전층이 형성되어 있는 날이 많고 해안성 안개가 자주 낀다. 1940년부터 급성장한 이 도시는 많은 자동차에서 배출되는 질소산화물과 탄화수소가 L.A.의 강렬한 태양광과 반응하여 광화학 옥시던트를 생성하였고, 이 물질은 인체에 피해를 주었을 뿐만 아니라 식물, 동물을 비롯한 재산상에 큰 피해를 끼쳤다. 1954년 대부분의 L.A.시민들은 눈, 코, 기도, 폐 등의 점막에 지속적이고 반복적인 자극을 느끼고 일상생활에 있어서 불쾌감을 호소하는 일이 발생하였으며, 농축산물의 피해뿐만 아니라 고무제품의 급격한 노화현상이 일어났다. 1955년에는 대기 중의 오존농도가 0.5 ppm을 기록하였고, 1979년 주민의 83 %가 육체적으로 불쾌하거나 건강에 대한 불안을 호소하고 있으며, 주민의 57 %가 눈에 통증과 자극을 호소하기도 하였다.

1.3. 대기오염 물질의 근원

대기오염 물질의 발생원은 곡식의 씨, 균류의 포자, 산림화재로 인한 매연, 화산폭발 시 발생하는 화산재 등과 같은 **자연적인 오염원**과 자동차의 연소, 공장, 고형 폐기물 처리장과 같은 **인공적인 오염원**으로 구분할 수 있다.

- 자연적인 오염원

· 화산폭발 : 먼지, 이산화황, 황화수소, 메탄가스
· 산불 : 먼지, 매연, 탄화수소, 질소산화물
· 해양 : 해염입자
· 식물 : 꽃가루, 탄화수소
· 황사

- 인공적인 오염원
  · 점오염원(point source) : 공장, 소각장
  · 면오염원(area source) : 도시지역 난방
  · 선오염원(line source, 이동오염원) : 자동차, 선박, 비행기

대기오염 물질의 발생형태는 <표 11-2>와 같다.

<표 11-2> 대기오염의 발생형태

발생형태	내 용
연 소	열 및 빛에너지의 발생, 소각, 탈취
증 발	치금에 있어서 금속류, 유류의 처리, 수송, 용제, 도장제
제조, 처리, 가공	금속정련, 배소, 소결, 도금, 반응, 건조, 건재가공, 폐기물처리
분체의 처리, 운반	광물류의 파쇄, 가공, 체분리, 계량, 포장, 수송, 건설공사
누출, 살포	가스공업, 화학공업에서 유해가스, 농약, 소독약의 살포
마 모	타이어, 금속, 플라스틱류의 마모
천 연	바람, 발효, 부패, 천연가스, 화분, 화산
사 고	화재, 폭발, 가스방출, 소화제살포
기 타	광화학반응

1.4. 대기 오염물질의 종류

대기 오염물질은 그 발생 및 생성원, 오염물질의 상태와 화학조성 등에 따라 분류한다. 발생 및 생성원에 의하여 1차 오염물질과 2차 오염물질로 구분할 수 있으며, 물질의 상태에 따른 분류로는 입상 오염물질과 기상 오염물질로 구분하며, 화학조성에 따라 유기화합물과 무기화합물로 분류한다.

가. 발생 및 생성원에 의한 분류

발생 및 생성원에 따라서 오염물질을 1차 오염물질과 2차 오염물질로 구분할 수 있다. 1차 오염물질은 황산화물, 질소 산화물, 탄화수소 등으로서 대기 중에 직접 배출될 때의 상태 그대로 있는 것을 말한다. 2차 오염물질은 1차적으로 배출된 오염물질이 대기 중에서 태양광 등의 영향을 받아 광화학반응, 가수분해, 산화작용을 일으켜, 오존, PAN(peroxy acetyl nitrate)과 같은 물질로 생성되는 것을 말한다.

나. 물질의 상태에 의한 분류

<표 11-3>에서 보는 바와 같이 오염물은 입상 물질과 기상 물질로 구분된다. 입상 물질은 액상 또는 고상분산 물질로서, 개개의 응집체의 크기가 단일분자 지름 약 0.002 μm보다는 크고, 500 μm보다는 작은 것을 말한다.

입상오염물질은 미세한 고체 및 액체로서, 먼지, 훈연, 연기, 플라이 애쉬, 연무, 분무 등으로 구분된다. 입상물질은 대기로부터 침강 분리될 수 있다. 기상오염물질은 물질이 연소되거나 합성 또는 분해될 때 발생하거나 물리적 성질에 의해서 저절로 발생하는 기체상의 물질을 말하며 탄소 산화물, 질소 산화물, 탄화수소, 옥시던트 등이 있다.

<표 11-3> 대기오염 물질의 상태에 따른 분류

기본분류		세부분류	대표적 성분
입상물질		고체 액체	먼지(분진), 연기, 연무, 비산재 미스트, 분무
기상물질	유기물	탄화수소 알데히드와 케톤 기타 유기물	헥산, 벤젠, 에틸렌, 메탄, 부탄, 부타디엔 포름알데히드, 아세톤 염소화 탄화수소류, 알코올류
	무기물	탄소 산화물 황 산화물 질소 산화물 기타 무기물	일산화탄소, 이산화탄소 이산화황, 삼산화황 이산화질소, 일산화질소 황화수소, 플루오르화수소, 암모니아

다. 화학조성에 의한 분류

오염물은 1차 오염물이든 2차 오염물이든 화학 조성에 따라 유기 화합물과 무기 화합물로 분류할 수 있다. 유기 화합물은 탄소와 수소로 된 유기 화합물이며, 알데히드와 케톤은 탄소와 수소 외에 산소를 포함한다. 대기오염에서 관심의 대상이 되는 기타 유기 화합물로는 카르복실기, 알코올, 에테르, 에스테르, 아민, 유기 황화합물 등이 있다. 무기 화합물로는 일산화탄소, 이산화탄소, 탄산염, 황산화물, 오존, 플로오르화 수소, 염화수소 등이 있다.

라. 측정단위와 단위환산

대기오염물 방출 및 대기오염물 농도는 입상물질 및 기상물질에 대하여 다음 단위들이 사용되고 있다. 입자상 낙하물(particle fallout), 즉 낙하 분진(dust fall)은 mg/cm^2·시간(가령, mg/cm^2·month)으로 나타내며 입자 수는 기체 m^3로 나타낸다.

부유입상물질 및 기상 오염물농도는 단위 부피당의 질량($\mu g/m^3$)를 주로 사용하며 기상오염물질을 부피 기준의 part per million(ppm), part per hundred million(pphm), 또는

part per billion(ppb) 등으로 나타내기도 한다.

$$1ppm = \frac{\text{기체상오염물의부피}}{10^6 volume(\text{오염물질}+\text{공기})}, 1\,ppm = 0.0001\%(\text{부피})$$

$$\mu g/m^3 = \frac{ppm \times g\ \ mol\ \ mass \times 10^3}{L/mol}$$

위 식에서 L/mol 은 기체의 온도와 압력에 영향을 받는다. Avogadro 법칙에 의하면, 동일한 온도와 압력에서, 기체 1 mol이 차지하는 부피는 모두 동일하며, 표준상태인 273K(0℃), 1atm(760 mmHg)에서의 부피는 22.4 L/mol이다.

그러나 공기 질 판정에 관한 법규에서는 대부분 25℃, 760 mmHg를 기준으로 하며, 배출원 측정에서는 대부분 21.1℃, 760 mmHg를 기준을 하고 있다.
25℃, 760 mmHg에서 ppm과 $\mu g/m^3$의 관계는 다음과 같다.

$$\mu g/m^3 = \frac{ppm \times \text{분자량} \times 10^3}{24.5}$$

여기서 상수 24.5는 25℃, 760 mmHg에서 1 g mol의 이상기체가 차지하는 부피이다.

예 제

■ **대기오염 물질의 단위환산(ppm과 $\mu g/m^3$)**

공기 시료를 0℃, 1 atm 에서 분석한 결과 CO함유량이 9 ppm이었다.
이를 $\mu g/m^3$ 및 mg/m^3단위로 환산하시오.

풀이

1. 옆의 식을 이용한다. $\mu g/m^3 = \frac{ppm \times g\ \ mol\ \ mass \times 10^3}{l/mol}$
2. CO 아래의 식을 이용한다. 12+16=28 g/mol
3. 0℃, 1 atm(760 mmHg)에서 기체의 부피는 22.4 L/mol이다.
4. 단계 1에 대입하면, $\mu g/m^3 = \frac{9 \times 10^{-6} g/m^3 \times 28 g/mol \times 10^3 \ell/m^3 \times 10^6 \mu g/g}{22.4 \ell/mol}$

$$CO = 11250\ \mu g/m^3 = 11.25\ mg/m^3$$

2. 대기오염이 지구환경과 인간에 미치는 영향

2.1. 기후에 대한 영향

햇빛 복사열이 대기에 부딪치면 우주 공간에 반사되거나 지구 표면까지 도달된다. 빛은 구름의 상층표면, 연무층, 먼지, 등에 의해 반사되며, 반사가 많을수록 지구는 더 적은 에너지를 받게 된다. 입자상 물질이 많을수록 지구 표면까지 도달하는 에너지는 적게 되므로 온도가 내려가게 된다. 기후학자 레이드 브리슨에 의하면 지구의 정상적인 반사도가 38 %에서 1 %가 증가해도 지구의 평균온도가 약 1.7 ℃가 낮아진다고 한다.

2.2. 오존층에 대한 영향

이산화탄소와 입상물질은 기후에 영향을 미치며 어떤 오염물질은 오존층에 영향을 준다. 대기층의 낮은 곳에서 생성된 오존은 식물과 동물에 독성이 강한 오염물질이지만, 성층권에 있는 오존층은 자외선을 막아주는 차단막의 역할을 하는 절대적으로 필요한 물질이다. 이러한 오존층을 염소원자가 분쇄시키는데 염소의 주요발생원은 냉매, 세정제, 에어로졸 캔의 충진제 등으로 쓰이는 프레온 등 염화불화 탄소화합물이다.

2.3. 산성비의 영향

산을 함유한 비를 산성비라고 한다. 모든 금속구조물을 부식시키며 물과 토양의 수소이온농도를 낮게 한다. 수생생태계에 커다란 변화를 일으키며 토양의 비옥에도 상당한 영향을 주어 생산성을 감소시킨다.

2.4. 인간에 대한 영향

대기오염물의 주요 표적이 되는 것은 호흡기 계통의 기관이며, 호흡기 계통은 입자상이나 기체상 오염물질에 의하여 해를 입을 수 있다. 공기는 인간의 인후(throat), 비구(nasal cavities)를 거쳐 기관(trachea)을 통하여 폐로 도달한다. 폐에서 공기는 기관지(bronchial tube)를 통하여 다시 가스 교환이 일어나는 폐포로 들어가고, 오염물은 혈류에 흡수되거나 폐를 나와 목구멍으로 폐를 나와 배출된다.

대기 오염이 인간에 미치는 영향은 과거 도노라 사건, 런던사건에서 확실히 알 수 있다. 두 사건의 공통점은 화학적인 호흡기 장애가 두드러진다는 점과 당시의 기후 환경이 역전층에 있는 고압대라는 점에서 비슷한 일면을 발견할 수 있다.

가. 입자상 오염물질의 영향

호흡기에 입자가 침적하는 장소와 그 정도는 물리적인 요소의 작용이다. 폐포 침적은 폐에 입자를 제거할 수 있는 섬모가 없기 때문에 특히 중요하다. 따라서 침전된 입자는 상당한 오랜 시간 폐에서 머무르면서 문제를 일으키게 된다.

나. 기상 오염물질의 영향

SO_2는 물에 매우 잘 녹기 때문에 우리의 몸속에서도 쉽게 녹는다는 것을 미루어 짐작할 수 있다. 이 기체의 1차적인 영향은 상부 호흡기와 연결되어 있는 피부를 자극하여 공기흐름을 방해하는 것이다.

실험에 의하면 호흡기 계통의 질환은 공기의 흐름에 있어 SO_2와 불활성 물질인 염화나트륨과 같은 에어로졸이 함께 공존하면 더욱 악화될 수 있다는 것을 보고하고 있다.

NO_2는 폐질환을 일으키는 독성물질이다. 매우 적은 농도에서도 독성물질로 알려진 NO_2는 허용농도 이상에서 수종과 폐출혈을 유발한다. 수종은 유체가 피부에 비정상적으로 축적되는 것이며, 폐질환 수종은 폐에 유체가 과잉으로 축적되는 것이다.

NO는 대기에 통상 존재하는 농도로는 독성이 없으나 NO가 NO_2로 산화되기 때문에 NO 역시 독성물질로 간주한다. 또한 오존 역시 매우 자극성 있는 산화가스이며 매우 적은 농도에서도 수종 또는 폐출혈과 같은 폐질환을 일으킨다.

2.5. 식물에 대한 영향

농작물, 관상식물, 수목들이 대기오염에 의하여 심한 피해를 입거나 폐사되는 사례는 수없이 많다. 그러나 눈에 보이는 피해보다 눈에 보이지 않는 피해나 비정상적인 증상이 더 심각하다. 일례로 뉴욕주 양커에서의 최근 조사를 들 수 있다. 조사한 바에 따르면 광화학 스모그로 인해 옥수수와 알파파의 수확량이 15 %감소한 것으로 나타났다. 캘리포니아주 리버사이드에서는 청정공기에서 재배된 것 보다 대기 오염상태에서는 옥수수는 72 %, 알파파 38 %, 무우 38 %, 포도 60 %, 데이블 오렌지 50 %, 레몬이 30 %씩 그 수확량이 각각 감소되었다. 식물은 대기오염 물질에 의해 탈저, 백화현상, 성장변화 등의 방식으로 피해를 받는다.

2.6. 대기 오염물질의 상승 작용에 의한 영향

상승작용이란 두 가지 이상의 물질이 작용하여 개개의 효과를 합한 것 이상으로 효과를 가져 오는 것을 말한다. 시간이 흐름에 따라 오염물질들의 상승효과가 더욱 많이 입증되고 있으며, 특히 많이 알려진 상승작용으로는 광화학 스모그, 입자상 물질, 흡연과 관련된 것들이 있다.

가. 광화학 스모그

질소 산화물과 탄화수소 화합물사이에 복잡한 일련의 화학작용을 통하여 공기 중의 산소 및 수증기와 함께 오존을 형성한다. 또 탄화수소는 공기 중의 산소, 질소원자와 다양하게 결합하여 여러 종류의 유기화학 물질로 변화된다. 햇빛은 이들 화학작용에 에너지를 공급하며, 이러한 오염물질로부터 생성된 연무를 광화학 스모그라고 한다.

오존과 여러 가지 탄소함유 화합물질 특히 PAN(peroxyacetyl nitrate)들은 식물과 동물 모두에게 매우 유해하다. 이 물질은 눈, 코, 목구멍 등을 자극하는데 여기에 장기간에 걸쳐 노출되면 심한 부작용을 야기한다. 특히 질소산화물과 탄화수소물의 상호작용에 의한 상승효과는 개별적인 위해 정도보다 훨씬 큰 영향을 끼친다.

나. 미세 입상 물질의 영향

어떤 종류의 연료를 연소시키거나 또는 쓰레기를 소각시킬 때 발생되는 검댕이 혹은 연기의 미세입자(0.002 mm이하)에서 상승작용이 발생한다. 이들 입자들은 기본적으로 비활성탄소로 구성된다. 그러나 이것들은 너무나 작기 때문에 대부분의 여과시설을 통과하여 오랫동안 공기 중에 떠 있다가 납, 탄화수소, 유황, 질소산화물들의 잠재적인 흡착물질이 되어 폐암, 폐기종, 기타 호흡기 질환을 일으킨다.

2.7. 대기오염 물질별 특성

가. 황산화물과 아황산가스

황산화물에는 일산화황, 이산화황, 삼산화황, 사산화황, 황 삼이산화물, 황 칠이산화물 등이 있는데 대기오염 부분에서 특히 관심을 갖고 있는 주목하고 있는 것은 이산화황과 삼산화황이다. 이산화황은 무색, 비가연성, 비폭발성 기체로서 질식할 것 같은 냄새를 갖고 있다. 이것은 대기 중에서 비교적 안정하지만, 다른 물질과 광화학적 또는 촉매작용에 의하여 액적, 황산, 황산염을 생성하며, 물과 반응하면 아황산을 생성한다.

황산, 이산화황, 황산염은 호흡기 점막을 자극하며, 기관지염과 폐기종과 같은 호흡기 질병을 유발하기도 한다. 아황산가스는 동·식물에 유해한 가스로 전력생산을 위하여 석탄을 태우는 화력발전소에서 주로 배출된다.

나. 일산화탄소

일산화탄소는 무색, 무취, 무미의 기체로서, 보통상태에서는 화학적으로 불활성이며 식물, 물질 등에 별로 영향을 미치지 않는다. 그러나 높은 농도가 되면 인간의 호기성 대사에 심각한 영향을 미치게 된다.

다. 탄화수소

탄소와 수소로만 된 유기 화합물을 탄화수소라고 한다. 가솔린 및 기타 석유 제품 중의 주요 화합물의 대부분은 탄화수소로서 지방족과 방향족 두 가지로 구분한다.

라. 지방족 탄화수소

지방족 탄화수소에는 알칸, 알켄, 알킨 등이 있다. 알칸은 포화 탄화수소로서 상당히 불활성이며, 알켄은 대개 올레핀이라고 하며 불포화되어 반응성이 커서 PAN이나 오존과 같은 2차 오염물을 생성한다. 알킨은 반응성이 크지만 비교적 드물어서 대기오염 연구에서는 관심의 대상이 되지 않는다.

마. 방향족 탄화수소

방향족 탄화수소는 생화학적 및 생물학적 활성이 있으며, 어떤 것은 발암성이 있다. 방향족은 거의 벤젠에서 유도되거나 직접 관련이 있다. 특히 불포화 지방족 탄화수소와는 특징적인 반응성을 나타내지는 않지만, 방향족 탄화수소의 다핵 작용기와는 발암성을 나타내고 있기 때문에 대기오염 연구에서 관심의 대상이 되고 있다.

바. 질소 산화물

질소 산화물로 알려진 기체 화합물로는 일산화질소, 이산화질소, 일산화이질소, 삼산화이질소, 사산화질소, 오산화질소 등이 있다. 이중 주된 관심의 대상은 일산화질소와 이산화질소의 두 가지 질소 화합물이며 이산화질소는 공기보다 무겁고, 물에 잘 녹으며 질산이나 아질산 또는 일산화질소를 생성하며 오존과 같은 2차 대기오염 물질의 생성에 중요한 역할을 한다.

3. 대기환경기준과 배출허용기준

대기 환경기준은 현재의 대기질보다 훨씬 더 자연 상태에 가깝게 개선하기 위하여 달성 가능한 목표치를 설정하여 관리하는 것을 말한다. 현재 우리나라의 대기 환경기준은 환경정책기본법에 제시되어 있다. 이러한 환경기준을 달성하기 위하여 배출원별 오염 배출량을 규제할 수 있는 강제적 수단으로 대기 환경보전법상 배출 허용기준을 적용하고 있다.

<표 11-4> 대기환경기준

항 목		기 준	측 정 방 법
아황산가스(SO_2) Sulfur Dioxide		•연간평균치 0.02 ppm이하 •24시간평균치 0.05 ppm이하 •1시간평균치 0.15 ppm이하	자외선형광법 (Pulse U.V. Fluorescence Method)
일산화탄소(CO) Carbon Monoxide		•8시간평균치 9 ppm이하 •1시간평균치 25 ppm이하	비분산적외선분석법 (Non-Dispersive Infrared Method)
이산화질소(NO_2) Nitrogen Dioxide		•연간평균치 0.03 ppm이하 •24시간평균치 0.06 ppm이하 •1시간평균치 0.10 ppm이하	화학발광법 (Chemiluminescent Method)
먼지	미세먼지 (PM_{10})	•연간평균치 50 ㎍/㎥이하 •24시간평균치 100 ㎍/㎥이하	베타선흡수법 (β-Ray Absorption Method)
	초미세먼지 ($PM_{2.5}$)	•연간평균치 15 ㎍/㎥ 이하 •24시간평균치 35 ㎍/㎥ 이하	중량농도법 또는 이에 준하는 자동 측정법
오존(O_3) (Ozone)		•8시간평균치 0.06 ppm이하 •1시간평균치 0.1 ppm이하	자외선광도법 (U.V. Photometric Method)
납 (Lead)		•연간평균치 0.5 ㎍/㎥이하	원자흡광도법 (Atomic Absorption Spectrophotometry)
벤젠 (Benzene)		•연간평균치 5 ㎍/㎥이하	가스크로마토그래피법 (Gas Chromatograph)

※ 1. 1시간 평균치는 999천분위수의 값이 그 기준을 초과하여서는 아니 되고, 8시간 및 24시간 평균치는 99백분위수의 값이 그 기준을 초과하여서는 아니 된다.
2. 미세먼지(PM_{10})는 입자의 크기가 10μm 이하인 먼지를 말한다.
3. 미세먼지($PM_{2.5}$)는 입자의 크기가 2.5μm 이하인 먼지를 말한다.

[출처] 법제처(2018), 환경정책기본법 시행령(개정 2018.03.27) [별표] 환경기준(제2조 관련)

4. 대기오염과 미기상학

4.1 대기의 고도별 구성 및 특성

지구의 대기권은 높이에 따라 조성뿐만 아니라 온도나 물리적인 성질이 다르므로 다시 몇 개의 층으로 분류할 수 있다. 기온분포에 따라 대류권·성층권·중간권·열권·외기권의 5단계로 나눈다.

대류권이란 지표면으로부터 고도 10～17 km까지의 기층이다. 고도 1 km마다 약 5～6℃씩 기온이 하강하므로 상공으로 갈수록 기온이 낮아진다. 대류권의 위층을 성층권이라 하는데, 대류권과 달리 기온의 분포가 거의 일정하다. 고도 20 km를 넘으면 기온은 고도에 따라 상승하고, 고도 50 km 정도에서 약 3℃로 극대에 달한다. 성층권에는 그 중층에 중심을 가진 오존층이 있다. 중간권의 상부 고도 약 50~400 km에는 전리층이 존재하며 여기에는 물리적인 변화를 하는 중성기체와 이온화된 기체의 혼합체가 존재한다.

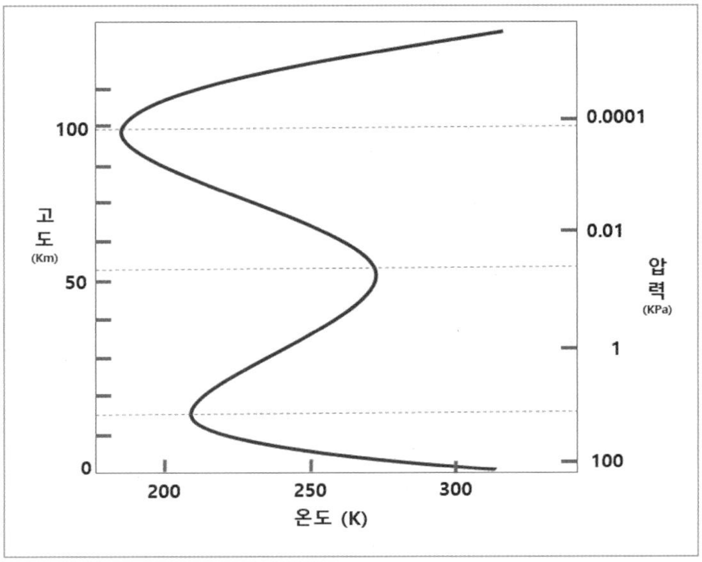

<그림 11-1> 고도(높이)에 따른 대기권의 분류

대기오염 방지에서 가장 관심이 되는 층은 대류권인데 생물의 대부분이 존재하기 때문이다. 대기오염 및 그 제어를 위하여, 대기의 조성과 구조를 이해하여야 한다.

대기의 기본층, 즉 대류권(troposphere), 성층권(stratosphere), 중간권(mesosphere), 열권(thermosphere)에 들어있는 기체의 양은 각각 서로 다르다. 우리가 호흡하는 대류권의 공기는 부피 기준으로 대체로 질소(N_2), 78 %, 산소(O_2) 21 %, 아르곤(Ar) 1 %, 이산화탄소(CO_2) 0.03 %로 구성되어 있다.

4.2. 체감율과 대기 안정성

대기 오염물질의 확산과 밀접한 관련이 있는 것은 대기의 안정성이다. 대기가 안정한 상태에 놓이게 되면 혼합과 확산이 이루어지지 않으므로 대기 오염현상이 더욱 심해진다. 대기의 안정성은 수직적인 기온 변화와 관계가 있고, 풍속의 변화에 영향을 받게 되며, 수직방향의 기온변화가 대기의 안정도를 결정하게 된다.

가. 체감율

체감율은 고도에 따른 온도의 변화율로 정의한다. 대류권에서는 고도가 높아질수록 기온이 낮아진다. 특정 공기 덩어리의 기온이 주변보다 높으면 밀도가 낮아지고 그 자체의 온도와 밀도가 주변의 온도 또는 밀도와 같아지는 높이까지 상승하게 된다.

즉 공장이나 자동차와 같이 인위적으로 덥혀진 공기 덩어리가 대기에 배출되면 팽창하여 가벼운 상태로서 상승하다가 점차 차가워지게 된다. 이런 공기덩어리가 상승하는 동안 기온이 하강하는 체감율은 상승하는 길에 있는 주변의 다른 공기덩어리의 주변 체감율과는 다른 양상을 보이게 된다.

공기덩어리 안의 공기는 상승하면서 보다 작은 밀도의 공기를 만나면 팽창하게 되고 자체의 밀도가 주변의 대기의 밀도와 같아지게 된다. 대기 중에 있는 가상의 공기덩어리가 상승하면 주변 공기사이에 열 교환이 없이 온도가 하강하는 현상이 일어난다. 공기덩어리 안의 온도는 1℃/100m의 속도로 하강하게 되고, 고도에 따른 이론적 온도 변화율을 **건조 단열 체감율(dry adiabatic lapse rate)**이라 한다.

대기 중에서 수직상승하는 기상 관측용 기구가 측정한 고도에 따른 주변 공기의 온도 변화율을 **환경 체감율(environmental lapse rate)**이라한다. 건조 단열 체감율은 대기오염물질의 혼합과 확산에서 중요한 의미를 갖고 있다. 이것을 환경 체감율과 비교함으로써 대기의 안정도를 나타낼 수 있다.

나. 대기 안정성과 체감율

오염물질의 분산은 대기의 안정성과 밀접한 관계가 있다. 상승하는 공기 덩어리의 온도가 주변의 온도 보다 낮으면 이 공기 덩어리는 다시 하강하여 안정한 대기의 상태를 나타내며, 상승한 공기 덩어리의 온도가 주변의 온도 보다 높으면 계속 상승하여 불안정한 대기를 나타낸다. 대기의 안정성은 기온의 수직분포에 따라 달라지는데, 환경 체감율과 건조 단열 체감율을 비교하여 살펴보면 대기의 안정성을 파악할 수 있다.

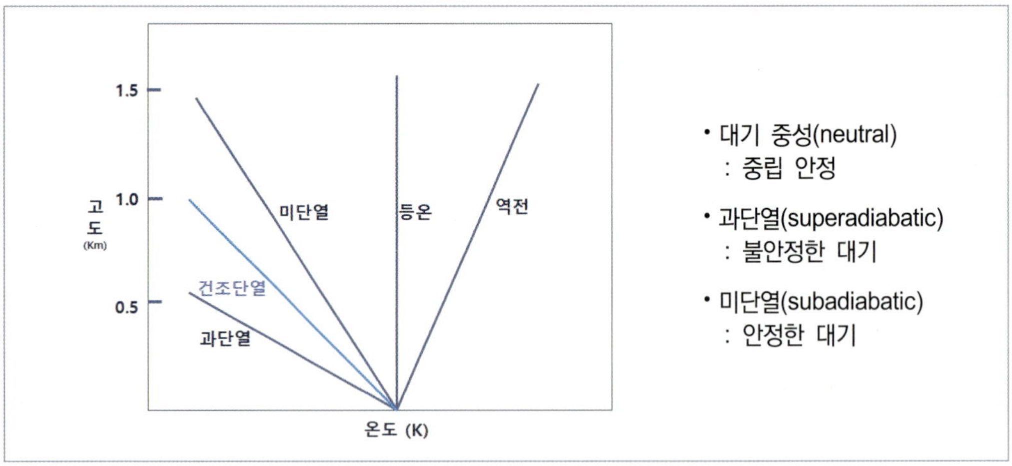

<그림 11-2> 환경 체감율과 건조 단열 체감율의 관계

환경 체감율이 건조 단열 체감율보다 크면 주변 체감율이 과단열되어 대기는 아주 불안정하게 되고 공기가 상하방향으로 같은 방향으로 운동하려는 경향을 띠게 된다. 만약 환경 체감율이 건조 단열 체감율과 같게 되면 주위의 기압, 밀도, 온도와 같게 되므로 부력이 발생하지 않고 중립적 안정 상태로 된다.

주변 공기 온도가 고도에 따라 상승하면 체감율이 (-)가 되며 정상상태로부터 역전되는 상황이 발생한다. 더운 공기가 찬 공기를 덮고 있게 되면 기온이 역전되고 공기는 안정된 상태를 나타낸다.

4.3. 기온역전

고도가 높아질수록 대기의 온도가 증가하는 현상을 기온 역전(temperature inversion)이라 한다. 이때 대기는 안정된 상태가 되어 오염물질의 혼합과 확산이 이루어지지 않아 고농도의 대기오염 현상이 가속된다. 가장 많이 발생되는 기온역전은 복사역전과 침강역전이다.

기온 역전은 땅과 땅위의 공기의 냉각속도가 달라서 생기는 현상으로 지표 부근의 온도가 높은 고도의 대기 온도 보다 낮게 되고, 고도에 따라 대기의 온도가 상승하여 발생한다. 특히 바람이 없는 맑은 날 밤에 지표면 복사 냉각으로 대기의 하층이 냉각되어 생성되며, 복사 역전이 발생하고 이로 인해 역전층 내에서 스모그가 발생한다.

침강역전이란 공기가 낮은 고도로 내려오면서 단열 압축되어 가열되고 대기의 온도는 고도에 따라 상승하는 기층을 형성하는 것을 말한다. 찬 공기는 위로, 더운 공기는 아래로 이동하거나 고기압 중심부에서 하강하는 공기가 단열 승온되면서 생성되는 현상이다.

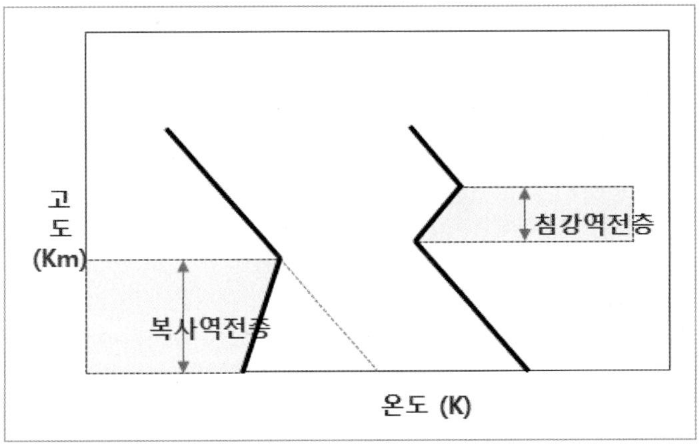

<그림 11-3> 복사역전과 침강역전

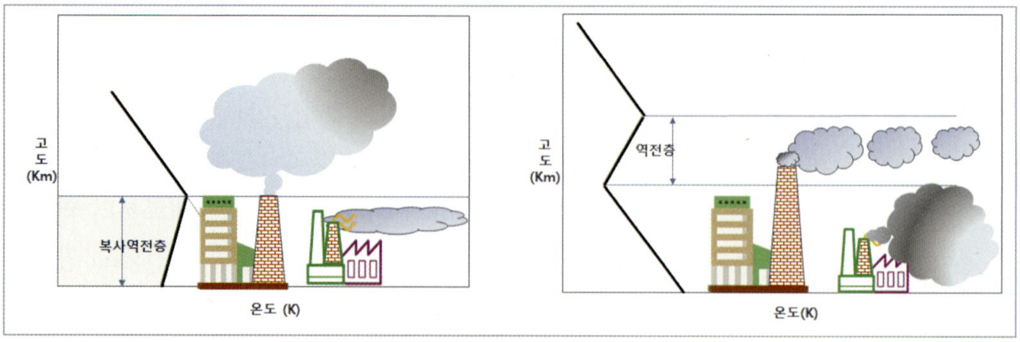

<그림 11-4> 역전층과 스모그

4.4. 체감율과 연기의 형태

건조 단열 체감율과 환경 체감율을 비교하면 굴뚝 가스의 분산 형태를 예측할 수 있다. 굴뚝연기 배출 형태는 통상적으로 다음 6가지의 형태를 이룬다.

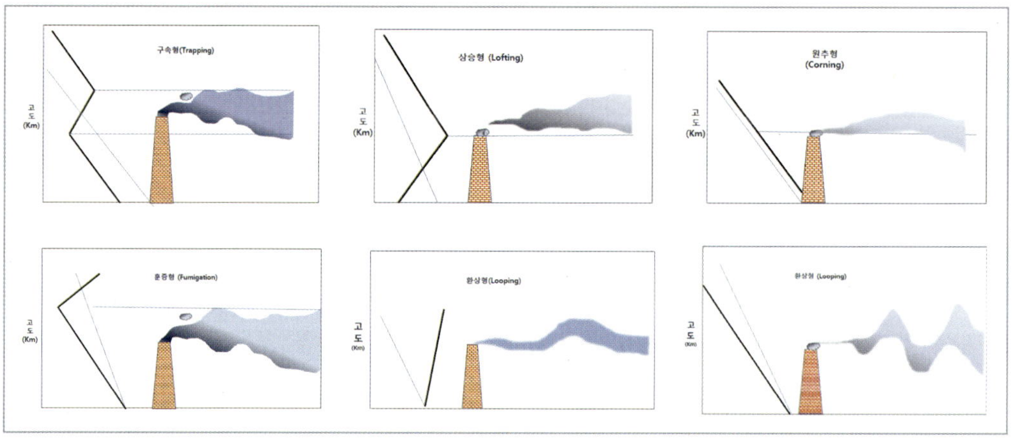

<그림 11-5> 단열체감율과 굴뚝가스의 분산형태

배출형태	연기의 배출형태	대기상태
환상형	배출된 연기가 상하로 심하게 섞이면서 이동 역전 없음(바람이 강하게 불고 비 오는 날 발생)	매우 불안정
원추형	연기가 상하로 고르게 확산되면서 이동 역전 없음(바람이 약간 불고 흐린 날 발생)	대기 중립
부채형	연기배출 폭이 매우 좁으면서 서서히 이동 지표역전 발생(무풍)	매우 안정 (지표역전)
상승형	굴뚝높이 위쪽으로 확산이동 지표면에 역전층 발생	상층 불안정 하층 안정
훈증형	굴뚝높이 아래쪽으로 확신이동(상승형과 반대) 상부에 역전층 발생	상층 안정 하층 불안정
구속형	굴뚝높이 중간 부근에서만 상하 움직임 굴뚝높이 상하에 복사역전, 침강역전 동시발생	상·하층 안정 중간층 불안정

5. 대기오염 제어와 방지기술

대기오염 물질의 제어 방법은 오염물질의 배출을 제어하는 방법과 방지기술을 이용한 배출방지 방법으로 나눌 수 있다.

5.1. 오염물질 배출제어

오염물질의 배출제어는 풍력, 수력, 태양에너지 등의 동력원을 사용하여 제로 배출(zero emission)을 실시하는 방법과 청정연료 사용, 공정의 변환, 오염물질 방지장치의 설치 등을 통해 오염물 배출을 최소화하는 방법으로 나눌 수 있다.

5.2. 방지기술의 분류

대기 오염물질은 입자상 오염물질과 기상 오염물질로 구분할 수 있으며, 이에 따라 입자상 오염물질 제거장치와 기상 오염물질 제거장치로 나눌 수 있다.

가. 입자상 오염물질 제거장치

입자상 오염물질 제거장치는 건식 제거장치와 습식 제거장치로 나눌 수 있다. 건식 제거장치에 의해 포집된 분진과 같은 입상 오염물질은 건조 상태이기 때문에 폭발 위험성을 내포하고 있어 폭발시 압력의 방출에 필요한 장치를 설치해야 하며 중력침강장치, 사이클론, 백필터, 전기집진기 등을 들 수 있다.

습식 제거장치는 액체 상태의 강하물에 의하여 입자상 오염물질이 포획되어 제거되므로 폐수처리시설이 있을 경우 유용하게 적용할 수 있다. 습식 집진장치(분진제거장치)로는 분무 세정기, 습식 사이클론 세정기, 벤튜리 스크러버 등이 주로 사용된다.

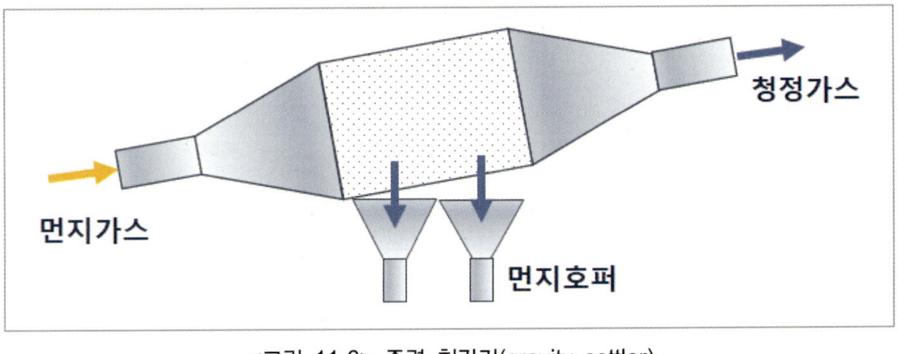

<그림 11-6> 중력 침강기(gravity settler)

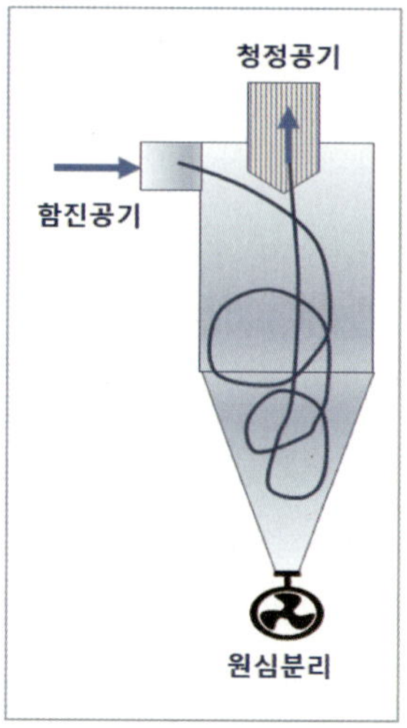

<그림 11-7> 사이클론 집진기(cyclone collector)

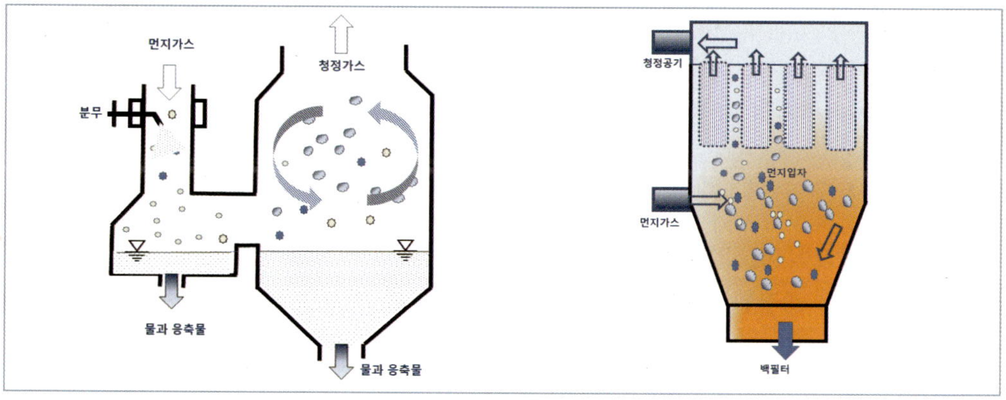

<그림 11-8> 세정 집진장치(wet collector; 벤튜리 스크러버), 여과 집진장치(bag house)

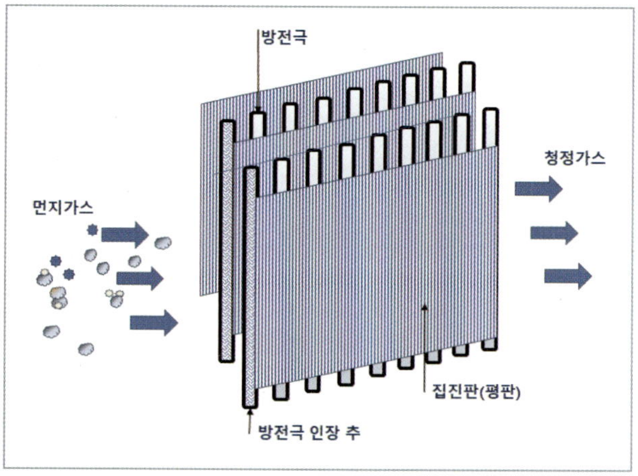

<그림 11-9> 전기 집진장치(electrostatic precipitator)

<표 11-5> 각종 집진시설의 운영 특성

집진장치	처리 배기 속도 (m/sec)	함진농도 (g/Sm^3)	처리입경 (μm)	압력손실 (mmH_2O)	집진율 (%)	설비비	운전비
중력 집진장치 (침강실)	-	클수록 우수	50~100 이상	10~15	40~60	소	소
관성력 집진장치 (louver)	-		10~100	30~70	50~70	소	소
원심력 집진장치 (cyclone)	7~15		3~100	560~150	85~95	중	중
세정 집진장치 (venturi)	60~90	100이하	0.1~100	300~800	90~95	대	대
여과 집진장치 (bag filter)	3	낮을수록 우수	0.1~20	100~200	90~99	중이상	중이상
전기 집진장치 (cottrell)	1~2	300이하	0.05~20	10~20	90~99.9	대	소~중

나. 기상 오염물질 제거장치

제거대상인 기상 오염물질은 황산화물, 탄소산화물, 질소산화물, 탄화수소 등인데 현재 사용 가능한 방법은 흡착, 흡수, 응축 및 연소가 있다. 흡수(absorption)는 기상오염물질을 액상 흡수액과 접촉시켜 오염물질을 제거하는 방법으로 흡수장치는 액체 분산형과 기체 분산형으로 구분한다. 액체(흡수액) 분산형은 분무탑, 충전탑, 젖은 벽탑, 벤튜리 스크러버, 사이클론 스크러버 등이 있고, 기체(오염가스) 분산형은 단탑, 포종단탑 등이 있다.

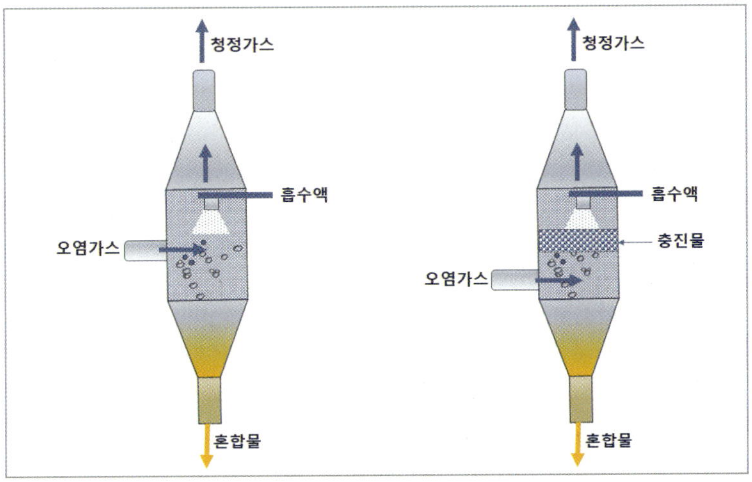

(분무탑) (충전탑)

<그림 11-10> 분무탑과 충전탑

흡착(adsorption)은 기상 오염물질을 고상물질(흡착제)로 물질 이동시켜 제거하는 방법이다. 흡착장치는 고정층, 이동층 그리고 유동층 장치로 나눌 수 있다.

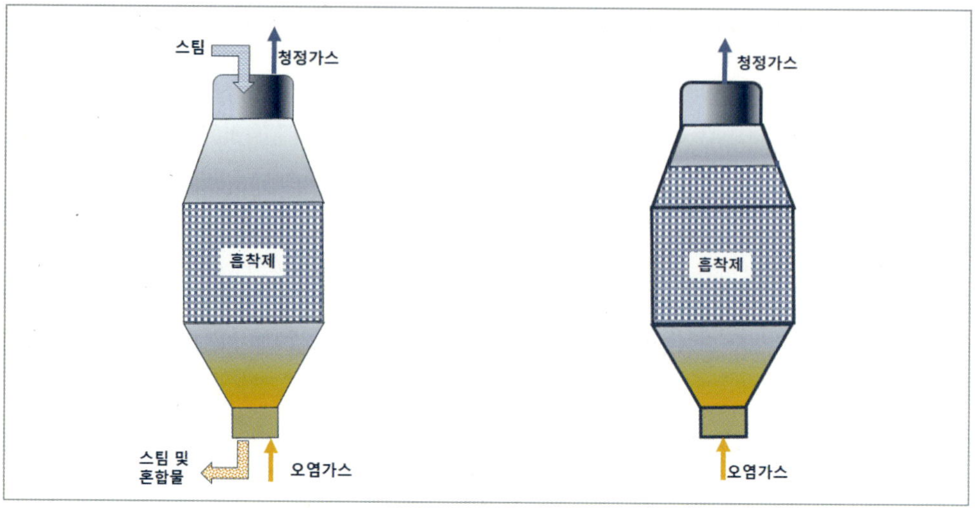

(고정층 흡착장치) (유동층 흡착장치)

<그림 11-11> 흡착장치

연소(combustion)는 기상오염물질을 산화에 의해 물과 이산화탄소로 전환하는 방법이다. 연소 방법에 따른 연소장치의 종류는 직화연소(direct flame combustion)와 열연소(thermal combustion), 촉매연소(catalytic combustion)로 나눌 수 있다.

직화연소(direct flame combustion)는 오염물질의 농도가 높고 많은 양의 가스를 연속적으로 처리할 경우에 적용이 가능하며, 열연소(thermal combustion), 촉매연소(catalytic combustion)는 오염물질의 농도가 낮을 때 적용 가능한 방법이다.

6. 미세먼지

2014년 세계보건기구(WHO)는 한 해에 미세먼지로 인해 일찍 사망한 사람이 700만 명에 이른다고 발표함에 따라 미세먼지에 대한 우려와 경각심이 높아지고 있다. 우리나라 서울의 미세먼지(PM2.5) 농도는 25 마이크로그램(μg/㎥)으로(2017년 기준), 파리 14 μg/m^3, LA 14.8 μg/m^3에 비해 매우 높게 나타나고 있다. 우리나라는 지리적, 계절적으로 편서풍 지역에 위치하고 있어 주변국으로부터 황사와 미세먼지 영향(약 40∼70 %)을 받고 있으며, 특히 대륙성 고기압으로 인해 대기가 정체되는 시기가 많다. 게다가 높은 인구밀도와 함께 도시화와 에너지 다량 소비 중심의 산업화 요인이 결합하면서 단위 면적당 미세먼지 배출량이 급격히 증가하고 있는 실정이다.

더군다나 과거에 비해 고농도 미세먼지 오염도가 갈수록 나빠짐에 따라 우리 국민들이 실제적으로 체감하고 있는 불편과 건강에 대한 위협도 날로 심각해지고 있으며 사회적 문제로 대두하게 되었다. 이에 따라 정부 차원의 구체적인 미세먼지 대책 및 관리실행 로드맵과 아울러 국민의 인식 전환이 절실하다.

6.1. 미세먼지 개념

가. 먼지와 미세먼지

먼지란 대기 중에 떠다니거나 흩날려 내려오는 입자상 물질을 말하며, 석탄, 석유 등의 화석연료를 태울 때 혹은 공장, 자동차 등의 배출가스에서 많이 발생한다.

먼지는 입자의 크기에 따라 50 μm 이하인 총 먼지(TSP, total suspended particles)와 입자크기가 매우 작은 미세먼지(PM, particulate matter)로 구분한다. 미세먼지는 다시 지름이 10 μm보다 작은 미세먼지(PM10)와 지름이 2.5 μm보다 작은 초미세먼지(PM2.5)로 나뉜다. PM10은 사람의 머리카락 지름(50~70 μm)보다 약 1/5~1/7 정도로 작은 크기이고, PM2.5는 머리카락의 약 1/20~1/30에 불과할 정도로 매우 작은 크기이다.

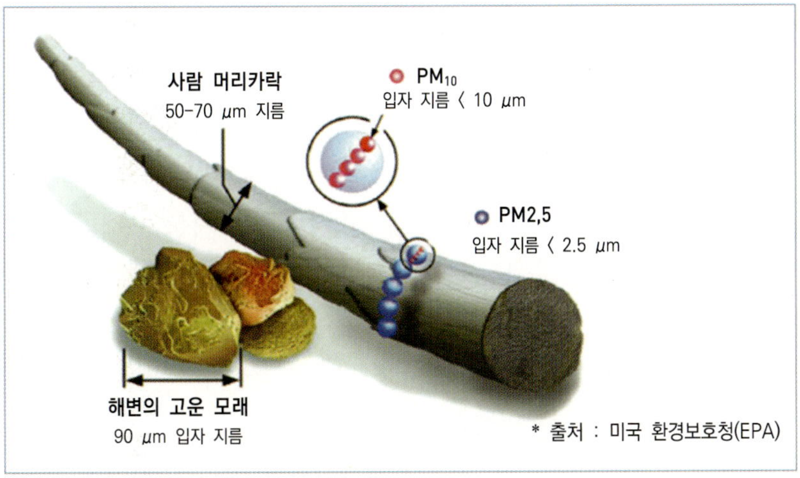

<그림 11-12> 미세먼지 크기 비교

나. 미세먼지의 성분

미세먼지를 이루는 성분은 미세먼지가 발생한 지역이나 계절, 기상조건 등에 따라 달라진다. 일반적으로는 대기 오염물질이 공기 중에서 반응하여 형성된 덩어리(황산염, 질산염 등)와 석탄 · 석유 등 화석 연료를 태우는 과정에서 발생하는 탄소류, 검댕이, 지표면 흙먼지 등에서 생기는 광물질 등으로 구성된다.

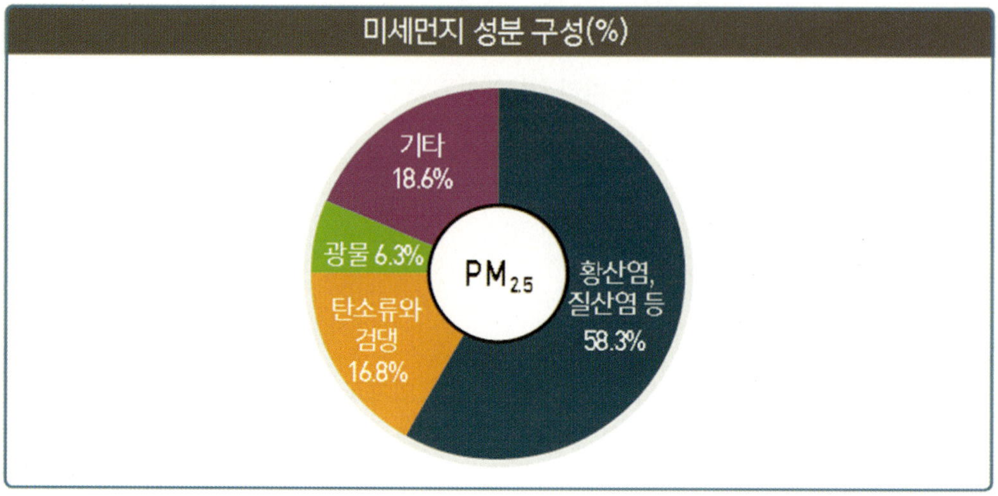

---

1) Jennifer A(2014) Fine particulate matter air pollution and cognitive function among U.S. older adults. Journals of Gerontology Series B: Psychological Sciences and Social Sciences Vol. 70 No. 2 322p ~ 330p 1079-5014 SCI(E)

<그림 11-13> 미세먼지 성분 구성(%)

6.2. 미세먼지 발생원

미세먼지 발생원은 자연적, 인위적으로 구분할 수 있다. 자연적 발생원은 흙 먼지, 바닷물에서 생기는 소금, 식물의 꽃가루 등이 있고, 인위적 발생원으로는 보일러나 발전시설 등에서 석탄, 석유 등 화석연료를 태울 때 생기는 매연, 자동차 배기가스, 건설현장 등에서 발생하는 날림먼지, 공장 내 분말형태의 원자재, 부자재 취급공정에서의 가루성분, 소각장 연기 등이 있다.

미세먼지의 원인은 1차적 발생과 2차적 발생으로 구분된다. 1차적 발생은 굴뚝 등 발생원에서부터 고체 상태의 미세먼지로 나오는 경우를 말하고, 2차적 발생이란 발생원에서는 가스 상태로 나온 물질이 공기 중의 다른 물질과 화학반응을 일으켜 미세먼지가 되는 경우를 말한다.

석탄, 석유 등 화석연료가 연소되는 과정에서 배출되는 황산화물이 대기 중의 수증기, 암모니아와 결합하거나, 자동차 배기가스에서 나오는 질소산화물이 대기 중의 수증기, 오존, 암모니아 등과 결합하는 화학반응을 통해 미세먼지가 생성되기도 하는데 이것은 2차적 발생에 해당된다.

2차적 발생이 중요한 이유는 수도권의 경우 이와 같은 화학반응에 의한 2차 생성 비중이 전체 미세먼지(PM2.5) 발생량의 약 2/3를 차지할 만큼 매우 높기 때문이다.

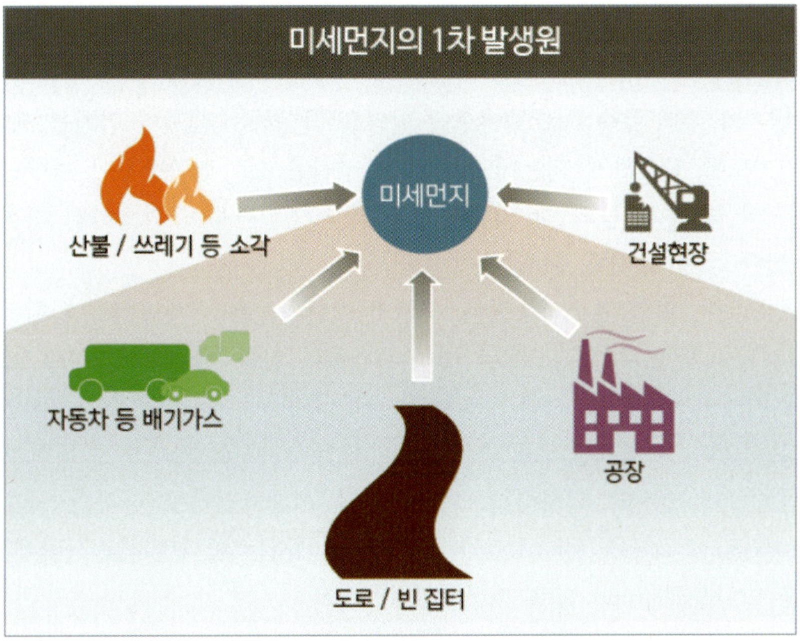

<그림 11-14> 미세먼지의 1차 발생원

<그림 11-15> 미세먼지의 2차 발생원

6.3. 미세먼지 영향

미세먼지는 우리의 건강뿐만 아니라 농작물과 생태계 및 산업 활동에 미치는 영향이 클 뿐만 아니라 다양한 피해를 주고 있다.

먼저 미세먼지가 건강에 미치는 영향을 살펴보면, 먼지는 대부분 코털이나 기관지 점막에서 걸러져 배출된다. 그러나 미세먼지(PM10)는 입자의 지름이 머리카락 굵기의 1/

5~1/7 정도인 10 μm이하로 매우 작아 코, 구강, 기관지에서 걸러지지 않고 우리 몸속까지 스며들게 된다. 만약 미세먼지의 농도와 성분이 동일하다고 가정하는 경우 입자 크기가 작을수록 건강에는 더 해롭다. 왜냐하면 같은 농도일 경우 PM2.5는 PM10보다 더 넓은 표면적을 갖기 때문에 다른 유해물질들이 더 많이 흡착될 수 있고, 입자 크기가 더 작으므로 기관지에서 다른 인체 기관까지 이동할 가능성도 높기 때문이다.

일단 미세먼지가 우리 몸속으로 들어오면 면역을 담당하는 세포가 먼지를 제거하여 우리 몸을 지키도록 작용하게 되는데 이 때 그 부작용으로 염증반응이 나타난다. 기도, 폐, 심혈관, 뇌 등 우리 몸의 각 기관에서 이러한 염증반응이 발생하면 천식, 호흡기, 심혈관계 질환 등이 유발될 수 있다.

특히 노인, 유아, 임산부나 심장질환, 순환기 질환자들은 미세먼지로 인한 영향을 일반인보다 더 많이 받을 수 있으므로 각별히 주의해야 한다. 세계보건기구(WHO)는 2014년 한 해에 미세먼지로 인해 기대 수명보다 일찍 사망하는 사람의 수가 700만 명에 이른다고 발표하였다. 세계보건기구(WHO)는 미세먼지(PM10, PM2.5)에 대한 대기의 질 가이드라인을 1987년부터 제시해왔으며, 2013년 세계보건기구 산하의 국제암연구소(IARC, international agency for research on cancer)에서는 미세먼지를 사람에게 발암이 확인된 1군 발암물질(group 1)로 지정하였다.

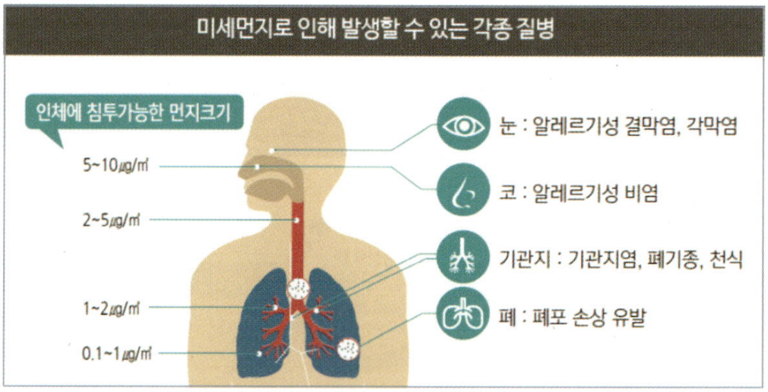

<그림 11-16> 미세먼지로 인해 발생할 수 있는 각종 질병

6.4. 미세먼지 대응방안

가. 호흡기 질환자의 미세먼지 대처

기관지에 미세먼지가 쌓이면 가래가 생기고 기침이 잦아지며 기관지 점막이 건조해지면서 세균이 쉽게 침투할 수 있어, 만성 폐질환이 있는 사람은 폐렴과 같은 감염성 질환의 발병률이 증가하게 된다. 따라서 호흡기 질환자는 미세먼지에 장시간 노출되지 않도록 주의하는 것이 중요하다.

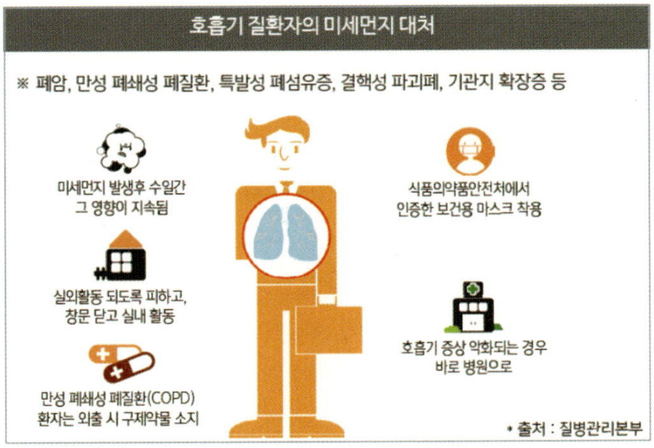

<그림 11-17> 호흡기 질환자의 미세먼지 대처

나. 심혈관 질환자의 미세먼지 대처

미세먼지는 크기가 매우 작아 폐포를 통해 혈관에 침투해 염증을 일으킬 수 있으며, 이 과정에서 혈관에 손상을 주어 협심증, 뇌졸중으로 이어질 수 있다. 특히, 심혈관 질환을 앓고 있는 노인은 미세먼지가 쌓이면 산소 교환이 원활하지 못해 병이 더욱 악화될 수 있다.

다. 천식환자의 미세먼지 대처

미세먼지는 기도에 염증을 일으켜 천식을 유발하거나 악화시킬 수 있으며, 미세먼지에 장기간 노출될 경우 폐 기능을 떨어뜨리고 천식 조절에 부정적 영향을 미치며, 심한 경우에는 천식 발작으로 이어지기도 한다.

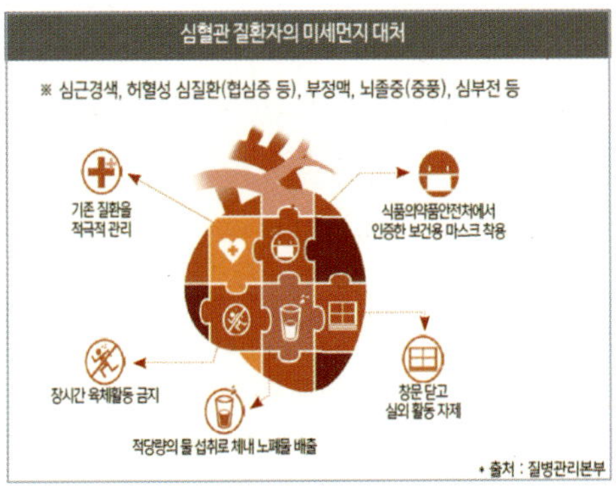

<그림 11-18> 심혈관 질환자의 미세먼지 대처

<그림 11-19> 천식환자의 미세먼지 대처

[출처] 환경부, 미세먼지, 도대체 뭘까? (2016년 04월)

라. 미세먼지 관리대책

우리나라의 PM10 오염도는 2012년까지 개선 추세였으나, 2013년부터 악화 또는 정체 되고 있는 상태이다. PM2.5 농도는 세계보건기구(WHO) 권고기준(10 ㎍/㎥)에 따르면 선진국의 주요도시 (도쿄 13.8, 런던 11 ㎍/㎥, 2015년 기준) 에 비해 2배 이상 높은 것으로 나타나고 있다.

정부는 미세먼지 저감을 위해 여러 가지 대책과 많은 노력을 하고 있으나 국민들이 체감하는 오염도는 더욱 증가하고 있고, 이에 따라 불안감도 점점 고조되고 있는 실정이다. 미세먼지 문제는 주변국과의 관계, 산업구조, 지리적, 기상학적 특이성 등 다양한 문제가 복합적으로 연결되어 있기 때문에 해결이 결코 쉽지 않다.

그러나 미세먼지 문제를 더 이상 미룰 수만은 없는 위기상황에 이르렀다. 미세먼지 문제에 대한 새로운 패러다임의 국가적인 노력과 국민들의 자발적인 참여가 필요한 시점이 바로 지금인 것은 분명하다.

이에 따라 국가에서는 수도권과· 대도시뿐만 아니라 수도권 외 지역 관리를 포함한 오염도 높은 지역을 '우심지역'으로 정하고 중점 관리하는 한편 2차 오염 생성을 고려한 원인 물질 관리를 더욱 강화하고 있다. 또 에너지 정책과의 연계를 통한 통합적인 저감대책 추진, 국제협력을 통한 공동대응을 통해 전방위적인 대책을 수립하고자 노력하고 있다.

무엇보다도 인체 위해성 관리, 과학기반의 미세먼지 대응역량 제고 등 기존의 대책보다 한 걸음 더 나아가 산업·발전·수송부문 등 사회 전 분야에 대한 감축 대책이 추진되어야한다. 아울러 한-중 간 국제협력을 강화하여 미세먼지를 정상급 의제로 다루고 실효성 있는 국외 영향 저감 대책 등이 공동으로 수립되어져야 할 것이다. 미세먼지 환경기준을 선진국 수준으로 강화하고, 영유아·학생·어르신 등 미세먼지에 취약한 민감 계층을 보호하기 위한 선제적이고 적극적인 대책도 시급한 실정이다.

제12장 폐기물 관리

폐기물의 적정처리와 관련된 재활용 및 재이용과 같은 감량화, 수거체계의 정립 등 다양한 관리기술, 소각과 퇴비화 등 중간처리기술, 매립과 같은 최종처분과정에 대해 설명하였고, 특히 폐기물의 배출 시점부터 수거·운반·중간 및 최종처리, 그리고 자원 재이용을 위한 선별과정 등 각 세부공정을 다루었다.

주요 내용

1. 폐기물의 관리 및 자원 재활용

고형폐기물의 정의, 고형폐기물의 성상, 고형폐기물의 관리

2. 발생원에서 처분장까지의 관리

선별과 저장, 파쇄와 압축, 운반과 수송(transport), 적환장(transfer station), 수거체계, 폐기물의 중간처리

3. 폐기물의 최종처분

폐기물의 매립, 매립지내의 반응, 침출수량 산정을 위한 매립지내의 물 수지, 위생 매립지의 설계

4. 폐기물의 적정관리방안

1. 폐기물의 관리 및 자원 재활용

1.1. 고형폐기물의 정의

가. 용어정리

폐기물의 물질 흐름과 경제에 미치는 환경적 영향을 파악하기 위해서는 무엇보다 먼저 용어에 대한 정의를 확립하는 것이 필요하다. 제시된 <그림 12-1>은 고형폐기물

(solid waste, refuse), 도시고형폐기물(municipal solid waste, MSW), 부엌쓰레기(garbage), 잡동사니 폐기물(rubbish)등의 관계를 나타내고 있다.

고형폐기물(solid waste)이란 내구재, 비내구재, 용기, 포장지, 음식물 쓰레기, 마당 쓰레기, 잡다한 무기 폐기물과 같은 액체 또는 기체가 아닌 폐기물을 말한다. 고형폐기물을 쓰레기라는 용어와 동의어로 사용하기도 하지만 엄격히 말하자면 고형폐기물이라는 용어가 더 적절한 표현이다.

도시 고형폐기물(MSW: municipal solid waste)이란 주거지, 상업지, 공공단체, 산업지에서 생겨나는 고형 폐기물을 말한다. 단, 건설폐기물, 자동차 차체, 도시발생 오니, 연소재, 산업 처리 공정 폐기물 등은 포함시키지 않는다.

부엌 쓰레기(garbage) 또는 음식 폐기물(food waste)이란 음식준비, 요리, 음식접대로 인해 생기는 육류, 채소류 찌꺼기를 말한다. 이러한 폐기물은 대개 부패하기 쉬운 유기물로서 습기를 함유하고 있으며, 주로 가정의 주방, 음식점, 시장에서 발생한다. 통조림 공장, 포장공장, 도살장과 같은 대규모 처리 설비를 갖춘 곳에서 나오는 폐기물은 포함되지 않는다.

잡동사니 폐기물(rubbish)이란 오래된 주석 캔, 신문, 타이어, 포장물질, 병, 마당에서 발생되는 나뭇잎 및 풀, 플라스틱 등을 말한다. 연소성과 불연소성 고형폐기물이 이에 포함되며, 음식물 쓰레기는 포함되지 않는다.

쓰레기(trash)란 잡동사니 폐기물 중 연소성을 가진 것을 말한다.

발생(generation)이란 폐기물 흐름에 포함되는 물질과 부산물이 생기는 것을 말한다. 유리병의 재활용, 플라스틱의 재활용과 같은 도심 폐기물계에 포함되기 전에 폐기물의 독성과 양을 감소시키는 활동은 포함되지 않는다.

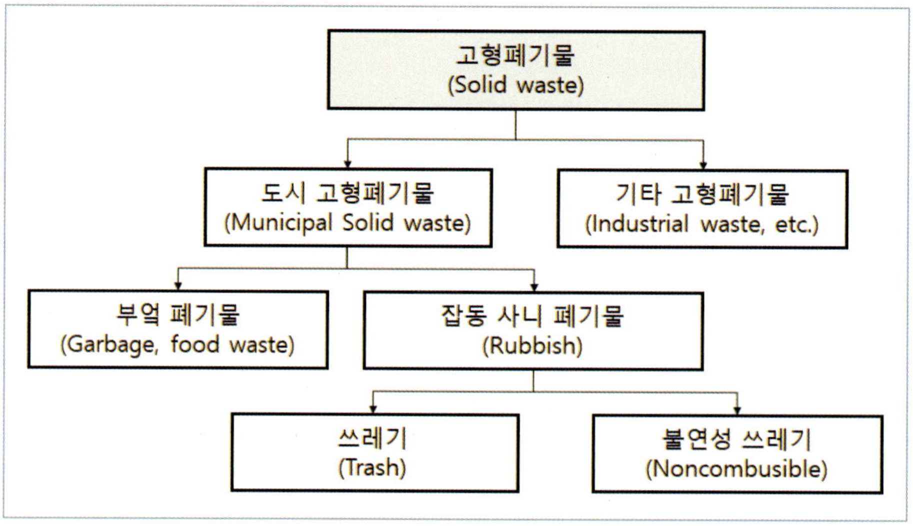

<그림 12-1> 도시 고형 폐기물에서 사용되는 용어

물질 재활용(material recovery)이란 재활용 또는 퇴비화 목적으로 폐기물을 처리하는 것을 말한다.

나. 고형폐기물 분류체계

• 우리나라

우리나라 폐기물 관리법(1991년 개정)에서는 "폐기물이라 함은 쓰레기, 연소재, 오니, 폐유, 폐산, 폐알칼리, 동물의 사체 등으로서 사람의 생활이나 사업 활동에 필요하지 아니하게 된 물질을 말한다"라고 정의하고 있다. 폐기물 관리법 시행규칙에 의하면 폐기물을 고형물의 함량에 따라 다음과 같이 액상, 반고상, 고상 폐기물로 구분하고 있다.

- 액상 폐기물 : 고형물의 함량이 5 % 미만인 것
- 반고상 폐기물 : 고형물의 함량이 5 % 이상 15 % 미만인 것
- 고상 폐기물 : 고형물의 함량이 15 % 이상인 것

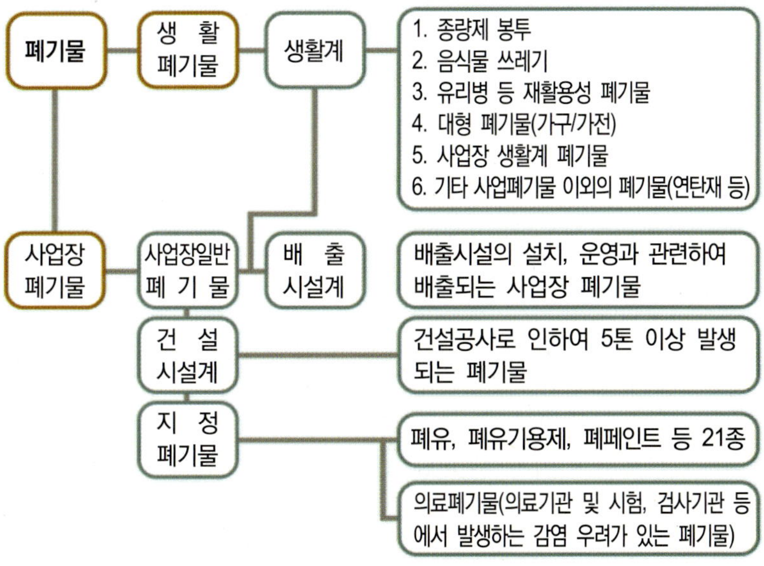

<그림 12-2> 폐기물의 분류체계

또한 1991년 개정된 폐기물 관리법에서는 종래의 발생원에 따른 폐기물 분류방식(일반폐기물, 사업장폐기물)을 탈피하여 성상별 분류방식을 채택하고 유해성 여부에 따라서 이를 일반폐기물과 특정폐기물로 구분하였다. 1993년 폐기물관리법 시행령을 개정하면서, 산업폐기물 중에서도 유해성이 없는 폐기물을 일반 폐기물로 분류하고 지정 폐기물은 <표 12-1>과 같이 규정하였다.

<표 12-1> 지정폐기물의 분류 및 확인체계

분류기준	폐기물의 종류	판정기준
부 식 성	폐산	pH 2.0이하
	폐알카리	pH 12.5이하
반 응 성	폐유기용제	
유 해 성	할로겐족(디클로로메탄 등 17종)	
	비할로겐족(벤젠등 44종)	
인 화 성	폐유	기름성분 5 % 이상
용출독성	PCB 함유폐기물	
	광재, 분진, 폐주물사, 소각잔재물, 도자기 편류, 폐촉매, 폐흡착제, 지정슬러지	납 등 10항목에 대해 허용 용출 농도 이상인것
유 해 성	폐석면	
	폐농약	
다 량 성	폐석고, 폐석회	
부 패 성	공장슬러지 및 폐수처리장 슬러지, 동물성 고형잔재물	
기 타	기타 환경처장관이 정하는 것	

폐기물 관리법에 의하면, '지정폐기물이라 함은 산업 활동에 수반하여 발생하는 슬러지, 폐유, 폐산, 폐알칼리, 폐합성유지 등 환경 및 국민보건에 유해한 물질로서 대통령령이 정하는 물질을 말한다'라고 정의 되어 있다.
또 방사성 폐기물과 오수(분뇨가 섞인 물), 분뇨, 축산폐수 등은 폐기물 관리법의 적용을 받지 않고 별도의 관리법이 제정되어 있어서 이에 의한 규제를 받는다.

• 미국

고형 폐기물을 관리하는 연방 법령인 자원 보존과 재활용에 관한 법(RCRA: resource conservation and recovery act)에는 유해한(hazardous)폐기물과 유해하지 않은(nonhazardous) 폐기물, 두 가지로 분류되어 있다. RCRA에서 부칙 C는 유해한 폐기물, 부칙 D는 유해하지 않은 폐기물을 규정하고 있다. 유해하지 않은 폐기물은 1년에 약 120억 톤 정도 발생하는데 그 대부분이 공업 분야에서 원료 추출과 물질 처리 공정, 제품 생산 과정 중에 발생하고, 도시 고형폐기물은 2 % 미만 정도를 차지한다.

1.2. 고형폐기물의 성상

고형폐기물의 성질은 수분 함량, 겉보기 비중, 조성, 원소 분석치, 발열량 등의 물리 화학적 성질에 따라 그 특성이 규정된다. 폐기물의 분석에는 많은 노력과 시간이 요구되며, 그 지역의 폐기물 성상을 파악하기 위해서는 적어도 연 4회(춘하추동의 각 계절마다 1회)의 측정이 필요하다.

수분의 평균치를 측정하기 위해서는 비오는 날은 수집을 피하는 것이 좋다. 폐기물 채취는 가능하면 신속하게 작업해야 하며, 1회의 채취는 적어도 폐기물 축소 작업 개시부터 20분 이내에 완료하는 것이 바람직하다. 폐기물의 성상은 물리적 성상과 화학적 성상으로 크게 구분된다.

가. 물리적 성상

폐기물의 물리적 성상은 가연성과 비가연성 물질의 구분뿐만이 아니라 가연성 물질의 종류 및 발열량 계산 등의 폐기물 특성을 추정할 수 있는 가장 중요한 자료로서 폐기물의 자원화 및 에너지 회수와 처리계통에 절대적으로 필요하다.

고형폐기물의 물리적 조성에 관한 정보 및 자료로서는 ①고형폐기물을 이루는 각 성분의 조성 ②수분 함유량 ③단위 용적당 중량 즉, 고형폐기물의 밀도 ④회분(ash) 및 가연분 함량 등이 있다.

• 종류별 성상

채취한 시료를 축소하여 비닐시트 위에서 10종류의 조성으로 구분하여 손으로 선별(hand sorting)한다. 각 조성별로 무게를 측정하여 습량 기준으로 중량비(P_{wi})를 구한다.

- 음식쓰레기(부엌쓰레기)
- 종이류
- 섬유류
- 비닐, 플라스틱류
- 목재류
- 고무, 가죽류
- 유리, 도자기류
- 금속류
- 연탄재

• 수분함량

종류별 성상 측정에 사용한 시료의 무게를 측정한 후, 건조기를 이용하여 105±5°C에서 약 4시간 동안 수분을 제거하고, 데시케이터에서 중량이 일정하게 유지되는 시점까지 냉각시킨 후, 시료의 무게를 측정한다. 각 시료의 수분함량은 다음 식에 의하여 산출할 수 있다.

$$Pw_i(\%) = \frac{\text{건조전 시료 } i\text{의 중량}(kg) - \text{건조후 시료의 } i\text{의 중량}(kg)}{\text{건조전 시료} i\text{의 중량}(kg)} \times 100$$

전체 쓰레기의 수분 함량은 다음의 식에 의해 산출된다.

$$W(\%) = \frac{\Sigma P_{wi} \times W_i}{\Sigma P_{wi}}$$

• 단위 용적당 중량 및 밀도

부피를 잴 수 있는 용기에 시료를 넣고 30 cm 높이의 위치에서 3회 낙하시키고 눈금이 감소하면 감소된 분량만큼 시료를 추가해가며 눈금이 감소하지 않을 때까지 반복한다. 겉보기 비중 또는 단위용적 당 중량은 다음의 식에 의해 산출할 수 있다.

$$\text{단위용적당 중량}(kg/m^3) = \frac{\text{시료의 무게}, kg}{\text{시료의 부피(용적)}, m^3}$$

• 회분(ash) 및 가연분함량

수분 측정 후 건조시료를 2 mm 이하로 분쇄한 후, 일부분을 다시 105±5°C에서 2시간 가열 건조한다. 그중 일정량을 채취하여 무게를 측정한 후 전기로 내에서 600±25°C로 강열한다. 강열한 시료를 방냉한 후 105±5°C에서 2시간 건조, 약 30분간 데시케이터에서 방냉한 후 무게를 측정한다. 각 조성의 회분은 다음 식으로 산출할 수 있다.

$$A_i = \frac{\text{강열후 시료 } i\text{의 중량}(kg)}{\text{강열전 시료 } i\text{의 중량}(kg)} \times 100$$

전체 쓰레기의 건량기준 회분함량은 다음 식으로 나타낼 수 있다.

$$A_i(\%) = \frac{\Sigma P_{di} \times A_i}{\Sigma P_{di}}$$

또한, 습량기준의 회분은 다음 식으로 계산할 수 있다.

$$A(\%) = A_d \times \frac{100 - W}{100}$$

가연성 물질은 보통 종이류, 목재류, 음식쓰레기, 플라스틱류, 섬유류, 고무류 등이고, 불연성 물질은 연탄재, 금속류, 유리, 도자기류 등이다. 혼합 쓰레기가 가연성인가 또는 불연성인가를 판정하는 기준은 가연분이 25 % 이상, 회분이 60 % 이하, 수분함량이 50 % 이하를 가연성으로 판정한다. 습량기준의 가연분은 다음과 같이 구할 수 있다.

$$가연분(C,\ \%) = 100\ -\ 수분(W,\ \%) - 습량기준의\ 회분(A,\ \%)$$

나. 화학적 성상

쓰레기 가연분의 화학적 성분 분석 항목은 대개 탄소(C), 수소(H), 질소(N), 산소(O), 및 황(S)으로서, 이러한 원소의 분석방법에는 자동 원소 분석기에 의한 방법과 재래식 방법 두 가지로 나눈다. 최근에는 대부분 자동 원소 분석기를 이용하기 때문에 이에 대해서만 설명하기로 한다. 자동 원소 분석기를 사용하면 유기화합물 중의 탄소, 수소, 질소, 산소 및 황 성분을 자동적으로 분석할 수 있다. 이때 C, H, N은 동시 분석이 가능하나, O와 S는 연소관, 환원관 및 흡수관의 충전물을 교환함으로써 분석이 가능하다. 또한 황 성분(S)은 별도로 황 분석장치(sulfur analyzer)를 이용하여 분석할 수 있다.

고형폐기물의 화학조성에 관한 정보는 처리 및 에너지 회수 방안을 평가하고자 할 때 중요한 자료로서 고형폐기물을 연료로 이용하고자 할 때 조사해야 할 내용은 다음과 같다.

- 공업분석(근사분석)
- 수분(105°C, 1h 손실량)
- 휘발성 물질(950°C에서 태웠을 때 추가 손실량)
- 재(회분, 연소 후의 찌꺼기)
- 고정탄소(나머지)
- 재의 융점(녹는점)
- 원소분석 C(탄소), H(수소), O(산소), N(질소), S(황), 재의 백분율
- 발열량(에너지 가치)

고형폐기물의 에너지 함유량은 다음 식을 사용하여 에너지 가치(energy value)를 건량기준으로 환산할 수 있다.

$$kJ/kg(건량\ 기준)\ =\ (kJ/kg\ 폐기상태) \times 100/(100 - 수분(\%))$$

회분제거 건량 기준(ash free dry basis)으로 나타내면,

$$kJ/kg(회분제거\ 건량\ 기준)\ =\ (kJ/kg\ 폐기상태) \times 100/(100 - 재(\%) - 수분(\%))$$

1.3. 고형폐기물의 관리

폐기물의 발생원에서부터 최종 처분까지에는 6가지의 기능적 요소가 있다. 즉 폐기물의 발생, 현지 취급, 저장 및 가공, 수집, 운반 및 수송, 처리 회수, 그리고 처분 등이다. 폐기물 관리의 성패는 이러한 구성요소들을 어떻게 합리적으로 관리하느냐에 달려있다.

폐기물의 관리에 있어서 중점을 두어야 할 우선 순위는 다음과 같다.

- 감량화
- 재이용 및 재활용
- 중간처리
- 최종처분

폐기물의 관리에서 첫번째 우선순위는 발생원에서부터 감량화를 도모하여 폐기물을 원천적으로 적게 발생시키는 것이다. 일반폐기물에 있어서 감량화는 포장용기의 사용억제, 1회용품의 사용 억제, 음식물 남기지 않기, 불필요한 물품의 구매 억제 등의 방법이 있다.

다음 단계는 재회수 및 재활용을 통하여 일단 발생된 폐기물 중에서 재활용품을 회수함으로써 폐기되는 양을 줄이는 것이다.

중간 처리단계에서는 소각열을 이용하거나 유기물을 퇴비화하여 일종의 가공을 통한 재활용 방법을 사용한다. 마지막 단계로는 단순소각(폐열을 회수하지 않는 연소)이나 매립 등의 최종 처분이 있다.

폐기물의 관리에서는 감량화 다음으로 분리수거가 가장 중요한 사항이다. 무엇보다 먼저 유해물질을 분리해야하고, 음식 쓰레기는 수분이 많고 6시간이 지나면 곧바로 부패하여 악취를 풍기고 다른 재활용품을 오염시키므로 우선적으로 분리 수거해야 한다.

분리 수거된 음식쓰레기는 퇴비화, 메탄발효 등을 통하여 에너지 및 유용한 물질로 회수하는 것이 바람직하다. 쓰레기를 배출원에서부터 완전하게 분리수거함으로써 종이, 병, 금속 등의 재활용성 쓰레기를 회수할 수 있다.

적환장에서 분리된 쓰레기는 적합한 방법으로 처리하는 것이 중요하다. 우리나라의 특성상 배출량은 많지만 환경적으로 거의 무해한 연탄재는 단순매립으로 처분하거나 매립지의 복토재로 활용하고, 종이류 등의 가연성은 소각 처리하여 부수적으로 발생되는 폐열을 회수하고 소각재는 안전 매립한다. 그리고 소각시에 유해가스를 배출하거나 소각로에 손상을 줄 수 있는 고무류, 비닐, 플라스틱류는 열분해 등을 이용하여 처리함으로써 에너지 또는 물질을 회수한다.

☞ 폐기물 관리대책의 변천

폐기물 관리정책은 1986년 이전에는 「오물청소법」과 「환경보전법」에서 생활폐기물과 사업폐기물로 이원화 관리되었으나, 1986년에 「폐기물관리법」 제정으로 관리체계가 일원화되고, 다양한 정책 및 제도가 실시되었다. 1986년부터 1992년까지 「폐기물관리법」에서 발생억제, 예치금제도, 광역관리, 사후관리개념이 적용되었다. 1992년부터 「재활용촉진법」이 발효되면서 포장재 발생억제, 1회용품 규제, 폐기물 예치금 및 폐기물 부담금제도, 재활용 산업 육성 등 재활용에 관한 제도 및 정책이 시행되었다. 2003년부터는 예치금제도가 생산자 책임 재활용 제도로 전환되고, 「건설 폐기물의 재활용 촉진에 관한 법률」이 새롭게 제정되면서 건설 폐기물의 재활용 및 재활용 제품의 수요기반을 마련하였다. 이러한 정책과 함께 종량제('95), 음식물 쓰레기 직매립금지('05)제도 등이 실시되면서 폐기물의 발생 억제를 통한 감량화와 자원화를 도모하였다.

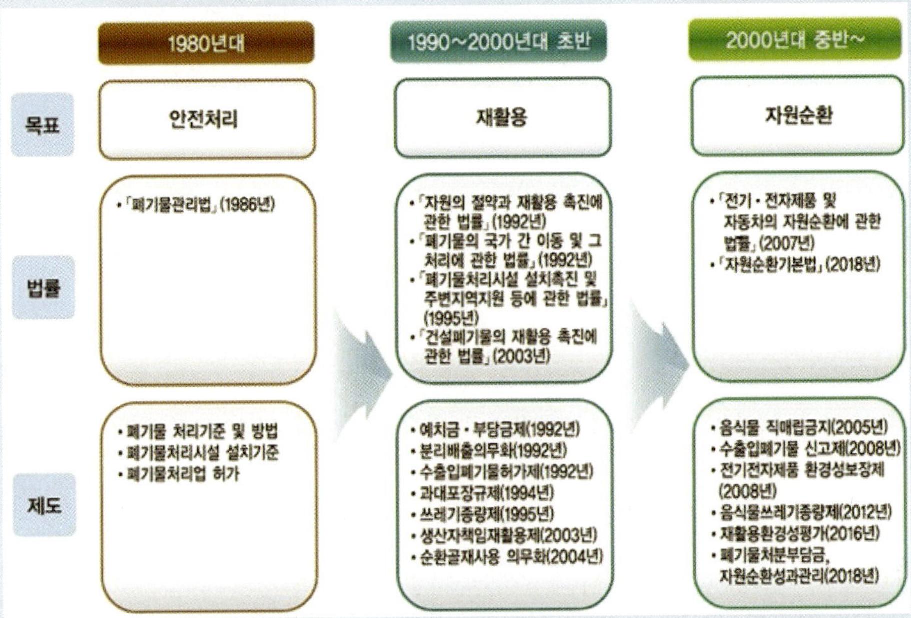

<그림 12-3> 폐기물 관련 정책 및 제도의 변화

1995년에는 「폐기물처리시설 설치촉진 및 주변 지역 지원 등에 관한 법률」이 제정되어 소각시설 등의 설치에 따른 님비현상을 사전에 예방하고, 주변 영향지역 주민 지원사업을 추진하는 등 사회적 갈등을 해소하고 조정하는 역할을 하였다. 2000년 중반부터는 전기·전자제품, 자동차 등에 대한 유해물질, 재활용 등이 사회 문제로 제기되면서 「전기·전자 제품및 자동차 자원 순환법」이 제정(2007)되어 환경성 보장제도가 실시되었다.

또한 2000년 말부터는 자원 및 에너지의 가격 급등, 지구온난화 등으로 온실가스 감축이 요구되었으며, 특히 폐기물로부터 자원 및 에너지의 회수 필요성이 제기되었다. 이에 2008년부터 폐자원 및 바이오매스 에너지대책을 수립하여 지역별 폐자원 에너지타운 조성사업을 추진하고 있으며, 2009년에는 폐금속 자원 재활용 대책을 수립하여 폐금속 자원에 대한 재활용 정책을 더욱 강화하였다. 2012년에 하수슬러지 및 가축분뇨, 2013년에 음폐수 등의 해양 배출이 금지되면서 육상 처리와 동시에 자원화를 실시하였다. 하수슬러지는 건조하여 화력발전소의 에너지원으로 사용하고, 음폐수 등은 바이오 가스화에 의한 에너지화 등이 진행되고 있다.

〈환경백서, 2018〉

2. 발생원에서 처분장까지의 관리

2.1. 선별과 저장

가. 선별(sorting)

선별은 가정이나 산업 시설 등의 폐기물 발생 현장, 적환장(transfer station)또는 최종 처분 장소에서 이루어지고 있다. 그러나 발생원에서의 선별, 즉 각 가정에서 발생되는 각기 다른 형태의 폐기물을 운반자가 수집할 수 있는 단위로 선별하는 방법은 아직도 보편화되지 않고 있다. 만약 도시고형폐기물(MSW)을 발생원에서부터 선별한다면 수작업이나 기계적인 선별에 따른 어려움과 비용을 크게 절감할 수 있을 것이다. 폐기물은 다음과 같이 분류할 수 있다.

- 3원분리
- 6원분리
- 5종선별(재활용)

발생원에서 적절하게 선별된 폐기물은 재활용이나 재사용에 적합하도록 깨끗하게 잘 분류된 폐기물을 얻을 수 있다. 실제적으로 발생원에서의 선별이 기계적 선별 또는 손 선별 보다 더 깨끗하게 선별되며 효과적이다. 그러나 이러한 선별을 위해서는 많은 수거비용이 요구되며, 특히 수작업을 통한 선별은 인체에 유해 가능성이 높다.

물리적 특성 중 밀도가 알려진 폐기물은 기계적인 선별작업이 효과적으로 수행된다. 발생원에서 선별된 폐기물은 문전이나 도로변에서 수집되어 하치장으로 운반된다.

폐기물이 발생원에서부터 선별되지 않았을 때에는 최종 처분지에서 수동이나 혹은 기계적으로 선별해야 한다.

수작업에 의한 선별은 깨끗하고, 건조하며 일차적인 선별을 거친 폐기물에 적용하는 것이 적절하며, 건조한 종이나 플라스틱이 주로 해당된다. 젖은 폐기물을 수작업으로 선별하는 데는 어려움이 있다.

수작업에 의존하는 폐기물 선별은 소극적 선별(negative sorting)에 속한다. 수작업에 의한 선별을 하기 위해서는 선별에 부적합한 물질들을 먼저 제거해야 한다. 소극적인 선별은 적극적 선별(positive sorting)에 비하여 더 큰 부피의 폐기물을 발생시킬 뿐만아니라 덜 효과적이다.

일반적으로는 손 선별보다는 기계적 선별을 더 많이 이용하고 있다. 기계적 선별은 이론상으로 모든 폐기물을 선별할 수 있다고 알려져 있지만 젖은 폐기물을 선별하는

데는 어려움이 있다.

자기 선별기(magnetic separator)는 폐기물을 각각 철과 비철금속 성분으로 분리하는 데 이용된다. 폐기물을 크기별로 분리하는 데는 진동스크린(vibrating screen)이나 회전스크린(rotating screen)이 이용된다. 무게 차이를 이용한 선별에는 공기 스크리닝(air screening)과 유도스크린(ballistic screen)이 이용된다. <표 12-2>에서는 선별에 필요한 형식과 방법을 보여주고 있다.

<표 12-2> 선별의 형식 및 방법

형 식	방 법	형 식	방 법
체(screen)선별	진동체, 회전체	용제선별	크릴렌용해식
비중차선별	기계식, 습식비중차	세정선별	수류식, 물체 병용식
풍력선별	수직형, 횡형, 경사형	강도차선별	반습식 파쇄식
자기선별	드럼형, 벨트형	부유선별	부유선광식
와전류선별	회전원판식, 경사판식	광학선별	반사광식
정전선별	스틸벨트·코로나 방전식	탄성선별	회전원판식, 벨트식
자장선별	자성유체식		

나. 저장(storage)

저장에 필요한 용기의 크기는 25L의 작은 플라스틱이나 종이 백에서부터 최대 저장 용량이 40,000L에 이르는 것도 있다. 가정 폐기물의 저장용기는 바퀴가 달린 120～390L 용량의 소형용기가 일반적으로 이용되며 아파트 단지에서는 600～1,000L 용량의 용기가 이용된다. 저장용기의 형태는 수거시설에 따라 아래와 같이 선택된다.

- 문전수거(doorstep collection)
- 전형적인 골목수거(kerb collection)
- 시의 쾌적한 환경을 위한 하치장
- 대형 폐기물의 skip collection에 이용되는 운반차량(haulier)
- 재활용 용기(recycle bin)
- 압축트럭(vacuum truck)

2.2. 파쇄와 압축

가. 파쇄(shredding)

파쇄의 목적은 폐기된 자동차로부터 철 스크랩의 회수, 퇴비화를 위한 생폐기물의 분쇄, 소각공장에서의 대형폐기물 소각을 위한 전처리 등이다. 파쇄 목적에 따른 효과는 다음과 같다.

- 분리 및 선별을 위한 파쇄: 입경의 분포화
- 운반, 저장 및 매립을 위한 파쇄: 겉보기 밀도의 증가와 균질화
- 소각이나 퇴비화를 위한 파쇄: 비표면적의 증가

파쇄에 이용되는 작용력은 압축력, 전단력 그리고 충격력이다. 파쇄 방법은 회전식, 왕복동식, 압축식 등으로 분류할 수 있고, 일반적으로 이용되는 파쇄기의 형태는 <그림 12-4>와 같다.

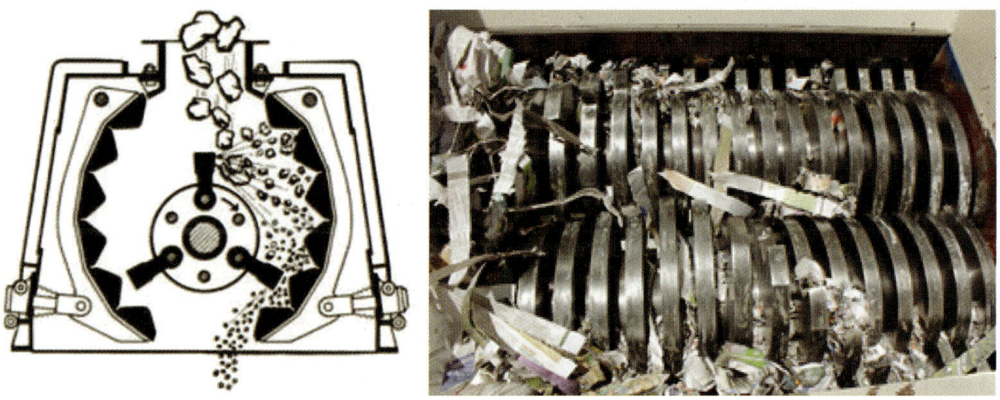

<그림 12-4> 파쇄기 종류

나. 압축(compaction)

압축의 주된 목적은 매립지의 수명 연장을 위한 폐기물의 부피 감소이며, 폐기물의 수송을 용이하게 하고자 함이다. 압축에 의한 부피 감소는 종이, 판지, 캔, 플라스틱 등과 같이 폐기물의 압축 특성이 다른 경우 조금씩 상이하게 나타난다.

폐기물 운반 차량은 수거된 폐기물을 약 100～300 kg/m^3의 밀도로 압축시키거나 부피를 1/3로 압축시켜 운반한다.

압축장치(Bailer)는 주택가, 상가, 공장지대, 소규모 적환장 등에 적용이 가능한 저압력 압축기 (7 kg/㎥ 이하)와 대규모 적환장에 적용할 수 있는 고압력 압축기(압축강도 7 kg/㎥ 이상)로 분류한다.

2.3. 운반과 수송(transport)

도시 고형폐기물의 운반에 이용되는 운반 트럭의 종류는 다음과 같다.

- 후진국에서 이용되는 덮개가 있는 재래식 트럭
- 주로 쓰레기봉투에 담겨있는 쓰레기를 운반하는 재래식 트럭
- 단독주택에서 나오는 바퀴달린 쓰레기통을 회수하는 현대식 단일 칸막이 트럭(single-compartment truck)
- 다세대 아파트 단지와 상업시설에서 나오는 바퀴달린 대형 쓰레기통을 운반하는 단일 칸막이 트럭
- 발생원에서 선별된 폐기물을 운반하는 다중 칸막이 트럭(multicompartment truck)

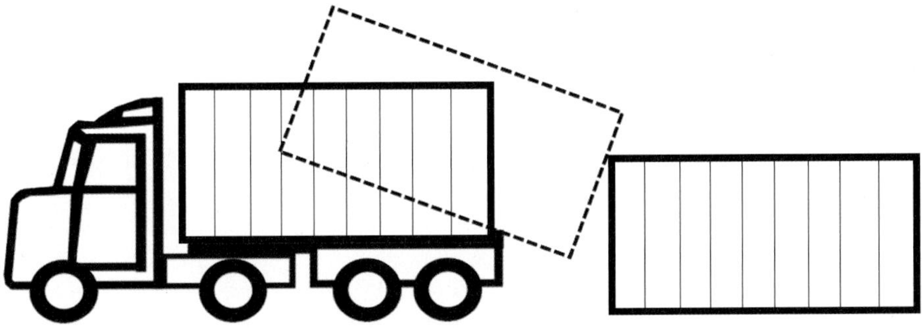

<그림 12-5> 저장용기를 적재하는 쓰레기 운반트럭

<그림 12-6> 여러 개의 칸막이로 나누어진 쓰레기 운반트럭

<그림 12-7> 스킵을 적재하는 쓰레기 운반트럭

새로운 폐기물의 수송시스템은 다음과 같다.

- 모노레일 수송 : 쓰레기를 적환장(transfer station)에서 최종 처분장까지 수송
- 컨베이어 수송 : 지하에 설치된 컨베이어에 의해 쓰레기 수송
- 컨테이너 철도 수송 : 수집차량이 컨테이너를 철도역 기지까지 운반 후, 철도차량에 적재, 매립지까지 운반
- 관거(pipeline)수거 : 관거를 이용, 쓰레기를 공기·슬러리·캡슐 등의 형태로 수송

2.4. 적환장(transfer station)

운반거리가 클 경우에는 운반비용이 상당히 증가될 수 있다. 그러므로 모든 폐기물 차량, 특히 소·중형의 운반차량의 경우에는 최종 처분 장소까지 전담하여 운반하는 것보다는 폐기물 발생지와 최종 처분장소(매립장) 사이에 위치한 적환장을 이용하는 것이 더 효과적이다. 약 15톤 이하의 쓰레기를 적재한 차량은 적환장에 폐기물을 하역하며, 적환장에서는 용량이 30톤 이상인 유개형의 대형 콘테이너에 폐기물을 적재한다. 적환장을 이용하는 목적은 다음과 같다.

- 운반비용의 절약
- 처리(처분)장소에서 발생할 수 있는 다수의 소형차량에 의한 교통체증 감소
- 수송차량의 대기시간으로 인한 쓰레기 운반자에게 지급되는 임금의 절약

1991년 WHO에서는 운반거리(폐기물 발생지에서부터 최종 처분장소까지의 거리)가 20 km 이하인 경우에는 적환장을 이용하는 것이 비경제적이라고 지적하였다. 그러나 폐기물의 운반비용을 결정하는 중요한 인자는 운반거리보다는 운반시간이 훨씬 더 결정적인 요인이 된다.

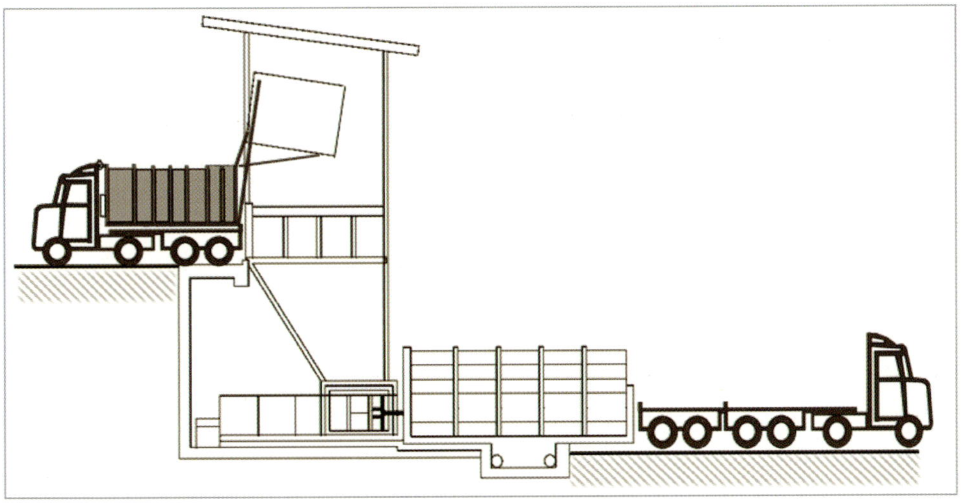

<그림 12-8> 적환장

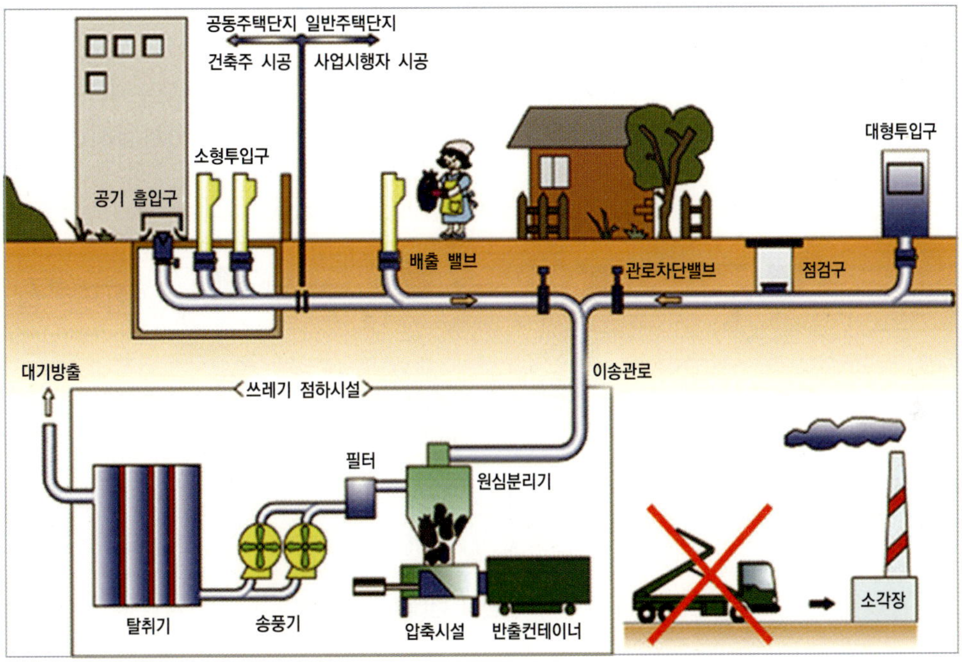

<그림 12-9> 폐기물의 관거수집·운반 시스템의 개념도

2.5. 수거체계

각 가정에서 폐기물을 수거하여 적환장, 폐기물 재생 시설, 매립장 등으로 운반하는 모든 활동은 최적의 차량과 최적의 운송경로 선택으로 이루어진다. 모든 도시에는 여러 가지 형태의 폐기물 수거체계가 있으며, 이러한 수거체계는 도시에 따라 초보 단계의 것일 수도 있고 완성 단계의 것일 수도 있다. 폐기물 수거 경로체계를 완성하려면 다음과 같은 자료들이 필요하다.

- 폐기물 수거에 소요되는 부지
- 생성되는 폐기물의 형태와 무게/부피비
- 물질 재활용 시설(MRF : material recycling facility)의 유무
- 적환장의 유무
- 처리 체계 - 매립, 혐기성 소화, 퇴비화, 소각 등
- 환경적 제한요인
- 경제적 제한요인
- 운반차량의 보유대수, 크기, 성능

현대식 수거차량은 한 사람만으로도 운송경로를 전담할 수 있게 만들었으며, 미국과 유럽의 많은 도시에서는 폐기물 운반차량의 운전자가 폐기물 수거자로서의 역할도 겸하고 있다. 그러나 복잡한 도심지와 교통체증이 심한 지역에서는 폐기물을 차에 적재하는 사람과 차량의 운전자가 각각 필요한 경우도 있다. 도시와 교외지역을 동시에 고려한 복합적인 수거경로를 설계 할 때는 매일매일 각기 상이한 수거차량이 이동할 수 있는 경로를 선택하여 도시와 교외지역의 균형을 맞추는 것이 가장 이상적이다.

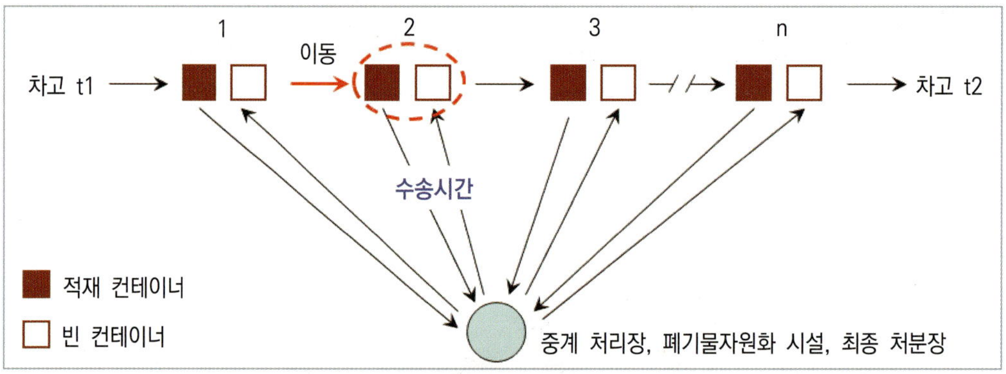

<그림 12-10> 견인식 컨테이너 시스템

2.6. 폐기물의 중간처리

폐기물의 중간처리에는 다음과 같은 여러 가지 방법이 있다.

- 폐기물 감량화
- 재이용 및 재활용
- 생물학적 처리(퇴비화, 혐기성소화)
- 열처리(thermal treatment) (소각, 열분해, RDF 등)

• 폐기물 감량화

폐기물 감량화란 발생원에서의 폐기물 생산량을 감소시키는 것을 의미한다. 예를 들어, 가정에서는 음식폐기물을 줄일 수 있으며, 사무실과 행정기관 등에서는 복사지를 양면으로 이용하며, 시장이나 마켓에서 소비자들은 포장이 거의 없는 상품을 구입하는 것이다. 폐기물의 발생원은 다음과 같다.

- 음식물과 가정용품의 생산시설
- 상업제품의 생산시설
- 쇼핑 대리점(shopping outlets)
- 가정
- 사무실, 상업적 소유지와 공공단체

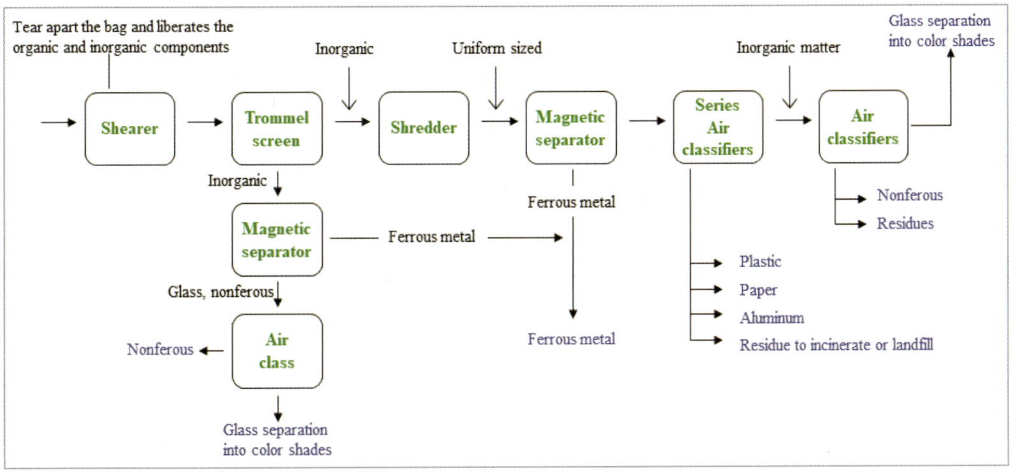

<그림 12-11> 재활용을 위한 분리과정

• 재이용 및 재활용

도시폐기물의 재이용 및 재활용에 관한 많은 연구들은 폐기물이 재생, 재이용, 재활용될 수 있음을 보여주고 있다. California와 Fullerton에서 발생되는 도시 고형폐기물은 다음과 같이 분류하고 있다.

현재 재활용 체계에서 큰 인기가 있거나 재활용 가능성이 있는 폐기물 물질은 알루미늄 캔, 종이와 판지, 유리, 플라스틱, 정원폐기물, 유기성 음식폐기물 등이다.

- 재활용 가능 부분 : 40 %
- 퇴비화 가능 부분 : 29 %

• 잠재적인 퇴비화 가능 부분 : 12 %
• 기타 : 19 %

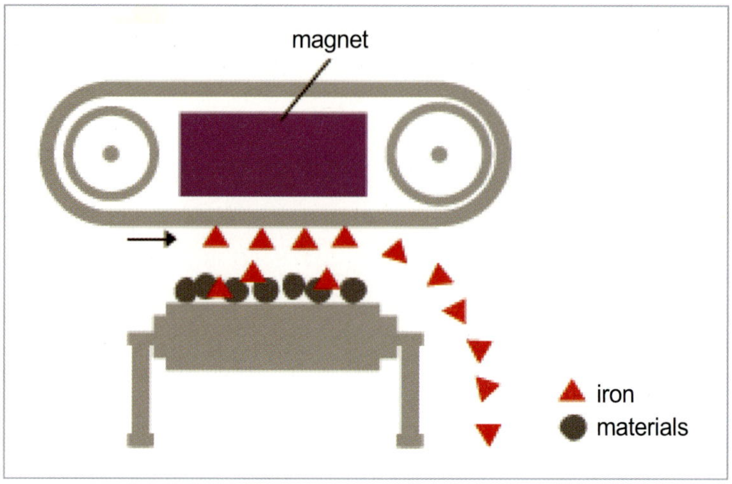

<그림 12-12> 자력 선별기

• 알루미늄 캔

미국의 Davis와 California에서 발생되는 알루미늄 캔은 약 85 %가 현재 재활용되고 있는데 재활용 비율이 계속 증가하고 있는 추세이다. 이는 알루미늄 캔은 재활용 가능성이 가장 높고 경제성도 있기 때문이다. 즉 알루미늄 원료를 수입하는 것보다 알루미늄을 재활용하는 것이 더 경제적이라는 알루미늄 캔은 총 도시고형폐기물의 약 1 %를 차지하고 있다.

• 종이와 판지

종이와 판지는 도시 고형폐기물의 약 35 %를 차지하고 있다. EU의 몇몇 국가들에서는 폐기물의 재활용이 느린 속도로 진행되고 있으나, 덴마크와 같은 나라에서는 보편화되어 있다.

한 예로 현재의 모든 골판지는 재생용지를 이용하여 생산되고 있다. 종이를 생산할 때 원목을 이용하는 것보다 재생용지를 이용하는 것이 더 저렴하다는 사실이 많은 나라에서 증명되고 있다. 종이와 판지의 일부는 재활용되거나 섬유판(fiber bored)으로 재이용된다. 미국의 서해안에 위치한 일부지역에서는 재생한 폐지와 판지를 타이완과 같이 원목의 공급이 부족한 나라로 보내고 있다.

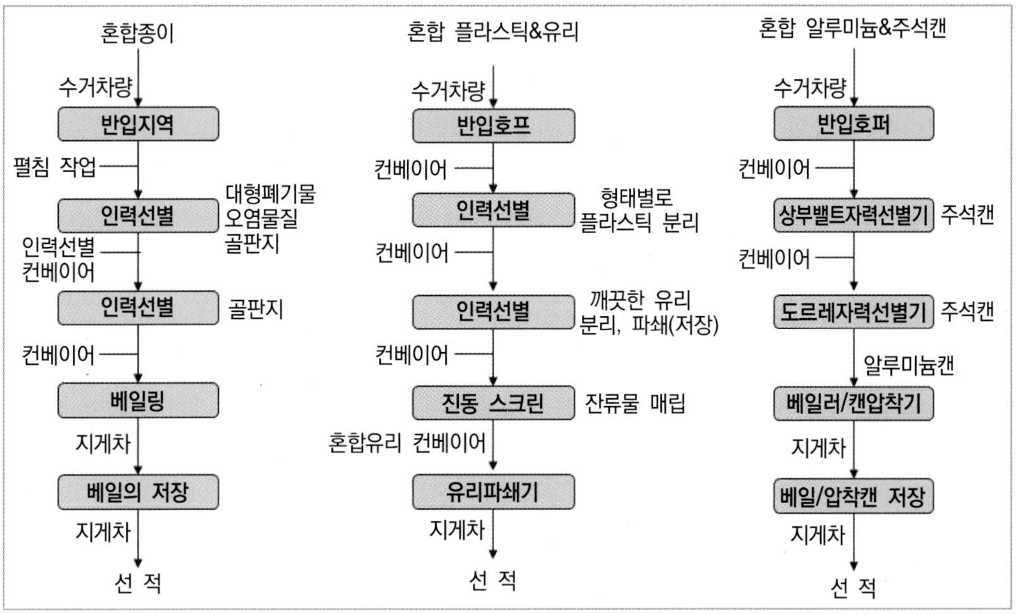

<그림 12-13> 재활용을 위한 자원회수 시스템

• 유리

전통적으로 유리는 재활용이 효과적으로 이루어지고 있다. 우유병, 맥주병, 음료수병 등은 회수되어 재이용하고 있다. 예를 들면, 덴마크에서는 맥주병을 약 35회에 걸쳐 재이용한다고 한다. 유색 유리가 확산되고 있다는 점이 문제이기는 하지만 폐기물의 5～10 %라는 높은 비율을 차지하는 유리를 재활용함으로써 이득을 얻을 수 있다는 것은 명백한 사실이다. 재활용된 유리는 많은 용도를 가지고 있으며, 이론상으로 모든 유리는 재이용될 수 있다. 그러나 유리를 분쇄하여 새로운 유리를 생산할 경우에는 많은 에너지가 소모된다.

• 플라스틱

플라스틱의 대부분은 생물학적 난분해성으로서 매립에는 적합하지 않지만 높은 열량을 가지기 때문에 소각 공정에는 적합하다. 플라스틱은 도시 고형폐기물의 5～15 %를 차지한다. 플라스틱은 다른 형태로 전환하여 사용하는 것이 용이하기 때문에 어떤 나라에서는 공원의 벤치나 도로의 윤곽을 나타내는데 이용하기도 한다.

오늘날 약 5 %의 플라스틱이 재활용되는데, 주로 PET와 HDPE 음료용기로 이용되고 있다. 미국에서는 PVC, LDPE, PP, PS 등과 같은 플라스틱의 재활용이 느린 속도로 진행되고 있으나(Truax, 1993), EU의 경우에는 LDPE의 재활용이 한층 더 보편화되어 있다.

• 정원 폐기물(yard wastes)

정원폐기물은 파쇄 하여 퇴비화 시킬 수 있으며, 퇴비화로 생긴 부산물은 토양 개량제나 기타 농업상의 용도로 이용될 수 있다. 퇴비화 과정에서 악취·중금속·병원균 등의 문제점들은 오늘날에서야 비로소 기술적인 해결이 이루어지고 있다. 정원폐기물을 반드시 매립할 필요는 없다. 왜냐하면, 퇴비화에 의한 처리법이 아니더라도 특히 나무 조각들은 소각 공정에서 비교적 높은 열량을 가지기 때문이다.

• 유기성 음식폐기물

음식폐기물이 차지하는 비율은 미국의 경우에는 약 10 %, 유럽과 오스트리아에서는 35 %, 개발도상국에서는 50 % 이상이다. 이 음식 폐기물에 대한 4가지 처리방법은 다음과 같다.

- 퇴비화
- 혐기성 소화
- 가축사료로 재이용
- 소각

도시 고형폐기물의 생물학적 처리는 다음과 같은 3가지 방법이 있다.

- 호기성처리 또는 퇴비화
- 혐기성처리 또는 바이오가스
- 혐기성과 호기성의 복합처리

• 퇴비화

비분리 상태로 수집된 도시 고형폐기물 중에서 생물학적 분해가능한 대부분의 물질이 적용되기 때문에, 음식물 이외의 성분이나 중금속과 같은 오염물질이 포함되기도 한다. 이러한 현상은 종이, 판지, 분해 가능한 기타 가정용품의 품질이 저하되어 중금속이 함유되었기 때문이다.

그러나 현대의 퇴비화는 도시 고형폐기물 중 발생원에서 분리된 음식물만을 이용하기 때문에 중금속 물질이 거의 발견되지 않는다. 음식 폐기물을 이용한 생물가스의 생산(biogas production)이 큰 호응을 얻고 있으며, 1992년 덴마크의 Helsingore에 full-scale의 도시고형폐기물 생물가스 처리장이 처음으로 건설되었다.

유기성 폐기물을 이용하는 호기성/혐기성의 복합처리 시스템은 Dranco, Valorga,

BTS 등과 같이 특허를 받은 프로세스(process)를 이용하는 운영체제이다. 이 분야에 관한 연구는 Denmark, Holland, Italy, US 등에서 활발히 진행되고 있다.

퇴비화(composting)는 유기성 음식폐기물이 호기성 조건하에서 미생물에 의해 분해되는 호기성 프로세스이다. 이러한 호기성 분해과정은 다음과 같다.

$$\text{유기물질} + O_2 \xrightarrow{\text{호기성 박테리아}} \text{새로운 세포} + CO_2 + H_2O + NH_3 + SO_4$$

무기성 필수 영양물질은 질소, 인, 황, 칼륨, 마그네슘, 칼슘, 나트륨 등이다. 일반적으로, 폐기물을 적절한 비율로 혼합했을 때 영양물질이 존재하게 된다. 최종 생성되는 퇴비는 미네랄(minerals)과 부식토(humus)로 구성되어 있다.

공정에 필요한 사항 공정에 관련된 변수는 다음과 같다.

- 온도
- 수분함량
- 산소
- C/N비
- pH
- 생화학적 구성과 구조

온도 퇴비화 공정은 발열반응이며, 퇴비화가 진행되면서 온도변화를 겪게 된다.

- 저온성 : 15～20°C
- 중온성 : 25～35°C
- 고온성 : 50～60°C

며칠 이내에 고온성 단계에 도달하여 이 온도를 지속시킬 수 있을 때 최적의 결과를 얻을 수 있다. 고온성 퇴비화의 온도범위를 초월하는 온도에서는 생물학적 활동은 억제되지만 퇴비화의 위생 상태는 향상된다. 퇴비를 55°C 이상의 온도에서 2주간 방치하면 병원균이 사멸되며, 70°C 이상의 온도에서는 1시간 이내에 병원균이 사멸된다.

• 수분함량

수분은 미생물 활동에 이용되기도 하고, 미생물 활동에 의해 수분이 생성되기도 한다. 수분함량이 20 % 이하일 때 생물학적 분해는 중단된다. 최적의 수분 함량은 50～60 %이며, 그 이하에서는 미생물의 물질대사 활동이 둔화된다. 수분 함량이 50～60 % 이상일 때는 입자사이의 공극에 물이 채워져 산소전달이 억제되고 온도가 저하되어 결국에는 혐기성 상태가 되어 악취가 발생하게 된다. 수분함량이 감소될 경우에는 수분을 보충해 주어야 한다.

• 산소

최적의 산소치는 15~20 %이며, 10 %이하가 되면 퇴비화는 중단된다. 미량의 산소가 존재할 때는 혐기성 분해가 일어나기도 하지만, 산소는 주로 호기성 분해에 있어서 필수적인 요소로 인식되고 있다. 혐기성 분해는 악취가 심하며, 분해 과정은 호기성에 비해 늦게 진행된다. 퇴비를 뒤집어(turning) 주거나 환기시키는 목적은 충분한 양의 산소를 유지시키기 위함이다.

• C/N비

C/N비는 최적의 생화학적 상태를 측정하는 수단이 된다. 일반적으로 C/N비가 30일 때 최적 조건을 나타내며, 30이라는 C/N비에서는 에너지원으로 이용되는 탄소와 세포합성에 필요한 충분한 질소를 제공할 수 있다. 30이라는 C/N비는 그다지 높은 것이 아니기 때문에 N은 NH_3로 방출된다.

퇴비화는 C/N비를 20까지 내려서 운전해야한다. C/N비가 30을 초과할 경우, 질소량이 탄소량에 비해 상대적으로 너무 적어 미생물 세포가 형성될 수 없다. 그 결과 미생물은 탄소 소비, 세포합성, 부패의 과정을 거치게 되므로 퇴비화 속도가 지연된다.

• pH

최적 pH범위는 6~8이다. 퇴비화 초기에는 유기산이 형성되기 때문에 pH는 약 5까지 저하된다. 그러나 고온단계에서는 생성된 유기산이 소모되기 때문에 pH가 다시 상승하게 된다. 4.5 이하의 pH에서는 혐기성 상태가 된다.

생화학적 구성과 구조 폐기물의 구성은 퇴비화의 진행속도에 영향을 미친다. 식물, 비료, 1차 폐수의 슬러지(primary wastewater sludge), 음식폐기물 등과 같은 물질들은 생물학적 분해가 쉽게 일어난다. 그러나 리그닌 성분을 다량 함유한 건초(straw), 목재, 나뭇잎, 정원폐기물, 종이 등은 생물학적 분해가 늦게 진행된다. 산소와 수분의 보유능력 및 미생물이 성장할 수 있는 표면적은 생화학적인 구조에 따라 좌우된다.

• 퇴비화 시스템

실제로 행해지고 있는 퇴비화 시스템은 다음과 같은 3가지 형태가 있다.

- 재래식 퇴비단식(traditional wind-row)
- 공기주입식 퇴비단공법(aerated static pile)
- 용기 내에서의 기계적 퇴비화(in-vessel composting)

• 재래식 퇴비단식

생물학적 분해가 안 되거나 느리게 진행되는 물질을 제거 한 다음, 도시 고형폐기물을 딱딱한 바닥 위에 삼각형 모양의 형태로 쌓아서 긴 줄이 되게 한다. 그 높이는 2 m이고 하부의 폭은 3~4 m이다. 재래식 퇴비단식은 옥외나 덮개가 있는 헛간에서도 실시될 수 있다. 규칙적으로 퇴비단을 섞어주는 것은 공기를 공급하기 위함이다. 12달 동안 저장한 후, 3달이 더 경과하면 퇴비화 과정은 완전히 종결된다.

<그림 12-14> Windrow 방식 퇴비화

• 공기주입식 퇴비단공법

도시 고형폐기물을 높이 1~2 m, 폭 3~4 m, 길이 20 m의 퇴비단 형태로 쌓고, 하부에는 통풍용 배관시스템이 설치되어 있다. 악취를 줄일 수 있도록 퇴비단 위에는 고정된 덮개가 설치되어 있다. 공기는 통풍용 배관을 통해 퇴비단에 규칙적으로 공급되며, 온도를 측정하여 폭기 장치의 상태를 파악한다.

재래식 퇴비단식에서는 12주 정도의 분해기간이 소요되지만, 공기주입식 퇴비단 공법에서는 4~6주만에 분해가 종결된다. 공기주입식 퇴비단 공법을 이용한 분해는 재래식 퇴비단식을 이용했을 때보다 조절하기 쉽다.

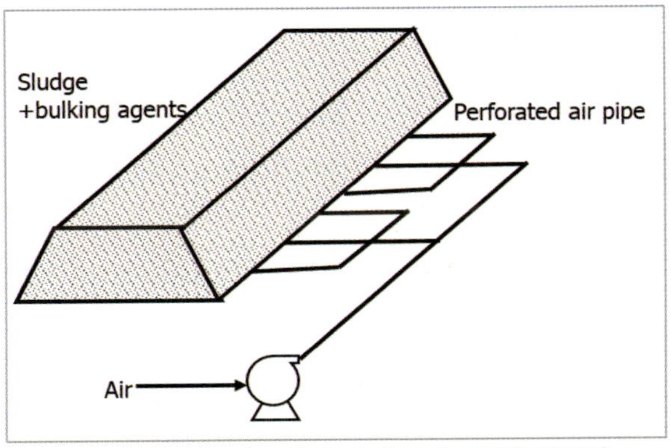

<그림 12-15> Aerated static pile 방식 퇴비화

용기 내에서의 기계적 퇴비화 이러한 형태의 퇴비화는 각각 상이한 용기(반응조)에서 이루어진다.

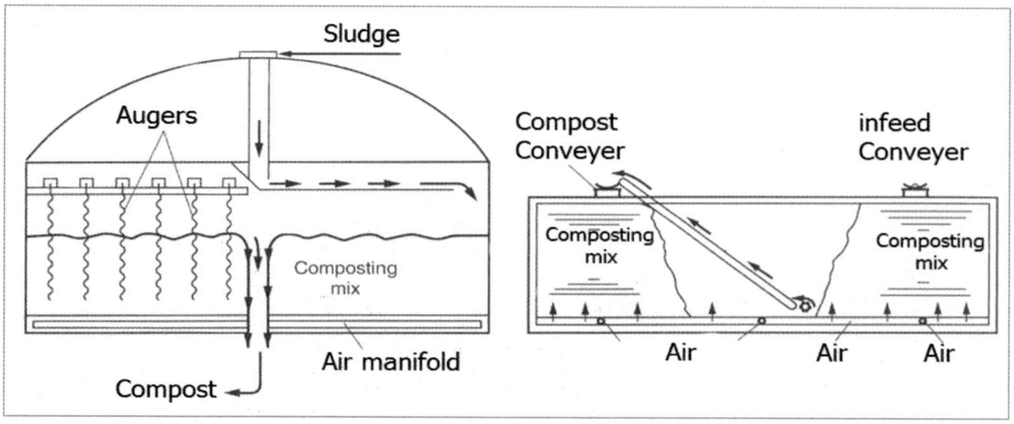

(a) (b)

<그림 12-16> 밀폐형 퇴비화반응조(a: 터널형, b: 역동식 수직형), MetCalf & Eddy(2005)

- 수평형 압출류식 반응기(horizontal plug flow reactors)
- 수직형 연속류식 반응기(vertical continuous flow reactors)

회전드럼(rotating drums) 수평형 압출류(활성슬러지 폐수처리 시스템의 압출류와 유사함)에서의 폐기물은 연속적으로 공기가 공입되는 터널(tunnel)을 통해 주입된다. 수직형 연속류식 흐름 반응기의 경우에는 악취가 반응기 내부에서만 존재하게 되어 악취가 밖으로 유출되지 않는 장점이 있지만, 반응기의 저부에서는 퇴비가 압축된다는 단점이 있다.

회전식 드럼의 경우는 폐기물에 공기를 공급하고 균질화시킨 후 4~6시간의 체류시간으로 폐기물을 주입한다. 신선한 퇴비를 생산하기 위해서는 재래식 퇴비더미에 언제라도 공기를 주입할 수 있도록 해야 한다.

<그림 12-17>은 재래식 퇴비단식에 의한 퇴비화 공정의 흐름도이다. 퇴비화를 시작하기 전에 나무조각, 건초 등과 같은 팽화제(bulking agents)를 첨가한다. 석회와 같은 기타 첨가제는 pH를 조정할 때 주로 이용되지만, 퇴비화 공정의 초기단계에서도 이용하는데, 실제 공정에서는 석회를 거의 사용하지 않고 가성소다를 더 많이 사용하고 있다.

<그림 12-17>에서 주된 관심사는 퇴비화가 종결된 퇴비를 주입슬러지에 첨가하여 재순환시킨다는 것이며, 재순환이 적용되었을 때 초기 단계에서 요구되는 개량제의 혼합비는 1.75/1이며, 재순환이 없을 때는 일반적으로 1/3을 초과하지 않는다.

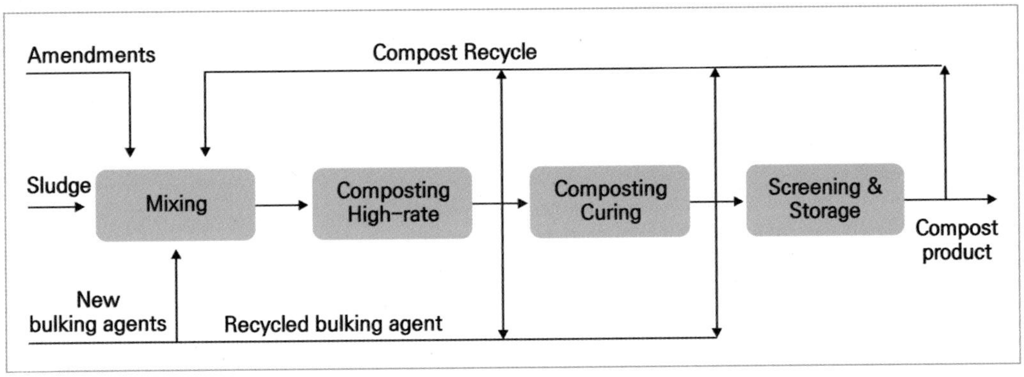

<그림 12-17> 퇴비화 공정도

퇴비화에 관한 환경적 변수는 다음과 같다.

- 중금속
- 냄새
- 살균
- 불활성 오염물질

퇴비에 존재하는 중금속은 대중에게 나쁜 인식을 주고 생산된 퇴비의 이용률을 저하시킨다. 수은, 카드뮴, 구리, 아연 등과 같은 이러한 중금속들은 도시 고형폐기물 중에서 건전지, 페인트, 플라스틱, 종이 등에 있다. 특히 구리와 아연은 필수 미량원소로서 과다한 양이 검출될 때 유해성을 나타낸다. 카드뮴, 크롬, 수은 등은 식물에 흡수되어 먹이사슬을 거쳐 인간에 이르게 되는데 이 세 가지는 독성이 높고, 건전지, 가죽, 플라스틱 등에 함유되어 있다. 음식 폐기물의 퇴비화에서는 허용할 수 있는 극소량의 중금속이 생성될 수 있다.

퇴비화 공정에서 악취가 발생하는 것은 일반적인 현상으로서 혐기성 처리일수록 더욱 심하다. 반응기 내에서의 퇴비화와 호기성 퇴비더미 시스템은 악취의 강도를 감소시킬 수 있도록 운전하여야 한다. 퇴비는 환기(ventilation)에 의해 공기를 공급받은 생물막에서 처리된다. 옥외 시스템의 경우에는 안정화된 퇴비를 호기성 퇴비더미 위에 덮어줌으로써 악취를 감소시킬 수 있다.

살균 안정화는 고온(55~60 ℃)상태에서 2~3주에 걸쳐 완결된다. 온도를 더 높이면 안정화 도달시간을 줄일 수 있으나, 퇴비화가 불완전하고 병원성 미생물이 퇴비에 잔류할 수 있다. 퇴비화에서 100 %의 안정화는 불가능하다.

뿐만 아니라 유리, 금속, 고무, 부분적으로 분해된 종이와 같은 **불활성 오염물질의 함유량**이 높을 경우에는 반드시 폐기물을 미리 선별(pre-sorting)해 주어야 한다.

• 소각(incineration)

폐기물 소각의 가장 큰 이점이자 목적은 폐기물의 감량화이다. 무게 기준으로 13~20 %로 줄어들며, 부피기준으로 5~6 %까지 감량화가 가능하다. 따라서 매립지의 소요 면적이 줄어들어 매립지 수명을 연장할 수 있다. 또한 폐기물의 안정화 및 위생화와 발생 폐열을 에너지로 회수하여 이용가능하다는 장점을 들 수 있다. 다만 문제점은 다이옥신 등의 유해 연소가스의 발생과 대기오염, 수질오염, 소각재 처리문제 등을 지적할 수 있다.

소각방식을 분류하면, 화격자(grate or stoker), 회전로(rotary kiln), 유동층(fluidized bed incinerator)로 구분할 수 있다.

<표 12-3> 일반적인 소각장치의 분류

구분	스토커식	유동상식	회전로식	열분해식
소각원리	스토커의 왕복운동에 의해 순차적으로 이송되어 건조, 연수, 후연소의 과정을 거치면서 소각	모래를 유동시켜 유동층을 형성, 폐기물을 순간적으로 건조, 소각	폐기물의 흐름방향으로 경사진 원형의 로를 저속으로 회전시켜 이송, 소각	저산소상태에서 연소, 열분해 및 가스화가 일어나고 2차 연소실에서 1,000℃이상의 고온으로 연소
대상폐기물	생활폐기물	생활폐기물, 슬러지	산업폐기물	모든 폐기물

3. 폐기물의 최종처분

폐기물 매립(landfill)의 목적은 폐기물을 적절히 저장하여 자연계의 대사기능을 이용해서 그것을 안정화, 무해화 시키는 것이다. 매립지의 수명을 연장하기 위해서는 재활용성 폐기물은 분리수거하여 최대한 재활용하고 나머지 폐기물은 선별과정을 거쳐 분리시킨 후 각각의 특성에 맞게 처리하여 자원회수, 에너지회수 등의 필요한 과정을 거친다. 선별되고 남은 폐기물과 각각의 처리과정을 통하여 발생된 부산물은 최종적으로 매립 처분되게 한다.

폐기물의 매립 진행 단계에서 침출수 발생, 해충의 발생, 매립지반의 침하 등이 발생되며, 매립종료 후에도 침출수, 가스발생 등의 문제가 지속적으로 제기될 수 있다. 현재 또는 미래에 이용 가능한 처분방법을 분류하여 나타내면 다음과 같다. 폐기물 처분 방법은 대지와 해양 그리고 대기와 우주로의 처분으로 나누어 볼 수 있으며 그중 매립과 해양처분이 가장 보편적으로 이용되고 있다. 대기로의 처분은 폐기물을 소각하여 기체화하는 것을 의미하며 일반적으로 처리방법의 하나로 분류된다. 해양처분은 주로 유해하지 않은 산업폐기물이나 하수 슬러지 처분에 이용되어온 방법이나 2013년부터 금지되었다.

- 처분
  - 대지(land)
    - 불법투기 또는 단순매립(open dumping)
    - 위생매립(sanitary landfill)-일반폐기물
    - 안전매립(secure landfill)-유해폐기물처분
  - 해양(ocean)
  - 대기(air)
  - 우주(space)

<그림 12-18> 폐기물의 최종처분방법

3.1. 폐기물의 매립

매립의 종류는 매립방법, 매립의 위치, 매립의 구조 및 매립공법에 따라 다음과 같이 분류 할 수 있다

가. 매립방법에 의한 분류

- 단순매립(open dump)
- 위생매립(sanitary landfill)
- 안전매립(secure landfill)

나. 매립구조에 의한 분류

- 혐기성 매립
- 혐기성 위생 매립
- 개량혐기성 위생매립
- 준호기성 매립
- 호기성 매립

다. 매립공법에 의한 분류

- 내륙매립 : 샌드위치공법, 셀공법, 압축매립공법, 도량형공법
- 해안매립 : 내수배제 또는 수중투기공법, 순차투입공법, 박층뿌림공법

매립의 종류는 매립방법에 따라 단순매립, 위생매립, 안전매립으로 구분한다. 단순매립(open dumping)은 비위생적 매립형태이고, 위생매립(sanitary landfill)은 일반 폐기물처

분에 가장 경제적이며 흔히 사용되는 방법으로 알려져 있다. 또한 안전매립(secure landfill)은 유해폐기물의 최종처분방법으로서 환경오염을 최소화하기 위하여 유해폐기물을 자연계와 완전 차단하는 방법이다. 일반폐기물의 처분방법인 위생매립에 대한 미국토목협회에 의한 정의는 다음과 같다.

"위생매립이란 주민을 포함한 공공의 건강이나 안전에 해(hazard)가 됨이 없고 폐(nuisance)가 됨이 없도록 폐기물을 처분하는 행위로서 공학의 원리를 이용하여 가능한 한 적은 면적에 폐기물 부피를 최소화 한 후 처분된 폐기물을 최소한 매일 복토로 덮는 방법이다."

<표 12-4> 위생매립의 장단점

장 점	단 점
·부지확보가 가능할 경우 가장 경제적인 방법이다.	·인구 밀집 지역에서는 경제적 수송거리 내에서 부지확보가 어렵다.
·다른 방법에 비해 초기투자비 비용이 낮다.	·적절한 위생매립기준이 매일 지켜지지 않으면 불법투기와 차이가 없다.
·추가적인처리과정이요구되는 소각이나 퇴비화와는 달리 위생매립은 최종 처분방법이다.	·주거지역 내 위생매립지는 주민의 큰 반발을 일으킬 수 있다.
·거의 모든 종류의 폐기물 처분이 가능하다	·매립 완료된 매립지는 침하되고 일정기간의 유지관리가 요구된다.
·처분대상 폐기물의 증가에 따라 추가인원 및 장비가 크지 않다.	·폐쇄된 매립지에서의 건축을 위해서는 침하에 대비한 특수 설계와 시공이 요구된다.
·주위부지는 공원, 운동장, 골프장등으로 이용될 수 있다.	·폭발성 가스인 메탄과 가스가 폐기물 분해 시 생성되어 유해하거나 폐를 끼칠 수 있으며 폐쇄 후 매립지 이용에 장애가 될 수 있다.

3.2. 매립지내의 반응

매립지의 효율적인 설계 및 운영을 위해서는 매립기간 중이나 매립완료 후 매립지내의 반응을 이해하는 것이 중요하다. 유해폐기물 매립지의 경우, 반응은 매우 미미한 경우가 보통이나 도시폐기물 등 일반폐기물 매립지의 경우는 분해 가능한 유기물이 폐기물 내 다량 함유 되어 있기 때문에 상당히 활발한 반응이 일어난다. 결과적으로 매립층을 통과하는 침출수는 매우 오염도가 높으며 가스발생량도 상당히 높은 편이다.

매립지내의 반응은 크게 생물학적, 물리적, 화학적 변화로 나누어 볼 수 있으며 좀 더 세분화 하면 다음과 같다.

- 미생물학적 반응- 부패하기 쉬운 유기물질의 호기성, 혐기성 분해
- 화학적 산화
- 매립지내 가스의 이동 및 방출

- 침출수의 발생 및 이동
- 침출수에 의한 유기물질과 무기물질의 용출
- 공극사이로의 물질의 침투에 의한 불규칙적인 매립층 침하

매립 후 폐기물의 분해와 안정화는 폐기물의 성분, 압축정도, 수분함량, 방해물질의 존재와 온도 등에 영향을 받는다. 이러한 요인들의 영향으로 일어나는 매립지 내 반응은 일반적으로 분해가스와 침출수의 발생, 매립지 침하 등의 구조적 변화로 나누어 볼 수 있다.

가. 매립지내 분해

고형 폐기물내의 생물 분해가 가능한 유기성분은 매립과 동시에 분해가 시작된다. 초기에는 호기성 상태 하에서 분해가 시작되어 매립지내 산소가 거의 소비되면 혐기성 상태의 분해반응으로 이어진다. 유기물질의 분해율은 물질의 특성과 수분함량에 의해 달라진다. 일반적으로 폐기물 내 유기물질은 아래의 세 가지로 분류할 수 있다.

- 섬유질(cellulose)과 그 화합물을 포함한 유기물
- 탄수화물, 지방, 단백질 등 분해가 용이한 유기물
- 플라스틱, 고무, 가죽류

섬유질(cellulose)은 종이, 목재, 자연섬유류가 주요 구성 물질로서 분해속도가 비교적 느리며 단백질, 탄수화물, 지방 등은 분해속도가 매우 빠른 유기물이다. 제한된 양의 무기염류와 수분은 위의 물질과 결합되어 존재한다.

위의 폐기물 성분으로부터 혐기성 분해에 의한 주요 최종 산물은 부분적으로 안정화된 유기물, 중간 대사물질인 유기산 그리고 다양한 성분을 함유한 가스(CO_2, CH_4, NO_2, H_2, H_2S)이다. 보통 조건에서 분해율은 가스 발생측면에서 살펴보았을 때는 초기 2년 내에 최고에 이르고 10년 이상 다량의 가스가 발생된다. 그 후에도 25년 이상 미량이나마 지속적으로 가스가 발생된다. 만약 매립지내에 수분공급이 없으면 유기물질의 분해는 이루어지기 않을 것이다. 이는 수분 함량이 매립지내 가스 발생량에 커다란 영향을 주고 있음을 의미한다.

나. 매립지내 가스의 발생

매립지에서 발생하는 가스는 메탄, 탄산가스, 질소가 주된 성분이고 그 외에 공기, 암모니아, 일산화탄소, 수소, 황화수소, 산소 등으로 구성되며 시간의 경과에 따라서 조성이 달라지기도 한다. 매립 초기에는 탄산가의 함량이 많으나 2년 후부터는 탄산가스와 메탄가스의 비율이 거의 비슷하게 된다.

• 1단계(호기성 단계) : 폐기물 매립 후 몇일 또는 몇 개월가량 지속되는데, 폐기물내의 수분이 많은 경우에는 반응이 가속화되고 용존산소가 쉽게 고갈되어 2단계 반응에 빨리 도달하게 된다.

• 2단계(혐기성 단계) : CH_4가 형성되지 않는 단계로 임의성 미생물에 의하여 SO_4^{2-}와 NO_3^-가 환원되는 단계이다. 이 반응에 의해 CO_2가 생산되며, 수분이 충분한 경우에는 3단계로 빨리 넘어간다.

• 3단계(혐기성 단계) : CH_4가 생성된다. 즉 가스내의 CH_4 함량이 증가하기 시작하며, 온도가 약 55℃까지 증가한다.

• 4단계(혐기성 안정화 단계) : 가스내의 CH_4와 CO_2(steady state)의 단계이다.

혐기성 분해가 주요 반응이 되는 매립 2년 후가 되면 대체로 메탄가스가 55 %, 탄산가스가 45 % 정도를 나타내게 된다. 초기에 탄산가스의 함량이 높은 것은 호기성 분해의 결과이다.

산소가 소비되고 나면 혐기성 분해로 이어진다. 일정한 기간이 지나면 가스의 조성이 비교적 일정해지고 메탄의 양이 탄산가스의 양보다 다소 높아지는데 이는 시간이 지남에 따라 메탄의 발생이 증가하고 이산화탄소는 매립지 아래층으로 확산되기 때문이다.

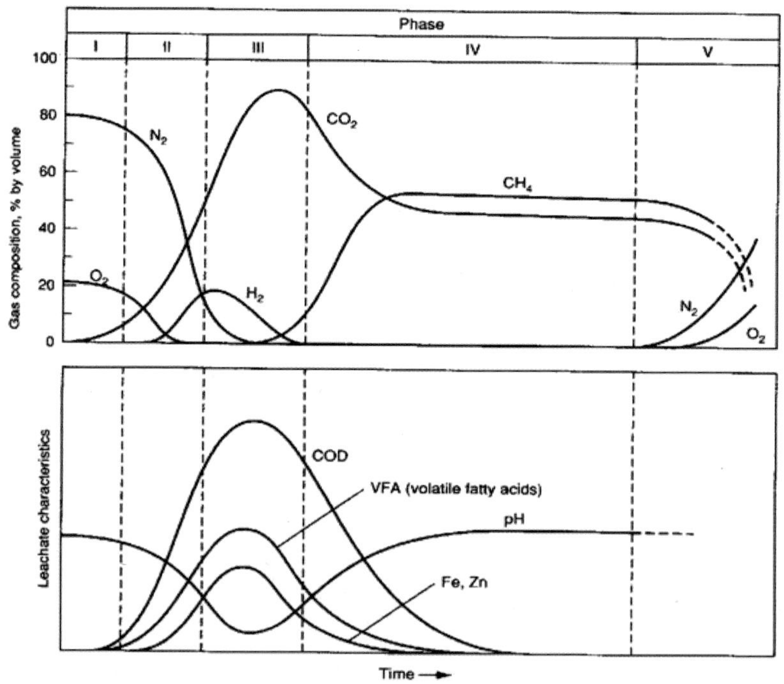

<그림 12-19> 매립기간에 따른 침출수 및 매립가스의 성상변화

연구 보고에 의하면 CH_4 가스 농도의 최고치는 매립 후 30~36개월에서 일어나고, 매립가스 중 생활환경에 가장 큰 영향을 미치는 물질은 CH_4, NH_3, H_2S등이다.

NH_3 및 H_2S는 악취성분으로서 일반적으로 유기성 토양으로 복토를 하면 거의 대부분 제어될 수 있는 것으로 알려져 있다.

다. 매립지내 침출수 발생

침출수(leachate)란 폐기물을 통하여 걸러지고 그것으로부터 용해되거나 부유되어 있는 물질이 추출된 액체이다. 매립지의 침출수는 강수에 의해 외부로부터 유입된 물이 대부분이며 폐기물의 분해로 생성된 액체도 포함된다. 따라서 침출수에는 분해를 통해 추출된 생물학적 물질과 화학성분이 포함되어 있다.

침출수의 특성은 폐기물의 종류와 분해 특성에 따라 크게 달라지므로 항목별 평균값을 나타내기는 매우 어렵다. 일반적으로 침출수의 양은 매립지로 유입되는 외부 유입에 직접적인 영향을 받으므로 매립지가 공학적으로 설계되었다면 침출수 발생량을 예측할 수 있으며 발생된 침출수는 집수 및 제거시설을 통하여 처리된다.

오래되지 않은 매립지에서의 침출수는 오래된 매립지의 침출수에 비해서 불순물의 함유도가 높다. 시간이 경과할수록 pH는 약산에서 중성으로 변화되고, BOD/COD와 SO_4/Cl의 비율이 감소한다.

오늘날에는 차집된 대부분의 침출수가 도시 폐수처리장이나 특수한 폐수처리장에서 처리되고 있다. 매립지는 완전 혐기성 조건하에서 침출수가 새로운 단계에서부터 오래된 단계에 이르기까지 재순환되도록 설계할 수 있다. 이러한 재순환은 신생(young)침출수의 높은 산소 소모율을 낮추기 위해 오래된 매립지의 생물학적 혐기성 반응의 효과를 적용하는 것이다. 이 방법은 건조기후에서 보다 이상적이다.

일반적으로 침출수는 인접한 폐수처리장에서 직접 처리되거나 이송된다. 건조기후의 경우, 침출수의 농도와 구성성분을 알아내기 위해서는 규칙적인 조사가 필요하다. 재래식 폐수 처리장에서 처리하려면, 침출수의 수질이 주어진 기준에 일치되어야한다

3.3. 침출수량 산정을 위한 매립지내의 물 수지

매립에 의해 생산된 침출수의 양은 물수지에 근거한다.

$$LC = PR + SRT - SRO - EP - ST$$

LC = 침출수량

PR = 강우량

SRO = 표면 유출량

SRT = 표면 유입량(매립지는 외부의 물이 지역 내로 침투하지 못하도록 설계되며, 이때의 SRT는 "0"이 된다.

EP = 증발산량

ST = 저장수의 변화량

수리학에서의 물 수지식은 시간 프레임(time frame)을 1년이라고 가정했을 때 'ST=0'으로 단순화시킬 수 있다. 그러나 매립지 내에서의 생화학적 반응과 매립지의 부하량으로 인해 EP와 ST가 계속 변하기 때문에, 이처럼 단순화된 식을 매립지에 적용하는 것은 부적절하다. 침투량의 변화 때문에 저장수의 변화(ST)양상이 그렇게 단순하지만은 않다. 즉, 저장수의 변화량에는 매립가스의 생산으로 소비된 물, 수증기로 손실된 물, 젖은 고형물과 젖은 슬러지, 젖은 복토재로부터 발생되는 물의 양을 모두 고려해야 한다.

매립지 설계의 목적은 침출수의 양을 최소화 하는데 있다. 아일랜드와 같은 습한 지역에서는 상부의 덮개, 차수막, 침출수 차집시설 등에 각별한 주의를 기울여 매립지를 상세히 설계해야 한다. 물수지의 요소는 <그림 12-20>에 나타나 있다.

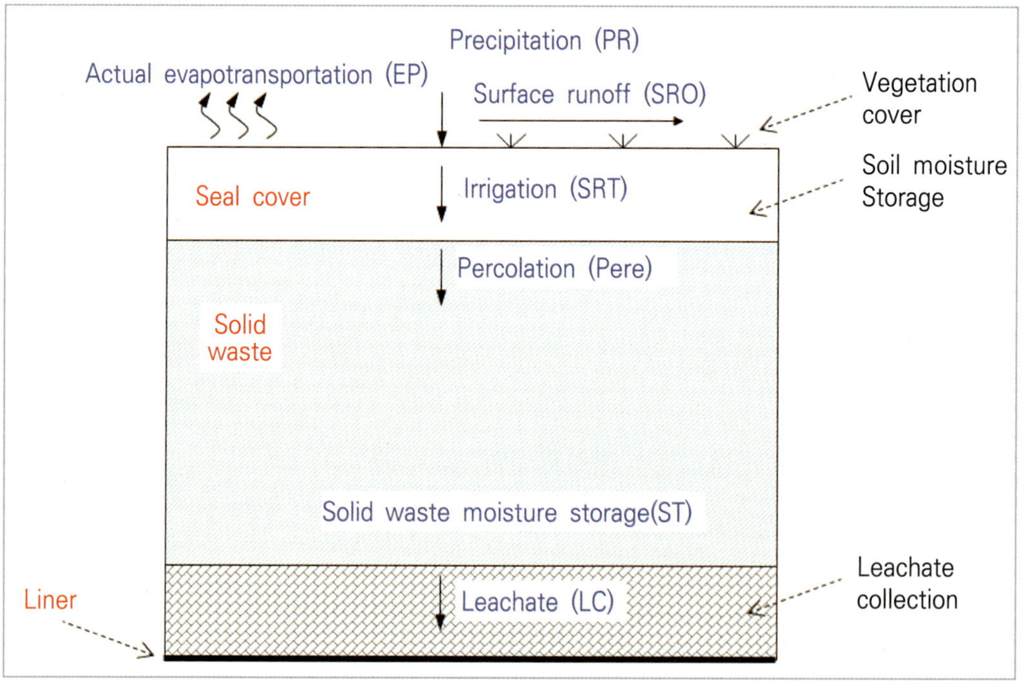

<그림 12-20> 매립장의 물수지 요소

매립지내의 물은 다음과 같은 두 가지 경로로 흡수된다.

- 혐기성 물질대사에 물이 필요한 경우
- 물부족 현상을 완화하고자 하는 경우

혐기성 분해과정에서의 물 소비량은 매우 적다. 폐기물의 밀도가 700~900 kg/m^{3}인 경우, 생물학적 분해시에 요구되는 물의 양은 약 65~80 L/m^{3}이다. 생물학적 분해기간을 50년이라고 가정할 경우 연간 물 요구량은 2 mm정도이다.

3.4. 위생 매립지의 설계

매립지의 설치· 운영으로 인한 주변의 환경오염은 지하수의 오염이외에도 직 · 간접적인 지표수의 오염도 우려된다. 특히 유해폐기물 매립의 경우 유독한 휘발성 가스의 방출에 따른 대기오염 가능성도 높다. 도시 폐기물 매립지의 경우 분진 및 악취발생, 파리, 모기 등의 해충, 쥐나 까마귀 등의 동물서식에 의한 병원균전파 등의 환경오염 가능성이 높다. 특히 해안에 가까운 매립지의 경우에는 갈매기의 서식이 위생상의 문제뿐만 아니라 운영상에도 커다란 지장을 주는 것으로 알려져 있다.

폐기물 성분 방출에 의한 주변 환경오염 가능성을 최소한으로 줄이도록 매립지 구조물의 시공, 운영 및 사후 관리시에는 제반사항이 충분히 고려되어야한다. 매립지 위치 자체가 주원인인 전망, 소음, 교통체증, 매립지바닥 및 사면붕괴, 홍수범람 등의 문제는 매립지 위치를 적절하게 계획하거나 완충지대 설치, 수림대 조성 등을 통하여 해결될 수 있다.

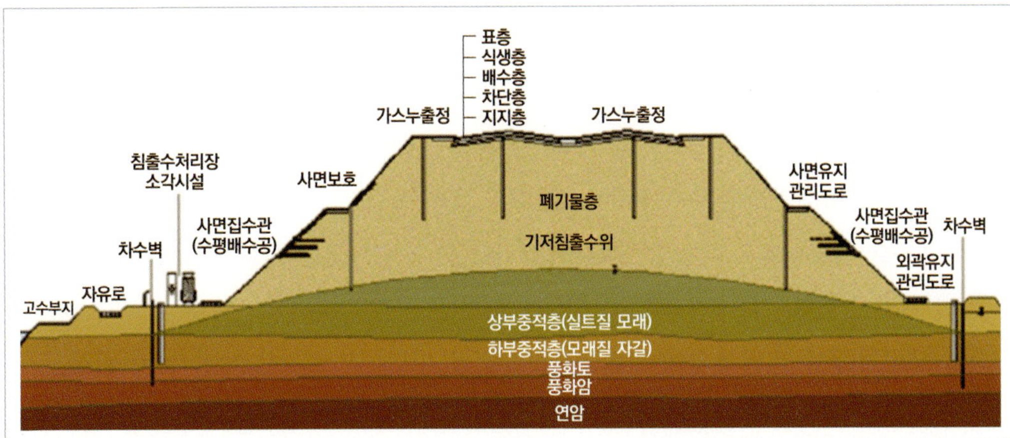

<그림 12-21> 위생매립지의 주요시설

매립지 구조를 고려하여 환경오염을 최소화하기 위한 주요 시설물은,

- 차수설비(liner system)
- 침출수 집배수 설비(leachate collection and removal system)
- 덮개설비(cover systems)
- 우수집·배수설비
- 지하수 검사공 등 사후 관리 설비 등으로 구분된다.

4. 폐기물의 적정관리방안

폐기물 감량화는 폐기물 관리방안 중 가장 중요한 과제이다. 이러한 폐기물 감량화를 달성하기 위하여 산업, 상업, 농업, 가정 등지에서 발생되는 폐기물의 발생량을 원천적으로 감소시키도록 유도하고 있다, 즉, 제품 생산자가 최소한의 폐기물을 발생시키도록 하는데 역점을 두고 있으며, 폐기물 감량화 관점에서 폐기물의 양을 감시할 수 있도록 유도하고 있다.

우리나라의 폐기물의 주요 감량화 정책과 제도는 다음과 같다.

- 사업장폐기물 감량제도 : 섬유, 화학, 전자 등 14개 업종의 기업 스스로가 공정폐기물의 감량목표를 세우고 이를 달성하도록 하는 제도
- 폐기물 부과금제도 (charge system) : 재활용이 곤란한 제품과 용기 등에 대하여 발생폐기물의 처리비용을 제조업자 또는 수입업자에게 부과, 환경 투자 비용 확보 및 제품의 환경 친화성을 높이도록 유도하기 위한 제도로서, 배출 부과금(effluent charge), 제품부과금(product charge), 사용자 부과금(user charge)으로 분류
- 쓰레기 종량제 : 오염자 부담원칙에 따라 실제 배출하는 폐기물량에 비례하여 부과
- 1회용품 사용억제 : 음식점·목욕탕·숙박업소 등에서 1회용품 무상제공을 억제 및 백화점·대형점
- 포장폐기물의 발생억제를 위한 상품의 포장 방법 및 포장재 재질 등에 관한 규정
- 음식물쓰레기 감량 : 감량의무 대상 사업장을 지정하여 음식물쓰레기 감량화 의무를 부과

• 재활용 촉진 및 재활용이 가능한 제품 생산(대통령령) : 지정제품 : 제1종(자동차, TV, 냉장고 및 세탁기 등), 제2종(금속 캔, 합성수지용기 등)

• 마킹제도(재질분류표시제도)

구분	표시도안
합성수지	
캔류	
종이팩, 유리, 종이	

• 폐기물회수처리비 예치금제도(deposit-system) : 폐기물회수 및 처리비용 일부를 예치한 후, 회수 및 처리 실적에 따라 예치금을 반환하는 제도

• 생산자 책임 재활용제도(extended producer responsibility; EPR) : 제품 생산자에게 제품설계·제조·유통·소비·폐기 등 전 과정에 환경친화적 경제활동 유도

제13장 토양 및 지하수 오염

일반 토양에 함유된 각종 원소의 자연 함유량, 토양과 지하수 오염의 메카니즘, 토양환경보전법과 지하수법에서 다루고 있는 각종 환경기준, 공극율, 함수비, 단위중량, 입도 등과 같은 토양의 물리적 성상을 나타내는 지표 및 토양과 지하수에서 물의 흐름에 대한 기초지식을 개략적으로 설명하였다. 아울러 토양 및 지하수의 오염원, 오염물질의 종류와 특성, 토양·지하수내 오염물질의 반응 및 거동을 기반으로 하는 오염토양 및 지하수 복원기술에 대한 방안을 제시하였다.

주요 내용

1. 토양 및 지하수오염 개요

토양 오염과 지하수 오염, 토양 및 지하수 오염의 메카니즘, 일반토양 중 각종 원소의 자연함유량, 토양환경보전법과 지하수법

2. 토양의 기본적 성질

토양의 구성, 토양의 분류

3. 오염 토양 및 지하수 복원 시 고려할 토양·지하수적 요소

개요, 토양 pH, 토양염류 농도, 토양의 영양물질

4. 토양 및 지하수의 오염원과 오염물질

토양·지하수의 오염원, 오염물질의 분류

5. 토양·지하수내 오염물질의 반응과 거동

6. 오염토양 및 지하수 복원기술

복원기술의 분류, 복원기술의 특성

1. 토양 및 지하수오염 개요

1.1. 토양오염과 지하수오염

가. 토양오염의 정의

토양오염이란 인간의 활동에 의하여 만들어지는 여러 가지 물질이 토양에 들어감으로써 그 성분이 변화되어 환경구성 요소로서의 토양이 그 기능에 악 영향을 미치는 것이라고 정의할 수 있다. 즉, 어떤 특정한 물질의 농도가 정상적인 토양에 존재하는 물질 이상으로 높아져서 사람의 건강이나 생태계에 피해를 줄 수 있는 정도의 상태를 말한다. 이에 「토양환경보전법」에서는 "사람의 사업 활동 등으로 인해 토양이 오염되어 사람의 건강 및 재산과 동·식물의 생육에 지장을 초래할 수 있는 오염"으로 토양오염을 규정하고 있다.

지하수란 지표수에 대응되는 말로 지하에 있는 암석(토양)의 간극을 채우고 있는 물을 말한다. 「지하수법」에서도 "지하수란 지하의 지층이나 암석사이의 빈틈을 채우고 있는 물"로 규정하고 있다. 지하수 오염은 지하수의 물리적 성질, 오염 원인의 다양성, 지질학적 특성과 깊은 관련이 있어 오염실태 파악 및 오염원의 제거·복구가 매우 어렵다.

나. 토양오염의 특징

토양오염은 땅에 오염물질의 축적 및 먹이사슬에 따른 식물의 연쇄작용에 따라 농작물 및 동물에 오염물질을 축적하거나 지표수나 지하수를 오염시켜 생태계 및 인체에 악영향을 주고 있다.

토양오염의 원인 물질은 유기물, 무기염류, 중금속류, 합성화합물 등이다. 유기물은 토양 내에 존재하는 미생물에 의해서 분해되고 무기염류는 식물에 흡수, 용탈 유실되어 감소되므로 토양에 남아있는 것은 많지 않다. 카드뮴, 구리, 아연, 납, 비소 등과 같은 중금속류는 분해되지 않기 때문에 인위적으로 제거시키지 않는 한 거의 영구적으로 토양 내에 잔류하게 된다.

토양은 물이나 공기에 비해 물리적, 화학적 조성이 복잡하여 오염물질에 대한 반응도 다양하게 나타난다. 특히 오염물질의 이동에 시간이 많이 소요되어 토양오염으로 인한 피해가 현실로 나타나기까지 많은 시간이 지나야 한다.

무엇보다도 가장 큰 문제는 토양오염은 눈으로 볼 수 없고 감각적으로 느낄 수 없기 때문에 대기나 수질오염에 비해 사람들의 관심에서 멀어져 있다는 점이다. 토양오염으로 인한 피해는 일본의 "이따이이따이병" 경우나 미국의 "러브컨넬(love canal)사건", 네덜란드의 "러카케르트(lerkerkert)사건"에서 보여준 것과 같이 오염된 식품이나 오염된 지하수의 섭취를 통해 일어나는 것으로 밝혀졌다. 다시 말해서, 토양오염은 대부분 눈에 보이지 않아 오염물질을 분석하기 전에는 오염정도를 인지하기 어렵고, 토양 중 유해물질의 축적과 환경영향의 작용 기작(mechanism)이 복잡하여 토양 중 유해물질의 축적량과 물(용출), 대기(비산), 식물체(흡수) 등 타 환경으로의 이행량과의 사이에 일정한 양적 관계가 나타나지 않는 경우가 많다.

토양과 지하수 오염의 특징은 유독물 저장시설들의 누출사고나 비위생 폐기물의 매립지의 침출수 등과 같이 다양한 오염 경로가 있다는 점, 간접적이고 만성적인 형태로 나타나는 피해 발현의 완만성이 있으며, 토양 매체의 특성상 국지적으로 나타난다는 점, 오염물질을 분석하기 전에는 오염정도를 인지하기 어렵고, 토양은 일단 오염되면 정화하기 않고는 반영구적으로 오염이 지속된다는 점이다. 또한 오염지역이 발견된 경우라 할지라도 오염된 토양층과 지하수층을 제거, 원상 복구하는 것은 매우 어려울 뿐 아니라 엄청난 비용과 시간이 소요된다.

1.2. 토양 및 지하수 오염의 메카니즘

지층의 오염물질은 비중과 점성, 용해도와 분해성 등에 따라 지층입자에 흡착 및 간극에 체류하면서 오염을 확대시키며, 오염된 지하공기는 지하 오염물질과 오염지층 등에서 휘발된 증기에 의해 지층간극 및 지하공동의 공기를 오염시킨다.

오염물질의 확산은 오염물질의 성질과 지질 및 그 구조, 지하수의 흐름방향 및 속도 등에 따라 크게 영향을 받는다. 예를 들면, 비중이 큰 중금속의 경우, 용해도가 낮고 지중에서 확산속도가 느리며 오염이 빠르게 확산되지 않아 일정 범위에 머무르는 경향이 있다. 반면, 유기염소계 화합물은 용해도 및 분산도가 높아 지하수 등을 통해서 오염의 확산이 상대적으로 빠르다.

이와 같이 토양 및 지하수 오염은 오염물질에 따라 오염의 메카니즘이 다르며 지층 및 지층의 투수성 등에도 영향을 받는다. 그러므로 토양 및 지하수 오염조사를 시행할 때에는 지층에 대한 상세한 관찰을 필요로 한다. <그림 13-1>은 유류와 디클로로에틸렌 등의 유기염소계 화합물에 의한 토양오염의 확산 메카니즘을 보여 주고 있다. 오염원이 있는 시설 지하토양이 불포화대와 포화대를 형성하고 있는 경우, 유기염소계와 유류탄화수소와 같은 오염물질이 지하에서 이동하는 현상을 보여주고 있다.

오염물질 중에서도 유류는 누출이나 흘림 등에 의해, 염소계 화합물은 시설부지 내 폐기물처분장 등으로부터 지하에 침투된다. 침투물질은 투수층과 지하수의 유동상태에 의해 오염이 확대된다. 이들 물질이 지하수에 유입되면 물보다 비중이 낮은 유류는 일부 물에 용해되고 나머지는 지하수면 상층에 오염운(plum)을 형성한다. 물보다 비중이 큰 유기 염소계화합물 일부는 물에 용해되고 나머지는 지하수면 밑으로 오염운을 형성한다.

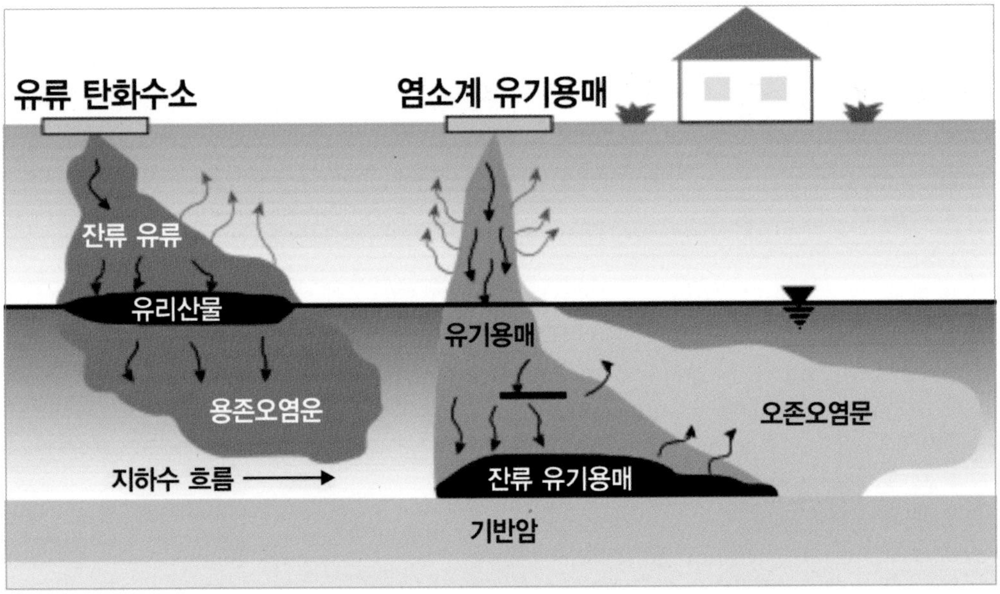

<그림 13-1> 유기염소계와 유류탄화수소 오염물질의 이동 메카니즘

1.3. 일반토양 중 각종 원소의 자연함유량

지각의 화학성분 중 현재까지 발견된 105종의 원소 중에서도 구성성분의 1 % 이상을 차지하는 원소 8종을 '지각을 구성하는 8대 원소'라 부른다. 지각의 화학성분 중 산소는 무게 비 45.2 %, 부피 비 92 %를 차지하고 있으며 그 다음이 Si 27.2 %, Al 8.0 %, Fe 5.8 %, 그리고 Ca 5.06 %의 순으로 나타나고 있다.

<표 13-1> 지각을 구성하는 8대 원소

원소기호	O	Si	Al	Fe	Ca	Mg	Na	K	기타
무게(%)	45.2	27.2	8.00	5.80	5.06	2.77	2.32	1.68	1.97

일반 토양에 함유되어 있는 각종 원소의 자연 함유량을 조사해보았을 때, 논토양의 중금속 자연함유량은 Cd 0.13～0.14, Cu 4.00～4.52, Pb 4.62～5.38, Zn 3.90～4.36mg/kg으로 조사 발표되었으며, 밭 토양의 중금속 자연함유량은 일반적으로 논토양과 비슷한 양상을 보이나 Cd과 Zn은 약간 높고, Pb은 약간 낮은 것으로 나타나고 있다. <표 13-2>는 세계 각국의 일반토양에 함유된 중금속의 농도 범위를 나타낸 것이다.

<표 13-2> 비 오염지역에서 채취한 토양내의 As, Cd, Cu, Pb 및 Zn 함량

*. +(평균값), nd(불검출) (단위: mg/kg)

국 가	As	Cd	Cu	Pb	Zn
구 소 련	1-10	0.005-2.4	1-60	10-56	1-60
나이지리아	-	-	7-41	-	-
노르웨이	-	-	〈10-120	-	-
뉴질랜드	-	-	-	-	45-88
덴 마 크	-	0.26+	23-100	43-176	48-130
독 일	-	0.3-1.8	16-70	15-68	40-100
루마니아	-	-	-	-	35-115
미 국	〈0.1-97	〈0.1-2.9	〈1-700	〈10-700	〈5-2,900
불가리아	2-10.4	0.24-0.35	26-38	-	39-99
브 라 질	0.02-2	〈0.1-0.4	-	5-90	-
스 웨 덴	-	0.03-2.3	-	-	-
스 페 인	-	0.2-0.8	11.27	11-16	33-59
영 국	4.8-8.6	〈0.25-2.4	11-323	15.5-41	20-284
오스트리아	-	0.19-0.46	-	13-31	-
이스라엘	0.4-2.8	-	27-41	-	200-214
이 집 트	-	-	11-146	-	-
인 도	1.2-2.1	-	44-205	-	-
일 본	0.4-70	0.03-0.53	4.4-176	5-189	10-622
자유중국	7.9+	-	-	-	-
중 국	11+	0.097+	23+	27+	74+
캐 나 다	〈1-30	0.07-0.4	5-50	1.5-50	20-110
태 국	7.2-18.4	-	-	-	-
폴 란 드	-	0.1-6.5	1-113	4.5-287	5-362
핀 란 드	-	-	-	10-600	-
한 국	nd-8.9	nd-9.7	nd-87	nd-247	nd-278
호 주	-	-	2-140	12.4+	29-86
전 세 계 (중앙값)	0.1-40 (6)	0.01-2.0 (0.35)	2-250 (30)	2-300 (35)	1-900 (90)

1.4. 토양환경보전법과 지하수법

우리나라는 토양과 지하수 오염을 방지하기 위하여 토양오염은 「토양환경보전법」, 지하수오염은 「지하수법」으로 각각 관리하고 있다. 오염지역의 효율적인 관리 측면에서 토양오염과 지하수는 연계하여 관리되어야 한다.

토양 오염물질은 토양 중에서 분해되지 않고 잔류하는 물질로서 사람에게 좋지 않은 영향을 주거나 농작물의 생육을 저해하는 물질로 규정하여 중금속, 유류 등의 물질을 토양오염물질로 규정하여 관리하고 있다.

토양오염 정도가 사람의 건강과 동·식물의 생육에 지장을 초래할 우려가 있어 이용 및 시설의 설치금지 등 규제조치가 필요한 상태의 토양조건을 「토양오염대책기준」으로 설정하고, 오염이 심화되는 것을 예방하기 위해서 대책기준의 약 40 %정도를 「토양오염 우려기준」으로 설정하여 엄격하게 관리하고 있다.

현재 우리나라는 「토양환경보전법」상 카드뮴, 구리, 비소, 수은, 유류, 유기용제 등 토양 오염의 원인이 되는 21개 물질을 규제대상 토양오염물질로 규정하고 있으며, 각각의 물질에 대하여 사람의 건강 및 재산, 동·식물의 생육에 지장을 초래할 우려가 있는 정도의 토양오염도인 '토양오염우려기준'과 우려기준을 초과하여 사람의 건강 및 재산, 동·식물의 생육에 지장을 주어 토양오염에 대한 대책을 필요로 하는 '토양오염대책기준'을 정하고 있다.

우려기준과 대책기준은 각각 지목을 기준으로 1지역, 2지역, 3지역에 따라 차등 적용한다. 1지역은 전·답·과수원·목장용지·대(주거용)·학교용지·구거·공원과 어린이 놀이시설이며, 2지역은 임야·염전·대(주거용 외)·창고·하천·유지·체육용지·유원지 및 잡종지, 3지역은 공장용지·주유소용지·도로·주차장·철도용지 등과 국방·군사시설이다.

〈환경백서, 2018〉

<표 13-3> 토양오염 우려기준 및 토양오염 대책기준 (단위: mg/kg)

오 염 물 질		토양오염 우려기준		토양오염 대책기준	
		가 지역	나 지역	가 지역	나 지역
카 드 뮴		1.5	12	4	30
구 리		50	200	125	500
비 소		6	20	15	50
수 은		4	16	10	40
납		100	400	300	1,000
6 가 크 롬		4	12	10	30
아연		300	800	700	2,000
니켈		40	160	100	400
불소		400	800	800	2,000
유 기 인 화 합 물		10	30	-	-
폴리클로리네이티드비페닐		-	12	-	30
시 안		2	120	5	300
페 놀		4	20	10	50
유류 (동·식물성제외)	(BTEX)	-	80	-	200
	(TPH)	-	2,000	-	5,000
TCE		8	40	20	100
PCE		4	24	10	60

☞ 클린 주유소설치

주유소는 특정 토양오염관리 대상 시설의 60 % 이상을 차지하고, 유류 저장탱크를 지하에 매설하여 토양오염에 매우 취약할 뿐만 아니라 오염이 되더라도 뒤늦게 확인되어 오염의 예방 및 확산 방지에 한계가 있다. 또한, 대부분 강철 재질의 탱크 및 배관을 사용, 부식에 매우 취약하여 시설물의 부식, 노후로 인한 누출이나 유출뿐만 아니라 넘침이나 흘림 등 관리 부주의로 인해 토양오염을 유발하게 된다.

• 클린주유소

이중벽탱크, 이중배관, 흘림 및 넘침 방지시설 등 오염물질의 누출·유출을 방지하는 시설을 갖추어 토양오염을 사전에 예방하고, 만일의 누출 시에도 감지장치에 의한 신속한 확인으로 오염의 확산을 방지할 수 있는 체계를 갖춘 주유소를 의미한다.

<그림 13-2> 클린주유소 기본모델

〈환경백서, 2018〉

2. 토양의 기본적 성질

2.1. 토양의 구성

일반적으로 토양은 고체인 토양입자(solid)와 액체인 물(water), 그리고 기체인 공기(air)의 3가지 성분으로 구성되어 있다. 토양속의 물과 공기가 차지하고 있는 부분을 공극(void)이라고 정의한다.

공극 속에 물이 건조되어 모두 공기로 채워지면 건조 토양(dry soil)이라 하고, 물과 공기가 혼합되어 있는 상태이면 습윤 토양(wet soil)이라 한다.

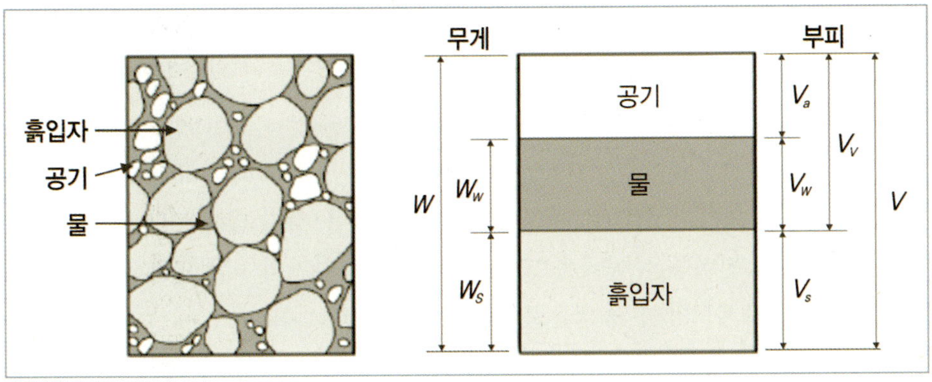

<토양의 구성> <토양 구성의 3 성분>

<그림 13-3> 토양의 구성과 성분

<그림 13-3>은 토양의 구성된 부분을 무게와 부피로 나타낸 것으로 토양 전체의 부피(V)는 다음과 같이 나타낼 수 있다.

$$V = V_v + V_s = V_a + V_w + V_s$$

여기서, V = 토양전체의 부피, V_v = 공극 부피, V_s = 토양입자부피,
V_a = 공기의 부피, V_w = 물의 부피

가. 공극비, 공극율 그리고 포화도

토양 속에서 공기와 물이 차지하고 있는 토양입자 사이의 빈틈을 공극(void)이라고 하며, 공극비(void ratio, e)는 토양입자 부피(V_s)에 대한 공극 부피를 말한다. 공극율(porosity, n)은 토양전체의 부피에 대한 공극의 부피(V_v)의 비를 말하며 다음과 같이 나타낼 수 있다.

$$e = \frac{V_v}{V_s}, \quad n = \frac{V_v}{V}$$

포화도(degree of saturation, S)는 공극부피에 대한 물의 부피의 비를 말하며, 토양이 포화상태이면 S=100 %이고, 완전하게 건조되어 있으면 S=0 %가 된다.

$$S(\%) = \frac{V_w}{V_v} \times 100(\%) = \frac{w \cdot G_s}{e}(\%)$$

나. 비중

토양의 비중은 주어진 재료의 단위중량에 대한 4℃ 물의 단위중량 비율로서 겉보기 비중과 진비중으로 구분된다. 겉보기 비중은 4℃에서 물의 단위중량에 대한 어느 물질의 단위중량으로 정의하며, 다음 식과 같이 나타낼 수 있다.

$$G = \frac{\gamma_t}{\gamma_w} = \frac{W}{V \cdot \gamma_w}$$

진비중은 토양에 의하여 치환된 물의 무게로서 수분을 갖지 않는 건조한 토양의 무게로 나눈 값이 된다. 진비중은 공극을 고려하지 않은 입자만의 비중으로서 진비중(PD)=고체토양의 무게/고체토양의 용적으로 나타낼 수 있다. 즉,

$$G_s = \frac{\gamma_s}{\gamma_w(4℃)}, \quad \gamma_s = \frac{W_s}{V_s}$$

다. 함수비

함수비(moisture contents, w)는 토양입자의 무게(Ws)에 대한 물의 무게(Ww)의 비를 말하며 일반적으로 백분율로 표시하는데 100 %보다 큰 값이 될 수도 있다.

$$w = \frac{W_w}{W_s}$$

라. 단위중량

토양의 단위중량은 토양의 무게를 이에 대응하는 부피로 나눈 값으로 g/cm^{3}으로 표시된다. 토양의 단위중량은 습윤 단위중량과 건조 단위중량으로 나눈다. 습윤 단위중량은 자연 상태의 토양의 무게를 이에 대응하는 부피로 나눈 값이며, 건조 단위중량은 건조시킨 토양의 무게를 대응하는 부피로 나눈 값이다.

단위중량과 공극비 및 함수비간의 관계를 나타내기 위하여, 전체부피에서 토양입자의 부피를 1이라 가정하면 토양의 무게와 물의 무게는 다음과 같다.

$$W_s = G_s \cdot \gamma_w$$

$$W_w = w \cdot W_s = w \cdot G_s \gamma_w$$

$$\text{습윤단위중량}(\gamma_t) = \frac{W}{V} = \frac{W_s + W_w}{V_s + V_v} = \frac{1}{V_s}\left(\frac{W_s + W_w}{1+e}\right) = \frac{G_s\gamma_w + wG_s\gamma_w}{1+e} = \frac{G_s\gamma_{w(1+w)}}{1+e}$$

$$\text{건조단위중량}(\gamma_d) = \frac{W_s}{V} = \frac{W_s}{V_s + V_v} = \frac{1}{V_s}\left(\frac{W_s}{1+e}\right) = \frac{G_s\gamma_w}{1+e} = \frac{\gamma_t}{1+w}$$

마. 입도

토양입자는 크기에 따라 자갈(gravel), 모래(sand), 실트(silt), 점토(clay) 등으로 구분한다. 입자가 비교적 굵은 자갈(gravel)이나 모래(sand)를 조립토(coarse soil) 또는 사질토라(granular soil)고 하며, 토양입자가 비교적 가는 실트(Silt)나 점토(Clay)를 세립토(fine soil)로 분류한다. 「통일 분류법」에 의하면, 자갈은 4.75∼75 mm, 모래는 0.075∼4.75 mm, 0.075 mm보다 작은 것은 실트 또는 점토로 분류하고 있는데, 0.002 mm보다 작은 것은 점토로 분류하고 있는 경우가 많다.

토양입자의 직경을 입경(particle size)이라 정의하고, 토양입자의 크고 작은 정도의 분포를 입도분포라고 하며, 이러한 토양입자들의 입도분포를 파악하기 위하여 토양입자들의 크고 작은 정도의 분포를 파악하는 것을 입도분석이라고 한다.

토양의 입도분석에는 체 분석(sieve analysis)방법과 비중계 분석(hydrometer analysis)의 방법이 적용된다. 체 분석은 직경이 0.075 mm보다 큰 실트보다 큰 토양입자의 입도분석에 사용하고, 비중계 분석은 직경이 0.075 mm보다 작은 점토와 같은 토양입자의 입도분석에 사용한다.

체 번호	체눈 크기(mm)
4	4.750
6	3.350
8	2.360
10	2.000
16	1.180
20	0.850
30	0.600
40	0.425
50	0.300
60	0.250
80	0.180
100	0.150
140	0.106
200	0.075
400	0.038

<그림 13-4> 체 거름 분석에 사용되는 체 진동기와 체의 번호에 따른 체 눈의 크기

체 분석과 비중계 분석의 결과들을 반 대수지(semi-log graph) 위에 점으로 표시하고 이 점들을 연결한 곡선을 입도분포곡선(particle size distribution curve) 또는 입경가적곡선(grain size accumulation curve)이라고 한다. 반 대수용지의 가로축에는 입경(토양입자의 직경)을 대수 눈금(log scale)으로 표시하며, 세로축에는 주어진 입경보다 가는 입자들의 백분율(통과율)을 산술 눈금으로 표시한다. 따라서 입도분포곡선 위의 어느 한 점은 그 점에 해당하는 입경보다 작은 토양입자의 무게가 전체 흙 무게의 어느 정도에 해당되는가를 나타낸다.

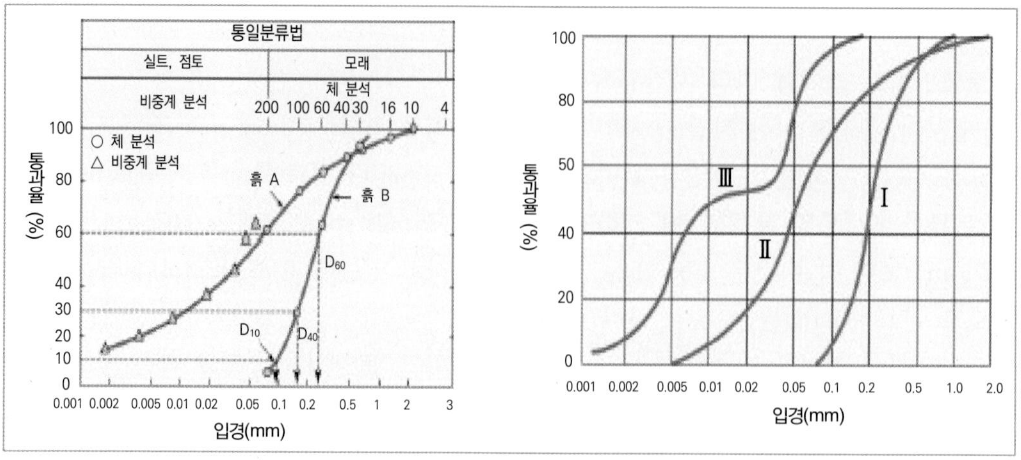

<그림 13-5> 입도분포곡선

바. 유효입경, 균등계수

유효입경(effective size, D_{10})은 입도분포곡선 상에서 통과 백분율 10 %에 해당하는 토양입자의 입경을 의미한다. 균등계수(uniformity coefficient, C_u)는 입도가 양호한지 또는 균등한지를 파악할 수 있는 계수로서 60 %의 누적 통과율에 해당하는 입경(D_{60})을 10 % 누적 통과율에 해당하는 입경(D_{10})으로 나눈 값을 의미한다. C_u값이 10보다 크면 입도가 양호하다고 할 수 있으며, 4보다 작으면 입도가 균등하다고 할 수 있다.

$$C_u = \frac{D_{60}}{D_{10}} (C_u > 10 : \text{입도양호},\ C_u < 4 : \text{입도균등})$$

사. 토성(soil texture)

토성은 토양의 입자를 크기 별로 모래(sand), 미사(silt), 점토(clay)로 구분하여 분류하고 그것들의 함량 비에 따라 결정되는 토양의 기본적 성질을 의미한다. 토양의 기본적 성질은 토양의 양분공급 능력, 보수성, 배수성, 통기성, 토양복원, 부착물의 생육 등과 밀접하게 연관된 중요한 특성이다. 토성은 입경 분석에서 결정된 모래, 미사, 점토의 백분율(%) 함량으로부터 토성 구분 삼각도상에서 세 개의 직선이 만나는 지점에 명명된 용어를 토성으로 분류한다. 점토분이 많은 미사질토는 보수력이 크지만 통기성 및 투수성은 불량하고, 모래분이 많은 사토는 그와 반대로 보수력은 작지만 통기성은 양호하다

2.2. 토양의 분류

토목공학자들과 응용지질학자들은 토양의 입도분포와 구성물질의 종류와 같은 토양의 공학적인 성질을 파악하여 분류하는 「통일 분류법」을 이용하고 있는데, 구성물질의

50 %이상이 0.074 mm(#200)이상의 입도를 가지면 조립질 토양, 그 이하이면 세립질 토양으로 분류하고 있다.

<표 13-4> 토양의 분류

주요 구분			부호	토양족 명칭
조립질 토양 (구성물질의 50 % 이상이 0.074mm 이상의 입도를 갖는 것)	자갈 및 자갈질 흙	세립질이 5 % 미만 (clean gravel)	GW	입도분포가 좋은 자갈(well-graded gravel)
			GP	입도분포가 나쁜 자갈(doorly-graded gravel)
		세립질이 12 % 미만 (dirty gravel)	GM	실트질 자갈(silty gravel)
			GC	점토질 자갈(clayey gravel)
	모래 및 모래질 흙	세립질이 5 % 미만 (clean sand)	SW	입도분포가 좋은 모래(well-graded sand)
			SP	입도분포가 나쁜 모래(poorly-graded snad)
		세립질이 12 % 미만 (dirty sand)	SM	실트질 모래(silty sand)
			SC	점토질 모래(clayey snad)
세립질 토양 (구성물질의 50 % 이상이 0.074mm 이하의 입도를 갖는것	실트(비가소성)		ML	실트(silt)
			MH	운모질 실트(micaceous sit)
			OL	유기질 실트(organic silt)
	점토(가소성)		CL	실트질 점토(silty clay)
			CH	가소성 점토(high plastic clay)
			OH	유기질 점토(organic clay)
유기물이 우세한 것			PT	고유기질 점토(peat and muck)

미국 농무성에서는 토성을 이용하여 토양을 분류하는 방법을 제시하고 있는데 비교적 많이 쓰이고 있는 방법이다. 토성은 입도 분석에서 결정된 모래, 미사, 점토의 백분율(%) 함량을 가지고 아래의 토성 구분 삼각도상에서 세 개의 직선이 만나는 지점에 명명되어진 용어를 토성으로 정의한다.

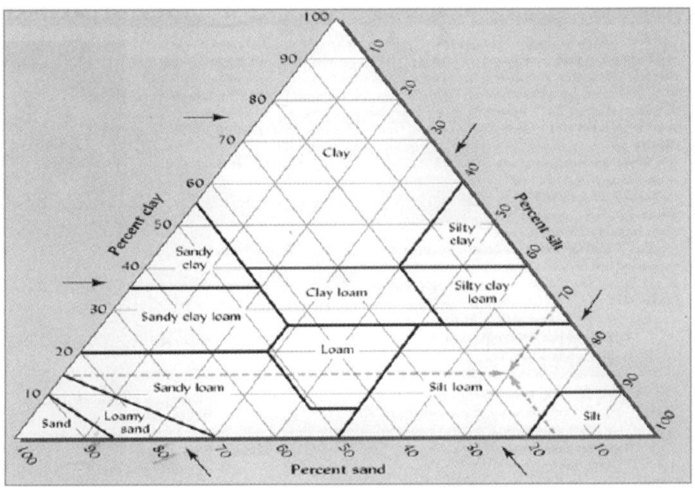

<그림 13-6> 토성구분 삼각도

3. 오염 토양 및 지하수 복원 시 고려할 토양·지하수적 요소

3.1. 개요

토양에 오염된 각종 물질을 복원 기술을 적용하여 처리할 때 필요한 토양 및 지하수적 요소는 수분, 영양물질, pH, 산화환원전위(ORP), 오염물질의 종류 및 농도, 분해 미생물의 존재여부 등이다.

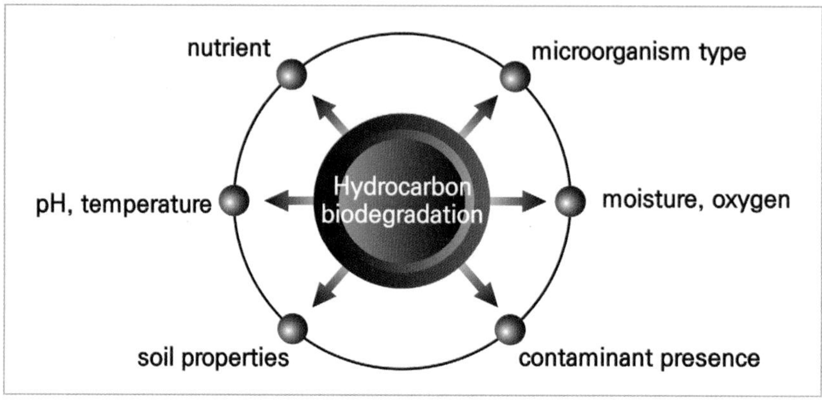

<그림 13-7> 오염토양 및 지하수 복원과 관련한 토양지하수 요소

가. 토양수분의 분류

토양과 지하수의 오염물질 분해는 토양의 수분(soil water)함량에 따라 달라진다. 수분 함량은 미생물의 생리적인 활동을 가능하게 하며, 영양물질과 분해물질을 미생물로부터 섭취 및 배출시키고, 토양환경에 산소를 공급하는 중요한 역할을 담당한다.

토양수분은 중력수(gravitational water), 모세관수(capillary water), 결합수(hydroscopic water)로 분류할 수 있다.

중력수는 중력방향으로 토양 속을 낙하하는 토양수를 말한다. 주로 불포화 영역에서 대 공극을 채우고 있고, 공기를 대체하고 있으며, 오염지역에서 오염물질의 용탈에 주된 책임이 있는 토양수이다.

모세관수는 토양의 미세공극에 있는 토양수를 말한다. 모세관수의 양은 토성과 토양 구조에 좌우되며, 주로 미생물에 이용되는 토양수로서 토양 수분보유능력(field capacity)과 관련된 토양수이다.

결합수는 토양표면에 수소결합 등으로 결합되어 있는 토양수로서 제거하기 어렵고 생물학적으로 이용될 수 없는 토양수이다.

나. 토양수분의 흐름

토양수분의 흐름은 위치 에너지 차이에 의하여 발생한다. 수분 포텐셜(potential)이 높은 곳에서 낮은 곳으로 이동한다.

다. 수두

물은 흐름을 지배하는 에너지는 운동 에너지, 위치 에너지, 압력 에너지가 있다. 이러한 에너지를 길이의 단위로 나타낸 것을 수두(head)라고 하며, 각각의 에너지를 속도수두(velocity head), 위치수두(elevation head), 압력수두(pressure head)라고 한다.

물의 속도수두, 위치수두, 압력수두를 모두 합한 것을 총 수두(total head)라고 하는데 총수두가 큰 곳에서 작은 곳으로 물이 흐른다.

토양 속에서 물의 총 수두를 Bernoulli 정리에 의하여 나타내면,

$$H = \frac{v^2}{2g} + z + \frac{u}{\gamma_w}$$

H = 총 수두, v = 유속, g = 중력가속도, z = 위치수두,
u = 물의 압력수두, r_w = 물의 밀도

<그림 13-8>에서와 같이 흙속 A점에서 B점으로 물이 흐를 때, A점과 B점에서의 총 수두 차 는 $\Delta h = H_A - H_B = (h_A + z_A) - (h_B + z_B)$로 계산할 수 있으며, A점의 총 수두가 B점의 총 수두보다 크므로 A점에서 B점으로 물이 흐른다.

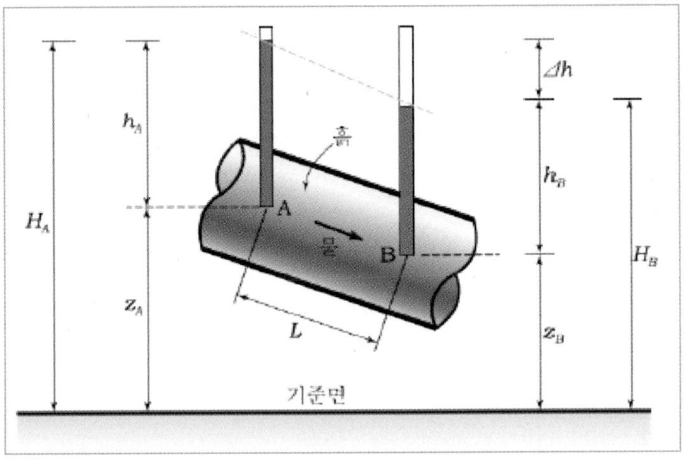

<그림 13-8> 수두경사

총 수두 차 Δh는 수두손실이며 이 수두손실을 두 점 사이의 거리 L로 나눈 값을 수두경사(hydraulic gradient)라고 정의한다.

라. 포화흐름과 불포화흐름

토양흐름의 종류는 다음과 같다.

- 포화이동(saturated flow) : 토양공극이 모두 물로 채워진 상태에서의 흐름
- 불포화이동(unsaturated flow) : 공극이 대부분 공기로 채워져 있고, 일부 공극을 통해서 이동하는 흐름

마. 토양수분 흐름의 측정

토양 속을 통과하는 물의 흐름을 지배하는 법칙은 전기나 열의 흐름을 지배하는 법칙과 유사하며 위치에너지의 변화에 의존한다. 토양수분의 흐름에서는 이것을 수두(water head)라 정의하고 있다,

단면 A점과 B점의 수두 차($\Delta h = h_a - h_b$)를 물이 통과한 거리(L)로 나눈 값을 수두경사(i)로 나타내면,

$$i = \frac{\Delta h}{L}$$

1856년 darcy는 토양에서 단위 시간당 흐른 물의 양을 수리 전도도 또는 투수계수(k)와 물이 흐르는 통로의 단면적(A)를 적용하여 다음 식으로 표현하였으며 이를 darcy의 법칙이라고 한다.

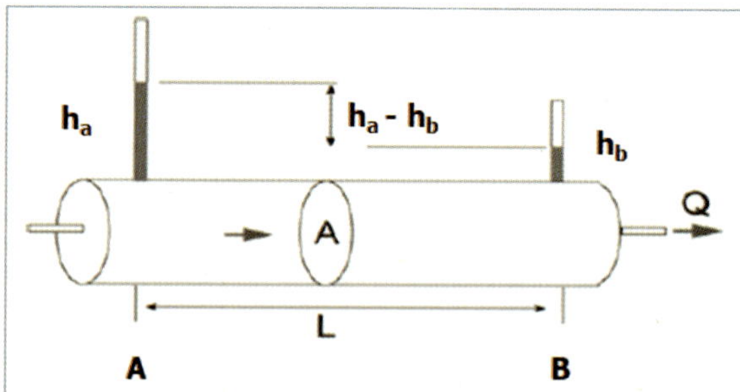

$$v = k \cdot \frac{h_a - h_b}{L} = k \cdot i$$

$$Q = A \cdot v = A \cdot k \cdot i$$

<그림 13-9> Darcy의 법칙

3.2. 토양 pH

토양의 pH는 토양 표면에서 용액으로 용출되는 H^+ 이온의 농도에 의하여 결정되며,

pH 3~9의 범위에 있다. 토양 pH는 광물질의 해리와 화합물의 용해도, 오염물질의 독성 그리고 미생물의 분해반응 등에 다양한 영향을 끼친다.

일반적으로 오염물질의 분해반응은 중성에 가까운 pH영역에서 잘 일어난다. 토양의 pH를 중성에 가깝게 올림으로서 분해반응이 용이하게 된다. 토양의 pH는 용액에 해리되어 있는 수소이온에 의한 산도와 토양입자에 흡착되어 있는 교환성 수소와 알루미늄에 의한 산도, 두 가지로 나눌 수 있다.

- 활성산도(active acidity): 토양용액에 해리되어 있는 수소이온에 의한 산도, 물을 사용하여 측정함
- 잠재적 산도(potential acidity): 토양입자에 흡착되어 있는 교환성 수소와 교환성 알루미늄에 의한 산도, KCl 동을 사용하여 측정함. "교환산도"라고도 함

3.3. 토양염류 농도

토양 중 가용성 염의 척도이며, 토양 포화 침출액의 전기 전도도(EC)이다.

가. 전기 전도도(electrical conductivity, EC)

용액 중 녹아 있는 이온의 세기를 나타내는 척도이다. 전해질 이온이 많을수록 전기전도도는 증가한다. 토양의 EC는 토양에 수분을 첨가하여 토양을 포화반죽(saturation paste) 상태로 만들거나 과포화(1 : 2 ~ 1 : 10 범위)되게 한 후 평형을 유지시킨 다음 침출액을 받아 전기 전도도를 측정하게 된다. 단위는 dS/m를 사용한다.

나. 양이온 교환용량(cation exchange capacity, CEC)

토양이 양이온을 흡착할 수 있는 능력에 대한 정량적인 표현이다. 토양 단위 질량에 흡착된 교환성 양전하의 mol 수로 표현(단위 : meq/100 g)한다. 점토의 종류 및 함량, 유기물 함량에 의하여 CEC가 결정되며, pH 의존 전하가 존재하므로 pH에 따라 CEC도 변한다.

$$SAR = \frac{[Na^+]}{\sqrt{\frac{[Ca^{2+}]+[Mg^{2+}]}{2}}}$$

EC(전기전도도)와 CEC의 자료부터 일반토양의 조건은 아래와 같다.

ECe < 4.0 dS/m,

SAR < 13,

ESP < 15,

pH < 8.5

다. 산화 · 환원 전위(Eh)

토양에 산소의 공급 정도 여부를 짐작할 수 있는 조건인 산화·환원 조건은 토양 중 유기오염물질의 분해에 크게 영향을 미친다. 산화·환원에 대한 기본적인 개념과 토양의 산화 · 환원 전위(redox potential)값은 다음과 같다.

- 산화(oxidation): 전자를 다른 물질에게 내어 주는 것
- 환원(reduction): 전자를 다른 물질로부터 받는 것

토양에서 산화/환원반응의 역할은 전자수용체(electron acceptor)를 공급하는 것으로, 산소는 일반적으로 가장 강력한 전자수용체이다. 산소가 이용가능 할 때에는 다음과 같은 반응으로 산소가 전자를 받아들이며, 이 과정을 통해 미생물 등은 에너지를 얻어 생존이 가능하다.

$$O_2 + 4e^- + 4H^+ \leftrightarrow 2H_2O$$

산소를 이용할 수 없을 경우에는 SO_4^{2-}, $N0_3^-$, N_2O 등을 전자수용체로 사용한다. 오염물질의 생물학적 분해반응은 호기성 미생물에 의하여 발생하며, 적당량의 산소의 공급은 생물학적 분해반응에 필수적으로 요구된다.

토양 내 산화 · 환원 전위 값을 측정함으로써 토양 내 산소의 존재 유·무에 따른 호기, 혐기조건을 파악할 수 있다.

토양의 산화환원 전위측정은 토양용액에 백금전극을 담가 측정한다, 이때 전자가 전극으로부터 용액으로 이동하면 이 용액은 환원상태를 나타내며, 반대 방향으로 이동하면 산화상태를 의미한다.

전극의 표면과 용액 사이의 전위차를 산화 · 환원 전위(redox potential)라 하고 기호는 Eh, 단위는 mV로 나타내며 (-) 또는 (+) 값을 가진다.

3.4. 토양의 영양물질

유기 오염물질의 생물학적 복원에서 요구되는 기본 무기영양성분은 질소와 인 성분이다. 질소는 미생물의 세포 단백질과 세포벽의 합성에 필요하며, 인은 핵산, 세포막, ATP 생성에 필요하다. 질소는 토양 중에 다양한 형태로 존재하며 일반적으로 토양 미생물의 생장에 요구되는 형태는 암모니아(이온)의 형태이다.

일반적으로 다른 형태의 질소(예, 유기질소 또는 질산성 질소)는 미생물에 의하여 동화되기 전에 암모니아 형태로 전환된다. 질소는 질산성 질소의 용탈(leaching) 등에 의하여 토양으로 부터 손실될 수 있다.

인은 낮은 용해도와 낮은 생물 이용도로 인하여 종종 유기오염물질의 생물학적 분해에 제한요소로 작용한다. 일반적으로 토양 중의 인은 인산이온($H_2P0_4^-$, HPO_4^{-2}) 형태로 존재하지만 pH 4 이하 일 때는 주로 Fe에 의해 고정(불용화)되고, pH 5-6의 범위에서는 Al에 의해 고정되고, pH 7 이상에서는 Ca에 의하여 고정 된다. 인산의 고정은 pH 6.5~7.0 범위에서 가장 낮으므로 이 범위에서 유효도가 가장 높다.

4. 토양 및 지하수의 오염원과 오염물질

4.1. 토양·지하수의 오염원

지상 또는 지하에 처분한 가정, 도시, 산업 폐기물로 인해 지하수 오염이 일어날 수 있다. 가정의 정화조와 지하 침투식 침하조는 대부분의 하수를 지하로 유출시키는데, 하수 유출수는 고농도의 BOD, COD, 질산염, 유기 화학물질, 박테리아, 바이러스 등이 포함되어 있다.

또 다른 도시 지하수 오염원은 도로 제설로 인한 유출이다. 많은 도시 지역에서 동절기 동안 막대한 양의 염과 제설 첨가제들이 도로로 살포된다. 이러한 염과 첨가제들은 얼음과 눈을 잘 녹게 하지만 물과 함께 땅으로 스며들어 전부 대수층의 지하수를 오염시킨다.

산업체의 액상 폐기물을 지표 저류시설이나 주입정에서 처리하면 지하수가 오염될 수 있으며, 도시와 산업 고형 폐기물을 육상에 매립 처분하는 것은 침출수에 의해서 지하수 오염의 잠재적인 원인이 될 수 있다. 침출수는 BOD, COD, 질산염, 염소, 알칼리도, 유해 성분 등이 높고 산업 폐기물의 경우 유해 성분까지 포함하고 있다.

지하 및 지상의 저장 탱크와 수송용 파이프라인은 지하수 오염의 원인이 된다. 모든 지하 저장 탱크와 파이프라인 가운데 휘발유와 가정용 난방유 탱크가 가장 큰 오염원이다. 이러한 탱크와 파이프라인에서 부식이나 구조적 결함에 의해 누출이 발생하면 다양한 오염물들이 지하수로 들어갈 수 있다.

가동 중이거나 폐쇄된 지하 또는 노천 광산은 다양한 지하수 오염 문제를 일으킨다. 산성비, 과도하게 채광된 노천 광산, 광미(mine tailing)등은 산성 광산수(acid mine drainage)로 알려진 고광물성 물질 유출을 야기 시킨다.

석유와 가스의 채굴 활동도 지하수를 오염시킨다. 이러한 활동에서 함수(brine)라 불리는 막대한 양의 폐수가 배출된다.

농토 하부의 지하수 오염에 대한 일차적인 원인은 비료이다. 화학적으로 제조된 무기비료, 동물이나 인간의 폐기물로 만든 유기비료 등은 땅을 기름지게 하고 식물 성장을 촉진시키는 질소, 인, 칼륨와 같은 영양소를 농토에 공급한다. 이러한 영양소의 일부가 땅을 통하여 침출되고 지하수에 도달하게 되면 지하수를 오염시키게 된다.

유해한 곤충, 잡초, 곰팡이 등을 제거하기 위하여 사용하는 살충제, 제초제, 살균제 등도 지하수 오염을 야기할 수 있다. 염수가 담수 지하수를 대체하거나 혼합되는 염수 침투도 지하수 오염원 중 하나이다.

4.2. 오염물질의 분류

토양오염 물질을 화학적 특성에 따라 크게 (1) 유기화합물, (2) 무기화합물, (3) 병원체, (4) 방사능 물질 등 네 가지로 분류할 수 있다.

가. 유기화합물

유기화합물은 화학적 구조에 따라 크게 세 종류로 구분한다. 구조 속에 벤젠고리 (C_6H_6)를 가지고 있지 않은 화합물은 **지방질 탄화수소 화합물**, 벤젠고리가 있으면 **방향성 탄화수소 화합물,** 그리고 탄화수소 화합물과 방향성 화합물 중에서 한 개 이상의 할로겐 원소(F, Cl, Br, I 등)를 포함하고 있으면 **할로겐화 화합물**로 분류한다.

지방질 탄화수소 화합물(aliphatic hydrocarbon compounds)는 결합 형태에 따라 알칸 (alkanes, C_nH_{2n+2}), 알켄(alkenes, C_nH_{2n}), 알킨(alkynes)족 등으로 나눌 수 있다. 알칸은 메탄(methane), 에탄(ethane), 프로판(propane), 부탄(butane), 펜탄(pentane), 헥산(haxane) 등이 대표적 물질이며 포화 탄화수소(saturated hydrocarbon)또는 파라핀(paraffin)으로 알려져 있다. 에텐 또는 에틸렌(ethane, ethylene), 프로펜(propene) 등을 포함하는 알켄은 불포화 탄화수소(unsaturated hydrocarbon) 또는 올레핀(olefin)으로 부른다.

방향성 탄화수소 화합물(aromatic hydrocarbon compounds)은 벤젠의 구조를 기본으로 하는 분자 구조를 가진 화합물이다. 이러한 화합물은 석유 및 관련 생산품의 주요 성분이다. 전형적인 벤젠 관련 화합물로는 톨루엔(toluene), 에틸벤젠(ethyl benzene), 크실렌 (자일렌, xylene) 등을 들 수 있다. 여러 개의 벤젠 고리가 결합되어 나프탈렌(naphthalene), phenanthrene, 벤조피렌(benzopyrene) 등과 같은 다환 방향성탄화수소(polycyclic aromatic hydrocarbons, PAHs) 등이 형성될 수 있다.

만약 벤젠고리가 다른 기능 그룹과 결합하면 페닐(phenyl)기능 그룹이라고 한다. 염소와 결합할 경우, 염화바이페닐(polychlorinated biphenyls, PCBs)가 된다. 또 방향성 고리에 수산화그룹이 부착되면 페놀(phenol), 톨루엔의 벤젠 고리에 메틸 그룹이 부착되면

크레졸(cresol)이 된다.

할로겐화 탄화 수소화합물(halogenated hydrocarbon compounds)은 지하수에서 가장 널리 발견되는 오염물이다. 지방질 할로겐화탄화수소에는 염화메틸렌(methylene chloride), 클로로포름(chloroform), 사염화탄소(carbon tetrachloride), TCE(trichloroethylene), 염화비닐(vinyl chloride) 등의 용매나 올드린(aldrin), 딜드린(dieldrin) 등의 살충제가 있다. 방향족 할로겐화탄화수소에는 DDD(dichlorodiphenyldichloroethylene)와 같은 살충제나 다양한 PCBs 화합물 들이 포함된다. 이외의 유기 오염물로는 인 화합물(살충제), 케톤(ketone), 알데히드(aldehydes), 알콜(alcohol) 등을 들 수 있다.

• LNAPL과 DNAPL

오염물질이 지중에서 거동하는 양상에 따라 구분하기도 한다. 비 수상액체는 물이나 공기와 접촉할 때 혼합되지 않는 탄화수소 화합물을 일컫는 용어이다. 물과 NAPL는 물리적 특성 및 화학적 특성의 차이 때문에 이 두 액체 사이에는 물리적 경계면이 형성되어 혼합이 이루어지지 않는다.

NAPL은 밀도가 물보다 작은 저밀도 비 수상액체(light non aqueous phase liquids, lNAPL)와 밀도가 물보다 큰 고밀도 비 수상액체(dense non aqueous phase liquids, DNAPL)로 분류할 수 있다.

LNAPL은 지중에 유입되어 지하수층에 도달하게 되면 물보다 가벼우므로 지하수층 상부에 뜨게 되고 지하수의 흐름을 타고 이동하지만, DNAPL은 비중이 물보다 크므로 지하수층 아래로 가라앉는다.

나. 무기화합물

지하수는 광물을 포함한 토양이나 암석과 지속적으로 접촉하고 있기 때문에 다양한 무기물을 포함하고 있다. 일반적으로 5 mg/L 이상의 주요 성분으로는 이탄산염, 칼슘, 염소, 마그네슘, 규소, 나트륨, 황산염, 탄산 등을 들 수 있다. 0.01∼10.0 mg/L의 부성분으로 브롬탄산염불소, 철질산염, 칼륨, 스트론튬 등이 있다. 0.1 mg/L 이하의 미세성분으로는 알루미늄, 안티몬, 비소, 바륨, 베릴륨, 비스무스, 브롬, 카드뮴, 세륨, 크롬, 코발트, 구리, 갈륨, 게르마늄, 금, 인디움, 요오드, 란타늄, 납, 리튬, 망간, 몰리브덴, 니켈, 인, 백금, 라듐, 루비듐, 셀레늄, 은, 주석 ,텅스텐, 우라늄, 아연 등이 있다.

다. 병원체

지하수를 오염시키는 화학물질들은 장기적으로 공중 보건에 영향을 미치지만 미생물은 즉각적이고 광범위한 영향을 미칠 수 있다. 병원체란 질병을 일으킬 수 있는 미생물체를 말하는데 박테리아, 원생동물, 바이러스, 기생충 등이 있다.

5. 토양·지하수 내 오염물질의 반응과 거동

토양·지하수 내 유기 화합물의 농도를 변화시킬 수 있는 물리화학적 반응은 크게 다섯 가지로 나눌 수 있다. (1) 오염물의 가수분해, (2) 산화 –환원, (3) 미생물에 의한 오염물의 생분해, (4) 토양에 의한 오염물의 흡착, (5) 비 포화영역 내 공기가 존재할 때 오염물의 기화 등으로 분류할 수 있다. 이러한 작용의 상대적 중요도는 오염물의 물리·화학적 특성과 지하 환경의 조건에 따라 결정 된다.

가. 가수분해

가수분해란 유기화학 물질(RX)이 물이나 수산화이온(OH)과 반응하는 것이다.

$$R\text{–}X + H_2O \rightarrow R\text{–}OH + H^+ + X^-$$

$$R\text{–}X + OH^- \rightarrow R\text{–}OH + X^-$$

이 반응에서 X는 수산기이온 (OH)으로 대체되어 새로운 탄소-산소 결합이 형성된다. 일반적으로 X군은 할로겐 화합물(halide)(Cl^-, BR^-), 알콜(R^-O^-), 아민(amin)($R_1R_2N^-$) 등이다. 새로운 극성 기능군을 획득하므로 유기화합물의 물 용해도는 증가한다.

가수분해의 예는 다음과 같다.

$$RCl(\text{alkyl halide}) + H_2O \rightarrow ROH + H^+ + Cl^-$$

$$R_1COOR_2(\text{easter}) + H_2O \rightarrow R_2OH(\text{alchol}) + R_1COOH(\text{carboxylic acid})$$

$$RC(ON)R_1R_2(\text{amid}) + H_2O \rightarrow RCOOH(\text{carboxyli cacid}) + R_1R_2NH(\text{amine})$$

$$RCH_2CN(\text{nitrile}) + H_2O \rightarrow RCH_2COOH(\text{carboxylic acid}) + NH_3(\text{amonia})$$

반감기는 수초에서 수만 년까지 다양하다. 알킬 할로겐 화합물, 염화 아미드, 아민, 카르밤산(carbamate), 에스테르(ester), 에폭시드(epoxide), 인산 에스테르, 술폰(sulfone) 등은 잠재적으로 가수분해에 민감한 화합물이다. 알데히드, 알칸, 알켄, 알킨, 지방족 아미드, 방향족 탄화수소와 아미노 카르복실산 등은 일반적으로 가수분해가 잘 되지 않는다.

나. 산화–환원

유기화학에서 산화-환원이란 원자의 전달을 뜻한다. 유기화합물의 산화는 산소를 얻고 수소 원자를 잃는 것이며 환원은 수소를 얻고 산소를 잃는 것이다. 산화-환원은 오염물 전달에 큰 영향을 미치며 미생물의 활성도와 유기체에 이용 가능한 기질 (substrate)의 형태와 밀접하게 연관되어 있다.

유기 오염물은 미생물에게 환원등량을 제공한다. 지하 환경에서 산소가 고갈된 후 가장 쉽게 환원되는 물질이 반응하기 시작하고 환원 생성물과 함께 우세한 전위가 된다.

반응계의 전위에 따라 지하에서 환원이 발생한다. 산화가 일어나려면 토양계의 전위가 유기 화학물질의 전위보다 커야만 한다. 일반적으로 토양의 환원 전위는 다음과 같이 분류할 수 있다.

- 통기토양 : +0.8 ~ +0.4 volt
- 적당히 환원된 토양 : +0.4 ~ +0.1 volt
- 환원된 토양 : +0.1 ~ -0.1 volt
- 고도로 환원된 토양 : -0.1 ~ -0.5 volt

다. 생분해

생분해(biodegradation)란 유기 화학물질이 토양 미생물에 의해 변형되거나 분해되어 궁극적으로 미생물 세포, 이산화탄소, 산소, 물로 바뀌는 것을 말한다.

토양은 수많은 미생물들이 유기 화학물질을 분해할 수 있는 터전이다. 토양 내에서 가장 우세한 미생물은 박테리아, 방선균류(actinomycete), 곰팡이 등이다. 지표 토양 1g에는 1억~10억 개의 박테리아, 1천만 ~1억 개의 방선균류, 10만 ~100만 개의 곰팡이가 들어 있다. 일반적으로 토양 미생물의 개체 수는 성장에 필요한 온도, 습도, 에너지 공급이 적당한 지표층에서 가장 많다. 심도가 증가함에 따라 호기성 미생물의 수는 감소한다. 그러나 영양소와 유기물질의 이용 가능성에 따라 혐기성 미생물은 존재할 수 있다.

유기 화학물질은 2단계의 생분해 과정을 거친다. 생물학적으로 유도된 유기 화학물질의 구조 변형을 1차 분해라고 한다. 유기 화학물질이 이산화탄소, 산소, 물, 다른 비유기성 생성물로 분해되는 것을 최종 생분해라고 한다.

유기 화학물질이 1차 생분해되면 지하수를 오염시킬 수 있는 다양한 분해 생성물을 만든다. 예를 들어 3염화에틸렌(trichloro-ethylene, TCE)이 분해되면 2염화에틸렌(dichloro-ethylene, DCE), 2염화에탄(dichloro-ethane, DCA), 염화비닐, 염화에탄을 생성한다.

환형 탄화수소가 분해되면 지방족 탄화수소가 생성되고 연속 반응에 의해 지방족 탄화수소는 알콜, 알데히드, 지방산으로 전환된다.

라. 흡착

흡착(adsorption)이란 유기 화학물질이 점토 광물 표면이나 유기물질 표면에 결합하는 현상을 말한다. 이는 이온, 리간드(ligand), 쌍극자(dipole), 수소(hydrogen), van der waals 결합에 의해 이루어지는 일시적 결합이다.

흡착은 지하수 내 유기 화학물질의 유동도를 감소시키고 이동을 지연시키므로 유기 화학물질의 이동에 대단히 중요하다. 유기 화학물질 중 흡착된 부분은 가수분해나 생분해 같은 다른 화학반응에 이용되지 않는다. 따라서 유기 화학물질의 흡착 정도와 범위는 화학물질의 구조와 토양의 물리화학적 특성에 의해 결정된다.

PCB, PAH, 톨루엔, DDT와 같은 큰 분자 구조의 유기 화학물질은 평범하게 토양에 흡착하려는 경향이 있다. 제초제와 같은 양전하를 가진 유기 화학물질은 양이온 교환 영역(점토 광물 표면)에 쉽게 흡착된다. 유기 화학물질의 흡착은 토양의 유기물질 함량에 의해 영향을 받는다. 유기 탄소 함량이 0.1 이상인 토양인 경우 유기 함량과 우기 화학물질의 흡착계수 간의 일반적으로 성형관계를 보여준다.

흡착 과정은 보통 가역적이다. 평형 상태에서 물속의 용해 유기화학물질이 토양으로 전달되는 속도인 흡착계수(adsorption coefficient)는 선형 (Freundlich), 등온(isotherm) 방정식으로서 다음 식과 같이 나타낼 수 있다.

$$K_d = \frac{C_S}{C_W}$$

여기서, K_d = 분배계수(分配溪數, distribution coefficient)

C_s = 토양 표면에 흡착된 농도

C_w = 물의 농도

이러한 평형 상태는 흡착과정이 오염물의 이동 속도와 비교해 보았을 때 빠르다는 것을 의미한다. 또 다른 비성형 등온방정식도 사용될 수 있다.

$$K_d = \frac{C_s}{C_w^{1/n}}$$

여기서, n은 0.1～1.1 사이의 상수.

위의 식에서 분배계수 또는 흡착계수는 토양 내 유기탄소 함량과 정비례하기 때문에 K_d는 다음과 같이 쓸 수 있다. 유기 탄소 함량이 1 % 이상일 경우

$$K_{oc} = \frac{K_d}{f_{oc}}$$

여기서, K_{oc}: 우기 용질에 대한 유기 탄소 분배계수 또는 정규화 된 흡착계수

f_{oc}: 토양 내 유기 탄소 함량(중량비)

예 제

■ **분배계수의 계산**

TCE로 오염된 대수층의 지하수 샘플을 분석한 결과 200 ppb의 농도를 얻었다. 유기 탄소의 함량이 1 %일 때 선형 흡착모델을 이용하여 대수층 물질 표면에 흡착된 PCE 농도를 구하라.

TCE의 경우 $\log(k_{ow}) = 2.6, \log(k_{oc}) = 1.0\log(k_{ow}) - 0.21$ 이다.

■ 풀이

1) K_{ow}를 구한다.

$\log(K_{ow}) = 2.6$이므로 $K_{ow} = 398$

2) K_{oc}를 구한다.

$$\begin{aligned}\log(k_{ow}) &= 2.6, \log(k_{oc}) = 1.0\log(k_{ow}) - 0.21 \\ &= (1.0)\log(398) - 0.21 = 2.39 \\ K_{oc} &= 245\,mL/g = 245\,L/kg\end{aligned}$$

3) 토양의 f_{oc}를 결정한다. 문제에서 $f_{oc} = 0.01$

4) K_d를 계산하다.

$$\begin{aligned}K_{oc} &= \frac{K_d}{f_{oc}} \rightarrow K_d = f_{oc}K_{oc} = (0.01)(245\,mL/g) \\ &= 2.45\,mL/g = 2.45\,L/kg\end{aligned}$$

5) C_s를 계산한다.

$$\begin{aligned}K_d &= \frac{C_s}{C_w} \rightarrow C_s = K_d C_w \\ &= (2.45\,L/kg)(0.2\,mg/L) = 0.49\,mg/kg\end{aligned}$$

마. 휘발

휘발(volatilization)이란 증기 형태의 화학물질이 토양수나 토양 표면에서 비 포화 영역의 토양 공기로 손실되는 것을 말하는데, 주로 액상에서 기체상으로의 휘발을 의미하고 있다. 고체상에서 기체상으로 바로 휘발하는 경우의 휘발량은 거의 없거나 극히 미미하기 때문에 일반적으로 무시한다.

유기화학물질이 물에서 토양기체로 휘발되는 범위는 Henry법칙에 의해 결정된다. Henry법칙은 희석 용액에서 화학물질의 증기압은 농도에 비례한다는 것이다.

$$C_a = HC_w$$

여기서, C_a = 공기 내 화학물질의 농도

H = Henry 상수

C_w = 물 내 화학물질의 농도

화학물질의 Henry 상수는 다음 식으로 계산할 수 있다.

$$H = \frac{p_v M_w}{760S}$$

여기서, P_v = 화학물질의 정 기압[$mmHg$]

M_w = 화학물질의 분자량

S = 용해도[mg/L]

6. 오염토양 및 지하수 복원기술

6.1. 복원기술의 분류

1980년대에 미국을 비롯한 선진 외국에서는 오염된 토양과 지하수를 정화하고 복원하는 기술을 연구·개발하고 현장에 적용하여 왔다. 특히, 미국에서는 법률상으로 Super Fund법을 제정하여 국가적인 연구 및 현장처리 지원체계를 구성하고 실제 오염현장에 적용 가능한 상용화된 기술을 적극적으로 보급하고 있다.

지금까지 개발되고 보급된 오염토양과 지하수의 복원기술은 오염물질의 기본적인 처리 원리에 따라서 물리·화학적 복원기술과 생물학적 복원기술로 구분할 수 있으며, 처리 방법에 따라서 오염토양과 지하수를 분해·무해화 처리기술, 분리· 추출기술, 안정화 및 고형화처리기술로 나눌 수 있다.

또한, 오염물질이 있는 장소에서 처리하는 **원위치 방법(in-situ)**, 오염토양과 지하수를 굴착하여 반출한 후 처리하는 **굴착 후 처리방법(ex-situ)**으로 분류할 수 있다.

복원을 실시하는 대상이 토양인지, 지하수인지 결정되면 처리장소를 원위치 처리할 것인지 굴착 처리할 것인지를 결정한다. 그리고 생물학적 처리를 할 것인지, 물리화학적 처리를 할 것인지를 결정한 후 최적의 처리방법을 선정한다.

오염토양과 지하수의 복원 및 처리기술을 분류하여 나타내면 다음과 같다.

<표 13-5> 오염토양과 지하수의 복원 및 처리기술

위 치	구 분	공 법	처리대상
원 위치 처리기술 (in-situ)	물리·화학적 처리	Soil Vapor Extraction(SVE)	토양
		Solidification / Stabilization	토양
		Slurry walls	지하수
		Soil Flushing	토양
		Air Sparging	지하수
		Oxygen Enhancement	토양/지하수
	생물학적 처리	Bio-venting	토양/지하수
		Phytoremidation	토양/지하수
굴착 후 처리기술 (ex-situ)	물리·화학적 처리	Soil washing	토양
		Solvent extraction	토양
		Solidification / Stabilization	토양
		LTTD	토양
		Pyrolysis	토양
	생물학적 처리	Bio-file / Composting	토양
		Land-farming	토양
		Solid Phase Bio treatment	토양
양수 후 처리기술	물리·화학적 처리	Air Stripping	지하수
		Pump & treat	
		Filtration	지하수
		Ion exchange	지하수
		Precipitation	지하수
		UV/oxidation	지하수
	생물학적 처리	Bio-reactors	지하수
기타		Natural attenuation	토양/지하수

6.2. 복원기술의 특성

실제 현장에서 적용되고 있는 생물학적 처리기술(bio-venting, bio-pile, com-posting), 물리·화학적 처리기술인 토양증기추출법(SVE, soil washing, air sparging, pump & treat) 그리고 자연의 복원력을 이용한 기술(natural attenuation)의 특성은 다음과 같다.

가. 생물학적 처리기술

• bio-venting

포화 영역에 주입시킨 공기를 오염된 지하수와 토양층을 통과시킨 후 지표로 상승시키면, 토양층과 지하수에 존재하는 미생물에 공기 중의 산소를 공급하게 되어 호기성 생분해가 촉진되며, 오염물질이 분해되는 원리를 기본으로 하는 방법이다.

bio-venting은 무기 오염물질을 분해할 수 없지만 무기물질의 평형상태를 변화시켜 흡착, 흡수, 응집, 그리고 세균이나 미생물에 의해 무기물을 농축시킨다. bio-venting에 의해서 주로 분해가 되는 오염물질은 석유류 탄화수소, 비염소계 용매, 살충제 및 유기 화학물질 등이다.

• bio-pile / land-farming

오염토양을 굴착하여 지면에 쌓아두고 공기를 공급하여 미생물에게 호기성 조건을 제공하여 토양에 포함된 잔류성 유기오염물질을 생물학적으로 처리하는 방법이다. 이 방법은 유류계 탄화수소에 효과적이며 오염물질의 효율적인 분해를 이루기 위해, 수분 함유량, 산소함유량, 영양물질, pH의 조건을 조절하여 사용한다.

• composting

오염토양을 굴착하여 팽화제(bulking agent)로 나무 조각, 동·식물 폐기물과 같은 유기성 물질을 혼합하여 공극과 유기물 함량을 증대시킨 후 공기를 주입하여 오염물질을 분해시킨다. 일반적인 폐기물 퇴비화 기술에서 발전된 기술이다.

• soil washing

오염 토양을 굴착하여 토양 입자표면에 부착된 유/무기성 오염물질을 세척액으로 분리시켜 이를 토양 내에서 농축, 처분하거나, 재래식 폐수처리방법으로 처리한다. 물 또는 오염물질 용해도를 증대시키기 위해 첨가제를 함유한 물을 토양 공극 내에 주입한 후, 토양 오염물질을 추출하여 처리한다. 재생된 지하수나 탈착된 오염물질을 포함한 세정액은 공공 하수처리장이나 저류조로 보내지기 전에 처리 기준을 만족시키기 위해 적절히 처리한다.

경제성을 최대한 증가시키기 위해 재생된 세정액은 세정 공정에 재사용된다. 처리수에서 계면활성제를 재생하는 것은 토양세정 공정의 비용을 절감하는데 있어서 중요한 요소이다. 중금속 오염토양 처리방법으로 매우 유력한 기술로서 토양세정의 주 처리 대상물질은 방사능 오염물질을 포함한 무기물질이다

• low-temperature thermal desorption(LTTD)

저온 열 탈착(LTTD)은 물리적인 분리과정으로써 유기물질을 분해하지는 않는다. 오염토양의 수분과 유기물질을 휘발시키기 위해 90-320℃로 가열하며, 탈착된 가스, 수분 그리고 유기물은 가스 처리장치로 이동시켜 처리한다. 반응기의 온도와 체류시간은 선택된 오염물질을 휘발은 시키지만 산화는 시키지 않는 상대적으로 낮은 온도이다. 난분해성 오염물질에도 적용이 가능하며, 정화된 토양은 미생물의 활성을 향상시킨다.

high-temperature thermal desorption에 비하여 휘발성이 큰 오염물질에 적용되며 비

할로겐화 VOCs나 유류처리에 적합하다.

• solidification / stabilization

시멘트 등의 고화제를 섞어 오염토양을 물리적으로 안정한 상태의 고화체로 만드는 한편 오염물질의 이동을 물리적으로 구속시키는 고형화(solidification)와 고화제와의 화학반응에 의해 토양 내 오염물질의 독성과 이동성을 감소시키는 안정화(stabilization)방법이다. 안정화 효과를 높이기 위해 첨가제를 쓰기도 한다. solidification/stabilization의 대상 오염물질은 주로 무기물(방사능물질 포함)이다. 이 기술은 휘발성 유기물질, 준 휘발성 유기물질, 살충제에는 효과가 낮다.

나. 토양증기추출법(soil vapor extraction, SVE)

토양증기추출법(soil vapor extraction, SVE)은 오염된 불포화 토양에 추출점을 설치하고 진공상태로 만들어 토양으로부터 휘발성, 준 휘발성 오염물질을 제거하는 원위치 기술이다. 오염지역 외부에서 뜨거운 공기가 주입되고 내부에서 오염물질을 제거하는 방법으로서 휘발되어 포집된 가스상 물질은 지상에서 처리한다.

이 기술은 광범위하게 오염된 지역에 적합하며 적용하는데 부작용이 거의 없으며, 비용이 저렴하다는 장점이 있다. 처리대상 오염물질은 휘발성 유기물질(VOCs)와 유류 오염물질이며, Heavy Oil, 중금속, PCBs의 복원에는 적합하지 않다.

다. 자연 복원법(natural attenuation)

자연 복원법(natural attenuation)은 오염물의 이동을 억제하기 위하여 자연적으로 발생하는 과정을 평가하고 감시하는 것이다. 이 방법은 지하수의 복원에 인간의 노력을 배제하고 자연의 치유력을 이용한다. 모든 토양과 대수층에는 미생물이 존재하고 오염을 완화시키는 자정능력이 존재하므로 시간이 흐르면 오염된 토양과 지하수가 정화될 것이다.

이러한 자연 복원법은 단독으로 사용하여 복원할 수도 있고 기존의 다른 방법과 병행하여 보완된 방법으로 복원효율을 올릴 수도 있다. 자연 복원으로 처리 가능한 주된 오염물질은 비 할로겐 휘발성 유기물질, 준 휘발성 유기물질, 그리고 유류계 탄화수소이다. 할로겐 휘발성 유기물질, 준 휘발성 유기물질 그리고 살충제는 효율이 낮다.

• 식물정화법(phytoremediation)

식물정화법은 지하수나 토양 내 오염물을 제거하거나 처리하기 위하여 녹색 식물을 사용하는 것이다. 식물은 오염물질을 직접 흡수하기도 하고 안정화시키기도 한다. 식물은 직접 흡수 후 식물 조직 내 축적, 생물학적 분해 촉진, 뿌리-토양 경계에서 광물화

촉진 등을 통하여 오염물질을 정화한다.

• 생물반응기(bioreactor)

생물반응기법에서는 오염물을 생물학적 성장을 촉진할 수 있는 환경에 놓인 미생물과 접촉시켜 분해한다. 이 공정은 부유(활성슬러지)또는 흡착(회전 접촉법)성장시스템을 사용한다.

슬러리 상 처리 (slurry-phase treatment)에서는 추출한 지하수를 토양, 영양분과 혼합하고 오염물의 분해를 촉진하는 환경에서 교반시킨다. 분해가 원하는 정도로 일어나면 탈수한 후 물과 토양을 분리시킨다.

• air sparging

포화대 내에 공기를 강제 주입하여 지하수와 대수층 토양 중의 휘발성 오염물질을 휘발시킴으로써 제거한다. 보통 지상에 증기추출 및 처리장치를 설치한다. 지하수의 용존산소 농도를 높이고, 미생물에 의한 유기 오염물질의 생물학적인 분해율을 향상시키기 위해 지중으로 압축공기를 주입한다. 공기 분산은 포화지역에서 오염물질과 미생물의 접촉기회를 향상시킨다. 휘발성물질의 제거율을 높이기 위해서 토양증기추출법(SVE)이나 bio-venting법을 결합하여 사용한다.

제14장 해양오염

오염물질의 확산과 관계가 깊은 해저지형 및 조석과 조류와 같은 해양의 물리화학적 특성, 양식 및 수산업에 큰 피해를 주고 있는 유독성 적조, 해양유류오염과 같은 해양오염 사고, 해양 쓰레기, 열오염, 잔류성 유기오염물질(POPs)에 대해서 설명하고 아울러 오염된 해역의 정화방법에 대하여 소개하였다.

주요 내용

1. 해양환경

해양의 지형, 해수의 물리화학적 특성, 조석과 조류

2. 해양오염문제

적조, 해양쓰레기, 열 오염, 잔류성 유기오염 물질, 해양오염사고

3. 오염해역 정화방법

자연정화(monitored natural recovery), 현장피복(in-situ capping), 준설(dredging) / 굴착(excavation)

4. 연안오염총량관리제

1. 해양환경

1.1. 해양의 지형

바다는 지구 표면적의 약 70 %에 해당하는 3억 6천만 km^2를 차지하고 있다. 대양 가운데 태평양의 표면적은 약 1억 6,500만 km^2이며, 대서양이 약 9,800만 km^2, 인도양이 6,500만 km^2, 남극해가 3,200만 km^2, 북극해가 1,500만 km^2 정도이다. 전체 바닷물의 양은 13억 7천만 km^2로서 전체 물의 양을 톤수로 하면 약 1.4×10^{18}톤이 된다.

바다 전체의 평균 수심은 3,688 m라고 알려져 있다. 태평양의 평균 수심이 3,970 m이며, 대서양이 3,646 m, 인도양이 3,741 m, 남극해가 3,270 m, 북극해가 1,205 m이다. 대양별로 최대 수심을 살펴보면 태평양의 경우 필리핀 부근의 마리아나 해구가 약 1만 1천 m로 모든 대양 가운데 가장 깊으며, 대서양은 푸에르토리코 해구가 8,839 m, 인도양은 자바해구가 7,725 m, 남극해는 7,235 m, 북극해는 5,450 m이다.

해양 지형은 음향 측심기를 통해 측정되는데 오늘날에는 다중빔 음향측심기(multi-beam echo sounder)로 발전하여 해양 조사선에 탑재되어 활용되고 있다.

해저 지형은 가장자리에 해당하는 대륙 주변부, 깊은 바닥인 대양저, 바닥에 솟아 있는 대양저 산맥으로 나눌 수 있다. 육지처럼 바다 밑에도 산, 계곡, 평야 등이 있으며 그 형태나 특성도 다양하다. 이러한 해저 지형은 깊이에 따라 다음과 같이 분류한다.

- 대륙붕 : 육지와 연결되는 수심 약 200 m이내의 비교적 평탄한 해저로 석유 또는 천연 가스 등의 천연 자원이 매장되어 있음.
- 대륙사면 : 대륙붕의 끝에서 약 3,000 m까지로 비교적 경사가 크며, 대륙 사면에 있는 퇴적물이 심해저로 운반되는 저탁류가 발달되어 있고 이로 인해 해저 협곡이 생성됨.
- 해구 : 수심 약 6,000 m이상 되는 V자형의 골짜기
- 대양저 : 수심 4,000~6,000 m의 편평한 해저로 해양 전체 면적의 대부분 차지
- 해령 : 현무암으로 이루어져 있으며, 높이가 2,000~4,000 m로 지진과 화산활동이 활발하고 변환단층이 발달되어 있으며, 중심부에는 깊은 골짜기인 V자형 열곡 발달
- 해산 : 대양저 평원에 분포하는 뾰족한 모양의 해저 화산
- 평정해산 : 해산의 봉우리가 해수의 침식으로 평탄하게 깎인 후 침강한 평정해산을 말하며, 융기, 침강의 증거임.

우리나라의 경우 서해는 평균 수심이 44 m이고 전체가 대륙붕이며, 남해는 평균 수심이 100 m 정도로 대부분이 대륙붕이고 남쪽이나 남동쪽으로 갈수록 수심이 깊어진다. 동해는 대륙붕이 좁고, 해저면의 경사가 급하며, 평균수심이 1,500 m 이상이 깊은 바다이다.

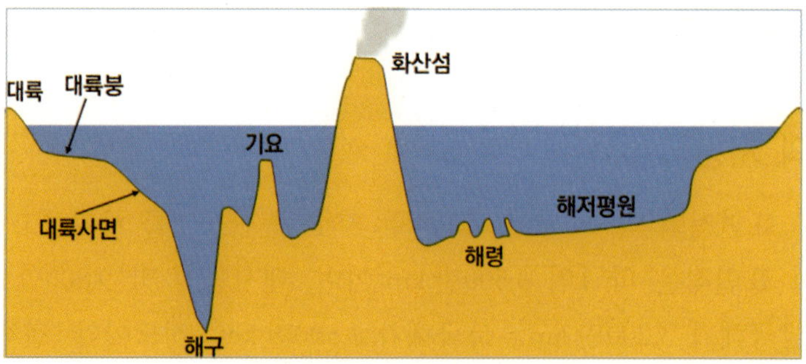

<그림 14-1> 해저지형 구분

1.2. 해수의 물리화학적 특성

가. 수온

바다 전체 평균 수온은 약 3.5 ℃이다. 해수의 온도를 상승시키는 주요인은 태양열이지만, 심해층의 경우 심해의 열수공에서의 뜨거운 물의 분출로 인해 국지적으로 수온 상승이 나타나기도 한다.

표층은 해수가 잘 섞여 있어서 깊이에 따른 온도변화가 거의 없으나, 표층 아래의 층은 깊이에 따라 수온의 변화가 급격하게 일어나는 수온약층이 존재한다. 수온약층의 두께나 강도는 계절, 지역적인 조건, 해류 등의 요인에 따라 달라진다. 열대 지역은 온대 지역에 비해 상대적으로 수온약층의 두께가 두껍고, 극지방의 경우는 수온 약층이 거의 없다.

나. 밀도

해수의 밀도는 수온과 염분 및 수압에 의해 결정된다. 평균 밀도(ρ)는 1.022～1.028 범위의 값을 가진다. 밀도의 결정 요소는 수온(T), 염분(S), 수압(P)으로 밀도는 온도에 반비례하고 염분과 수압에는 비례한다.

다. 염분

염분은 해수 중에 녹아 있는 여러 가지 물질 농도의 총합을 나타내는 지표이다. 염분의 주성분은 상대적으로 일정한 성분비를 가지는데 이는 해양에서 일어나는 생물 및 화학적 반응에 의하여 농도의 변화가 거의 없기 때문이다.

염분은 해수 1 kg 속에 녹아 있는 총 염류의 중량(g)으로 나타내며, 단위는 천분율(‰)을 사용하고 해양의 평균 염분은 34.7 ‰이다.

최근 염분 측정방법의 변화에 따라 전기전도도를 이용하여 염분을 측정한 경우 실용염분단위(practical salinity unit)인 psu를 사용하며 적정법에 의해 측정한 기존 염분은 절대염분(absolute salinity)이라 한다.

염분 농도에 따라 해수를 구분할 수 있다. 담수는 염분이 0.5 ‰이하인 물로서 강물, 호수, 지하수 등을 말하며, 기수는 염분이 0.5～17 ‰인 지역의 물로서 한강하구, 낙동강 하구 등의 물을 뜻하며, **일반 해양수는 염분이 17 ‰ 이상**인 물을 말한다.

라. 빛

빛은 파동과 물질의 흐름으로서 파장은 색깔을 결정한다. 지구에 유입된 태양에너지 중 약 44 %만이 해수면에 도달하게 되는데, 이는 해양에 열을 공급하여 해양식물의 광합성 활동에 이용되고 해양동물의 행동(주행성, 야행성 등)에 영향을 주게 된다.

해수면에 도달한 빛은 수심에 따라 흡수 정도가 다르며, 수심 1m에서는 빛의 55 %, 수심 10 m에서는 빛의 84 %, 수심 100 m에서는 빛의 대부분인 99 %가 흡수된다. 또한 빛의 파장에 따라서도 수심별 흡수 정도가 다르게 나타난다. 해수의 색이 파란 이유는 파장이 짧은 붉은색은 이미 흡수되고, 파란색만 남아 산란된 파란색이 되돌아와 우리 눈에 보이기 때문이다.

해양은 빛의 투과 여부에 따라 빛이 투과되는 유광층과 빛이 유입되지 않는 무광층으로 구분할 수 있다. 유광층은 빛이 투과되기 때문에 식물의 광합성이 일어나고 유기물 생산이 활발하게 이루어져 대부분의 해양생물이 서식하며, 이와 반대로 무광층은 광합성이 없어 주로 심해어류 등이 서식한다.

마. 소리

전자기파는 공기 중에서와는 달리 해수에서는 물속에서 흡수되어 전달 손실이 크다. 따라서 수중에서의 전달의 매체로 음향이 주로 사용된다.

소리는 해수를 통과하면서 넓게 퍼지고, 산란, 흡수되며 해수 중의 음속은 수온, 수압, 염분에 따라 비례하는데 이중에서도 수온의 영향을 가장 크게 받는다. 염분 35 ‰의 해수에서는 음속이 초속 약 1500 m로서 공기 중 음속의 5배에 달한다. 특히 수온이 높은 표층과 수온이 낮고 압력이 높은 심층에서는 음속이 더욱 빠르게 전달되며, 특히 1,000 m 부근에 음속 최소층이 존재하는데 이를 소파층이라 부른다.

해양탐사에 있어서 소리는 과거에는 주로 군사적인 측면에서 활용되었지만, 현대에는 어군 탐지, 해양 자원 탐사, 수중 통신, 해양 환경 모니터링 등 다양한 부분으로 확대되고 있다.

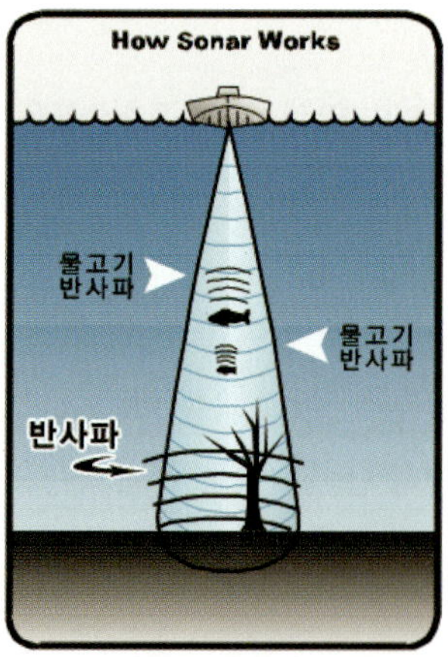

어군 탐지

해저지형 탐사

<그림 14-2> 해양에서 소리의 활용

바. 용존물질

해수에 용해되어 있는 용존 물질은 주요 원소(99.7 %), 용존 기체, 영양 염류, 미량 원소로 이루어져 있으며, 해수 중에 용해되어 있는 주요 원소는 아래와 같다.

<표 14-1> 해수 중 용존된 주요 원소

원 소	g/kg	중 량(%)
염소(Cl^-)	18.980	55.04
나트륨(Na^+)	10.556	30.61
황산염(SO_4^{2-})	2.649	7.68
마그네슘(Mg^{2+})	1.272	3.69
칼슘(Ca^{2+})	0.400	1.16
칼륨(K^+)	0.380	1.10

사. 해양과 대기의 기체 농도

해수의 용존 기체의 주공급원인 대기이며, 대기-해양 경계면을 통하여 상호교환에 의해 해양에 들어오거나 다시 대기 중으로 나가게 된다.

<표 14-2> 해양과 대기의 기체 농도

기 체	대기에서의 농도(%)	해수에서의 농도(ppm)	농도비(해수:대기)
N_2	78.0	12.0	0.004
O_2	21.0	7.0	0.01
CO_2	0.03	90.0	62.0

1.3. 조석과 조류

조석(tide)이란 달, 태양, 지구의 천체운동에 기초한 만유인력과 지구 공전운동에 의한 원심력으로 발생하는 주기적인 지각 및 해면의 변동을 의미한다. 조석은 뉴턴(newton)의 만유인력의 법칙(law of universal gravitation)에 의해 해석할 수 있는데, 그 원리는 질량을 가진 두 물체사이의 만유인력은 두 물체의 질량 곱에는 비례하고 질량중심 사이의 거리 제곱에는 반비례한다는 것이다.

$$F = G\frac{m_1 m_2}{r^2}$$

F는 만유인력, G는 만유인력상수 또는 중력상수로 정의되며 그 값은 6.67259×10^{-11} $N \cdot m^2/kg^2$이다. m_1과 m_2는 두 물체의 질량, r은 두 물체의 질량 간의 거리를 의미한다. 즉, 질량이 큰 물체는 질량이 작은 물체를 끌어당기고 거리가 멀어지면 당기는 힘은 약해진다는 의미이다.

이 원리는 지구와 태양, 지구 달사이의 인력을 계산 할 때도 사용된다. 달과 태양이 지구에 작용하는 인력과 지구의 원심력에 의한 힘의 합성력을 기조력(tidal force)이라고 하는데, 이 기조력은 조석이나 조류운동을 일으킨다. 기조력에 의한 지구형태의 변화는 지구 중심과 그 표면상의 임의의 점 사이에 작용하는 중력 벡터의 차이를 분석하여 도출 할 수 있다.

<표 14-3> 달, 태양, 지구의 지리량, 거리, 기조력

구 분	질량(g)	지구와의 거리(km) 지구는 반경	달 기조력 기준 상대적 기조력 크기
지구	5.977×10^{27}	6.370×10^{3}	-
달	7.355×10^{25}	3.884×10^{5}	1.00
태양	1.991×10^{33}	1.496×10^{8}	0.46
화성	6.395×10^{26}	7.771×10^{7}	1.05×10^{-6}

해수면의 연직운동 중 해수면이 최대가 되는 상태를 고조(만조, high water), 해수면이 최소가 되는 상태를 저조(간조, low water)라 하며, 고조에서 저조까지의 상태를 썰물(낙조, ebb), 저조에서 고조사이의 상태를 밀물(창조, flood)이라 한다. 달이 지구를 한 바퀴 도는데 약 24시간 50분이 소요됨에 따라 조석시간도 매일 50분씩 늦어진다.

대조는 약 15일마다 달이 삭(new moon) 또는 망(full moon)일 때 일어나는 조차(range of tide) 가 큰 조석을 말하며, 대조차(spring range)란 대조 때 조차의 평균값이다.

우리나라의 대조차를 살펴보면 서해의 대조차는 서해 남단에서 3m로서 북쪽으로 갈수록 점차 커져 인천에서 8 m로서 최대가 된다. 평균 고조간격은 남단에서 약 11시간이고 군산에서 3시간, 인천에서 4.5시간, 압록강에서는 9시간의 간격으로 나타난다.

남해의 경우 대조차는 부산에서 1.2m이고 서쪽으로 가면서 점차 커져 완도에서 3m의 대조차를 보인다. 평균 고조간격은 부산에서 약 8시간이며, 서쪽으로 이동하면서 증가하여 서단에서 약 11시간의 간격으로 나타난다.

동해의 경우 대조차는 30 cm 이하로서 평균 고조간격은 북쪽에서 약 3시간이며, 남쪽으로 갈수록 점차 늦어져 부산에서는 8시간이 된다.

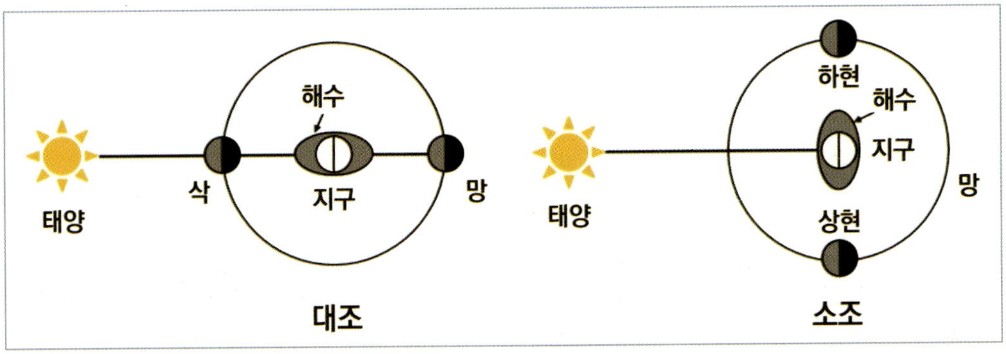

<그림 14-3> 대조와 소조

한편, 조석에 따라 발생하는 해수의 주기적인 수평운동을 조류(tidal current)라 한다. 이때 해면이 상승하여 고조로 가는 동안의 흐름을 창조류(flood current)라 하고, 해면이 하강하여 저조로 가는 동안의 흐름은 낙조류(ebb current)라고 한다. 또한, 밀물과 썰물에 조류의 흐름이 바뀔 때를 전류(정조, turn of tide)라고 하며, 전류 때는 유속이 0 이 되는 게류(slack water)현상이 발생한다.

2. 해양오염문제

2.1. 적조

적조현상(red-tide)이란 식물 플랑크톤의 대량 번식으로 바닷물의 색깔이 적색, 황색, 적갈색 등으로 변색되는 자연 현상이다. 최근 적조로 인한 직·간접적 피해가 늘어남에 따라 적조를 유해조류의 대 번식(harmful algal blooms : HAB)의 의미로 사용하기도 한다. 담수(강, 호수)에서 발생하는 현상은 수화(水華, water bloom) 라고 하는데 통상적으로는 녹조라고 부른다.

적조는 해류 및 조류의 소통이 원활하지 않고 일조량, 수온, 염분, 영양염류 등 적조생물의 대량번식에 알맞은 해양환경이 조성되었을 때 나타난다. 전 세계적으로 적조를 일으키고 있는 종수는 대략 200여종 정도가 보고되고 있다. 우리나라의 경우, 적조(녹조 포함)를 일으키는 생물은 대부분 편조류와 규조류로서 담수에서 녹조를 일으키는 녹조류 4종을 포함한 60여종, 원생동물인 섬모충 1종이 있다.

적조는 연안 환경 및 생태계에 대한 악영향, 심미적 불쾌감 등을 초래할 뿐만 아니라, 양식장 등 수산업에 큰 피해를 주고 있다. 특히, 코클로디니움(cochlodinium polykrikoides)에 의한 적조는 1995년에 764억원의 기록적인 수산 피해를 입히면서, 매년 여름

우리나라 남해안에서 발생하고 있다.

적조피해 예방방법으로는 해역의 정기적인 적조 예찰 및 분석을 통해 적조 예보를 제공하고, 적조 발생 시 액화산소, 저층 해수공급기, 순환 모터 등 방제장비를 활용하고 황토를 적조발생 광역해역 살포하는 방법이 있다.

<그림 14-4> 적조의 발생, 피해 및 방제

2.2. 해양쓰레기

해양쓰레기는 포괄적인 국제 관리체제나 국제적 협약이 마련되어 있지 않다. 그에 따라 해양쓰레기에 대한 명확한 개념은 정립되어 있지 않다. 국제 협약에서도 해양쓰레기에 대한 명확한 정의를 다루지 않고 있으며, 해양오염에 대해 다루고 있는 협약인 선박으로부터의 오염방지를 위한 국제협약(international convention for the prevention of marine pollution form ships, MARPOL 73/78, 해양오염방지협약)과 agenda 21(의제 21)에서 오염원 중 하나로 쓰레기를 규정하고 있을 뿐이다.

해양쓰레기의 발생 원인으로는 크게 육상기인, 해상기인, 외국기인 3가지로 나눌 수 있다. 육상기인 쓰레기는 "인근지역"에서 사용되고 버려진 쓰레기가 크고 작은 강과 하천을 통해 바다와 해안에 유입된 것이다.

해상기인 쓰레기는 선박기인과 어업기인으로 세분화 할 수 있으며, 선박기인 쓰레기는 선원 및 승객의 음식물 쓰레기, 종이, 비닐, 선박에서 사용 되는 기름걸레 등 선박이용에 수반되어 발생한다. 어업 기인 쓰레기는 어업활동에 이용된 부표와 그물 등이 해양에 그대로 버려지는 것뿐만 아니라 패류의 양식과정에서 자연사되거나 폐기된 패각류 등도 포함된다.

외국기인 쓰레기는 외국에서 발생되어 바다로 유입된 쓰레기가 조류나 해류를 통해 국경을 초월하여 유입된 것으로, 대부분이 플라스틱류의 부유성 쓰레기이다.

이러한 해양쓰레기는 해양생물에게 유해한 영향을 미친다. 특히 플라스틱에 의해 해양생물이 얽히거나, 쓰레기를 삼키기는 현상으로 인해 해양생물의 장 폐색, 영양결핍, 심지어는 죽음에 이른다. 또한, 부유폐기물의 경우 분해될 때 산소를 소모함으로써 수역이 빈산소화 되며, 침적폐기물의 경우 빈산소 또는 무산소 환경을 만들어 퇴적층 내의 저서생물을 폐사시키거나 생물군집을 해치고 악화된 환경에 적응하는 새로운 생물군집이 형성되도록 한다.

해양쓰레기는 해양생태계에 영향을 주는 것으로 그치지 않고, 해양환경의 쾌적한 이용을 방해 할 뿐 아니라 어업활동에 지장을 초래하여 경제적인 손실을 입히고 있으며, 나아가 해상안전에도 큰 영향을 미치고 있다.

해양쓰레기 중 큰 플라스틱은 여러 가지 환경요인에 의해 작은 조각으로 나뉘어져서 수 백 조각의 미세 플라스틱으로 바뀌게 된다. 미세 플라스틱은 길이나 지름이 5mm 이하인 플라스틱 조각을 통칭하는 용어로 모양은 구, 조각, 섬유 형태 등으로 다양하다. 미세 플라스틱은 해수면뿐 아니라 해수층, 해저 퇴적물, 심지어 북극의 해빙에서도 발견될 만큼 이미 해양 생태계에 만연한 오염물질이 되고 있다.

미세 플라스틱의 위험성은 바다 동물들이 이를 먹이로 오인한다는 데 있다. 해양 생태학자들의 연구에 따르면 플랑크톤에서부터 어류, 해양 포유류에 이르기까지, 먹이사슬의 모든 단계에 있는 생물이 미세 플라스틱을 먹을 수 있다. 식탁에 흔히 오르는 해산물, 그리고 생태계 유지에 필수적인 종도 여기에 포함된다. 이렇게 미세 플라스틱을 삼킨 해양 동물은 물리적인 상처에서부터 장 폐색, 산화 스트레스, 섭식 행동 장애, 에너지 할당 감소 등 여러 부작용을 겪을 수 있다. 게, 갯지렁이, 굴 등을 대상으로 한 연구에서 미세 플라스틱이 성장과 번식에도 장애를 일으키는 것으로 나타났다

2.3. 열 오염

화력발전소, 원자력발전소 등과 대규모 산업체들에서 발생하는 폐열을 처리하기 위해서는 많은 양의 냉각수가 필요하다. 우리나라의 경우 발전소에서 터빈을 돌리고 나온 증기를 다시 물로 만들 때 냉각용으로 해수를 사용한다. 이 때 방출되는 해수는 자연 해수보다 수온이 높아 온배수라고 하는데 이로 인하여 해양생태계에서 가장 중요한 요인 중 하나인 수온을 변화시키기 때문에 열오염이라고 한다.

냉각수로 사용되는 바닷물은 초당 약 50-60 톤(1000만 kw 급 원전 1 기)이 소요된다. 냉각수로 사용되는 해수는 증기를 냉각·응축시키며 취수 시의 자연해수보다 연 평균 약 7℃ 상승되어 바다에 배출된다.

온배수의 영향으로 찬 물을 좋아하는 어류는 이동하고 따뜻한 물을 좋아하는 어류는 발전 온배수의 배수역에 모여드는 경향을 보인다. 또한 배수구 인근의 미역이나 김 등 저온성 해조류의 생장이 저해되는 현상이 발생한다.

온배수는 계절에 따라 해양생물의 생산력 향상에 긍정적 역할을 하는 경우도 있지만,

특별한 종의 생산력이 급격하게 증가하여 생태계의 균형이 깨지거나, 수산업에서 중요한 어종이 피해를 입기도 한다.

이러한 온배수의 영향을 줄이기 위해 배출기준 등을 수립하여 온배수 관리를 위한 법규 또는 지침을 제정하고, 신규 건설되는 발전소에서는 심층 취수 및 배수 방식의 변화 등 다양한 방안을 모색하고 있다.

2.4. 잔류성 유기오염 물질

잔류성 유기오염 물질(persistent organic pollutants, POPs)이란 환경 중 잔류성, 생물농축성, 강독성, 장거리 이동의 특성을 가진 유기오염물질의 총칭이다. 2001년 유엔환경계획(UNEP)에 의해 다이옥신을 포함한 12종의 POPs의 규제에 관한 국제협약인 '스톡홀름 협약'이 제정되었다. 그 이후 11종이 추가되어, 현재 23종의 POPs가 스톡홀름 협약에 의해 규제를 받고 있다.

환경에 배출된 POPs는 대기와 해양의 경계면, 하수 등을 통해 바다로 유입된다. 해수 중의 오염물질이 해양생물에 직접적으로 농축되는 생물농축 현상이 발생하게 되면, 해양 생태계의 하위 영양단계에 있는 식물 플랑크톤에서부터 동물 플랑크톤, 물고기 등 상위 포식자 순으로 점차 농도가 증가하는 현상이 나타난다. 북극곰, 범고래, 갈매기에서 POPs가 매우 높은 농도를 나타내고 있는 것이 바로 이러한 현상 때문이다.

POPs는 잔류하는 특성을 가진 화학물질로서, 지방조직 내에 다량으로 생체 축적되면 인간 건강과 환경에 불리한 영향을 주는 물질이다. 오랫동안 POPs에 노출된 해양생물들은 생식기 이상, 기형 발생, 면역기능 저하, 개체 수 감소 등이 일어나게 된다. 또한 POPs가 축적된 수산물을 인간들이 섭취하게 되면 면역체계 교란, 중추신경계 손상, 암 등이 유발될 가능성이 높고 특히 임신 중 영양공급 및 모유를 통한 전달로 인해 태아나 유아에게 치명적인 영향을 끼칠 수 있다.

2.5. 해양오염사고

원유는 에너지 및 상품 생산에 매우 중요한 자원으로서 세계 무역에서 기초가 되는 중요한 상품으로, 원유 및 석유 화학 제품 대부분이 선박에 의해 이동되고 있다. 국가간 물류의 증대와 선박의 대형화로 인해 선박 사고의 빈도 또한 증가하고 있으며 이로 인한 해양 유류 오염사고의 피해건수와 그 규모도 점차 확대되고 있다.

해상에서 발생되는 해양 유류 오염사고 유형으로는 항해 중 침몰, 외판 균열, 정박 중 선저의 파공, 선박 충돌, 전복 및 좌초, 선박 급유 시 넘침, 본선 탱크로 이동시 넘침,

송유 라인 절손, 유류 터미널의 유류 유출, 입·출하 시 고의 또는 부주의 등에 의한 사고 등이 있다.

선박에 의한 해양 유류 오염사고는 시간과 장소에 관계없이 사고 발생 위험성을 내포하고 있으며 대부분 기상악화에 따른 무리한 항해를 하거나 태만 등 항해 부주의로 인해 사고가 발생한다.

선박에 의한 해양 유류오염 사고는 선박연료가 석탄에서 원유로 전환되면서 본격화되었고, 이후 에너지원으로서 원유에 대한 수요가 급증하면서부터 증가하기 시작하였다. 특히 유조선의 유류오염 사고는 유류가 제한된 해역에 배출되는 사고가 일단 일어나게 되면, 그 피해 규모가 매우 클 뿐만 아니라 오랜 기간 동안 해양환경에 심각한 영향을 주게 된다.

유조선으로 인한 세계 대형 유류오염 사고를 살펴보면 1989년 미국 알래스카에서 발생한 exxon valdez호 사고가 피해규모 면에서 가장 큰 것으로 알려져 있다. 우리나라에서도 유조선에 의한 유류오염 사고가 빈번하게 발생하고 있는데 그 중 가장 피해 규모가 컸던 사고는 2007년 발생한 hebei spirit호 사고이다.

해양유류 누출은 매우 적은 양의 유류 누출이라도 유류의 종류, 누출 시점과 장소, 영향 지역에 따라 해안 및 연안 생태계에 심각한 악영향을 미칠 수 있다. 특히 유류 오염은 사고 발생 후 수년이 경과된 후에도 해양생태계에 지속적으로 영향을 주게 되는데, 심지어는 수 십년이 경과된 후에도 유류 사고의 흔적을 발견할 수 있을 정도이다.

가장 눈에 띄는 유류 사고에 따른 환경 영향은 급성 사망률, 표면 아래까지 유류 독성의 지속, 만성 노출에 있으며, 치사량 이하일 경우에도 야생생물에 지속적으로 영향을 미쳐 장기간 연안 생태계에 영향을 준다.

<표 14-4> 세계 유류 오염 사고 원인

사고원인	좌초	충돌	구조적결함	래밍	폭발/화재	침몰	항로실패	고의적사고	군사문제	기타
비율	27	22	10	8	8	7	6	5	4	3

3. 오염해역 정화방법

산업의 발달과 연안의 개발이 심화됨에 따라 해양 오염퇴적물이 지속적으로 발생하고 있다. 해양 오염퇴적물은 수저에 쌓여 환경오염을 유발하고, 해역에서 수질을 악화시켜 해역생태계를 위협할 뿐 아니라, 악취 등으로 인하여 인근 주민생활까지 문제가 발생하게 된다.

해양 오염퇴적물의 수질 및 수서 생태계에 대한 악영향에 대해서는 오래 전부터 많은 연구가 진행되어 왔는데 일반적으로 용존산소 결핍, 부영양화 초래, 수서 생물에 대한 영향 등으로 구분할 수 있다.

오염된 퇴적물의 정화 및 처리방법과 기술에 대한 연구는 1980년대 미국 오대호 관리 프로그램을 시작으로 다양한 기술방법이 소개되었고 "오대호 오염퇴적물 평가와 복구 프로그램"을 통해 체계화되었다. 이러한 연구를 통하여 약 250여 가지 이상의 오염퇴적물 처리방안이 개발되었다.

현재 일반적으로 많이 사용되는 정화복원 방법은 장기간 모니터링을 병행한 자연정화방법(monitored natural recovery), 오염된 퇴적물을 오염되지 않은 청정물질로 피복하는 현장피복방법(in-situ capping), 오염된 퇴적물을 물리적으로 제거하는 준설방법(dredging) 등이 있다.

3.1. 자연정화(monitored natural recovery)

오염퇴적물에 대한 자연복원(MNR)은 퇴적물에 존재하는 오염원 및 이의 독성이 자연적으로 차단되거나 파괴 또는 저감되는 현상을 이용하는 기술로서, 지반 및 지하수 오염원에 대한 정화 기술인 monitored natural attenuation(MNA) 기술과 흡사하다.

자연적 현상은 물리적, 화학적 및 생물학적 현상으로 구분되며, MNR 기술 적용을 위해서 위 자연현상에 의한 오염원의 저감 효과를 지속적으로 확인하기 위한 모니터링이 필수적이다.

이 방법의 가장 큰 장점은 비용이 적게 들고, 오염물 확산의 위험이 적다는 것이다. 하지만, 이 방법은 저농도의 오염퇴적물에서만 가능하고, 유입오염원을 차단해야한다는 단점을 가지고 있다. 또한 관리프로그램을 잘 확립하여 오염물의 방출률과 오염물의 영향권역이 가속화되지 않도록 주의해야 한다.

3.2. 현장피복(in-situ capping)

자연정화가 불가능한 경우 선택할 수 있는 처리공법으로는 오염퇴적물을 제거하지 않고 현장에서 직접 처리하는 방법(고정화/안정화, 표면피복, 주위와 차단 또는 봉입)과 제거 후 처리하는 방법으로 크게 구분된다.

표면피복은 수저의 오염된 지역만 정밀하게 피복하여 피복물질을 수저에 잔류시키는 방법과 피복물질이 수상으로 노출될 만큼 다량의 피복물질을 투입하는 방법이 있는데 여기에는 모래, 자갈, 지오텍스타일, 지오그리드 등의 다양한 피복재가 이용되고 있다.

이러한 현장 피복의 기능은 첫째, 저서 생물체의 오염원에 대한 직접 차단 및 오염원의 이동을 줄이기 위한 물리적인 고립, 둘째 오염퇴적토사 및 덮개의 침식, 오염원의 재 부유 및 거동을 막기에 충분한 오염퇴적물의 안정화, 셋째 용출되지 않기 위한 오염퇴적물의 화학적 안정화를 들 수 있다.

현장피복 종류에 따라서 매우 심하게 오염된 퇴적물에는 부적절할 수도 있지만 시행의 용이성, 추가적인 처분지의 불필요, 상대적으로 낮은 비용, 효과적인 오염물질 봉쇄 등의 효능 때문에 실용성이 크다. 그러나 장기적인 관점에서의 효용성, 향후 투기지역의 정화가 재요구될 경우 문제가 복잡해 질수 있다는 단점이 있다.

3.3. 준설(dredging)/굴착(excavation)

오염퇴적물을 기계적 장비에 의해 오염퇴적물을 제거하는 굴착(excavation)이라고 하고, 수중에서 펌프준설장비를 이용하여 오염퇴적물을 제거하는 준설(dredging)이라고 한다. 굴착과 준설은 오염 퇴적물 복원 현장에서 가장 흔히 활용되는 기술이다.

제거된 오염 퇴적물을 준설토사(dredged sediment)라고 하는데 이것은 임시지정공간으로 수송된 후 오염정도 및 제반 여건에 따라 여러 과정을 거쳐 최종처리(treatment), 처분(disposal) 또는 재활용(reuse)된다.

오염준설퇴적물 처리는 물리적, 화학적 및 생물학적 기술을 통해 오염물질을 제거, 분리 및 고정화하여 인간 및 환경에 악영향이 미치는 것을 방지하고자 하는 기술이다. 처분은 유효활용이 제한되는 오염준설퇴적물을 일정 장소 및 시설에 영구히 방치하거나 차후 유효활용을 위해 일정량을 처분시설에 보존하는 방법을 말한다. 오염준설퇴적물 재활용은 말 그대로 오염원 처리가 된 양질의 토사를 재사용하는 것이다.

오염정도가 낮은 오염퇴적토사는 탈수 및 입도분리 등의 단순한 전처리 과정만을 거친 후 재활용되거나, 재활용 계획이 없을 경우에는 처분된다. 중간정도의 오염퇴적토사는 전처리 또는 처리 기술 적용 후 처분되거나 혹은 처리 기술 적용 후 재활용 될 수 있다. 오염이 심각한 오염퇴적토사는 처리 기술을 적용한 이후에도 재활용되지 않을 수도 있다.

4. 연안오염총량관리제

연안오염 총량관리 제도는 바다로 배출되는 생활하수, 산업폐수 등 오염물질을 농도가 아닌 배출총량을 기준으로 통제하는 방식을 말한다. 주로 폐쇄적인 만(灣) 구조를 가지며 배후지역이 고밀도로 이용되고 있는 연안해역 중 오염이 심한 해역을 대상으로 시행되는 제도이다.

해외의 경우, ’70년대 후반부터 일본(’79년), 미국(‘90년) 등 주요 국가에서 시행되고 있으며, 우리나라는 ’05년 마산만을 시작으로 ’13년 시화호, ’15년 부산 수영만에 각각 도입되어 활용되고 있다.

특별 관리해역은 오염이 심하거나 우려되는 해역으로 마산만, 시화호·인천연안, 부산연안, 울산연안, 광양만이 지정되어 있다. 이 제도가 시행 또는 시행예정 되고 있는 국내 5개 특별 관리해역은 국토 면적의 1.26 %(1,263 km^2)에 불과하나, 전체 인구의 16.1 %(8.2백만명)가 살고 있어, 인구밀도는 전국평균보다 9.25배 높은(4,568명/km^2) 지역이다.

2005년 이 제도를 도입하여 최초 시행한 마산만의 경우 마산만 수질은 화학적 산소요구량(COD) 기준, 공업용 냉각수 수준인 2.59 mg/L(’05)에서 1.7 mg/L(’14)으로 개선되었다. 또한, 멸종위기 야생동물 2급인 붉은발 말똥게와 수달의 서식이 확인되는 등 생태계도 점차 회복되고 있고 아울러 2011년부터는 봉암갯벌을 습지보호구역으로 지정하여 보존하고 있다.

시화호는 2013년부터 연안오염 총량관리제도를 도입하여 운영해오고 있는데 수질이 COD 기준 3.51 mg/L(’10)에서 2.99 mg/L(’14)로 개선되었고, 금개구리, 맹꽁이(멸종위기 야생동물 2급) 등이 서식하는 시화호 갈대습지공원은 연간 25만 명 이상이 찾는 생태관광의 명소로 변모하였다.

제4편

환경관리 및 환경경영

제15장 환경영향평가

환경영향평가제도의 도입배경 및 사후대책이 아닌 사전 예방적 정책수단으로서 환경영향평가제도의 변천과정에 대해서 설명하였고, 전략환경영향평가, 환경영향평가 및 소규모 환경영향평가로 구분되는 환경영향평가의 종류, 대상계획, 환경영향평가법에 따른 환경영향평가실시 절차에 대해 개략적으로 소개하였다.

주요 내용

1. 환경영향평가제도의 도입 배경과 변천과정

도입 배경 및 의의, 변천과정

2. 환경영향평가의 종류와 대상계획

전략환경평가, 환경영향평가, 소규모 환경영향평가, 사후 환경영향조사

3. 환경영향평가의 절차

1. 환경영향평가제도의 도입 배경과 변천과정

1.1. 도입 배경 및 의의

경제성장 위주의 개발정책과 공급중심의 토지정책으로 인한 국토의 난개발로 자연환경이 훼손되고, 이에 따른 환경오염이 심각한 사회문제로 대두되었다. 삶의 질 제고에 대한 의식구조의 변화와 쾌적한 국토환경과 자연과의 공생에 대한 국민의 관심과 욕구는 더욱 높아지고 있다. 이에 따라 더욱 적극적인 국토환경관리 정책의 강화가 요구되고 있다.

이러한 사회적 의식의 변화에 따라 환경정책도 변하고 있다. 과거의 환경정책은 환경오염 방지시설 설치, 배출 허용기준 설정 등 사후 대책의 해결방식이었다면 앞으로의

환경문제는 더욱 복잡하고 다양하게 전개될 것이기 때문에 사후대책이 아닌 사전 예방적 정책수단으로의 방식이 적극적으로 검토되고 있는 것이다.

사전 예방적 수단으로서의 환경영향평가는 각종 정책, 계획 또는 개발사업 등의 추진과정에서 발생할 수 있는 환경영향을 예측 · 분석하고, 악영향을 회피하거나 최소화할 수 있는 방안을 마련하여 친환경적이고 지속가능한 발전과 건강하고 쾌적한 국민생활을 도모하고자 하는 제도이다. 이 제도의 목적은 보전과 개발의 조화, 친환경적이고 지속가능한 발전, 건강하고 쾌적한 환경조성을 추구하는데 있다.

☞ **사전 예방적 국토환경관리 기능의 강화**

국토환경에 영향을 미칠 수 있는 각종 개발 사업은 환경의 질을 유지하고 스스로 수용·정화 및 복원할 수 있는 한계인 '환경용량(environmental capacity)'의 범위 내에서 이루어져야 할 것이다. 이를 위해서는 개발사업의 기획 입안단계에서 국토의 환경용량에 대한 체계적인 고려가 필수적이다…. 과잉·난개발의 원천적 차단 등 환경과 조화되는 국토의 이용을 위해서는 국토이용과 개발의 계획 수립단계부터 환경성을 내재할 수 있도록 제도가 필요하다.

〈환경백서, 2018〉

- **환경영향분석** : 제안된 사업계획으로 인한 수질, 대기, 소음·진동, 생태계 등 환경적인 영향과 사회경제적 영향을 예측·평가한다.
- **계획과정** : 어떤 토지를 이용하거나 사업을 실시함으로서 발생할 수 있는 영향을 사업계획 수립과정에서 고려하여 악영향을 최소화하는 방안을 문서로 작성하여 열람할 수 있게 하는 점이다.
- **의사결정단계** : 좋은 영향과 나쁜 영향을 모두 밝혀주기 때문에 계획과정에서부터 관련된 정보가 제공된다.
- **환경관리의 수단** : 환경오염 저감대책을 포함한 대안 설정은 사업 시행으로 발생할 수 있는 환경영향을 회피하거나 완화시키는 역할을 한다.

1.2. 변천과정

환경영향평가제도는 1977년 환경보전법에서 도입되었고, 1993년 환경영향평가법이 제정되면서 본격적으로 시행되었으며 현재에 이르기까지 시대 여건과 사회변화에 맞춰 지속적으로 발전되어 왔다.

가. 환경보전법 시기(1977년~1989년)

1970년 도시화와 산업화로 심각한 환경오염과 지역 간 불균형이 야기됨에 따라 1977년 「환경보전법」에서 환경영향평가제도의 도입 근거를 마련하였다. 행정기관이 시행하는 도시개발, 산업 입지의 조성, 에너지 개발 등에 대한 협의 근거가 마련되었으나, 평가서 작성방법 등에 대한 하위 규정이 마련되지 않아 실시되지는 못하였다.

나. 환경정책기본법 시기(1990년~1992년)

1990년에는 환경청이 환경처로 승격되면서 환경영향평가제도가 「환경보전법」에서 「환경정책기본법」으로 이관되었으며, 주민의견 수렴 및 사후 관리제도를 도입하여 환경영향평가제도가 한 단계 더 발전하는 계기가 되었다.

다. 구(舊) 환경영향평가법 시기(1993년~1998년)

1993년에는 단일법으로서 「환경영향평가법」을 제정하고, 환경영향평가의 대상 사업의 범위, 시기, 협의절차 등 구체적 집행적 사항을 규정하였고, 주민 의견수렴을 위한 공청회를 의무화했다. 아울러 평가서 협의 요청 및 사후관리를 사업승인기관이 담당하도록 하였으며, 시·도 조례로서 환경영향평가를 실시할 수 있게 하였다. 협의당시 예측하지 못한 중대한 환경영향이 발생하면 재평가를 실시할 수 있도록 하였다.

라. 환경·교통·재해 등에 관한 영향 평가법 시기(1999년~2007년)

1999년에는 「환경정책기본법」을 개정하여 사전 환경성검토제도를 도입하였으며, 「환경·교통·재해 등에 관한 영향평가법」을 제정하여 환경·교통·재해·인구에 미치는 영향을 평가할 수 있게 하였다.

마. 환경영향평가법 시기(2008년~2011년)

2009년에는 「환경 · 교통 · 재해 등에 관한 영향평가법」에서 환경영향평가를 분리하여 「환경영향평가법」을 다시 제정하였다. 이를 통해 성격이 다른 평가제도의 통합 운영에 따른 평가제도 상호간의 중복과 시간 및 비용, 인력이 소요되는 문제점을 개선하였다.

바. 통합 환경영향평가법 시기(2012년~현재)

2012년 7월에는 따로 규정되어 있던 환경평가제도를 하나로 통합하여 「환경영향평가법」을 제정·공포·시행하였다. 「환경정책기본법」에 따른 사전 환경성 검토와 「환경영향평가법」에 따른 환경영향평가가 이원화되어 유사 목적의 평가제도임에도 각각 다른 법률에 규정되어 평가절차가 복잡하고 일관성과 연계성이 부족한 점을 개선하기 위한 것이다.

통합한 「환경영향평가법」은 「환경정책기본법」의 사전 환경성검토 규정을 전략 환경영향평가와 소규모 환경영향평가로 개편하였고, 이와 더불어 환경영향평가서 작성의 전문성을 높이기 위해 '환경영향평가사'라는 국가자격 제도를 도입하였다. 또한, 평가서의 신뢰성 향상을 위해 평가서의 작성은 법령에 따라 등록한 환경영향평가업자만이 작성할 수 있도록 규정하였다.

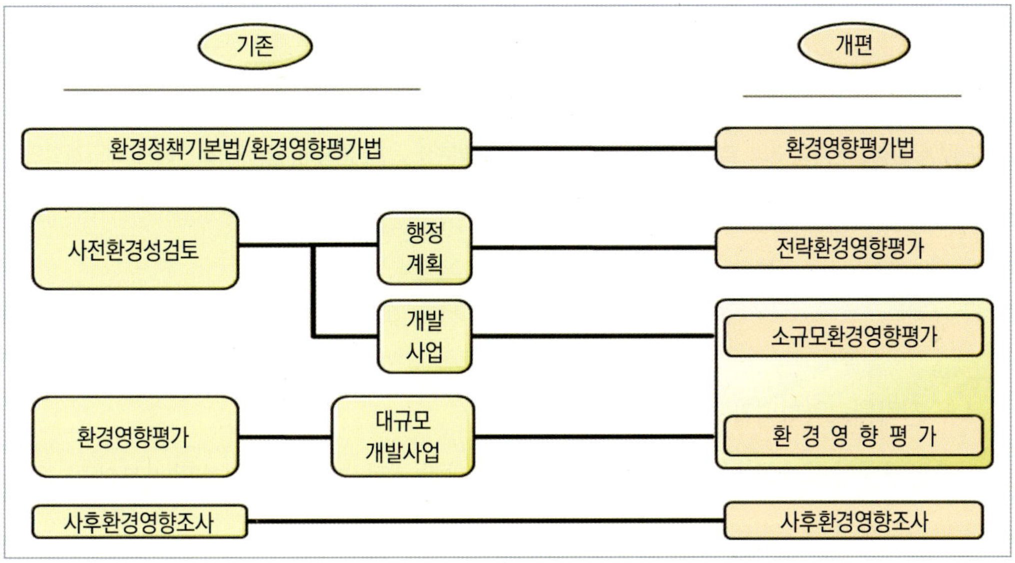

<그림 15-1> 환경영향평가제도의 개편

2. 환경영향평가의 종류와 대상계획

「환경영향평가법」 제2조에서 정하고 있는 "환경영향평가"의 종류는 크게 전략환경영향평가, 환경영향평가 및 소규모 환경영향평가로 구분되며, 또한 해당 사업으로 인한 환경변화를 모니터링하는 사후환경영향조사를 포함할 수 있다.

2.1. 전략환경영향평가

가. 전략환경영향평가의 정의

전략환경영향평가는 사전 환경성검토를 통해 개발계획의 구상 초기단계에서부터 환경에 영향을 미치는 요인을 집중 검토하여 입지의 적정성과 해당 계획의 타당성을 평가할 수 있게 하여 국토의 지속가능한 발전을 도모하는 것이다.

☞ **전략환경영향평가**

환경영향평가의 과정 및 결과가 개발계획을 수립하고 시행함에 있어서 환경적 가이드라인 역할을 못하고 개발계획의 시행을 전제로 사업규모를 축소하거나 환경영향 저감방안을 제시하는 정도에 머물고 있다는 부정적 시각으로 인해 대안으로서 전략환경영향평가(strategic environmental assesment, SEA) 제도가 도입되었다.

1999년부터 낮은 단계의 전략환경영향평가라 할 수 있는 사전환경성검토제도를 시행하여 왔으나 계획수립절차 과정에 기능적으로 편입되지 못해 행정계획수립단계에서 의사결정지원 역할을 수행하기에는 어려움이 있었다.

이에 2011년 환경영향평가법에서는 「전략환경영향평가는 환경에 영향을 미치는 상위계획을 수립할 때에 환경보전계획과의 부합여부 확인 및 대안의 설정분석 등을 통하여 환경적 측면에서 해당계획의 적정성 및 입지의 타당성 등을 검토하여 국토의 지속가능한 발전을 도모하는 것」으로 정의하고 그 중요성을 강조하였다.

〈환경백서, 2018〉

나. 전략환경영향평가의 대상계획

전략환경영향평가의 대상계획은 그 성격에 따라 「정책계획」과 「개발기본계획」으로 분류할 수 있다.

정책계획이란 국토의 전 지역이나 일부 지역을 대상으로 개발 및 보전 등에 관한 기본방향이나 지침 등을 일반적으로 제시하는 계획으로서 국가기간교통망계획, 수자원 장기종합계획 등 33개 계획이다.

<표 15-1> 전략환경영향평가 대상계획

정책계획(8개 분야)	개발기본계획(16개 분야)
• 도시의 개발 • 항만의 건설 • 도로의 건설 • 수자원의 개발 • 관광단지의 개발 • 산지의개발 • 특정지역의 개발 • 폐기물·분뇨·가축분뇨처리시설의 설치	• 도시의 개발 • 산업입지·산업단지 조성 • 에너지 개발 • 항만의 건설 • 도로의 건설 • 수자원의 개발 • 철도의 건설 • 공항 또는 비행장의 건설 • 하천의 이용 및 개발 • 개간·공유수면 매립 • 관광단지의 개발 • 산지의개발 • 특정지역의 개발 • 체육시설의 설치 • 폐기물·분뇨·가축분뇨 처리시설의 설치 • 국방·군사시설의 설치

개발기본계획이란 국토의 일부 지역을 대상으로 하는 계획으로 구체적인 개발구역의 지정에 관한 계획 또는 개별 법령에서의 실시계획 등을 수립하기 전에 수립토록 하는 계획이다. 실시계획 등의 기준이 되며, 혁신도시 개발예정지구의 지정, 도·시·군 관리계획 등 84개 계획이다.

2.2. 환경영향평가

가. 정의

환경영향평가는 환경에 영향을 미치는 실시계획·시행계획 등의 허가·인가·승인·면허 또는 결정 등(이하 "승인 등"이라 한다)을 할 때에 해당 사업이 환경에 미치는 영향을 미리 조사·예측·평가하여 해로운 환경영향을 피하거나 제거 또는 감소시킬 수 있는 방안을 마련하는 것을 말한다.

☞ **환경영향평가**

환경영향평가(environmental impact assessment, EIA)제도는 자연생태계의 파괴와 환경오염 문제가 갈수록 심각해짐에 따라 오염물질의 처리 등 사후대책만으로는 환경문제에 대한 근본적인 해결이 어렵다는 인식하에 각종 개발계획의 추진단계에서 환경적인 측면을 미리 고려하기 위한 사전예방적 정책수단으로 도입되었다. 이에 따라, 동 제도는 개발 사업을 수립·시행하는데 있어 경제적·기술적 측면 이외에 환경적 측면까지 종합적으로 고려하도록 함으로써 환경상태의 악화를 예방하고 '환경적으로 건전하고 지속가능한 개발(ESSD)'을 달성하기 위한 중요한 수단이 되고 있다.

〈환경백서, 2018〉

나. 환경영향평가 대상사업

도시의 개발사업, 산업입지 및 산업단지 조성사업 등 총 17개 분야 81개 사업을 대상사업으로 규정하고 있다.

<표 15-2> 환경영향평가 대상사업

환경영향평가 대상사업(17개 분야)	
• 도시의 개발사업 • 산업입지·산업단지 조성사업 • 에너지 개발사업 • 항만의 건설사업 • 도로의 건설사업 • 수자원의 개발사업 • 철도(도시철도를 포함한다)의 건설사업 • 공항 또는 비행장의 건설사업 • 하천의 이용 및 개발사업	• 개간 및 공유수면의 매립사업 • 관광단지의 개발사업 • 산지의 개발사업 • 특정지역의 개발사업 • 체육시설의 설치사업 • 폐기물·분뇨·가축분뇨 처리시설의 설치 • 국방·군사시설의 설치사업 • 토석·모래·자갈·광물 등의 채취사업

2.3. 소규모 환경영향평가

가. 정의

☞ **소규모 환경영향평가**

소규모 환경영향평가란 환경보전이 필요한 지역이나 난개발이 우려되어 계획적 개발이 필요한 지역에서 개발 사업을 시행할 때, 입지의 타당성과 환경에 미치는 영향을 미리 조사·예측·평가하여 환경보전방안을 마련하기 위한 제도이다.

소규모 환경영향평가제도는 대형 개발 사업에 비해 입지선정 및 인·허가 절차가 쉬운 소규모 개발 사업 난립에 따른 난개발을 방지하는 역할을 한다.

〈환경백서, 2018〉

나. 소규모 환경영향평가 대상사업

소규모 환경영향평가 대상사업은 관리지역·개발제한구역 등에서 행해지는 환경영향평가 대상사업 중에서 규모 미만의 개발사업(규모 5,000～50,000 ㎡인 개발사업)을 대상으로 한다.

보전이 필요한 지역 또는 난개발이 우려되어 계획적 개발이 필요한 지역이 여기에 해당된다. 다만, 환경영향이 적은 산림사업, 사방사업, 토양의 개량·보전을 위한 사업, 육상 골재 채취, 주요 지하 매설물 설치사업은 소규모 환경영향평가 대상사업에서 제외시키고 있다.

수목원 조성 사업, 자연휴양림, 삼림욕장 또는 치유의 숲 조성 사업의 경우에는 토지의 형질변경 등 실질적으로 개발이 되는 면적을 기준으로 소규모 환경영향평가 대상여부를 판단하도록 하였다.

사업규모에 비해 환경에 미치는 영향이 큰 가축분뇨 배출시설 및 처리시설 또한 소규모 환경영향평가 대상에 포함하는 등 경제·사회·환경적 여건을 고려하여 합리적으로 결정할 수 있도록 하였다.

<표 15-3> 소규모 환경영향평가 대상사업

소규모 환경영향평가 대상사업(9개 분야)
• 「국토의 계획 및 이용에 관한 법률」 적용지역 • 「개발제한구역의 지정 및 관리에 관한 특별조치법」 적용지역 • 「자연환경보전법」 및 「야생생물 보호 및 관리에 관한 법률」 적용지역 • 「산지관리법」 적용지역 • 「자연공원법」 적용지역 • 「습지보전법」 적용지역 • 「수도법」, 「하천법」, 「소하천정비법」 및 「지하수법」 적용지역 • 「초지법」 적용지역 • 그 밖의 개발사업

2.4. 사후환경영향조사

사후환경영향조사는 해당 사업으로 인한 환경변화를 모니터링하고, 환경영향평가 예측 결과와 공사·운영 시 나타나는 환경에 미치는 영향을 비교·평가함으로써 평가 당시 예측하지 못한 주변 환경피해를 사전에 방지할 수 있도록 계획을 수립하는 제도이다.

환경영향평가 협의 내용의 성실한 이행 관리를 통해 사업 시행으로 인한 환경 보전 대책이 적기에 이행되고, 예측하지 못한 환경 피해가 발생되거나 발생할 우려가 있는 경우 이에 대한 신속한 조치가 이루어질 수 있도록 하여야 한다.

개별 사업별로 그 시기를 1) 공사 착공부터 사업의 준공까지, 2) 운영시, 3) 준공 후 3년 또는 5년까지로 각각 구분하여 규정하고 있으며, 환경기준이 설정된 항목과 환경영향평가서에서 수립한 항목, 그리고 협의내용에서 조사하도록 한 항목에 대해 조사하도록 명시되어 있다.

3. 환경영향평가의 절차

「환경영향평가법」에 따라서 환경영향평가를 실시하는 주요 순서는 다음과 같다.

1) 지역특성과 함께 주요영향 요인을 파악하여 평가준비서의 작성하고 환경영향평가 협의회의 심의를 거친다.
2) 환경영향평가 대상지역, 세부 항목 및 범위, 주민의견 수렴여부 등을 파악한 후 환경영향평가서를 작성하고 협의를 거친다. 여기에는 전문기관의 의견수렴과 환경영향평가서의 협의 및 협의 내용의 관리 등 평가절차 등이 포함된다.
3) 협의내용을 통보하고, 협의내용이 반영된 여부를 승인기관이 확인하는 절차와 이의신청과정을 거쳐 환경영향평가가 완료되며, 협의내용의 관리를 위해 사후환경영향조사를 실시한다. 이 내용을 요약하여 <그림 15-2>로 나타내면 다음과 같다.

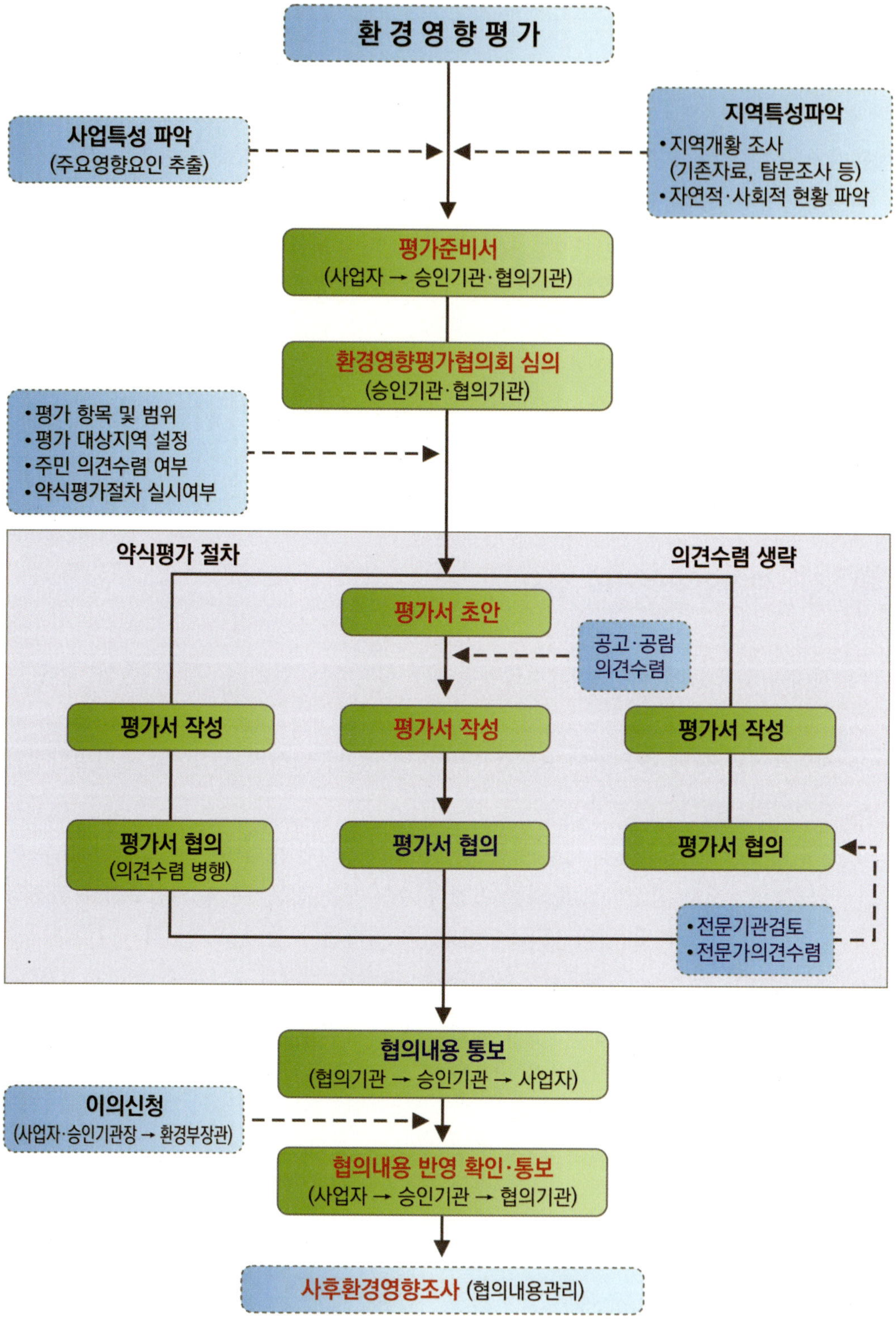

<그림 15-2> 환경영향평가 절차

제16장 환경법규와 환경오염규제

국민의 기본권으로서의 환경권과 관련하여 환경정책기본법과 각종 환경법규를 살펴보았고, 우리나라 환경정책과 환경 거버넌스 그리고 환경오염의 규제방안에 대해서 설명하였다.

주요 내용

1. **환경법규**
2. **환경관리제도 및 환경정책**
   환경정책, 거버넌스, 환경오염규제

1. 환경법규

1.1. 환경관계법규

☞ **기본권으로서 환경권**

모든 국민은 건강하고 쾌적한 환경에서 생활할 권리를 가지며 국가와 국민은 환경보전을 위하여 노력하여야 한다.**(헌법 제35조 1항)**

우리나라 최초의 환경법은 1963년 제정된 「공해방지법」이다. 그러나 당시 경제개발정책이 최우선시 되는 상황에서 공해방지법은 실질적으로 효력을 발휘하지 못하였다. 본격적인 환경법규는 1977년 제정된 「환경보전법」이었으며, 1986년에는 오물청소법이 폐지되고 폐기물관리법이 제정되었다.

환경보전법은 대기, 수질, 및 소음진동 등 오염 원인이 각각 다른데도 불구하고 모두 하나의 테두리에서 규정하고 있기 때문에 여러 가지 어려움이 많았다. 이에 복잡한 산업 활동에 의해서 발생되는 환경오염 문제에 보다 효과적으로 대처하기 위해 형식 및 내용에 대해서 획기적인 전환을 하게 되었다.

1990년, 「환경정책기본법」, 「대기환경보전법」, 「수질환경보전법」, 「유해화학물질관리법」, 「환경오염피해분쟁조정법」, 「소음진동규제법」 등 환경매체별로 전문적으로 대처하기 위한 법률 제정이 이루어졌으며 환경보전법에서 나타난 문제점들을 근원적으로 보완하는 효과가 발생하였다.

1.2. 환경정책기본법

환경보전은 국가의 지속적인 발전과 국민복지의 기초이다. 국가, 지방자치단체, 사업자 및 국민은 환경을 보다 양호한 상태로 유지·조성토록 지속적으로 노력해야 한다. 따라서 환경을 이용할 때에는 환경보전을 우선적으로 고려하여 「**환경보전장기계획**」을 수립하도록 하며, 정부로 하여금 국민의 건강을 보호하고 쾌적한 환경을 조성하기 위하여 「**환경기준**」을 설정하도록 하고 있다. 아울러 환경 영향권별 환경오염 실태파악과 영향권별 환경관리에 관한 사항과 환경영향평가에 관한 근거 규정을 두어 환경보전을 위해 노력하고 있다.

1.3. 대기환경보전법

자동차의 증가와 각종 화석 연료의 사용 증가로 인한 대기오염을 방지하기 위해 대기오염원의 규제를 통한 대기오염 관리에 관한 법이다. 대기 배출시설을 규정하고 있으며, 방지 시설의 설치와 배출 허용기준 및 각종 행정명령과 배출 부과금에 관한 사항들이 포함되어 있다.

1.4. 물환경보전법(수질환경보전법)

오염된 물은 폐수(wastewater)와 하수(sewage)로 구분할 수 있으며, 하수는 하수도법으로, 폐수는 물환경보전법(수질환경보전법)으로 각각 규제하고 있다. 물환경보전법(수질환경보전법)은 수질 오염물질의 정의, 배출시설, 방지시설, 배출 허용기준, 행정명령, 배출 부과금에 관한 사항을 정하고 있다.

1.5. 화학물질 관리법

현재 800여만 종의 화학물질이 존재하며 상업적으로 판매·유통되는 물질은 약 8만여

종이다. 우리나라의 경우, 일만 여종의 화학물질이 유통 거래되고 있는데 매년 급속한 증가추세를 보이고 있다. 유해 화학물질 관리법에서는 유해 화학물질을 유독물과 특정 유독물로 구분하는데 유독물은 사람의 건강 또는 환경에 유해를 미치는 독성이 있는 물질로, 특정 유독물은 그 유해정도가 매우 크다고 보이는 유독물로 규정하고 있다.

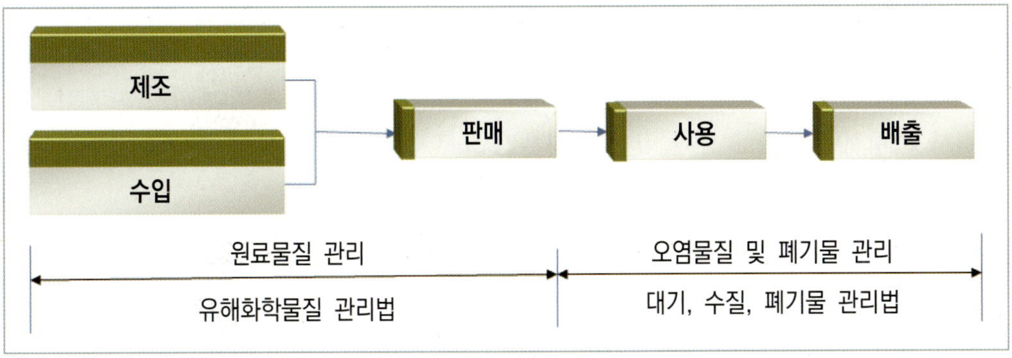

〈그림 16-1〉 우리나라 유해화학물질의 관리체계

1.6. 환경오염 피해분쟁 조정법

대기, 토양, 물의 환경오염으로 인한 피해는 오염이 간접적으로 발생하고, 서서히 누적되어 나타나며, 광범위한 영역으로 확산된다는 점이다. 따라서 분쟁의 당사자는 환경피해에 대한 인과관계 규명이 상당히 힘들 뿐만 아니라 사법 절차로는 분쟁을 신속하고 정확하게 해결하기 어려운 실정이다. 이에 신속 공정한 분쟁조정 절차를 마련하기 위한 환경오염피해 분쟁조정법이 제정되었다.

1.7. 기타

기타 환경문제와 관련이 있는 법률로는 화학물질 통합관리법, 화학물질관리법(화관법), 화학물질 등록 및 평가 등에 관한 법률(화평법), 폐기물관리법, 소음진동규제법, 해양오염방지법, 오수분뇨 및 축산폐수의 처리에 관한 법률, 수도법, 하수도법, 공유수면 매립법 등이 있다.

2. 환경관리제도 및 환경정책

2.1. 환경정책

최근 녹조문제 완화, 수생태계 복원 등 환경문제가 사회적 관심으로 떠오르고 있고, 미세먼지 종합대책의 수립 및 재정투자 확대, 기후변화에 따른 환경관리와 해결과제 등 환경과 관련된 과제들이 산적해 있다.

환경정책의 기본 방향은 갈수록 심화되고 있는 제반 환경문제에 대하여 효과적으로 대처하고 쾌적한 환경에 대한 국민의 기본적 요구에 부응하며, 특히 범지구적 환경문제에 능동적으로 대응하는 정책을 수립하는 것이다.

최근에 수립한 국가 환경정책은 국가 지속가능성 제고를 위한 기반을 마련을 위한 정책수립, 국민이 체감할 수 있는 환경의 질 개선, 환경산업 혁신성장 환경교육 강화 및 환경정보 공개 확대 등의 과제를 선정하였다.

또한 환경보전의 효율성을 높이기 위하여 현재의 환경관련 제도를 개선하고 관리방안을 다음과 같이 도입하였다.

- 환경규제에 관한 기준을 단계적으로 강화
- 총량 관리제의 도입으로 4대강 수질의 향상
- 통합 환경관리법의 시행
- 배출 부과금제도, 환경개선 부담금, 폐기물 예치금, 폐기물 부담금 제도 등
- 수자원 관리체계의 통합적 정비

통합관리법, 화평법(화학물질 등록), 살생물제법(살생물 제품 사전승인제) 등 새롭게 도입되거나 강화될 환경관리제도에 대한 산업계의 반발이 예상되며, 배출권 거래제 할당, 미세먼지 배출원 단속 강화, 노후 경유차 운행 제한 및 벌칙 강화 등의 환경규제에 대한 국민의 반발도 우려된다. 산업, 에너지, 교통, 주거, 생태계에 대한 일부 이기적이고 편협한 사고방식으로는 오랫동안 가져온 환경문제들을 해결하기가 쉽지 않다. 앞으로는 경제적, 사회적, 환경적 상황들이 통합적으로 긴밀하게 연결되는 세상이 될 것이며, 이러한 상호관계를 반영하는 환경정책들이 개발되어야 한다. 미세먼지의 예처럼 국가적인 환경문제 해결을 넘어 국제적인 수준의 환경문제에 대한 의사결정도 끊임없이 요구되고 있어 이에 따른 거시적 환경정책이 뒷받침되어야 할 것이다.

2.2. 거버넌스

지역 환경문제가 발생하게 되면 "환경사고의 책임은 어디에 있는가?", "왜 이런 사고

가 발생하였는가?"라는 질문이 제기된다. 대체로 환경문제나 생태계의 관리에 대한 책임의 주체가 분명치 않다. 이 때문에 해결 과정에서 많은 논란이 생기게 되는데 이를 중재하고 협력하여 문제를 해결할 수 있는 거버넌스(governance)가 무엇보다도 중요하다.

거버넌스는 우리 말로 '협치'라고 말할 수 있는데 의사결정과 동시에 실행과 책임까지 동시에 지는 것을 의미한다. 따라서 거버넌스는 정부와 지방 자치단체, 사업가, 시민 등 의사결정을 다루는 모든 위치에 있는 사람들이 관계되어 있으며 문제 해결을 위해 수행해야 할 행동 양식과 그 과정을 종합적으로 의미하는 것이다.

경제성장위주의 정책들이 국가정책의 기조를 이끌어가는 과정에서 정부와 산업체는 경제를 발전시키기 위하여 개발에 역점을 두고 노력하였고, 이에 대해 환경단체와 시민단체 등의 비정부기구(NGO)들은 환경을 보호하기 위해 중요한 역할을 수행해왔다. 이러한 과정에서 환경적 협치는 시대적으로 거스를 수 없는 일이 되었다.

환경부문에 있어서의 거버넌스는 시민, 노동자와 NGO등의 일반인들의 의사와 의사결정권자들이 함께 협력하여 우리의 자연생태계를 보전하기 위하여 환경을 관리하는 것이다.

따라서 정부나 기업은 신뢰에 근거한 합리적이고 포괄적인 대화와 토론을 통해 공동체의 의사결정에 참여해야 하고 자신들의 가치와 전략, 지역사회와 공동체에 대한 영향을 알리기 위한 노력이 필요하다. 시민과 NGO 역시 포용적으로 환경을 바라보는 의식과 합리적인 토론을 통한 의사결정구조를 가져야하며, 이를 바탕으로 지역과 국가, 국제적인 환경활동에 헌신함으로서 미래의 환경문제 해결에 도움을 줄 수 있다.

2.3. 환경오염규제

환경오염의 규제에는 피해 예방과 구제를 위한 다양한 환경· 행정제도와 관리체계가 있다. 환경오염을 규제하는 수단으로는 직접적 규제로서 각종 규제수단, 간접적 규제로서 보조금 및 부과금제도로 크게 나눌 수 있다.

각종규제 수단(직접적 규제)

- 환경기준, 배출기준, 배출시설의 설치규제
- 연료규제, 특정행위의 금지, 시설관리인에 대한 규제,
- 배출시설의 운영규제, 행정처분과 개선명령, 조업정지, 이전명령, 허가취소

보조금 및 부과금제도(간접적 규제)

- 정부 보조금, 조세상 혜택, 예치금 제도
- 배출 부과금, 오염유발부담금, 환경세, 배출권 거래제

제17장 환경경영

기업의 사회적 책임과 환경윤리, 환경경영시스템 관련 ISO 국제표준, 환경경영시스템 구축 시 요구되는 기준과 방안 등에 대해 상술하였고, 실제적인 환경경영 방침에 대한 구체적인 예를 통해 현장에서 적용할 수 있는 표준화된 방안을 제시하였다.

주요 내용

1. 기업의 사회적 책임과 환경윤리

기업의 사회적 책임, 환경윤리

2. 환경경영시스템 구축

환경경영시스템의 의의, 환경경영시스템 구축 단계, 환경경영시스템 구축 시 고려사항, 환경경영시스템 구축

1. 기업의 사회적 책임과 환경윤리

1.1. 기업의 사회적 책임

기업의 사회적 책임(corporate social responsibility ; CSR)에 대한 가장 일반적 정의로는 Carroll의 CSR 모델을 들 수 있다. 아래 <그림 16-1>은 CSR의 각 단계를 나타내고 있다.

먼저 기업의 경제적 책임으로서 주주, 종업원은 물론이고 소비자에 대한 의무가 있다. 두 번째 기업의 법률적 책임은 법의 준수 의무이다. 세 번째 기업의 윤리적 책임은 도덕적 측면으로 강제적 사항은 아니다. 마지막으로 기업의 박애적 책임은 사회 전반의 후생복지를 개선시켜야 하는 의무로서 가장 바람직한 의무이다.

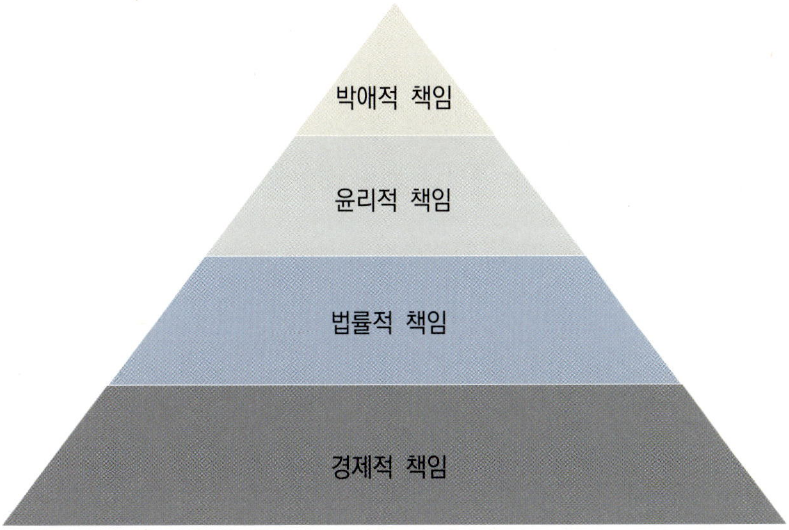

<그림 17-1> Carroll의 CSR 모델

1.2. 환경윤리

환경윤리는 인류가 환경에 대한 책임의식을 가져야 한다는 것이다. 환경윤리의 목표는 환경 책임성의 확대에 초점을 두어야 한다.

환경윤리는 환경에 대한 인간의 행동을 당사자의 이해관계가 아니라 환경정의 측면에서 이해되어야 한다.

가. 개발윤리

개발윤리(development ethic)는 개인주의에 기초한다. 자연은 단지 도구적인 가치를 지니며, 환경은 경제적으로 가치가 있을 때만 유용하다는 논리이다.

나. 보전윤리

보전윤리(preservation ethic)는 자연 그 자체를 특별하게 여기며, 전체적인 개발과 절대적인 보전의 균형을 주장한다. 보존윤리의 목표는 지구공동체의 입장이다.

다. 사회환경윤리

선진국의 중요한 사회적 목표로서 성장, 팽창, 우월을 들 수가 있으며, 경제성장과 자원 개발은 개발도상국도 동일한 목표를 가지고 있다. 사회환경 윤리론자들은 청정 자연지역의 자원도 개발해야 한다고 주장한다.

라. 기업환경윤리

기업은 산업 활동 과정에서 자원을 소비하고 환경오염을 유발한다. 수익창출은 기업의 본질적인 목적이므로, 기업의 임직원이 윤리적 결정에 직면하게 된다. 기업윤리는 이윤추구를 위해 제품의 품질이나 폐기물 처리 등 예산 절감 시에 적용된다.

마. 개인환경윤리

개인환경윤리는 국가의 법률 제정보다는 개인의 생활방식 자체를 근본적으로 바꾸어야 한다는 주장이다. 이를 위해서는 각 개인들의 환경 윤리적 삶이 필요하게 될 것이다.

바. 지구적 환경윤리

최근 인류는 전 지구적 환경의 관점에서 환경문제에 대해 주목을 하고 있다. 개개인의 행동 변화는 필요하지만 그것으로 충분하지는 않다. 미래의 후손을 위해 가치관, 신념, 행동을 변화시키면서 인류는 지구적 환경윤리를 얻을 수 있다.

2. 환경경영시스템 구축

2.1. 환경경영시스템의 의의

가. 정의

환경경영시스템이란 환경방침을 개발하여 실행하고 환경측면을 관리하는데 활용되는 조직의 경영시스템의 일부를 말한다(출처 : KS I ISO14001:2009). 여기서 환경측면이란 환경과 상호 작용할 수 있는 조직의 활동이나 제품 또는 서비스 요소로써 환경측면으로 인해 조직에 전체 또는 부분적으로 환경에 좋은 영향을 미치거나 또는 나쁜 영향을 미칠 수 있다.

환경경영시스템은 계획, 실시, 점검, 조치(PDCA)의 방법론에 기초하고 있다.

① 계획(plan) : 조직의 환경방침과 관련된 결과를 도출하기 위한 목표 및 프로세스 수립
② 실시(do) : 프로세스의 실행
③ 점검(check) : 환경방침, 목표, 세부 목표, 법규 및 그 밖의 요구사항, 그리고 결과 보고에 대한 프로세스의 모니터링 및 측정
④ 조치(act) : 환경경영시스템의 성과를 지속적으로 개선하기 위한 활동

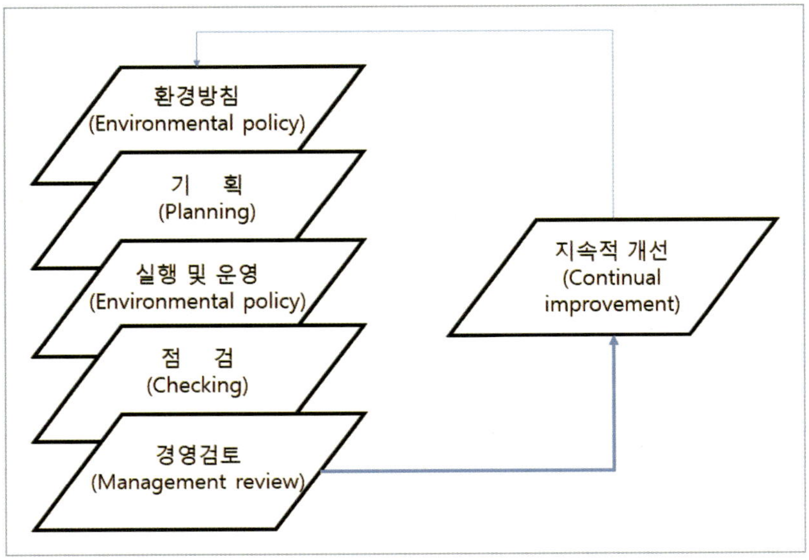

<그림 17-2> 환경경영시스템 모델(출처 : KSI ISO14001:2009)

나. 국제표준

ISO/TC 207은 환경경영에 관한 국제표준화 작업을 수행하기 위해 구성된 기술위원회로 서 환경경영과 관련된 제반 표준과 지침에 대한 표준화 작업을 담당하고 있다. ISO/TC207은 각 주제별로 6개의 분과위원회와 10개의 작업반으로 구성되어 있는데, 사무국은 캐나다가 담당하고 있으며 영국, 네덜란드, 호주, 미국, 프랑스, 노르웨이 등이 각 분과위원회의 간사국으로 활동하고 있다.

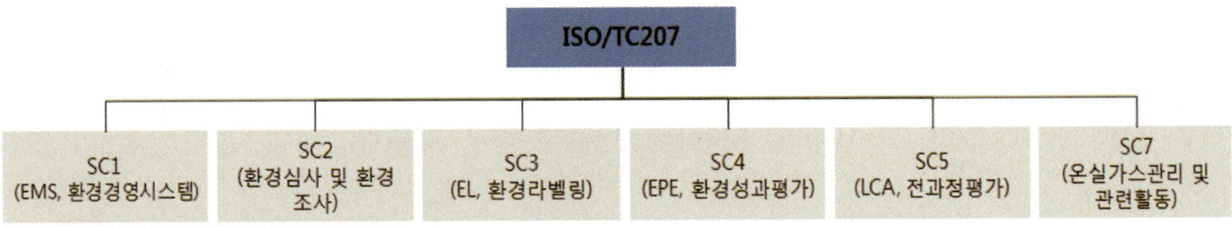

<그림 17-3> 환경경영시스템 국제표준화 조직

환경경영시스템 관한 국제표준인 ISO14001은 1996년 9월 공표되었고 2008년 개정되어 ISO14001:2008(KS I ISO14001:2009)이 최신 규격으로 사용되고 있다.

- 환경경영시스템 요구사항

조직은 KS I ISO14001:2009 표준에 따라 환경경영시스템을 수립, 문서화, 실행, 유지 및 지속적으로 개선하여야 하며 어떻게 이 요구사항을 충족시킬 것인지 결정하여야 한다.

환경경영시스템 요구사항은 아래 <표 17-1>과 같이 4.1 일반 요구사항, 4.2 환경방침, 4.3 기획, 4.4 실 행 및 운영, 4.5 점검, 4.6 경영검토와 각 요구사항별 세부 요구사항으로 구분할 수 있다.

<표 17-1> 환경경영시스템 요구사항

요구사항	세부 요구사항
4.1 일반요구사항	-
4.2 환경방침	-
4.3 기획	4.3.1 환경측면
	4.3.2 법규 및 그 밖의 요구사항
	4.3.3 목표, 세부목표 및 추진계획
4.4 실행 및 운영	4.4.1 자원, 역할, 책임 및 권한
	4.4.2 적격성, 교육훈련 및 인식
	4.4.3 의사소통
	4.4.4 문서화
	4.4.5 문서관리
	4.4.6 운영관리
	4.4.7 비상사태 대비 및 대응
4.5 점검	4.5.1 모니터링 및 측정
	4.5.2 준수평가
	4.5.3 부적합, 시정조치 및 예방조치
	4.5.4 기록관리
	4.5.5 내부심사
4.6 경영검토	-

다. 적용대상

조직에서 관리가 가능하고 영향을 미칠 수 있을 것으로 파악된 환경측면이 표준의 적용대상이다. 다음의 각 사항은 원하는 모든 조직에 적용가능하다.(출처 : KS I ISO 14001:2009)

① 환경경영시스템을 수립, 실행, 유지 및 개선하고자 할 때
② 조직이 정한 환경방침과 적합성을 스스로 보증하고자 할 때
③ 조직의 환경경영시스템을 외부 조직으로부터 인증 받고자 할 때

라. 환경경영시스템 구축에 따른 잠재적 이점

환경경영시스템은 환경경영의 구체적인 실천 수단으로써 기존의 경영 활동과의 접목을 통하여 기업의 경제적 이익, 환경성, 개선이라는 세 가지 목표를 동시에 달성하는

것이다.

이러한 환경경영시스템이 구축되고 이를 통해 조직의 환경문제를 효율적으로 해결하기 위한 체계적인 프로세스가 진행됨에 따라 자원과 에너지 절약, 환경오염 및 온실가스 저감, 원가절감, 친환경 기업 이미지 제고, 환경사고 예방, 투자자 및 고객의 요구 만족, 기업 신용평가 향상 등의 효과를 거둘 수 있다.

2.2. 환경경영시스템 구축 단계

환경경영시스템 구축은 아래 <표 2>와 같이 **계획, 분석, 실행, 점검** 및 **개선**의 4단계로 구분하여 추진하게 된다.

계획 단계는 프로젝트 목적을 구성원에게 명확히 인식시키고 프로젝트를 효율적으로 수행하기 위한 사전 준비 단계이다.

분석 단계는 조직의 주요 환경측면과 환경영향, 환경성과지표를 파악하고 환경경영시스템 운영을 위한 업무 및 직무를 분석하는 단계이다.

실행 단계는 업무를 표준화하고 업무별 프로세스를 기초로 하여 환경경영시스템을 구축하는 단계이다.

마지막으로 점검 및 개선 단계를 통해 구축된 환경경영시스템에 대한 문제점을 파악하고 경영검토를 통해 지속적인 개선이 이루어질 수 있도록 한다.

<표 17-2> 환경경영시스템 구축 단계

단계		구분	내용
1	계획	사전준비	• TFT 구성, 프로젝트 참여 인력 선정 및 업무 분장 • 업무별 세부 추진계획 및 일정수립
		교육 및 워크샵	• 국내외 환경경영 동향, 국제표준화 기구, 환경경영시스템 요건, 환경관련 법규, 제품환경 규제 등 교육 • 부서별 협조사항 및 자료 작성양식 배포
2	분석	환경영향 평가 및 업무 분석	• 부서별, 공정별 물질수지 분석을 통한 환경측면 및 환경영향 분석 • 환경성과 지표 선정 • 환경경영시스템 운영을 위한 부서별, 개인별 업무 및 직무 분석
3	실행	환경경영 시스템 구축	• KSI ISO14001 : 2009 요건별 매뉴얼, 절차서, 지침서 작성
4	점검 및 개선	모니터링	• 내부 심사 실시 • 문제점 보완 및 개선
		경영검토	• 환경경영시스템 구축 경과보고 • 최고 경영자 의견 제시 및 업무에 반영

2.3. 환경경영시스템 구축 시 고려사항

가. 전체적인 측면

환경경영시스템은 회사의 경영에 실질적으로 도움이 되고, 이행될 수 있어야 하며, 전직원의 환경경영에 대한 중요성 인식 확산 및 효율적인 운영관리에 중점을 두어야 한다. 경영자는 이를 위해 환경경영시스템 구축에 대한 실행 의지를 임직원에게 효과적으로 전달할 수 있는 방안과 지원방안을 검토하여야 한다.

나. 조직적인 측면

최고경영자는 업무 부담이 편중되지 않도록 각 부서 간 업무를 적절히 분배하여 책임과 권한을 설정하고 각 부서 및 부서원들이 앞장서서 협조할 수 있는 분위기를 조성하는 것이 필요하다. 하지만 기본적인 업무 수행에 지장을 줄 수 있는 형식적인 추진은 지양하여야 한다.

다. 실행 및 운영측면

환경경영시스템 구축 및 실행을 위해서는 전문가 한 두 사람만으로 이루어지는 것이 아니라 최고 경영자를 포함한 전 임직원의 참여가 중요하다. 효율적인 환경경영시스템을 구축하기 위해서는 부서장 또는 관리자의 시스템 요구사항 및 적용에 대한 이해가 중요하므로 이들을 대상으로 지속적이고 전문적인 교육을 실시하는 것이 필요하다.

2.4. 환경경영시스템 구축

가. 환경영향평가

먼저 물질수지 분석을 통해 환경측면 및 환경영향을 파악해야 한다. 환경영향평가는 환경경영시스템 구축의 기초로서 조직의 모든 환경측면을 고려하고 적용되는 법규, 국제협약, 내부규정, 고객의 요구사항 등을 면밀히 분석해야 한다.

나. 환경방침 수립

최고 경영자는 주요 환경영향평가를 반영하여 조직의 환경방침을 정하고 조직이 정한 환경경영시스템의 적용 범위 내에서 환경방침이 다음과 같음을 보장하여야 한다.

① 조직의 활동, 제품 및 서비스의 특성, 규모, 환경영향에 적합할 것
② 지속적인 개선과 오염예방에 대한 의지를 포함할 것
③ 조직의 환경측면과 관련하여 적용되는 법규 요구사항 및 조직이 동의한 그 밖의

요구사항을 준수하겠다는 의지를 포함할 것

④ 환경목표 및 세부목표를 설정하고 검토하기 위한 틀을 제공할 것

⑤ 문서화되어 실행되고 유지될 것

⑥ 조직에서 근무하거나 조직을 대신해 업무를 수행하는 모든 인원에게 의사소통 될 것

⑦ 일반 대중이 접할 수 있을 것

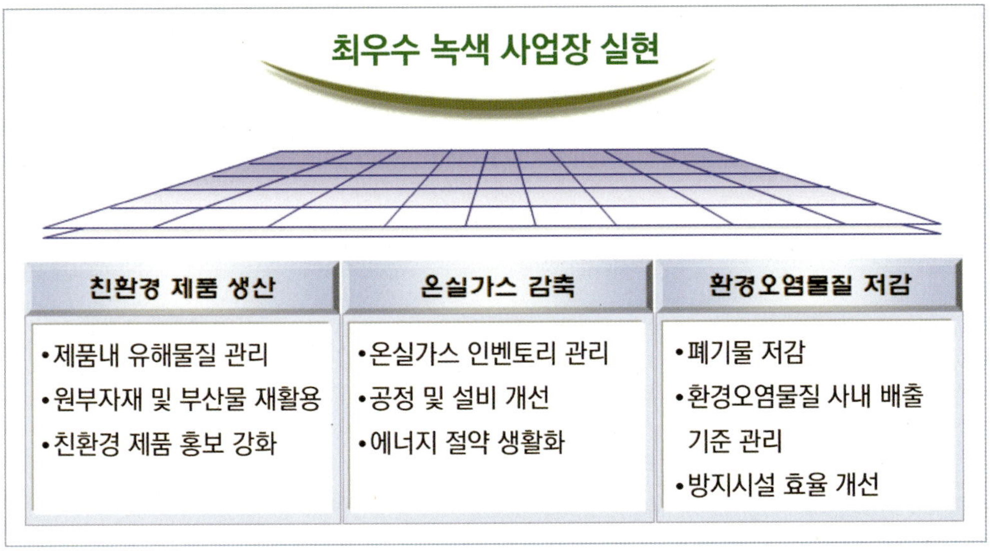

<그림 17-4> 환경경영 방침(예시)

다. 목표 및 추진계획

조직은 내부의 관련 기능과 계층별로 문서화된 환경목표 및 세부목표를 수립, 실행 및 유지하여야 하며, 목표 및 세부목표를 달성하기 위한 추진계획을 수립하고 실행해야 한다. 이 때 목표 및 세부목표는 가능한 정량적인 지표로써 측정되어야 하며, 환경방침과 일관성이 있어야 한다. 추진계획서에는 목표 및 세부목표를 달성하기 위해 필요한 역할, 책임, 권한, 프로세스, 자원, 일정 등을 포함하고 있어야한다.

라. 자원, 역할, 책임 및 권한

환경경영시스템의 성공적인 실행을 위해 경영진은 환경방침 이행과 목표의 달성에 필요 한 인적, 물적, 기술적, 기반구조 및 재정적 자원의 수요를 파악하고 이러한 자원을 적절하게 제공하여야 한다. 환경경영 추진조직 구성 시 조직의 환경경영 활동을 파악하고 개선을 주도할 수 있는지, 환경경영 책임자가 실질적인 권한을 가지고 있는지, 부서별 또는 개인별 업무분장이 구체화되고 실무자들이 자신의 업무 내용을 인식하고 있는지 검토되어야 한다.

예시 : 공장의 환경경영 추진 조직도 및 업무 분장표

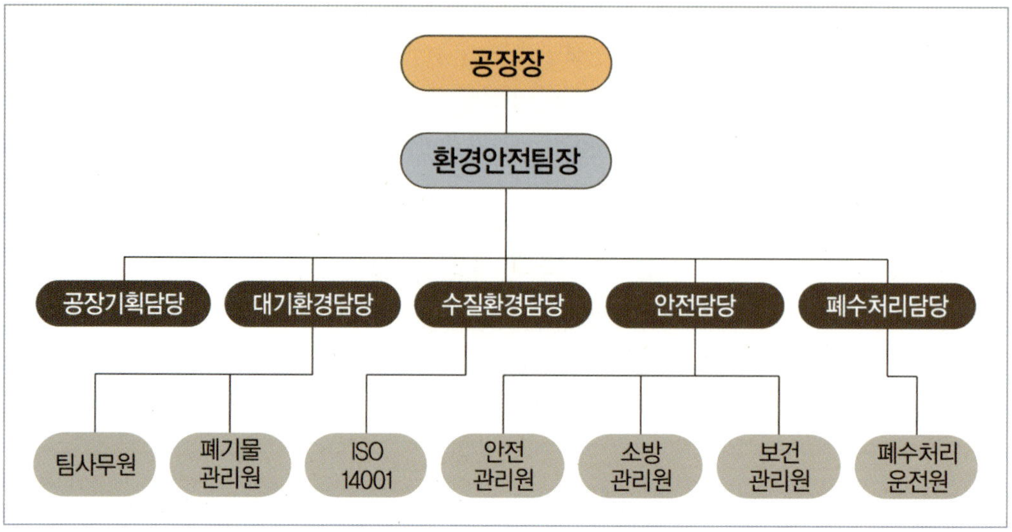

<그림 17-5> 환경경영 조직도(예시)

<표 17-3> 환경경영 조직 업무분장표(예시)

구 분	분야	업무내용
환경안전팀장	-	팀 총괄
공장기획담당	-	공장 PM관리, 팀 예산 및 KPI 관리, 공장 예산편성 및 실적관리, 혁신 MIND 활성화
수질환경담당	수질	수질 및 폐기물 인허가, 관청 지도점검 및 수검, 녹색기업 지정유지, 매립장 사후관리, 토양오염도 측정 및 관리, 환경경영시스템 관리
대기환경담당	대기	대기 및 유독물인허가, 대기 TMS 관리, 기후변화협약에 따른 온실가스 관리
폐수처리담당	수질	폐수처리장 운영
안전담당	안전	팀 보고업무, OHSAS18001 관리, 분임조 및 제안 현황 관리, 소방관련 업무추진, 일반 보건업무

마. 적격성, 교육훈련 및 인식

조직은 파악된 중대한 환경영향의 잠재적 원인이 될 수 있는 업무를 수행하는 조직에 근무하거나 조직을 대신해 업무를 수행하는 모든 인원이 적절한 교육, 훈련 또는 경험에 근거하여 적격함을 보장해야 하며 관련 기록을 보유하여야 한다. 적격성 보장은 협력사와 같이 조직을 대신하여 업무를 수행하는 모든 인원도 포함된다. 교육훈련을 위한 교육계획서에는 일반적으로 교육내용, 교육대상, 주기, 강사 및 방법 등을 포함한다.

<표 17-4> 환경교육 계획서(예시)

교육/훈련명	대상자	교육방법	주요내용	교육주관	일시(주기)
법정교육	대기, 수질 담당자	집체교육	대기, 수질관리	환경보전협회	'11.4.1~4
환경일반	전 종업원	집체교육	녹색경영, ISO14001	환경안전팀	'11.5.1/11.1
폐수처리장 운전교육	환경안전팀원	집체교육	폐수처리장 운전방법	환경안전팀	'11.6.1
환경전문과정	각 팀 환경유지자	강의식	대기방지시설 운전방법	환경안전팀	'11.10.1
유독물 관리	유독물 취급부서	회람식	유독물 관리방법	환경안전팀	'11.11.1
폐기물 처리	협력업체	강의식	폐기물 적법처리 절차	환경안전팀	1회/월

바. 의사소통

조직은 환경측면 및 환경경영시스템과 관련하여 조직 내 여러 계층과 기능 간, 외부 이해관계자와 적절한 의사소통을 위한 접수, 문서화 및 회신할 수 있는 절차 및 방법을 마련해야 한다. 주의할 것은 의사소통은 모든 내용을 반드시 기록하는 형태로 될 필요는 없으며 구도 또는 다른 형태로도 가능하나 이해관계자와의 주요 의사소통 결과는 문서로 남겨야 한다. 내부 의사소통 방법은 일상적인 업무회의, 소식지, 게시판, 그룹웨어 등이 있으며 외부 의사소통 방법은 환경보고서, 소식지, 웹사이트, 지역사회 모임 등이 있다.

사. 문서화

환경경영시스템 문서에는 KS I ISO14001:2009 표준의 요구사항에 따라 시스템이 잘 구축 되었다는 것을 입증하기 위한 협의의 문서와 기록을 포괄하며, 조직의 규모에 따라 갖추어야할 문서의 종류 및 체계는 다를 수 있으나 일반적으로 아래와 같은 구조로 이루어진다. 여기서 매뉴얼은 경영자, 지역사회 또는 고객을 대상으로 환경경영시스템 구성요소별 주요 업무 및 타 업무와의 상호 관계를 개략적으로 기술하는 문서이며, 절차 서는 단위 부서를 대상으로 환경경영시스템에서 요구하는 각 업무를 어떻게 수행할 것 인지에 대한 구체적인 절차를 기술하고, 지침서는 업무 수행자를 대상으로 절차에 대한 구체적인 업무수행 기준 및 방법을 기술한 문서이다.

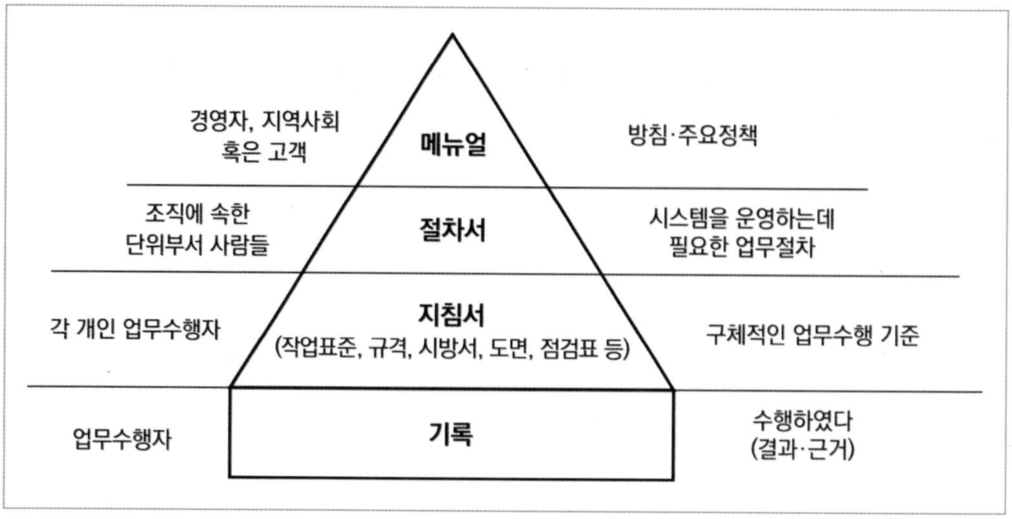

<그림 17-6> 문서화 체계

<표 17-5> 환경경영시스템 매뉴얼, 절차서, 지침서(예시)

구분	번호	매뉴얼	절차서	지침서
기획	1	환경방침	환경영향 평가	-
	2	환경측면	-	-
	3	법규 및 그 밖의 요구사항	법규관리	-
	4	목표, 세부목표 및 추진계획	목표관리	-
실행 및 운영	5	자원, 역할, 책임 및 권한	-	-
	6	적격성, 교육훈련 및 인식	교육훈련 및 자격인정	-
	7	의사소통	의사소통	-
	8	문서화	-	-
	9	문서관리	문서관리	-
	10	운영관리	운영관리	폐기물 관리, 협력업체 관리, 소방시설 관리, 소음·진동 관리, 유해 화학물질 관리, 작업 환경 관리, 사내 일반/공용시설 관리
	11	비상사태 대비 및 대응	비상사태 관리	-
점검	12	모니터링 및 측정	모니터링 및 측정	-
	13	준수평가	-	-
	14	부적합, 시정 및 예방조치	부적합, 시정 및 예방조치	-
	15	기록관리	환경기록 관리	-
	16	내부심사	내부 환경심사	-
경영검토	17	경영검토	경영검토	-

아. 환경 비상상태 대비 및 대응

환경 비상사태란 정상상태 운영이 아닌 상황에서 내부 요인이나 천재지변 등 외부 요인에 의해 환경적으로 심각한 영향을 초래하는 상황을 말한다.

이러한 비상사태를 대비하기 위해 발생할 가능성이 있는 환경 비상사태를 미리 파악한 후 사전에 예방하기 위한 일일점검, 교육훈련, 비상연락망 구축, 장비비치 등을 마련한다. 환경 비상사태 대응은 실제 비상사태가 발생했을 때 미리 수립된 대응 절차에 따라 환경영향을 적절하게 방지하거나 완화하는 활동을 말한다. 조직은 환경 비상사태에 대한 대비절차 및 대응절차가 실제에서도 효과적으로 운영될 수 있도록 정기적인 훈련과 점검을 실시해야 한다.

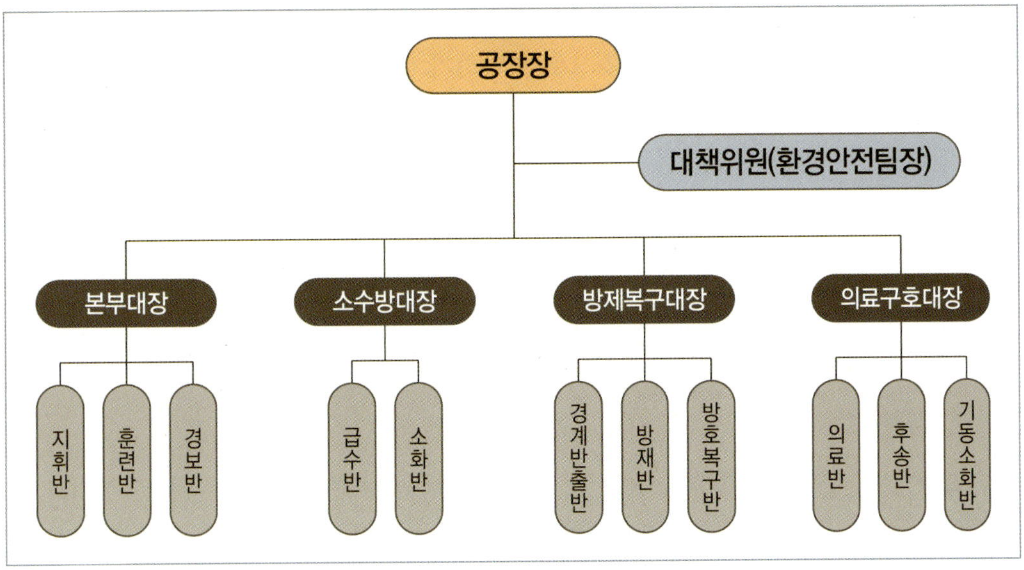

<그림 17-7> 비상사태 대응 조직도(예시)

<표 17-6> 비상사태 조직별 업무내용(예시)

구 분	분야	업무 내용
본부대장	-	방제대 총괄지휘 및 응급처치 요청 상황실 운영 및 방제 대책 수립 이행
소수방대장	화재진압	화재장비, 소방차 관리 화재진압 총괄
방제복구대장	방제복구	팬스 설치 및 중화제 살포 흡착포를 이용 오염물질 수거 방재장비, 약품 점검 및 관리
의료구호대장	의료구호	의료장비 관리 환자 응급처치 및 병원 이송

자. 점검 및 개선

환경경영의 궁극적인 목적은 환경오염을 예방하고 환경영향을 감소함으로써 조직이나 사회의 전반적인 이익을 도모하는데 있다. 따라서 주기적인 환경경영시스템 및 환경경영 관련 제반 활동에 대한 실질적인 성과를 파악하여 조직의 환경경영이 효율적으로 이루어지고 있는지를 모니터링하고 그 결과를 지속적 개선에 반영하여야 한다.

이를 위해 조직은 중대한 환경영향을 줄 수 있는 조직 운영의 주요 특성을 정기적으로 모니터링 및 측정하기 위한 절차를 수립, 실행 및 유지하여야 한다. 또한 모니터링 장비 및 측정 장비는 정기적으로 검·교정하고 관련 기록을 유지하여야 한다.

차. 내부 심사

내부 심사란 '조직이 설정한 환경경영시스템의 심사기준이 충족되는 정도를 결정하기 위하여 심사 증거를 수집하고 객관적으로 평가하기 위한 체계적이고 독립적이며 문서화된 프로세스'로 정의할 수 있다.

따라서 내부 심사는 환경경영시스템 요구사항 준수 및 실행 상태 확인, 운영상 문제점 도출 및 개선을 통한 효율성 제고, 제2자 심사 및 제3자 심사 대비 등의 목적으로 활용될 수 있으며, 경영검토를 위한 입력 자료로서 중요하게 활용될 수 있다.

내부 심사는 심사계획, 심사수행, 심사보고, 후속조치의 4단계로 구분할 수 있으며, 환경적 중요성 및 이전 심사 결과를 고려하여 계획, 수립, 실행 및 유지되어야 한다.

카. 경영검토

최고경영자는 지속적인 적절성, 충족성 및 효과성을 보장하기 위해 계획된 주기로 환경 경영시스템을 검토하여야 한다. 환경경영시스템 검토에는 내부 심사 결과, 외부 이해관계자와의 의사소통, 환경성과, 목표 및 세부목표 달성 정도, 시정조치 및 예방조치 현황, 이전 환경경영시스템 검토의 후속조치, 환경측면 및 환경법규 등 변화하는 주변여건, 개선을 위한 제언 등이 포함 되어야 하며, 환경경영시스템 검토 보고서가 경영 대리인에게 작성되었다 하더라도 최고경영자 또는 이에 해당하는 환경경영위원회나 간부회의 등에 보고 및 검토되어야 한다.

참고문헌

강영희 외(1997), 토양·식물영양·비료학, 집현사.

고광백 외(2004), 폐수처리공학, 동화기술.

과학교재편찬위원회(1989), 환경과학, 동화기술.

김기은 외(2008), 지구환경과학, 북스힐.

김동민(1988), 폐수처리, 청문각.

김성홍 외(2002), 하수도공학, 동화기술.

김영환(2000), 발전소 온배수와 해양생태계, 전파과학사.

김정현(1989), 환경과학 - 인간과 환경, 동화기술.

김좌관(2000), 수질오염개론, 동화기술.

김준회 외(1993), 환경과학, 형설출판사.

김학균(2005), 해양적조, 다솜출판사.

김형수(2017), 수문학의 이해, 지오북스.

남정호(2005), 연안오염총량관리 기본계획 수립 기초 연구.

대한환경공학회(1996), 최신환경과학, 동화기술.

문형부 외(2005), 최신환경수리학.

박성천(2003), 물과 현대생활, 구미서관.

박영선(1999), 플라스틱에 의한 해양오염 방지 방안, 한국환경법학회.

법제처(2018), 환경정책기본법 시행령.

신항식 외(2016) 폐수처리공학 1,2, 동화기술.

신현국(1993), 환경과학총론, 동화기술.

신현국(1998), 환경학개론, 신광문화사.

양성기 외(1994), 해양과학(Introduction to Ocean Science), 문운당.

양오봉 외(2009), 환경공학개론, 교보문고.

윤오섭(2009), 폐기물처리와 자원화공학, 동화기술.

이승목 외(1997), 유체역학, 동화기술.

이승원 외(2004), 수질환경기사, 성안당.

이우범(2017), 대학생을 위한 하수처리의 이론과 설계, 전남대학교출판부.

이재준 외(2011), 우리나라 하천유역의 환경변화가 유황특성에 미치는 영향 분석, 한국방재학회논문집.

이정수(2016), 고급기술자를 위한 하폐수처리-최신이론과 실무, 동화기술.

이종형 외(2005), 하천공학, 구미서관.

이찬기 외(1995), 환경공학개론, 동화기술.

임선욱(1996) 최신 토양학통론, 문운당.

전일권 외(2012), 수리학, 동화기술.

전효택 외(1998), 환경지질학, 서울대학교출판부.

최의소(1985), 폐기물 처리와 자원화, 청문각.

최주섭 외(1998), 환경과학개론(부제: 환경보전의 길), 동화기술.

태화출판사(1994), 해양학 개론.

환경부(2011), 하수도 시설기준, 한국상하수도협회.

환경부(2016), 미세먼지, 도대체 뭘까?

환경부(2017/2018), 환경백서.

환경부(2018), 환경백서.

Academic Press, London, 631p.

Apel, J.R., 1988. Principle of Ocean Physics . International Geophysics Series Vol. 38.

Bodenheimer, F.S.(1938), Problems of Animal Ecology. Oxford University Press, 183p.

Burkholder, P.R.(1952), Cooperation and Conflict among Primitive Organisms. American Scientist, 40, 601-631.

Cooper, W.S.(1939), A fourth expedition to Glacier Bay, Alaska. Ecology 20: 130–155.

Dowdy, W.W.(1947), An ecological study of the arthropoda of an oak-hickory forest, with reference to stratification. Ecology 28: 418-439.

Elton, C.(1942), Voles, Mice and Lemmings: Problems in Population Dynamics. Oxford: Clarendon Press.

Gates, D.M.(1965), Energy, plants and ecology. Ecology, 46(1/2): 2-13.

Jennifer A(2014), "Pine Particulate Matter Air Pollution and Cognitive Function among U.S. Older Adults", Journal of Gerontology Series B: Psychological Sciences and Social Sciences, 70(2), pp.322-330.

Kahl, M.P.(1964), Food ecology of the Wood Stork (Mycteria americana) in Florida. Ecol. Monogr. 34: 97-117.

Lack, D.(1954), The Natural Regulation of Animal Numbers. Clarendon Press, Oxford.

Lawrence, D.B.(1958), Glaciers and vegetation in southeastern Alaska. Am. Sci. 46: 89-122.

Liebig, J.(1840), Die organische Chemie in ihrer Anwendung auf Agricultur und Physiologie(Organic chemistry in its applications to agriculture and physiology). Friedrich Vieweg und Sohn Publ. Co., Braunschweig, Germany.

Margalef, R.(1968), Perspectives in ecological theory. Univ. Chicago Press, Chicago, Ill. 111p.

Nice, M.M.(1941), The role of territory in bird life. Amer. Midl. Naturalist, 26: 441-487.

Root, R.B.(1969), The behavior and reproductive success of the Blue-gray Gnatcatcher. Condor 71: 16-31.

Shannon, C. and Weaver, W.(1949), The Mathematical Theory of Communication, Urbana, IL: The University of Chicago Press, 1964.

Simpson, E.H.(1949), Measurement of diversity. Nature, 163, 688.

Tchobanoglous G, and E.D. Schroeder(1985), Water Quality: Characteristics, Modelling Modification, Addison-Wesley Publishing Company, Reading, MA.

U.S. EPA.(1979), Process Design Manual Sludge Treatment and Disposal, U.S. Environmental Protection Agency.

WEF(1987), Anaerobic Digestion, Mannual of Practice, No.16 2nd ed. Water Environment Federation, Alexandria, VA.

WEF(1988), Sludge Conditioning, Mannual of Practice, no. FD.14, Water Environment Federation, Alexandria, VA.

WEF(1995), Wastewater Residuals Stabilization. Manual of Practice No. FD.-9. Water Environment Federation, Alexandria, VA.

WEF(1996), Operation of Wastewater Treatment Plants 5th ed. Manual of Practice No.11, 5th ed. vol.3 Chaps. 27-33. Water Environment Federation, Alexandria, VA.

WEF(1998), Design of Wastewater Treatment Plants 4th ed. Manual of Practice No.8, vol.3 Chaps. 17-24. Water Environment Federation, Alexandria, VA.

Whitehead, F.H.(1957), Wind as a factor in plant growth. In: Hudson JP (ed) Control of the plant environment. Butterworth Scientific, London, pp.84-95.

찾아보기

환경문제의 이해와 해결기술

인 쇄 | 2019년 2월 23일
발 행 | 2019년 2월 27일

저 자 | 이우범·김성욱·김은식·박복재·박성천
박수호·박종혁·서성규·주현수·황민진
발행인 | 정병석
발행처 | 전남대학교출판문화원

등 록 | 1981. 5. 21. 제53호

주 소 | 61186 광주광역시 북구 용봉로 77
전 화 | (062) 530－0571～2 마케팅 530－0573
팩 스 | (062) 530－0579
홈페이지 | http://www.cnup.co.kr
이메일 | cnup0571@hanmail.net

값 30,000 원

ISBN 978-89-6849-623-3 (93530)

이 도서의 국립중앙도서관 출판예정도서목록(CIP)은
서지정보유통지원시스템 홈페이지(http://seoji.nl.go.kr)와
국가자료공동목록시스템(http://www.nl.go.kr/kolisnet)에서 이용하실 수 있습니다.
(CIP제어번호 : CIP2019007209)